DAS TECHNIKBUCH

VOM KATAPULT ZUM ROVER CURIOSITY

250 MEILENSTEINE IN DER GESCHICHTE DER TECHNIK

DAS TECHNIKBUCH

MARSHALL BRAIN

Librero

Titel der englischen Originalausgabe:
The Engineering Book

Postbus 72, 5330 AB Kerkdriel, Niederlande

Die Originalausgabe erschien bei Sterling Publishing Co., Inc.
Diese Ausgabe entstand in Zusammenarbeit mit Sterling Publishing Co., Inc.,
1166 Avenue of the Americas 17th Floor, New York, NY 10036

Aus dem Englischen von
Christian Fedeler, Andreas Jaedicke und Simon Schwarz

Lektorat & Satz: G & R Vilnius, Lietuva

Printed in India

ISBN: 978-94-6359-518-6

Dieses Buch ist Dr. Louis Martin-Vega, Dekan am College of Engineering an der North Carolina State University, gewidmet. Louis überzeugte mich von der Idee, die Ingenieurskunst einem breiteren Publikum nahezubringen und so verständlich zu machen, wie sehr Technik und menschlicher Fortschritt einander bedingen; er hat mich dabei immer wieder auf unterschiedlichste Weise motiviert.

Und ich widme dieses Buch den Millionen von Ingenieuren, die über Jahrhunderte unsere moderne Welt mitgestalteten, an der wir uns heute erfreuen.

Inhalt

Einführung

Technische Objekte umgeben uns wahrscheinlich, wo immer wir uns befinden. Wenn Sie gerade auf einem herkömmlichen Bürostuhl sitzen, sollten Sie wissen, dass Ingenieure eine wichtige Rolle bei dessen Entwicklung gespielt haben. Die Ingenieure halfen bei der Entwicklung und Herstellung des Bezugsstoffes, des darunter liegenden Schaumstoffs, des Gefüges, das Schaumstoff und Bezug zusammenhält, der Kunststoffteile für die Armlehnen, des Hub-, Senk- und Kippmechanismus, des Stuhlsockels und der Räder, durch die sich der Stuhl leicht bewegen lässt.

Vielleicht befinden Sie sich in einem Raum, dessen Wandfarbe mit technischen Mitteln entwickelt wurde, genau wie die Rigipsplatte, auf der die Farbe aufgetragen ist. Der Gips in dieser Platte stammt vielleicht aus dem Kraftwerk, in dem ein Ingenieur einen Wäscher entwarf, um über Extraktion von Schwefel aus einem Schornstein Gips zu gewinnen; ein anderer entwarf daraufhin eine Fabrik, um diesen Gips zu Platten zu verarbeiten. Es ist auch gut möglich, dass die Luft, die Sie in Ihrem Zimmer atmen, von den eigens dafür gebauten Filtern einer Klimaanlage gereinigt wird. Diese technische Anlage wird von einem ebenfalls von Ingenieuren entworfenen Thermostat gesteuert, um stets die gewünschte Temperatur zu halten. Der technisch konstruierte Lüfter der Kühleinheit bezieht seinen Strom aus einem von Ingenieuren entwickelten Stromnetz, das in Verbindung zu einem Kraftwerk steht, in dem womöglich Gips hergestellt wird.

In unserer näheren Umgebung treffen wir auf viele elektronische Geräte, die alle von Ingenieuren entwickelt worden sind. Vielleicht haben Sie ein Smartphone oder einen Tablet-PC, einen HD-Fernseher oder eine digitale Uhr, die ihre Zeit automatisch nach dem Funksignal aus Mainflingen bei Frankfurt am Main einstellt. Elektro-, Software-, Wirtschafts- und Maschinenbauingenieure lassen all dies Wirklichkeit werden.

Wenn wir auf die Straße gehen, sehen wir viele aufwendig entwickelte Kraftfahrzeuge, und ein bemerkenswert sicheres Passagierflugzeug fliegt vielleicht mit 885 km/h hoch am Himmel über unsere Köpfe hinweg. Unter der Straße verlaufen Rohre für Trinkwasser, Abwasser und Regenwasser, Kabel für Telefon und Kabelfernsehen sowie Gasleitungen. Auch diese Dinge sind technisch konstruiert.

Und dann sind da noch die Rundfunkwellen. Tausende Funksignale umgeben uns unsichtbar, was ohne Ingenieure nicht möglich wäre. Jeder MW- oder UKW-Sender und jeder Fernsehsender in unserer Region sendet seine Funkwellen auf unterschiedlichen Frequenzen an uns vorbei. Jedes Mobiltelefon in unmittelbarer Umgebung hält ständig Verbindung zum nächsten Sendemast. Ein Smartphone ist mit verschiedenartiger Sende- und Empfangstechnik ausgestattet: Für Sprachanrufe, Wi-Fi und Bluetooth. Jeder Wi-Fi-Hotspot und jedes Bluetooth-Gerät in unmittelbarer Umgebung überflutet uns mit Funkwellen, genauso wie jeder Tablet-PC, Laptop und Desktop-Computer, der über Wi-Fi verfügt. Des Weiteren übertragen Hunderte von Satelliten weit über uns die Signale von GPS, Iridium-Telefonen, Wettersatelliten usw. Und es gibt noch viel mehr Rundfunkquellen: Funkgeräte von Feuerwehr und Polizei, Wasserzähler, Temperatur- und Regenwassersensoren, Fernbedienungen für Garagentoröffner und der Schlüsselanhänger, der auf Knopfdruck die Autotür öffnet – sie alle senden Funkwellen aus. Nichts von alledem wäre möglich ohne Ingenieure und Regelungen, die eine gegenseitige Störung der Rundfunksignale verhindern.

Ingenieure sind erstaunliche Menschen, die unsere moderne Welt erst möglich machen. Dass in den USA etwa zwei Millionen Ingenieure ihrem Handwerk nachgehen, erregt meist keine große Aufmerksamkeit. Und doch sähen wir uns ohne sie in die Steinzeit zurückversetzt.

Wir begeben uns nun auf eine faszinierende Reise in die Welt der Technik und des Ingenieurwesens. Wir sollten uns vielleicht die Frage stellen: Was genau ist unter Ingenieurwesen zu verstehen? Ein guter Ausgangspunkt wäre die Definition des englischen Wortes „engineering“ aus dem *Random House Webster's Unabridged Dictionary*: „Die Kunst oder Wissenschaft, die Kenntnisse der reinen Wissenschaft, wie Physik oder Chemie, praktisch nutzbar zu machen, so etwa durch den Bau von Motoren, Brücken, Gebäuden, Bergwerken, Schiffen oder Chemiewerken.“

Der *Merriam-Webster's Collegiate Dictionary* gibt eine weitere Definition: „Die Anwendung von Wissenschaft und Mathematik, mithilfe derer die Eigenschaften der Materie und die Energiequellen in der Natur für den Menschen nutzbar gemacht werden.“

Eine Vorstellung vom Ingenieurwesen vermitteln uns auch die zahlreichen technischen Disziplinen in der Industrie oder die Studiengänge für Ingenieure an großen technischen Universitäten. Am *College of Engineering*, einer großen Hochschule wie der *North Carolina State University* also, finden wir etwa die folgenden Fachbereiche:

Biological and Agricultural Engineering (BAE)
Biomedical Engineering (BME)
Chemical and Biomolecular Engineering (CBE)
Civil, Construction, and Environmental Engineering (CCEE)
Computer Science (CSC)
Electrical and Computer Engineering (ECE)
Industrial and Systems Engineering (ISE)
Forest Biomaterials (FB)
Integrated Manufacturing Systems Engineering Institute (IMSEI)
Materials Science and Engineering (MSE)
Mechanical and Aerospace Engineering (MAE)
Nuclear Engineering (NE)
Operations Research (OR)
Textile Engineering, Chemistry and Science (TECS)

Es gibt auch einige spezielle Bereiche. So befassen sich Erdölingenieure mit Förderung und Raffination von Erdöl, Nanoingenieure arbeiten in der Nanotechnologie.

Beim Lesen dieser Definitionen und der Liste der Disziplinen konnten Sie sich ein Bild davon machen, was Ingenieure leisten. Bauingenieure, die Brücken entwerfen, werden etwa darin ausgebildet, die Mathematik, die entsprechende Software und die besten Verfahren und Verordnungen zur Entwicklung und Konstruktion von sicheren, zuverlässigen und beständigen Brücken zu verstehen. Ihre Arbeit ist allgegenwärtig. Die *Golden Gate Bridge* in San Francisco gilt als Meisterwerk der Ingenieurtechnik, wie auch der Viadukt von Millau in Frankreich. Mitunter machen Ingenieure gravierende Fehler, wie im Fall der *Tacoma Narrows Bridge*. Aus diesen Fehlern lernen sie aber auch, was zu neuen Verordnungen führt, die dann bei allen zukünftigen Brückenentwürfe angewandt werden. So entsteht technologischer Fortschritt.

Manche technisch entwickelten Objekte können sehr einfach sein. So etwa das Aluminium-Gussrad eines Autos, ein Einzelteil, geschaffen, um das Gewicht des Fahrzeugs unter Belastung durch die Seitenführungskraft, scharfes Bremsen und Schlaglöcher zu tragen. Andere Objekte wie etwa das Auto selbst oder das Flugzeug können sehr komplex sein und aus Tausenden verschiedener Einzelteile bestehen, die alle zuverlässig zusammen funktionieren. Es gibt auch aus unterschiedlichen Bauteilen bestehende ingenieurtechnische Systeme wie das Antiblockiersystem oder das Airbag-System, die als Ganzes eine Aufgabe erfüllen oder ein Problem lösen.

Größere ingenieurtechnische Systeme bezeichnen wir als Architekturen. Computeringenieure benutzen zur Beschreibung der vielen Bestandteile und ihrer wechselseitigen Beziehungen gerne den Begriff „Rechnerarchitektur". Oder denken Sie an die Apollo-Mondmissionen. Millionen Menschen und Millionen von Komponenten verbanden sich zur Architektur einer Mission mit ihren zahlreichen Bestandteilen wie der Saturn V-Rakete, dem Kommando- und Servicemodul, der Mondlandefähre, den Raumanzügen, dem Mondfahrzeug und vielen mehr. Das mangelhafte Funktionieren auch nur eines dieser Teile hätte die Mission und das Leben der Astronauten in Gefahr gebracht, wie dies im Falle von Apollo 13 deutlich wurde. Auch unsere Energieversorgung hat eine Architektur, die Kraftwerke, Übertragungs- und Verteilungsnetze umfasst. Die Architektur des Mobilfunksystems besteht aus Sendemasten, Endgeräten und einem komplexen Signalisierungsprotokoll, das alles miteinander verbindet.

Eine zentrale Aufgabe der Ingenieure ist die Kostensenkung durch Massenproduktion sowie die Vermeidung von übermäßigem Material- und Zeitverbrauch. Ein gutes Beispiel dafür ist unsere Kleidung. Einst wurden bei ihrer Herstellung alle Arbeitsschritte von Menschen ausgeführt. Sie pflanzten Baumwolle, pflegten die Pflanzen, ernteten die Samenkapseln und sammelten danach die Samen aus den Fasern – alles von Hand. Dann säuberten sie die Wolle, färbten, kämmten und spannen sie, webten sie auf einem Handwebstuhl und nähten den Stoff mit Nadel und Faden zusammen. Kleidung war so teuer, weil in jedem Kleidungsstück Hunderte Stunden von Handarbeit steckten. Heute haben Ingenieure fast alle Arbeitsschritte mechanisiert und es steht eine breite Auswahl an synthetischen Fasern zur Verfügung. Kleidung ist dadurch sehr günstig. Dasselbe ist mit vielen anderen Produkten geschehen, und wir können uns nun kleine Smartphones leisten, die wir mit uns herumzutragen. Sie verfügen über hochauflösende (HD-)Bildschirme, leistungsstarke Kameras und sind in einem globales Netzwerk mit Millionen von Servern verbunden, die auf beinahe jede Frage eine Antwort wissen. All das wäre ohne Ingenieure niemals wahr geworden.

Worin unterscheidet sich ein Wissenschaftler von einem Ingenieur? Die Wissenschaftler haben die Aufgabe zu verstehen, wie das Universum funktioniert. Sie betreiben Forschung und beantworten die grundlegenden Fragen der Natur. So kann ein Wissenschaftler beispielsweise entdecken, dass eine gewölbte Glasfläche das Licht bricht, und eine mathematische Gleichung zur Beschreibung dieser Brechung aufstellen. Diese wissenschaftliche Entdeckung bescherte uns die Linse. Ein Wissenschaftler oder Erfinder kann danach mehrere Linsen zu einem optischen Gerät wie einem Mikroskop oder Teleskop kombinieren. Irgendwann ist die Zeit jedoch reif für den nächsten Schritt. Will man eine Million Teleskope zu einem erschwinglichen Preis herstellen oder ein riesiges Teleskop bauen, das viele Tonnen wiegt, sich dank einer Automatik sanft dreht und einen Stern bei der Erdumdrehung verfolgt, sind Ingenieure gefragt.

Wissenschaftler entdeckten, dass sich aus Eisen bei einer bestimmten Menge von Kohlenstoff Stahl erzeugen lässt. Ingenieure verwenden den Stahl zum Bau von Brücken, Wolkenkratzern, Autos und Supertankern. Ist Stahl zu schwer oder zu wenig beständig, stehen den Ingenieuren viele weitere Materialien wie Aluminium, Titan, Kohlefaser, Kevlar oder Kunststoff zur Verfügung.

Wir sagen oft: „Dieses Gerät ist technisch einwandfrei" oder „Das ist ein wirklich hochwertiges Gerät!" Es gibt dafür unzählige Beispiele, wie das SR-71-Aufklärungsflugzeug, den Ariel Atom oder den Parthenon. Aber es kann auch etwas viel Einfacheres sein, so etwa die Gangschaltung im Getriebe eines Autos oder ein optimal gewichteter und sanft gleitender Bedienknopf. Das sagen wir, wenn die Entwürfe der Ingenieure ein hohes Maß an Eleganz, ein beeindruckendes Niveau der Wiederverwertung und Sparsamkeit oder eine besondere, atemberaubende Weiterentwicklung verkörpern, oder wenn Erscheinungsform und Funktion perfekt aufeinander abgestimmt sind. Wir entdecken Schönheit in den Werken der Ingenieure genauso wie in der Kunst oder in der Natur.

Ingenieure bringen die Gesellschaft auf unterschiedliche Weise voran. Sie entwickeln neue Technologien, die unser Leben verbessern oder senken Kosten, damit mehr Menschen ein besseren Leben haben. Sie bauen Dinge, die uns in Erstaunen versetzen und uns stolz machen. Kurzum: Sie prägen unser modernes Leben.

Der vorliegende Band ist Meilensteinen des Ingenieurwesens gewidmet. Wir beginnen bei den ersten konstruierten Objekten, die der Mensch schuf. Dann verfolgen wir die Entwicklung weiter und beobachten, wie die Technik immer weiter fortschritt (wenn auch mit einigen Patzern, denn auch Ingenieure machen Fehler).

Zu jedem Meilenstein gehört ein Datum, wobei einiger Spielraum besteht: Ist es das Datum der ersten Idee? Des ersten Patents? Der „Jungfernfahrt"? Der ersten groß angelegten Popularisierungskampagne? Bei der Aufstellung der Zeitachse versuchte ich stets das „beste" Datum zu finden.

Sollten die technischen Errungenschaften einer konkreten Person zugeordnet werden? In den meisten Fällen scheue ich diesen Gedanken, weil das Ingenieurwesen ein Teamsport ist. Nehmen wir zum Beispiel die Dampfmaschine: Gibt es irgendjemanden, dem wir die Lorbeeren für die Dampfmaschine überreichen können? Wenn ja, ist es der erste Grieche, der Dampf aus einem Kessel schießen ließ? Ist es der erste Mensch, der eine funktionierende Dampfmaschine entwickelte? Oder der erste Mensch, der Dampf unter Hochdruck nutzbar machte? Was ist mit demjenigen, der die leistungsstärkste oder die bekannteste Dampfmaschine gebaut hat? Tatsächlich spielte die traditionelle Dampfmaschine für den Fortschritt der Gesellschaft etwa ein Jahrhundert lang eine äußerst wichtige Rolle und Tausende Ingenieure leisteten ihren Beitrag zu deren Erfolg. Ich möchte keine Einzelperson aus dieser Gruppe hervorheben. Zu den meisten Errungenschaften auf dem Gebiet der Technik haben zahlreiche Menschen beigetragen und so verdient mehr als nur ein einzelner Mensch Anerkennung.

Sie werden bemerken, dass die genannte Zeitachse im 20. Jahrhundert voller Errungenschaften ist. Das ist so, weil das 20. Jahrhundert hinsichtlich des Ingenieurwesens eine großartige Zeit war. Zuvor gab es noch keine Flugzeuge. Innerhalb von einhundert Jahren haben sie sich von klapprigen, im Schritttempo durch die Luft fliegenden Holzgestellen zu elegant geschmeidigen Aluminium-Jets gemausert, die Tausende Kilometer mit Überschallgeschwindigkeit zurücklegen. Viele andere Technologien schlossen sich diesem Kurs an: Autos, Raumfahrzeuge, Klimatechnik, Computer, Netzwerke, Wolkenkratzer, Fernsehen, Kerntechnik, u. a. Diese Technologien sind alle im 20. Jahrhundert entstanden und haben eine unglaublich rasante Weiterentwicklung erfahren. Und so kommen wir auf die Liste der Fachgebiete zurück; die meisten der dort aufgeführten Disziplinen gab es vor dem 20. Jahrhundert noch nicht.

Ich hoffe, die 250 Beispiele erstaunlicher ingenieurtechnischer Leistung in diesem Buch werden Ihnen die volle Bandbreite dieser Kunst eröffnen und Sie werden nach ihrer Entdeckung die Arbeit der Ingenieure zu schätzen wissen. Treten wir also ein in die beeindruckende Welt der Technik.

Danksagung

Um es einfach zu sagen: Ohne den unermüdlichen Einsatz von Kate Zimmermann wäre dieses Buch nie entstanden. Neben dem Lektorat, den Fotografien, Ergänzungen, Streichungen und allen noch so kleinen Veränderungen ist es Kate, die alles zu einem Buch gemacht hat. Ich bin ihr sehr dankbar für alles, was sie getan hat.

Mein Dank gilt auch meiner Frau Leigh und meinen Kindern Ian, Johnny, Irena und David für ihren Humor und die Ermutigung, die sie mir während des Schreibens zuteilwerden ließen.

Und wie ich bereits in der Widmung erwähnte, bin ich Dr. Louis Martin-Vega sehr dankbar, dass er mich auf den richtigen Weg gebracht hat. Ohne seinen Anstoß hätte es dieses Buch nie gegeben.

30 000 v. Chr.

Pfeil und Bogen

Wann würden wir auf unserer Reise zurück durch die Menschheitsgeschichte auf das früheste Beispiel für bewusste technische Konstruktion stoßen? Kann man von Technik sprechen, wenn jemand ein Werkzeug anfertigt? Ja, falls wir dabei eine Grenze ziehen. Benutzt jemand einen Stein zum Knacken einer Nuss, setzt er ihn zwar als Werkzeug ein, aber das ist nicht wirklich Technik im Sinne des Ingenieurwesens. Zu Konstruktion im eigentlichen Sinn gehört mehr. Aus diesem Grund sind wohl Pfeil und Bogen als das erste technisch konstruierte Objekt zu betrachten. Ihre Nutzung reicht in der Tat bis in Urzeiten zurück – 30 000 Jahre und länger.

Pfeil und Bogen sind eine überraschend einfallsreiche Technologie. Es ist das erste uns bekannte Gerät, das Energie für die spätere Freisetzung speichert. Es ist auch die erste Projektilwaffe, die sich aus natürlichen Objekten herstellen lässt: Ein Stück Holz, verbunden mit einem Strang aus Fasern, Haut oder Sehne, dient zur Speicherung von Energie. Ein Holzstab mit Knochen oder Stein an seiner Spitze und Federn am Schaft dient als Projektil.

Stellen Sie sich vor, wie nützlich Pfeil und Bogen als erste von Menschenhand geschaffene Projektilwaffe sind. Auf der Hirsch- oder Hasenjagd geben sie Schützen die Chance zum Beutemachen. Beim Vergleich dieser Waffe mit Stein oder Speer erkennen wir, dass Stein und Speer ihren Zweck nur auf kurze Entfernung erfüllen. Außerdem sind sie nicht besonders genau und verraten noch dazu den Angreifer. Mit Pfeil und Bogen kann man unauffällig aus dem Verborgenen schießen und dabei aus größerer Entfernung genaue Treffer erzielen.

Um 1400 n. Chr. waren Pfeil und Bogen bereits enorm weiterentwickelt worden. Bogenschützen in England besaßen Langbogen, mit denen sie zehn Pfeile pro Minute abschießen konnten. Die Pfeile schnellen mit mehr als 160 Stundenkilometern aus dem Bogen und legen eine Strecke von mehr als 300 Metern zurück. Aus einer Entfernung von 18 Metern können Pfeile mit Metallspitze Rüstungen durchdringen.

Feuerwaffen haben das Waffenarsenal neu definiert und schließlich zu Hochleistungswaffen wie der **AK-47 „Kalaschnikow“** geführt. Dennoch ist der Einsatz von Pfeil und Bogen über 30 000 Jahre zweifellos ein Beweis für die technologische Vorrangstellung des Menschen.

SIEHE AUCH: Katapult (1300), AK-47 „Kalaschnikow“ (1947).

Im Königreich Ägypten (3. Jahrtausend v. Chr.) wurde der einfache Reflexbogen entwickelt.

Werkzeuge der Jäger und Sammler

Ötzi (ca. 3300 v. Chr.)

Ingenieure und technologisches Denken bringen neue Technologien hervor – nützliche Objekte, die Probleme lösen. Tiere in freier Wildbahn dagegen schaffen keine neuen, komplexen Technologien – eine eindeutig menschliche Eigenschaft, die aus unserer Fähigkeit zur Problemanalyse und zur Erfindung entsprechender Lösungen erwächst.

Zur Entwicklung von Technologie kommt es in vielen menschlichen Kulturen schon ganz zu Anfang. Einen Einblick in die vor 5000 Jahren verfügbare Technologie vermittelt uns der heute als Ötzi bekannte Mann; er starb um 3300 v. Chr., blieb aber als Mumie in einem Gletscher fast vollständig erhalten und wurde 1991 entdeckt. Ötzi trug viele technologische Errungenschaften seiner Zeit mit sich. Seine Schuhe waren mit Gras isoliert, die Sohlen aus Bärenfell und das Oberleder aus Hirschfell. Auch seine Bekleidung (Mütze, Mantel, Hosen und Gürtel) war aus Tierfell gefertigt. Faden aus Sehnen hielt die Felle zusammen.

Für noch größere Überraschung sorgten seine Werkzeuge: die eindrucksvolle Kupferaxt mit einem Griff aus Eibenholz, der Dolch mit einer Klinge aus Feuerstein, einem Holzgriff und einer am Gürtel befestigten Scheide sowie der anscheinend noch nicht fertiggestellte, da nicht mit einer Schnur bespannte Bogen, zu dem ein Köcher mit Pfeilen und Pfeilschäften gehörte. Die Pfeilspitzen bestanden aus Feuerstein, und die Federn an den Schäften stabilisierten die Pfeile im Flug.

Anscheinend hatte er einen Rucksack mit innerem Stützwerk und eine Tasche aus Tierhaut. Im Rucksack befanden sich Behälter aus Birkenrinde, von denen einer wahrscheinlich der Aufbewahrung von glühender Asche zum Feuermachen diente. Er hatte auch ein Netz, etwas Schnur, eine Vorrichtung aus Riemen (vielleicht zum Tragen erlegter Vögel) und einen Pilz (wahrscheinlich für medizinische Zwecke) bei sich.

In Anbetracht des damaligen Stadiums der europäischen Zivilisation ist die Technologie atemberaubend. Sie zeigt die tiefe Verankerung der technischen Mentalität im Gehirn des Menschen. So setzt die Kupferaxt die Förderung und Verarbeitung von Kupfererz und das Gießen von Gegenständen aus geschmolzenem Kupfer voraus. Für eine primitive Kultur ein erstaunliches technologisches Niveau.

SIEHE AUCH: Pfeil und Bogen (30 000 v. Chr.), Technologie der Inuit (2000 v. Chr.), Bessemer-Verfahren (1855).

Die niederländischen Künstler Adrie und Alfons Kennis haben Ötzi mithilfe neuester forensischer Methoden rekonstruiert.

2550 v. Chr.

Cheops-Pyramide

Die Ingenieure der Gegenwart arbeiten für gewöhnlich an etwas, das der Gesellschaft zugutekommt. Sie entwerfen etwa eine Brücke, ein Gerät für den Verbraucher oder ein neues Fahrzeug. Bei der Cheops-Pyramide in Ägypten ist das anders. Selbst heute, Tausende von Jahren nach ihrem Bau, ist diese Pyramide von Gizeh noch immer eines der gewaltigsten, schwersten und höchsten je von Menschen errichtete Bauwerke. Und doch bleibt ihre Funktion ungewiss.

Die Ingenieure sind nicht eines Morgens auf den Gedanken zum Bau der Cheops-Pyramide gekommen. Zuvor errichteten sie im Verlauf eines Jahrhunderts mehrere Testpyramiden. Die Djoser-Pyramide ist eine klassische Stufenpyramide mit einer Höhe von 62,5 Metern. Auch die Meidum-Pyramide ist eine Stufenpyramide, mit mehreren ausgefüllten Stufen zur Erzielung einer eleganten Pyramidenform. Die Knickpyramide beginnt am Boden mit einer gleichmäßigen Steigung. Während der Bauphase bemerkten die Ingenieure jedoch, dass sie so nicht zum Ziel kommen, und änderten die Steigung auf mittlerer Höhe der Pyramide. Die Rote Pyramide hat bereits das gewollte Erscheinungsbild, ist aber fast 43 Meter niedriger als die Cheops-Pyramide.

Danach waren die Ingenieure bereit für den Bau der Cheops-Pyramide. Auf einer Fläche von 5,26 Hektar wurde der Sand abgetragen, bis der Felsuntergrund für das Fundament der Pyramide frei lag. Die Ingenieure richteten die Pyramide fast perfekt nach Norden aus. Danach verlegten sie die Steinbasis auf einer quadratischen Fläche mit einer Seitenlänge von 230 Metern. Die Steine stammten aus Steinbrüchen entlang des Nils.

In der Bauphase mussten die Ingenieure etwas Beeindruckendes tun. Sie mussten sich die Kammern, Gänge und Schächte im Innern der Pyramide dreidimensional vorstellen, um sie Schicht für Schicht mit der Pyramide aufbauen zu können. Dieselbe Methode findet heute mit **3D-Druckern** Anwendung.

Letztendlich erreichte die Pyramide eine Höhe von 146 Metern. Das gewaltigste Baudenkmal der Welt war vollendet. Die Cheops-Pyramide ist ein Sinnbild für den Triumph der Technik.

SIEHE AUCH: Parthenon (438 v. Chr.), Kathedrale von Saint-Denis (1144), Washington Monument (1885), Eiffelturm (1889), 3D-Drucker (1984).

Die Cheops-Pyramide ist die größte und älteste Pyramide in der Nekropolis Gizeh.

Technologie der Inuit

Das technische Verständnis scheint im menschlichen Gehirn verankert zu sein. Viele Kulturen in der Menschheitsgeschichte waren erfahren in der Entwicklung innovativer Technologien, um Probleme zu lösen. Die Kultur der Inuit in Nordkanada und Grönland hält hier große Überraschungen bereit.

Obwohl niemand sicher ist, wann genau die Inuit dieses Gebiet bevölkert haben, geht man von einer Ankunft etwa 2000 Jahre vor unserer Zeitrechnung aus. Die Inuit lebten jenseits der arktischen Baumgrenze in einem extrem rauen Klima und entwickelten Dutzende einzigartiger Technologien, um sich in diesem Umfeld mit Nahrung und einem Dach über dem Kopf zu versorgen.

Ein wesentliches Element ist die Kleidung, die bei Wintertemperaturen unter -17 °C warm hält. Die Parkas, Stiefel und Handschuhe der Inuit sind wärmeisolierend und nässeabweisend und gelten bis heute als wunderschöne Handarbeiten.

Eine weitere Innovation ist das unter den harten Bedingungen der Arktis Schutz bietende Iglu. Mit einer Schneesäge errichten die Inuit in ein bis zwei Stunden ein Iglu als Unterschlupf. Steht mehr Zeit zur Verfügung, können diese Eishäuser auch einen Durchmesser von vier Metern und eine Höhe von drei Metern haben.

Ein hervorragendes technologisches Produkt der Inuit – das Kajak – fand in der modernen westlichen Welt breite Anwendung. Ursprünglich wurde ein Holzrahmen mit Sehnen zusammengebunden und mit enthaartem Robbenfell bespannt. Die Inuit entwickelten auch eine Technik, mit der sie nach dem Kentern wieder in die aufrechte Position zurückrollen konnten.

Eine aus Holz geschnitzte Schneebrille schützt an hellen Tagen vor Schneeblindheit. Die blickdichte Gesichtsmaske verfügt über schmale Schlitze, die das einfallende Licht erheblich reduzieren.

Die Inuit sind geschickt im Herstellen von Messern, Bogen- und Harpunenspitzen aus Materialien wie Knochen und Steinen. Der bewegliche Harpunenkopf ist besonders interessant. Einmal eingedrungen, ändert er seine Position von parallel auf lotrecht, wodurch das zufällige Herausfallen der Harpune fast unmöglich wird.

Diese Technologien ermöglichen den Inuit das Leben im rauen Klima der Arktis. Jede Technologie steht für einmalige Entdeckungen, die zu einer hohen Kunst getrieben und danach mündlich von Generation zu Generation weitergegeben wurden.

SIEHE AUCH: Pfeil und Bogen (30 000 v. Chr.), Marskolonie (ca. 2030).

Auf diesem Foto von 1924 wird ein Iglu gebaut; Kinder und Hunde sehen zu.

Beton

Wann haben die Menschen zum ersten Mal Beton verwendet? Offenbar geschah dies vor mehr als 3000 Jahren, zwischen 1400 und 1200 v. Chr. Archäologen haben im Palast von Tiryns in Griechenland noch vor der Bronzezeit angelegte Betonfußböden entdeckt. Infolge der schlechten Qualität der Mischung bekam der Boden jedoch schnell Risse. Die Stadt **Pompeji** wurde hauptsächlich mit römischem Beton errichtet.

In der Gegenwart ist Beton ein unglaublich wichtiges Material. Bauingenieure verwenden Beton in Massen zum Bau von Straßen, Brücken, Talsperren, Wolkenkratzern, Start- und Landebahnen, Kanälen und Fundamenten. Nach Gewicht ist Beton das Baumaterial Nr. 1 weltweit.

Die große Beliebtheit von Beton lässt sich leicht erklären: Die Ingenieure können ihn flüssig in eine Form gießen und etwas Steinhartes, die Jahrhunderte Überdauerndes kreieren. Durch Hinzufügung einer Stahlbewehrung oder vorgespannten Stahls verstärkt sich die Stabilität des Betons dramatisch und erlaubt die Konstruktion von Trägern mit einer Länge von mehr als 30 Metern. Außerdem besteht Beton, was sein Gewicht betrifft, zum Großteil aus Sand und Kies – im Vergleich zu Alternativen kostengünstige Baumaterialien. Nach heutigem Preisstand kostet Beton etwa sechs Cent pro Kilogramm.

Beton setzt sich aus vier Bestandteilen zusammen: Ein Teil Portlandzement, zwei Teile Sand, drei Teile Kies und genügend Wasser für eine breiige Konsistenz. Der Portlandzement verhält sich vermischt mit Wasser wie Klebstoff, der Sand und Kies zu einem dichten Feststoff verbindet. Die Aushärtung gleicht jedoch nicht der von Klebstoff. Es ist mehr wie ein auf Kalzium, Silizium und Wasser basierendes Epoxid, das infolge einer chemischen Reaktion aushärtet. Bei dieser langsam verlaufenden Reaktion wird Wärme freigesetzt. Der Beton muss mehrere Wochen aushärten, um stabil genug zu sein. Aus diesem Grund sehen wir Bauarbeiter oft ein Betonfundament gießen und dann für einen Monat verschwinden. Der Beton muss so weit ausgehärtet sein, dass sie ihn belasten können.

So leicht Beton auch herzustellen ist – man muss es richtig machen. Nach dem Gießen einer Straße oder eines Fundaments entnehmen Ingenieure oft eine Zylinderbohrung, um bei einem Stauchversuch die Druckfestigkeit des Betons zu prüfen.

SIEHE AUCH: Pompeji (79), Woolworth Building (1913), Viadukt von Millau (2004).

Ein Brückenabschnitt, der mit Beton gebaut wird.

Asphalt

Was wären die Städte ohne Asphalt? Das Wundermaterial für den Bau von Straßen und Parkplätzen ist billig, leicht zu verarbeiten, geschmeidig und beständig. Eine asphaltierte Straße hält Millionen von Fahrzeugen für ein Jahrzehnt oder länger stand. Asphalt ist so beliebt, dass fast sechs Prozent der Straßen in den USA aus diesem Material bestehen. Der erste uns bekannte Einsatz von Asphalt erfolgte 625 v. Chr. in Babylon.

Ein Grund für die Beliebtheit von Asphalt ist seine einfache Handhabung. Er besteht aus den drei Grundkomponenten Sand, Kies und Bitumen. Der gelegentlich als Erdharz in der Natur vorkommende Bitumen stammt heute meist aus Raffinerien. Wie andere Erdöldestillate wird er von Rohöl abgeschieden. Benzin und Bitumen bestehen aus den gleichen Atomen (Kohlenstoff und Wasserstoff), aber die Kohlenstoffketten von Bitumen sind sehr lang. Deshalb ist Bitumen bei Raumtemperatur nahezu fest.

Asphalt lässt sich auch von Hand herstellen und kleine Mengen könnte man sogar im Backofen zubereiten. Dazu etwas Sand und Kies auf ein Backblech geben und bei 150 °C backen, bis alles gleichmäßig heiß und trocken ist. Nun ein Stück Bitumen darauf geben und es im Ofen schmelzen lassen. Danach Bitumen und Kies sorgfältig vermengen. Fertig ist der Asphalt. Die Küche wird nun stinken und das Backblech nie wieder sauber. Dafür können Sie jetzt ein kleines Schlagloch reparieren.

Ingenieure haben die Herstellungsmethoden von Asphalt verbessert und die Verarbeitungsanlagen zur Senkung der Straßenbaukosten weiterentwickelt. So hat das *Strategic Highway Research Program* die Richtlinien für Mischung und Verwendung von *SuperPave* entwickelt, der heute beim Bau vieler Highways verwendeten Asphaltmischung. Bei großen Straßenprojekten errichten Ingenieure oft eine mobile Asphaltmischanlage in der Nähe der Baustelle.

Wenig bekannt ist, dass es sich beim Asphalt (nach Gewicht) um das am häufigsten wiederverwertete Material in den USA handelt. Die Straßenbauer fräsen es heraus und fügen erneut Bitumen hinzu, um neue Straßen zu bauen. Gäbe es keinen Asphalt, müssten die Ingenieure auf den wesentlich teureren Beton zurückgreifen. Deshalb ist Asphalt eines der gefragtesten Baumaterialien auf der Welt.

SIEHE AUCH: Bessemer-Verfahren (1855), Ölraffinerie Wamsutta (1861), Titan (1940).

Der Herstellungsprozess für Asphalt wurde seit seiner ersten Verwendung in Babylon (625 v. Chr.) weiterentwickelt. Herodot berichtete von seiner Verwendung als Mörtel.

438 v. Chr.

Parthenon

Der Parthenon ist ein wunderschönes und dazu fabelhaft konstruiertes Bauwerk, das viele Jahrhunderte überdauert hat. In einer Ära errichtet, als dem Menschen nur wenige technologische Hilfsmittel zur Verfügung standen, versetzt es uns noch heute in Erstaunen. Und erzählt uns auch etwas von den Menschen, die es entworfen haben.

Der Parthenon wurde 438 v. Chr. als Tempel für die Göttin Athene errichtet. Einst beherbergte er eine imposante Statue der Göttin aus Gold und Elfenbein. Eine Reproduktion dieser Statue befindet sich übrigens in einem Nachbau des Parthenons in Nashville, Tennessee. Die gestalterische Leitidee der Ingenieure war recht simpel, wurde aber hervorragend umgesetzt. Die äußere Begrenzung des Gebäudes bilden Marmorsäulen – jeweils acht an Vorder- und Rückseite und je siebzehn entlang der Seiten. An den Köpfen der Säulen sind Marmorschwellen und zahlreiche Ornamente zu sehen. Das Gebäude besaß ursprünglich ein mit Tondachziegeln gedecktes Dach mit einem **Dachstuhl** aus Holz und Innenwände umgaben den Raum mit der Athene-Statue.

Heute staunen die Menschen darüber, dass die Ingenieure den Parthenon mit Krümmungen entwarfen, anscheinend als eine Art umgekehrter optischer Täuschung. Der Boden im Tempel ist nicht eben – in der Mitte ist er etwas höher. Und der Verlauf der Säulen ist nicht gerade sondern leicht gebogen. Die Säulen an den Ecken sind nicht mit den anderen identisch sondern etwas breiter und stehen in geringerem Abstand zur nächsten Säule. Das Ganze sieht „ganz normal" aus, aber das liegt daran, dass alles etwas krumm ist. Diese Verzerrung beim Bau sorgte für das angestrebte Erscheinungsbild.

Heute gilt der Parthenon in aller Welt als der grandioseste griechische Tempel. Aber nicht etwa, weil er der größte und am besten erhaltene ist, sondern wegen seiner Perfektion. In jüngster Zeit wurden einige Schäden, die das Gebäude über Jahrhunderte davongetragen hat, unter großen Anstrengungen repariert und die von den damaligen Ingenieuren und Handwerkern geschaffene Pracht wiederhergestellt.

SIEHE AUCH: Cheops-Pyramide (2550 v. Chr.), Kathedrale von Saint-Denis (1144), Fachwerkbrücke (1823), Washington Monument (1885).

Der Parthenon gilt weithin als Musterbeispiel griechischer Architektur.

312 v. Chr.

Römisches Aquäduktsystem

Appius Claudius Caecus (ca. 340–273 v. Chr.)

Mitunter hat eine Gruppe von Menschen große, dringende Probleme, die von Ingenieuren gelöst werden können. So war es der Fall bei der Wasserversorgung im alten Rom. Wir schreiben ungefähr das Jahr 300 v. Chr. Rom wächst, aber das Wasser stinkt buchstäblich zum Himmel. Das Wasser aus dem Untergrund schmeckt nicht und das aus dem Tiber ist voller Krankheitserreger.

Zur Lösung des Problems entwickelten römische Ingenieure im Auftrag von Zensor Appius Claudius Caecus Aquädukte. Das erste, genannt Aqua Appia, ist ein Musterbeispiel hierfür. Die Ingenieure stießen 16 km außerhalb Roms auf eine klare Quelle. Da der Ort höher lag als Rom, konnte das Wasser unter Ausnutzung der Schwerkraft zur Stadt geleitet werden. Die römischen Ingenieure legten Gräben oder Tunnel an (oft durch festes Gestein) und kleideten sie mit wasserbeständigem Mörtel aus. Durchlief die Strecke ein Tal, errichteten sie eine Brücke für den Kanal, der auf seiner gesamten Länge bis zur Stadt eine leichte Abwärtsneigung aufwies.

Was geschah mit dem Schlamm und den Ablagerungen im Wasser? Das Wasser floss langsam durch breite, tiefe Sammelbecken, in denen sich die Partikel absetzen konnten. Wie verhielt es sich mit der Instandhaltung und Reinigung der Tunnel? Vertikalschächte verbanden die Tunnel mit der Oberfläche. Und wenn sich zu viel Wasser im System befand? Überschüssiges Wasser konnte durch Öffnungen abfließen.

Die Aqua Appia soll Rom pro Tag mit 76 Millionen Litern Wasser versorgt haben. In der Stadt floss das Wasser aus den Aquädukten in große, kunstvoll gestaltete öffentliche Brunnen, in öffentliche Bäder, in Rohrsysteme zu den Residenzen oder ins Abwassersystem. Die Abwasserleitungen führten das Abwasser aus der Stadt, und so war Rom erstaunlich sauber.

Aber mit 76 Millionen Litern pro Tag war die Wasserversorgung Roms nicht gewährleistet. Also errichteten die Ingenieure weitere Aquädukte. Innerhalb von fünfhundert Jahren entstanden elf Aquädukte zur Versorgung der Stadt mit Wasser, das längste davon 90 km lang. Das System versorgte täglich mehr als eine Million Menschen mit schätzungsweise 1,1 Milliarden Litern Wasser. Das war eine erstaunliche Leistung und legte den Grundstein für spätere Neuerungen wie das **moderne Abwassersystem**.

SIEHE AUCH: Modernes Abwassersystem (1859), Meerwasserentsalzung (1959), Regenwassermanagement (1992).

Die Pont du Gard in der Nähe von Remoulins war früher ein römisches Aquädukt.

Wasserrad

Vor Einführung der Dampfmaschine, des Diesel- oder Elektromotors benötigte man zum Bau einer Fabrik oder zum Betrieb eines großen Geräts eine andere Energiequelle. Die Ingenieure stellten Menschen in Lauf- bzw. Treträder, mit denen sich Horizontalachsen antreiben ließen. Eine andere Möglichkeit bestand darin, Menschen oder Pferde im Kreis gehen zu lassen und dabei eine Vertikalachse zu drehen.

Doch die Neuerung, die eine zuverlässige und kontinuierliche Energiequelle bot, war das Wasserrad. Und es waren die Römer, die es anscheinend als Erste etwa 100 v. Chr. nutzten. Zahlreiche römische Objekten veranschaulichen die damaligen technischen Fähigkeiten, am eindrucksvollsten aber ist die Mehrrad-Getreidemühle im französischen Barbegal.

An einem Steilhang haben römische Ingenieure zwei Komplexe mit jeweils acht Mühlen und sechzehn vertikalen oberschlächtigen Wasserrädern errichtet. Durch die Hanglage konnte das Wasser, nachdem es ein Rad durchlaufen hatte, das nächste Rad weiter unten antreiben.

Die Horizontalachse des Wasserrades war mit einem Zahnrad verbunden, wodurch 1. die Drehrichtung der Achse von horizontal nach vertikal für den Mühlstein geändert und 2. eine Drehgeschwindigkeit des Mühlsteins erreicht werden konnte, die zwei- bis dreimal höher war als die des Wasserrads.

Die 16 Mühlen an diesem Ort konnten schätzungsweise 4500 Kilogramm Mehl pro Tag herstellen. Aus einem Pfund Mehl lässt sich ein Brot backen. Die 10 000 Laib Brot pro Tag versorgten die nahegelegene römische Stadt Arelate (heute Arles) mit damals ungefähr 30 000 Einwohnern. Die Römer nutzten das Wasser auch zum Betrieb ihrer Holz- oder Stein-Sägewerke.

1700 Jahre später, zu Beginn der Industriellen Revolution in den USA, war das Wasser noch immer Energiequelle Nummer eins. Vertikale und horizontale Wasserräder lieferten die Energie für die ersten Fabriken. Deshalb konnten Fabriken nur an ausreichend mächtigen Wasserfällen errichtet werden. So wurde die erste Fabrik der Industriellen Revolution etwa bei Pawtucket Falls auf Rhode Island gebaut. Vor Einzug der **Dampfmaschinen** benötigte jede Fabrik einen Wasserfall zur Energieversorgung.

SIEHE AUCH: Römisches Aquäduktsystem (312 v. Chr.), Einfache Maschinen in Yates Mill (1750), Baumwollspinnerei (1790), Massenproduktion (1845).

Dieses unterschlächtige Wasserrad einer Wassermühle stammt aus Portogruaro, einer Stadt am Fluss Lemene in der Provinz Venedig.

79

Pompeji

Römische Städte waren herausragende Beispiele für technische Fertigkeiten. Die von römischen Ingenieuren am Reißbrett entworfenen neuen Städte waren fortschrittliche Metropolen, die Zehntausende Menschen komfortabel beherbergten.

Pompeji hatte für mehr als ein Jahrhundert unter römischer Herrschaft gestanden, bevor es 79 n. Chr. unter Vulkanasche begraben wurde. Die Asche konservierte die Stadt wie eine Zeitkapsel und gewährt uns Einblick in das Leben der Römer, wie es die Städte vor 2000 Jahren boten.

Die Trink- und Abwassersysteme waren wichtige Merkmale einer römischen Stadt. Das Wasser gelangte über drei freischwebende **Aquädukte** in die Stadt. Über Rohre und öffentliche Brunnen wurden die Bürger versorgt. Überschüssiges Wasser, menschliche Ausscheidungen und Regenwasser flossen in ein unterirdisches Abwassersystem.

Straßen waren besonders wichtig für die Fortbewegung von Mensch, Tier und Wagen. Die Straßen der Stadt waren mit Steinen gepflastert und in einem Raster angeordnet, das nahezu dem einer modernen Stadt entspricht. Die seitlich verlaufenden Bürgersteige waren überdacht und boten den Fußgängern Schatten.

Viele der für Hygiene und sozialen Umgang wichtigen öffentlichen Bäder waren mit einem raffinierten Heizungssystem, dem Hypokaustum, ausgestattet. Der Boden des Bades lag auf Säulen und darunter befand sich ein Freiraum von einem Meter. Durch diesen und durch die Wände strömte die heiße Abluft eines Feuers und erwärmte das Bad auf bis zu 49 °C.

Eine römische Stadt verfügte auch über Geschäfte, Werkstätten, Bäckereien, Märkte, ein Forum mit öffentlichen Tempeln und Regierungsbüros, ein Amphitheater und eine Schaubühne. Die Bürger der Stadt wohnen in Privathäusern oder Wohnungen.

Als Baumaterialien standen den Ingenieuren Stein, Beton, Backstein, Ziegel und Holz zur Verfügung. Das Amphitheater von Pompeji ist das älteste Stein-Amphitheater des Römischen Reichs. Die Wände einer typischen Behausung waren innen verputzt und oft bemalt, außen mit Stuck verziert. Die **Dachstühle** waren mit Dachziegeln gedeckt.

Die Ingenieure hatten für die Bürger dieser römischen Städte einen beträchtlichen städtischen Luxus geschaffen.

SIEHE AUCH: Parthenon (438 v. Chr.), Römisches Aquäduktsystem (312 v. Chr.), Wasserrad (100 v. Chr.), Fachwerkbrücke (1823).

Diese Luftaufnahme der Ruinen von Pompeji im Gebiet des heutigen Neapel, Italien, zeigt die ursprünglichen Ausmaße der Stadt.

1040

Kompass

Stellen Sie sich einmal vor, Sie sind ein Reisender durch unbekanntes Gebiet vor fünfhundert Jahren. Mit einer **Uhr** vermöchten Sie sich bei Sonnenschein gut zu orientieren. Auch nachts könnten Sie bei sichtbarem Sternenhimmel mit etwas Übung die Richtung bestimmen. Aber wäre es nicht wunderbar, wenn Sie ein Gerät aus der Tasche ziehen könnten, das Ihnen sofort die Reiserichtung mitteilt?

Heute kommt uns der Kompass als etwas ganz Einfaches vor. Jedes Kind kann ihn sich in fünf Minuten aus einer Nähnadel, einem Kühlschrankmagneten, einem Stückchen Schaumstoff und einer Schüssel Wasser basteln. Sie müssen dazu nur die Nadel zur Magnetisierung am Magneten reiben und sie auf den im Wasser schwimmenden Schaumstoff legen. Die Nadel dreht sich und zeigt Ihnen sofort an, in welcher Richtung sich der magnetische Norden befindet.

Aber versetzen Sie sich tausend Jahre in die Vergangenheit und die Dinge erscheinen nicht mehr so einfach. Als Erstes brauchen Sie eine Eisennadel. Das heißt Sie benötigen Eisen. Angenommen, Sie finden das Erz und wissen, wie Sie es einschmelzen können, müssen Sie das Eisen zu einer Nadel formen, was wiederum Werkzeug und etwas Fingerspitzengefühl voraussetzt. Und dann benötigen Sie einen Magneten. Wo bekommen Sie den her? Elektromagneten gibt es noch nicht. Ein natürlicher Magnet ist Magnetit, aber er ist selten und Sie müssen ihn finden.

Alles ereignete sich in China. Während der Song-Dynastie um 1040 begann man dort mit der Herstellung von Eisen und Eisennadeln. Letztere wurden mit Magnetit kombiniert und so entstanden die ersten Kompasse. Die Chinesen legten ihre Nadeln nicht in Wasserschalen, sondern hängten sie an Seidenfäden auf.

Von kaum zu überschätzender Bedeutung waren Kompasse ingenieurtechnisch in den Anfangszeiten der Landvermessung. Keine Bahntrasse, kein Kanal und keine Grenzlinie eines Grundstücks konnte ohne Kompass angelegt werden. Es gab keinen anderen einfachen und genauen Weg, den eigenen Kurs inmitten des Nichts zu bestimmen.

All das funktioniert, weil der Erdkern selbst ein Magnet ist, und die Erbauer von Geräten nutzten diese Eigenschaft für die Entwicklung hochwertiger Instrumente zur Richtungsbestimmung.

SIEHE AUCH: Gunter's Chain (1620), Mechanische Pendeluhr (1670), Bessemer-Verfahren (1855), Atomuhr (1949), Globales Positionsbestimmungssystem (GPS) (1994).

Der magnetische Kompass wurde in der Song-Dynastie in China entwickelt. Hier ist ein moderner magnetischer Kompass abgebildet.

N
20
40
60
80
E
100
120
140
160
S
200
220
240
260
W
280
300
320
340

1144

Kathedrale von Saint-Denis

Beim Gedanken an eine Kathedrale kommt uns meist das Bild einer gotischen Kathedrale in den Sinn – mit steinernem Gemäuer von unglaublicher Größe und riesigen bunten Glasfenstern. In vieler Hinsicht Wunderwerke, verdienen diese Gebäude als Sinnbilder für einen bemerkenswerten Fortschritt in Architektur und Ingenieurwesen größten Respekt. Trotz der **Cheops-Pyramide** und anderer Monumentalbauten hatte die Welt nie zuvor so hohe und offene Gebäude mit so gigantischen Fenstern und so viel Licht gesehen. Die 1144 eingeweihte Kathedrale von Saint-Denis in Frankreich gilt als Musterbeispiel für diese Erscheinungsform der Architektur.

Zwei Neuerungen in der Welt des Ingenieurwesens machten die gotische Kathedrale möglich. Zum einen der gotische Bogen, auch Spitzbogen genannt, der den gerundeten romanischen Bogen ersetzte. Beim Spitzbogen ist die vertikale Belastung bedeutend höher und die horizontale Abflachung des Bogens geringer. Aber nicht das gesamte Gewicht wird vertikal nach unten geführt. Hier kommen wir zur zweiten Neuerung, dem Strebebogen. Dieser Bogen übt horizontal Druck nach innen aus und wirkt dem natürlichen Seitenschub des Bogens nach außen entgegen. Der Strebebogen stabilisiert den Bogen und macht das Kreuzrippengewölbe und seine Decke erst möglich. Die Strebebögen stützen auch die hohen Wände. Durch ihre Lage außen am Gebäude üben die Strebebögen keinen störenden Einfluss auf die Fenster aus.

Aufgrund dieser zwei Neuerungen konnten die Ingenieure dünne Steinwände zu unglaublicher Höhe auftürmen und riesige Löcher für die Fenster freilassen. Der Innenraum einer typischen gotischen Kathedrale weist eine Höhe von über 30 Metern auf.

Der Bau einer Kathedrale wurde damit jedoch keinesfalls zur einfachen Aufgabe. Bauarbeiter und Handwerker mussten Tonnen von Stein brechen und bearbeiten. Alles musste gehoben, eingepasst und sicher in Position gebracht werden und der Bau einer Kathedrale konnte hundert Jahre oder länger dauern.

Kein gewöhnlicher Mensch jener Zeit hatte sich ein so gigantisches Bauwerk mit so viel Innenvolumen und einer so erstaunlichen Menge Glas vorstellen können. Die Ingenieure legten somit den Grundstein für eine völlig neue Auffassung von Gebäuden.

SIEHE AUCH: Cheops-Pyramide (2550 v. Chr.), Burj Khalifa (2010).

Die Kathedrale von Saint-Denis gilt als ein Musterbeispiel gotischer Architektur.

Katapult

Das Wort „Ingenieur“ hielt im frühen 14. Jahrhundert Einzug in die englische Sprache. Es bezeichnete eine Person, die sich mit dem Bau von Militärtechnik, genauer gesagt mit Belagerungswaffen beschäftigte. Er konstruierte unterschiedliche Maschinen zur Belagerung einer ummauerten Stadt, einer Burg oder einer Festung wie Rammböcke, Ballisten (riesige **Armbrüste**) und Katapulte.

Auch wenn die Militärtechnik schon ab ca. 400 v. Chr. bei den Griechen und Römern zum Einsatz kam, verbinden die meisten von uns Belagerungsgeräte mit mittelalterlichen Schlachten – genau die Entstehungszeit des Wortes „Ingenieur“.

Damals waren zwei Arten von Katapulten verbreitet: die Mangonel und das Trebuchet (auch Tribock genannt). Die Mangonel basierte auf einer Spannvorrichtung zur Speicherung von Energie, während das Trebuchet einen Schleuderarm besaß. Das Trebuchet hatte große Durchschlagskraft; es konnte Steine mit einem Gewicht von rund 140 kg auf Burgwände schleudern und diese zum Einsturz bringen. Die Reichweite betrug mehrere hundert Meter. Neben Projektilen konnte man mit einem Katapult auch Brandsätze, Tierkadaver oder Leichen schleudern.

Die grundlegende Mechanik beider Katapultentwürfe ist sehr einfach. Das Trebuchet speichert Energie durch das Heben eines schweren Gewichts, das an einem langen Arm befestigt ist. Bei einem großen Trebuchet kann der Arm bis zu 18 Meter lang sein, und das Gewicht kann 10–12 Tonnen betragen.

Bei der Mangonel kamen Hunderte eng verbundener Seilstränge zum Einsatz. Zum Aufrichten des Katapults wurde der Arm um 90 Grad nach unten bewegt, was in den Seilen zusätzliche Spannung erzeugte. Beim Auslösen schnellten die Seile wieder in ihre Ausgangsposition zurück und das Projektil flog los.

1304 bauten Ingenieure für eine Belagerung in Schottland das vermutlich größte Trebuchet aller Zeiten. Der Name dieses Geräts war „War Wolf“. Unter dem wiederholten Einschlag von Projektilen mit einem Gewicht von rund 140 kg brach eine Mauer von *Stirling Castle* ein. Die Ingenieure gewannen die Schlacht mit mechanischer Technik, die massive Wehrmauern zum Einsturz brachte.

SIEHE AUCH: Pfeil und Bogen (30 000 v. Chr.), AK-47 „Kalaschnikow“ (1947), Streumunition (1965).

Trebuchet-Katapulte beim Château de Castelnaud in der französischen Dordogne (Perigord), Aquitaine.

1372

Schiefer Turm von Pisa

Bonanno Pisano (Lebensdaten nicht verfügbar)

Der **Gateway Arch** in St. Louis, das **Washington Monument**, der **CN Tower** in Toronto und der **Burj Khalifa** in Dubai haben alle massive Fundamente. Der schiefe Turm von Pisa ist ein Beweis für die Wichtigkeit des Fundaments. Die originelle Architektur des Turms geht auf Bonanno Pisano zurück. Baubeginn war 1173, doch seit seiner Fertigstellung 1372 haben Scharen von Ingenieuren die von Anfang an vorprogrammierten Probleme mit dem Fundament zu beheben versucht.

Pisa steht auf weichem und feuchtem Untergrund. Heute würden Ingenieure vermutlich Pfosten in den Boden treiben, bis sie in stabilerem Untergrund oder Fels verankert sind. So wurde Venedig errichtet – auf Holzpfosten. Beim Turm von Pisa haben die Bauherren wohl nur eine Grube ausgehoben und ein herkömmliches, bei diesem Untergrund ungeeignetes Fundament gemauert.

Warum steht der Turm dann immer noch? Als er drei Stockwerke hoch war, wurde der Bau wegen fehlender Mittel für ein Jahrhundert gestoppt. Diese Verzögerung sorgte für eine Stabilisierung des Bodens unter dem Turm. Bei Fortsetzung des Bauvorhabens wollte man den Turm durch Höherbauen einer Seite ins Lot bringen. Doch er neigte sich immer weiter.

Über viele Jahre wurde immer wieder versucht, die Neigung zu stabilisieren. Kein Versuch war erfolgreich und einige verschlimmerten die Situation zusätzlich. Erst im 21. Jahrhundert fanden Ingenieure eine zweiteilige Lösung. Der Turm neigt sich nach Süden. Deshalb führten sie auf der Nordseite eine Bodenextraktion durch. Sie bohrten diagonal ins Erdreich und entfernten einen Teil des Erdbodens. Als sich die unterirdischen Hohlräume füllten, neigte sich der Turm in Richtung Norden. Den Turm begradigen wollten die Ingenieure nicht – das hätte dem Tourismus geschadet. Sie verringerten lediglich den Neigungswinkel und brachten den Turm wieder in eine sichere Position. Zwei Ingenieure installierten dazu ein Entwässerungssystem, mit dem der Boden um den Turm von überschüssigem Wasser befreit werden kann.

Auch wenn die Ingenieure zu Beginn Fehler begingen und den Turm durch mehrere Sanierungsvorschläge fast zum Einsturz gebracht hätten, fanden sie letztendlich eine brauchbare Lösung zur Rettung des Turms.

SIEHE AUCH: Washington Monument (1885), Gateway Arch (1965), CN Tower (1976), Burj Khalifa (2010), Venedigs Hochwasserschutzsystem (2016).

Dieses Foto des Schiefen Turms von Pisa wurde um 1890 aufgenommen.

1492

Segelschiffe mit Rahsegeln

Wenn wir an die Ära der Entdeckungen, Segelschiffe und Piraten zurückdenken, haben wir automatisch Bilder von Holzschiffen mit Rahsegeln vor Augen. Die Niña, Pinta und Santa Maria von Kolumbus sind die wohl bekanntesten Schiffe dieser Bauart, die zu Tausenden Passagiere und Fracht um die Welt befördert haben. Erbaut wurden sie in Werften von Arbeitern, die ihr Handwerk als Lehrlinge und durch langjährige Erfahrung erlernt hatten.

In ihrer inneren Haltung Ingenieure, entwarfen und bauten sie auf Kundenwunsch nach einer gemeinsamen Grundarchitektur Schiffe. Diese Architektur herrschte im Schiffsbau vor, bis im späten 19. Jahrhundert nach dem **Bessemer-Verfahren** veredelter Stahl zu einem Umschwung beim Entwurf und Bau von Schiffen führte.

Die Architektur war erstaunlich einfach und bestand aus vier Teilen. Erstens als „Rückgrat" des Schiffes der längsseits mittig am tiefsten Punkt des Schiffs verlaufende Kiel, ein stabiles Vierkantholz, das aus einem einzigen oder aus mehreren miteinander verbundenen Balken (je nach Länge des Schiffes) gefertigt wurde. An der Vorderseite des Kiels liefen mehrere Holzbauteile zu einem nach oben und vorwärts geschwungenen Stamm zusammen. Am Heck war ein sogenannter Achtersteven mit dem Kiel verbunden und stieg vertikal empor.

Zweitens waren am Kiel Rippen, sogenannte Spanten, aus mehreren Holzteilen befestigt. Sie bestimmten die Form der Außenhülle.

Drittens bildeten horizontal eingezogene und an den Spanten befestigte Balken Oberdeck und Zwischendecks. Zum Schluss kamen die Oberfläche der Außenhülle und der Bodenbelag der Decks – aus einer oder mehreren Schichten von Planken. Die Befestigung der Planken an den Spanten oder Balken erfolgte mittels Balkendübeln aus Holz, in deren Enden man Keile trieb. Zur Versiegelung stopfte man die Lücken zwischen den Planken mit in Teer getränktem Tau. Später wurde eine weitere Schicht Teer aufgetragen.

War die Außenhülle fertiggestellt, konnten die Masten und danach Segel und Takelage angebracht werden. Diese einfache Holzarchitektur – eine technische Lösung für das Holzbootproblem – leistete der Menschheit für mehrere Jahrhunderte gute Dienste.

SIEHE AUCH: Bessemer-Verfahren (1855), Supertanker Jahre Viking (1979), Containerschifffahrt (1984).

Ein Gemälde der Santa Maria auf See von Michael Zeno Diemer (1867–1939).

1600

Chinesische Mauer

Die **Cheops-Pyramide** vermag sicherlich in jeder Hinsicht zu beeindrucken, besonders in Anbetracht der damals zur Verfügung stehenden Technologien.

Vom Standpunkt der Ingenieursleistung, der Logistik, des Projektmanagements, der schieren Größe und der Langlebigkeit kann es weltweit nichts mit der Chinesischen Mauer aufnehmen. Kaum zu glauben, dass die für ein Bauwerk dieser Größenordnung erforderliche Organisation von Menschen über einen ausreichenden Zeitraum und in hinlänglichem Ausmaß jemals gelang.

Stellen wir uns einmal vor, wir würden eine Mauer aus Steinen und Ziegeln bauen – sechs Meter breit und sechs Meter hoch – mit Wachtürmen im Abstand von jeweils 300 Metern. Diese Mauer ziehen wir nun von Washington DC nach Los Angeles (etwa 4200 km) und wieder zurück. Um dieses Größenverhältnis geht es bei der Chinesischen Mauer. Die verwendete Materialmenge dürfte 100 Mal größer gewesen sein als beim Bau der Cheops-Pyramide. Natürlich lässt sich das nur schwer bestimmen, weil große Teile der Mauer erodiert und eingestürzt sind oder abgebaut wurden.

Der Zweck der 1600 fertiggestellten Chinesischen Mauer bestand in der Lösung eines bestimmten Problems. Verschiedene Nomadenstämme nicht chinesischer Abstammung, darunter Mongolen und Mandschu, fielen immer wieder in China ein und die Mauer sollte als Demarkations- und Verteidigungslinie dienen. Die Bauarbeiten dauerten insgesamt über zwei Jahrtausende an. Während der Ming-Dynastie (1368–1644) wurden die 8860 Kilometer befestigt, verbunden, verstärkt und standardisiert. So entstand die Mauer, wie wir sie heute kennen.

Die grundlegende Architektur für einen Mauerabschnitt ist recht einfach. Zwei dicke Mauern aus Stein oder Ziegeln wurden im Abstand von 6 Metern errichtet, der Zwischenraum mit Erdreich oder Schutt gefüllt und mit Pflastersteinen oder Ziegeln bedeckt. So entstand ein etwa 5 Meter breiter Weg.

Bei allem, was heute gebaut wird, stehen uns Maschinen zur Seite: Planierraupen, **Tunnelbohrmaschinen**, **Turmkräne** oder Kipplaster. Die Chinesische Mauer aber wird auf immer und ewig als einmalig dastehen, weil sie ihre Errichtung trotz ihrer Größe allein Millionen von Händen verdankt.

SIEHE AUCH: Cheops-Pyramide (2550 v. Chr.), Tunnelbohrmaschine (1845), Turmdrehkran (1949), Burj Khalifa (2010).

Mehrere Abschnitte der späteren Chinesischen Mauer sind bereits im 7. Jahrhundert v. Chr. errichtet worden.

1620

Gunter's Chain

Edmund Gunter (1581–1626)

Die Vermessung ist für jedes große Bauprojekt im Ingenieurwesen von großer Wichtigkeit. So ist die Planung von Straßen oder **Kanälen** ohne Vermessungstechniker kaum vorstellbar. Bei der **transkontinentalen Eisenbahn** sollten sich zwei separat voneinander gebaute Strecken in der Mitte des Landes treffen – das ist ohne Vermessungstechniker nicht zu bewältigen.

Der Beginn der Vermessung ist nur schwer auszumachen. Die nahezu perfekte Standortauswahl sowie Winkel und Dimensionen der **Cheops-Pyramide** setzen Kenntnisse in der Landvermessung bei den Ägyptern voraus. Die Römer hatten Vermesser, die Straßen, **Aquädukte** und so komplexe Städte wie **Pompeji** planten. Die moderne Vermessungstechnik jedoch begann mit der Erfindung der 1620 vom Mathematiker Edmund Gunter eingeführten Gunter's chain, einer Kette zur genauen Abmessung von Entfernungen. Sie hat 100 Glieder und eine Gesamtlänge von 66 Fuß (ca. 20 Meter). Ein Grundstück von ein mal zehn Kettenlängen hat die Größe von einem Morgen (0,25 ha).

Die ersten Vermessungstechniker benötigten für ihre Arbeit drei Dinge: eine Gunter's chain, einen Messtisch mit Transit oder Zirkumferentor und einen **Kompass**. Damit konnten Sie sich orientieren, Linien anvisieren, Winkel festhalten und Entfernungen genau bestimmen. Das genügte zum Festlegen von Grenzlinien. Zum Messen von Gefälle oder Erhebungen wurde ein Topografenstab eingesetzt.

Heute geschieht all dies mit einem computerisierten, **GPS**-gestützten Gerät, dem Tachymeter. Es kombiniert den Transit/Theodolit mit der elektronischen Entfernungsmessung (EDM). Ein Helfer stellt sich mit einem Reflektor auf. Sobald er gesichtet ist, misst und verzeichnet das Tachymeter Winkel und Entfernungen. Robotergesteuerte Tachymeter machen den Helfer überflüssig. Im Vergleich zu den Vorgängergeräten vereinfachen Tachymeter die Vermessung bei Bauprojekten unglaublich. Die Grundprinzipien bleiben jedoch dieselben: Orientiere dich, miss die Winkel, Entfernungen und Erhebungen. Mit diesen Techniken können Bauingenieure die allergrößten Projekte planen.

SIEHE AUCH: Cheops-Pyramide (2550 v. Chr.), Römisches Aquäduktsystem (312 v. Chr.), Kompass (1040), Eriekanal (1825), Transkontinentale Eisenbahn (1869), Globales Positionsbestimmungssystem (GPS) (1994).

Der hier abgebildete alte Theodolit aus Messing misst horizontale und vertikale Winkel und war ein grundlegendes Werkzeug für Vermessungstechniker, bis er von modernen Werkzeugen wie dem Tachymeter ersetzt wurde.

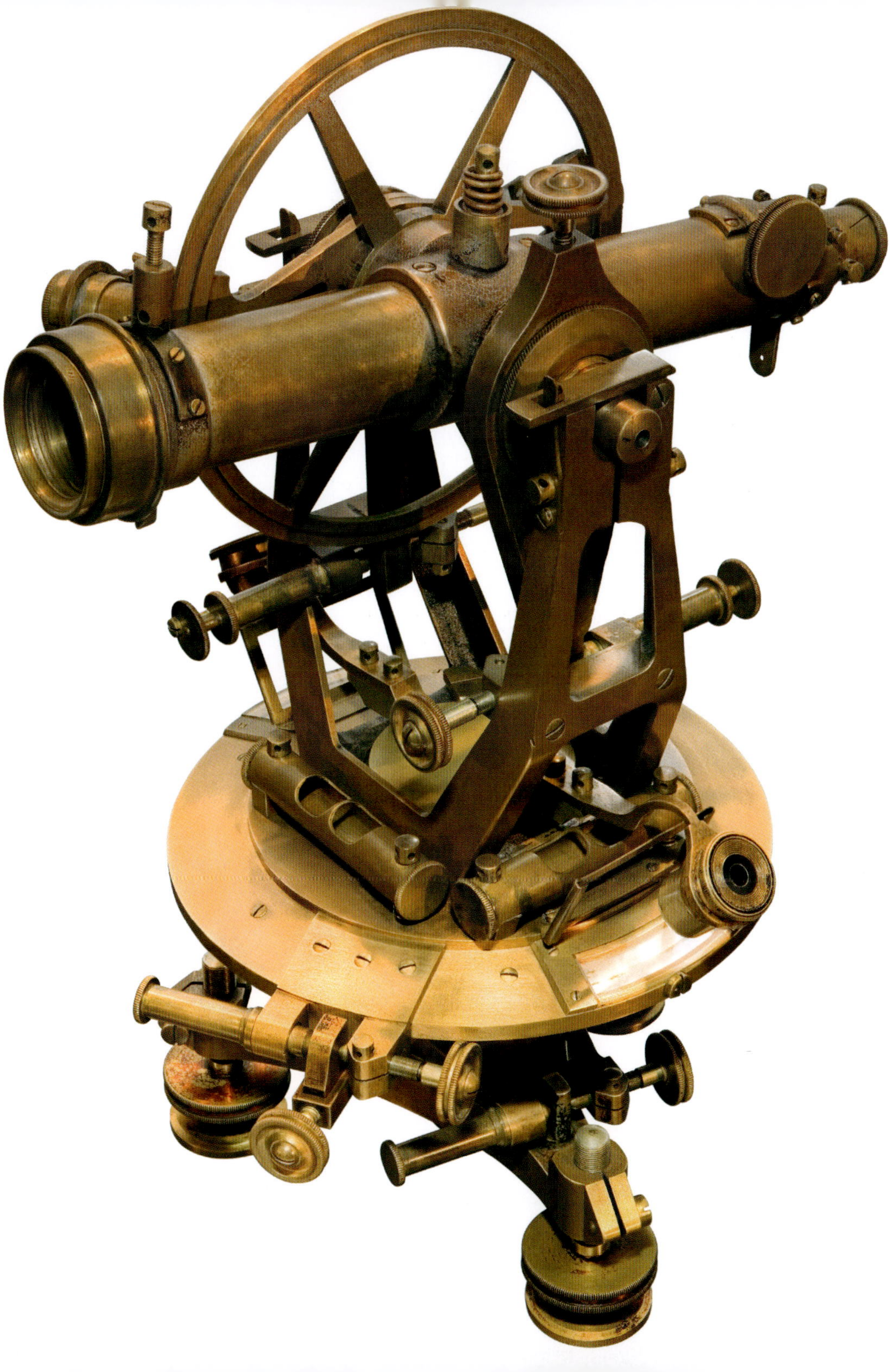

1670

Mechanische Pendeluhr

Robert Hooke (1635–1703), **Joseph Knibb** (1640–1711)

Beim Entwurf und Bau von Uhren denken wir sofort an Uhrmacher. Genau genommen aber sind sie Maschinenbauingenieure, die bei der Herstellung eines Zeitmessers mit Federn, Zahnrädern und mechanischen Oszillatoren arbeiten. Der erste annähernd genau funktionierende Zeitmesser war die Pendeluhr. In ihrer Größe variierten diese Uhren von kleinen Kästen bis zu riesigen Türmen, den Vorgängern von Bauwerken wie dem **Big Ben**.

Die entscheidende Neuerung hierfür war die Ankerhemmung, entwickelt um 1657 von Robert Hooke und verbessert 1670 vom Uhrmacher Joseph Knibb. Dieser Mechanismus war die Voraussetzung für ein System zur Umwandlung der Bewegung eines mechanischen Oszillators in die Bewegungen der Uhrzeiger. Der Oszillator konnte ein schwingendes Pendel (typisch für Wanduhren oder Standuhren) oder ein sich vor- und rückwärts drehendes Rad (typisch für Armbanduhren) sein.

Mit dem Pendel muss der Ingenieur zwei Dinge erreichen. Erstens muss durch einen leichten Anstoß bei jedem Schwingen genug Energie zugeführt werden, um den Energieverlust des Pendels durch Phänomene wie den Luftwiderstand auszugleichen. So schwingt das Pendel für unbegrenzte Zeit weiter. Zweitens muss jeder Schwingvorgang des Pendels auf die genaue Winkelbewegung des Sekundenzeigers übertragen werden. Der Mechanismus, der diese zwei Dinge bewerkstelligt, nennt sich Ankerhemmung und funktioniert im Zusammenspiel mit einer Feder oder einem herabsinkenden Gewicht, die die notwendige Energie für den Anstoß des Pendels und die Bewegung des Sekundenzeigers liefern.

Nun, nach Einrichtung von Pendel, Energiequelle, Ankerhemmung und Sekundenzeiger, muss die Uhr nur noch so eingestellt werden, dass sich Minuten- und Stundenzeiger mit der richtigen Geschwindigkeit drehen. Und schon ist eine mechanische Uhr geboren. Jede mechanische Uhr, die Sie je gesehen haben, ist nur eine kreative Kombination der vier grundlegenden Bestandteile (Oszillator, Energiequelle, Ankerhemmung und Einstellung) durch einen Ingenieur.

SIEHE AUCH: Big Ben (1858), Atomuhr (1949), Funkstation der Atomuhr (1962), Globales Positionsbestimmungssystem (GPS) (1994).

Die hier abgebildete mechanische Pendeluhr wurde auf Grundlage vieler Neuerungen entwickelt.

Einfache Maschinen in Yates Mill

Im Maschinenbau existiert das Konzept der einfachen Maschine. Nach der klassischen Definition gibt es sechs einfache Maschinen: Hebel, Rampe, Keil, Wellrad, Flaschenzug und Schraube. Entweder wird die Richtung einer Kraft geändert oder ein Vervielfacher wird eingesetzt. Bei einem Hebel, beispielsweise einer Brechstange, bewegt sich das lange Ende mit geringerer Kraft über große Entfernung, das kurze Ende dagegen mit viel Kraft über eine kurze Entfernung.

Zur Richtungsänderung oder Vervielfachung setzen Maschinenbauer oft andere einfache Vorrichtungen ein: Zahnräder und Zahnradgetriebe, Riemen- und Kettenräder, Kurbeln und Nocken. Federn und Gewichte können Energie speichern, Motoren und Triebwerke sorgen für zusätzliche Energie, usw.

Den Einsatz all dieser Vorrichtungen gut sichtbar verbindet die traditionelle wasserbetriebene Getreidemühle. Im 18. und 19. Jahrhundert waren diese Mühlen überall in den USA verbreitet, Wake County in North Carolina besaß einst 70 solcher Mühlen. Eine davon, die 1750 in Betrieb genommene Yates Mill, ist heute ein Museum.

In diesen Mühlen wurde Korn mit rotierenden Mühlsteinen zu Mehl gemahlen. Ein Wagen auf Rädern brachte die Getreidesäcke meist über eine Rampe zur Mühle und entlud sie. Dann wurden die Säcke mit Seil und Flaschenzug in einen Einfülltrichter gehoben. Energiequelle für die Mühle war stürzendes Wasser, das über ein vertikales oberschlächtiges Wasserrad Rotationsenergie erzeugte. Die sich drehende Achse des Wasserrads trieb ein großes Zahnrad an, das mit einem kleinen Zahnrad gekoppelt war. Dieses Holzgetriebe übertrug die Rotationskraft von der Horizontalen in die Vertikale und verlieh der Vertikalachse eine höhere Geschwindigkeit.

An einer der Achsen waren eventuell Riemensysteme angebracht, um Geräte wie eine archimedische Schraube oder ein Förderband anzutreiben. Ein System aus Kurbel- oder Nockenwellen half bei Vor- und Rückwärtsbewegungen, um das Korn zu reinigen oder das Mehl zu sieben.

Mechanische Systeme der Gegenwart wie Automotor, Nähmaschine oder Uhr – in allen werden auf unterschiedliche Weise stets dieselben Grundelemente verwendet. Einfache Maschinen bilden die Grundlage des Maschinenbaus.

SIEHE AUCH: Wasserrad (100 v. Chr.), Mechanische Pendeluhr (1670), Nähmaschine (1846), Turmdrehkran (1949), Lachgaseinspritzung (1978).

Eine Abbildung von sechs unterschiedlichen mechanischen Systemen. Die Pfeile verdeutlichen die Richtung der jeweils wirkenden Kräfte.

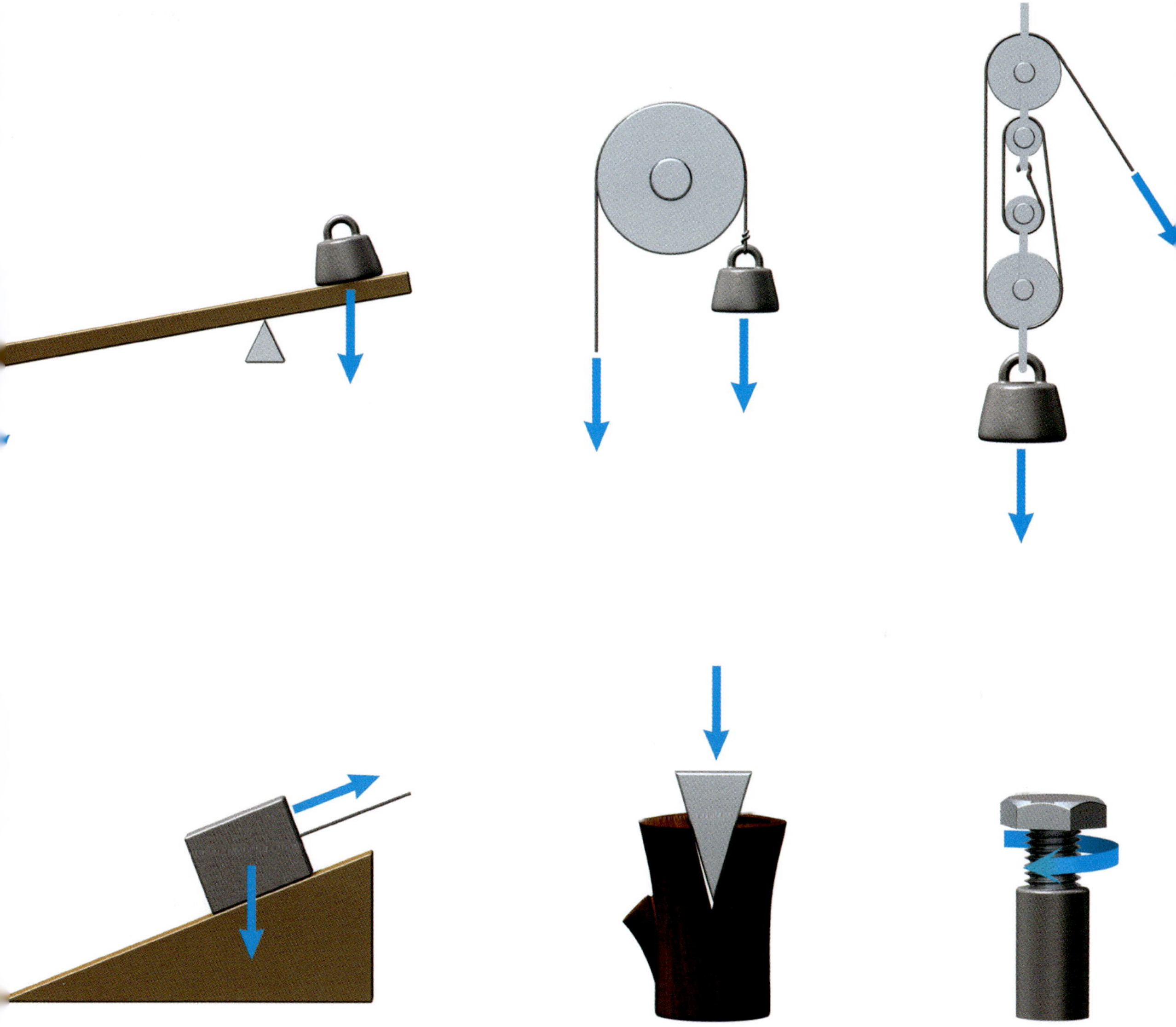

Gebäudesprengung

Die Sprengung eines Gebäudes ist etwas Seltsames. Da haben Architekten und Ingenieure ein Gebäude für die Ewigkeit entworfen, damit es selbst Katastrophen wie Orkane, Brände und Erdbeben (durch Neuerungen wie **Erdbebensichere Gebäude**) übersteht. Und dann muss eine andere Gruppe von Ingenieuren all diese harte Arbeit zunichtemachen und das Bauwerk so effizient und sicher wie möglich zum Einsturz bringen. Im Idealfall sackt das Gebäude senkrecht in sich zusammen und hinterlässt einen Schutthaufen von seiner Grundfläche.

Wie erreicht man das? Anfangs ging es ziemlich rau zu und her: Massive Explosionen machten das Gebäude dem Erdboden gleich, so 1773 bei der Zerstörung der *Holy Trinity Cathedral* im irischen Waterford. Heute wird diese naive Herangehensweise wegen möglicher Kollateralschäden an Gebäuden in der Umgebung abgelehnt.

Bei einer modernen Gebäudesprengung werden Teile der Außenfassade mit besonderem Wert entfernt. Die verbleibenden Außenwände können perforiert oder komplett entfernt werden. Dann werden die Träger freigelegt, die das Gebäude aufrecht halten. Und an dieser Stelle kommt der Ingenieur ins Spiel.

Am einfachsten wäre es, alle Träger zu durchtrennen und das Gebäude einstürzen zu lassen. Diese Methode ist jedoch unsicher und das Gebäude würde wegen des Timings höchstwahrscheinlich umkippen statt zu einem Haufen zusammenzusacken. Deshalb analysieren Ingenieure Konstruktion und Belastungen, um sich ein Bild vom Verlauf des Einsturzes zu machen.

Einige Träger werden angeschnitten. Danach werden an sorgfältig kalibrierten Positionen Sprengladungen befestigt – sogenannte „Hohlladungen", die die Explosionskraft in bestimmte Richtungen lenken. Die Stahlträger sollen präzise durchtrennt werden. Die Hohlladungen reduzieren auch die benötigte Sprengstoffmenge. Für die Ingenieure ist das wichtig, weil große Explosionen manchmal angrenzende Gebäude und Infrastruktur beschädigen; es könnten beispielsweise Fenster zu Bruch gehen.

Sind alle Sprengladungen befestigt, werden sie über Kabel mit einem Kontrollpult verbunden. Die Explosionen im gesamten Gebäude werden sorgfältig angeordnet, damit sie in der richtigen Sequenz stattfinden. Die Schwerkraft erledigt den Rest und das Gebäude fällt in sich zusammen.

SIEHE AUCH: Kathedrale von Saint-Denis (1144), Woolworth Building (1913), World Trade Center (1973), Erdbebensichere Gebäude (2009).

Diese Fotos veranschaulichen den Vorgang einer Gebäudesprengung.

1784

Mechanischer Webstuhl

Edmund Cartwright (1743–1823)

Im frühen 19. Jahrhundert setzt die industrielle Revolution in Gang, was später einmal die Textilindustrie werden soll. Die Kombination aus Baumwollentkörnungsmaschine und **Baumwollspinnereien** hat den Markt für Baumwolle grundlegend verändert und die Baumwollproduktion steigt rasant. Die Verarbeitung von einem Pfund Wolle zu einem Pfund Faden, zuvor ein Prozess von Dutzenden Stunden, wird umfassend mechanisiert.

Noch immer aber muss der Faden zu Tuch gewoben werden, eine Arbeit, verrichtet von Menschen an Handwebstühlen. Die Dinge bessern sich 1733 mit der Erfindung des sogenannten Schnellschützen für den Webstuhl. Gefordert ist aber ein vollständig mechanisierter Webstuhl, der den Anteil der von Menschen geleisteten Arbeit bei der Tuchweberei verringert.

Es war dann Edmund Cartwright, der 1784 mit seinem Kraftstuhl die Tuchproduktion mechanisierte. Die Verfügbarkeit von Tuch stieg und die Kosten sanken aufgrund des stark angestiegenen Produktionsaustoßes der Fabriken. Ingenieure und Erfinder entwickelten den mechanischen Webstuhl und verbesserten bald darauf dessen Geschwindigkeit, Zuverlässigkeit und Produzierbarkeit.

Aufgrund einer Geheimhaltungskampagne in Britannien erreichte der mechanische Webstuhl die USA erst gegen 1814, als Francis Lowell in England einen solchen im Betrieb beobachtete und sich das Funktionsprinzip einprägte. Dies machte zwei Dinge möglich: Die ersten Webereien entstanden; die Ingenieure konnten ein funktionstüchtiges Modell des mechanischen Webstuhls begutachten und begannen bald darauf mit seiner Weiterentwicklung.

Welche Auswirkungen hatte diese Industrialisierung? Kurz vor dem Ausbruch des Bürgerkriegs, so eine Quelle, wurden allein im Staat Georgia in insgesamt 33 Fabriken jährlich fast 24 000 Kilometer Tuch produziert. Im Norden wurde noch viel mehr produziert, da die Textilindustrie dort ihren Ursprung und ihr Zentrum hatte. Zwischen dem Unabhängigkeitskrieg und dem Bürgerkrieg machten Ingenieure und Unternehmer Textilien von einem ländlichen, komplett in Handarbeit gefertigten Erzeugnis zu einer vollkommen maschinen- und fabrikgefertigten Handelsware.

SIEHE AUCH: Baumwollspinnerei (1790), Baumwollentkörnungsmaschine (1794), Massenproduktion (1845), Nähmaschine (1846).

Eine Tafel von 1836, die einen mechanischen Webstuhl in einer Baumwollspinnerei abbildet.

1790

Baumwollspinnerei

Zur Zeit der Amerikanischen Revolution wurde jeder Produktionsschritt bei der Herstellung von Textilien von Hand verrichtet. Menschen, oft Sklaven, pflanzten Baumwolle, umhackten sie und pflückten die Samenkapseln einzeln ab. Dann entfernten andere die Samen aus der Wolle, spannen sie auf Handspinnrädern und woben sie auf Handwebstühlen zu Tuch. Noch andere schnitten und nähten den Stoff von Hand.

Gegen Ende des 18. Jahrhunderts änderte sich dies in Amerika. Die erste erfolgreiche Baumwollspinnerei eröffnete 1790 in Pawtucket, Rhode Island, das damit als Herd der industriellen Revolution in den USA gilt.

Wer jemals beim Spinnen von Baumwolle auf einem altertümlichen fußgesteuerten Spinnrad zugesehen hat, der weiß, wie langsam und mühselig das vonstatten geht. Alles beginnt mit dem Karden, dem Glätten und Ausrichten der Bauwollfasern. Das Spinnrad dreht dann die Fasern zu einem Faden oder Garn zusammen.

Die Entstehung einer Textilindustrie setzte die Mechanisierung des gesamten Spinnvorgangs voraus. In der Baumwollspinnerei von Pawtucket wurden das Karden und Spinnen mit Maschinen erledigt.

Der eigentliche Spinnvorgang fand in einer Spinnmaschine statt. Diese konnte jedoch nicht ohne Faserstränge – lange, leicht gedrehte Fasern von der Größe eines dicken Bleistifts – effizient funktionieren. Für die Erstellung der Stränge kardeten mehrere Maschinen die Fasern, formten sie zu Faserbändern, kombinierten diese und führten sie zu einer Streckmaschine. Die Grundidee war die Schaffung eines konsistenten Produkts, robust genug, um die Spinnmaschine ohne Reißen oder Stauung von Fasersträngen kontinuierlich zu versorgen.

Diese Mechanisierung war ein denkwürdiges Ereignis für Erfinder und Maschinenbauer und setzte eine Textilrevolution in Gang. Ähnliches geschah, als die **Gebrüder Wright** ein funktionierendes Flugzeug vorstellten und die Luftfahrt eine explosionsartige Entwicklung erlebte.

SIEHE AUCH: Mechanischer Webstuhl (1784), Baumwollentkörnungsmaschine (1794), Flugzeug der Gebrüder Wright (1903).

Die hier abgebildete Slater Mill war die erste wasserbetriebene Baumwollspinnerei in den USA.

1794

Baumwollentkörnungsmaschine

Eli Whitney (1765–1825)

Wie zu erwarten explodierte mit der Inbetriebnahme der ersten Baumwollspinnerei in den USA die Nachfrage nach Baumwolle geradezu. Doch es gab ein kleines Problem mit der Baumwolle – die Samen.

Beim Pflücken der reifen Baumwollsamenkapseln zur Erntezeit würden Sie schnell begreifen, dass dies nicht die reinen, in der Drogerie erhältlichen weißen Wattebäusche sind. Die Baumwollpflanze will ihre Samen streuen und diese sind in den Fasern eingebettet. Von Hand konnte man pro Tag die Samen von etwa einem Pfund Baumwollfasern trennen – eine Gemeinschaftsaufgabe für Kinder und Sklaven. Baumwolle war somit teuer.

Das änderte sich 1794 mit der patentierten Erfindung der Baumwollentkörnungsmaschine durch Eli Whitney. Sie ist ein perfektes Beispiel dafür, wie ein Gerät eine gesamte Industrie verändern kann. Bei der Baumwollentkörnungsmaschine befindet sich die Baumwolle in einem Behälter. Eine Reihe mit Zähnen ausgestatteter Räder dreht sich durch die Rohbaumwolle, erfasst und rupft die Baumwollfasern von den Samen. Eine Reihe sich drehender Bürsten entfernt die samenlosen Fasern danach von den Zähnen.

Die ursprüngliche Baumwollentkörnungsmaschine war eine kleine Kiste mit einer Handkurbel und machte das Entfernen der Samen unheimlich einfach und schnell. Die Ingenieure beschleunigten, verbesserten und mechanisierten diesen Prozess immer weiter, bis schließlich eine Apparatur für den Fabrikeinsatz geschaffen wurde, die saubere Baumwolle an die wachsende Zahl der Baumwollspinnereien liefern konnte.

Die Baumwollentkörnungsmaschine beseitigte ein großes Hindernis und einen entscheidenden Kostenfaktor bei der Herstellung von Baumwolle und ließ die Nachfrage sprunghaft ansteigen – ein hervorragendes Beispiel für einen durch die Technik begünstigten wichtigen Schritt zu mehr Produktivität. Nach ihrer Erfindung entwickelte sich die Maschine rasch zu industriell einsetzbarer Größe und machte die Handarbeit bei der Entkörnung fast vollständig überflüssig. Dieselbe Tendenz war beim Karden, Spinnen und Weben sowie beim Pflanzen, Behacken und Ernten der Pflanzen zu verzeichnen. Nach Jahren der technischen Entwicklung kann heute eine Handvoll Menschen die Arbeit verrichten, die einst eine große Zahl von Arbeitern erforderte.

SIEHE AUCH: Mechanischer Webstuhl (1784), Baumwollspinnerei (1790), Nähmaschine (1846), Tröpfchenbewässerung (1964).

Eli Whitneys Patent für die Baumwollentkörnungsmaschine, 14. März 1794.

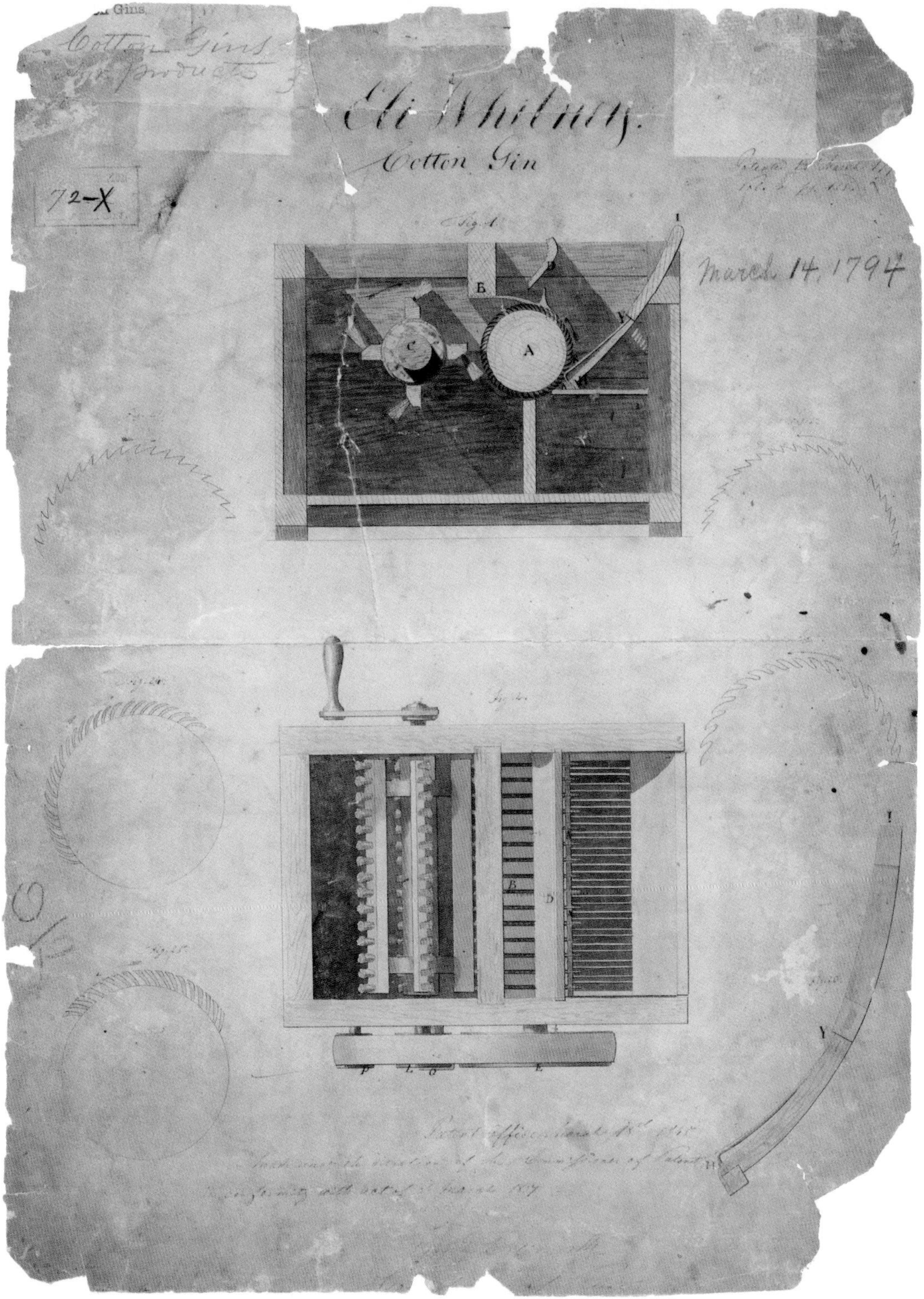

Cotton Gins
72-X
Eli Whitney.
Cotton Gin
March 14, 1794

1800

Hochdruck-Dampfmaschine

Richard Trevithick (1771–1833)

Einst war der menschliche Körper die einzige Energie- und Antriebsquelle. Dann lernte der Mensch Pferde und Ochsen zu nutzen. Später entdeckte er, wie sich mithilfe von **Wasserrädern** aus Wasser Energie erzeugen ließ. Mit keiner dieser Energiequellen lässt sich jedoch eine Lokomotive oder ein Kreuzfahrtschiff wie die **Titanic** antreiben. Für eine Fabrik können wir zwar ein Wasserkraftwerk errichten, sind aber in der Standortwahl sehr beschränkt. Eine bessere Energiequelle war gefordert.

Die Dampfmaschine läutete das Industriezeitalter ein. Die erste Hochdruck-Dampfmaschine wurde 1800 vom britischen Ingenieur Richard Trevithick vorgestellt. Bis 1850 erfolgte eine schrittweise Weiterentwicklung und die Corliss-Dampfmaschine wurde zum Stand der Technik für große stationäre Energiebedürfnisse. Sie war effizient und zuverlässig, groß und schwer und damit eine gute Maschine zur Versorgung von Fabriken. Das System der **Seilbahnwagen** in San Francisco nutzt Dampfmaschinen dieses Typs.

Die Dampfmaschine der *Centennial International Exhibition* in Philadelphia von 1876 ist mit ihren zwei Zylindern und 1400 PS (eine Million Watt) ein Musterbeispiel. Kolben mit einem Durchmesser von mehr als einem Meter bewegten sich 3 Meter in ihren Zylindern, um ein Schwungrad mit 9 Metern Durchmesser zu drehen.

Auf der Titanic kam die nächste Generation der Dampfmaschine zum Einsatz. Mehrere Zylinder nahmen die Energie aus der fortlaufenden Dehnung ein und desselben Dampfes auf.

Ein zentrales Element jeder Hochdruck-Dampfmaschine ist der Heizkessel, in dem heißes Wasser den Dampfdruck erzeugt. Ärgerlicherweise kann der Kessel unter hohem Druck bersten. Die schlimmste Explosion eines Heizkessels ereignete sich 1865 an Bord des Dampfschiffs Sultana. Es verfügte über vier Heizkessel, von denen einer leckte und in aller Eile repariert worden war. Vermutlich gab der reparierte Bereich nach, was eine gewaltige Explosion des Heizkessels zur Folge hatte. Ungefähr 1800 der 2000 an Bord befindlichen Menschen wurden dabei getötet. Heute verwenden Ingenieure stattdessen Dampfturbinen. Man findet sie in beinahe jedem **Kraftwerk**.

SIEHE AUCH: Wasserrad (100 v. Chr.), Seilbahnwagen (1873), Dampfturbine (1890), Die Titanic (1912), International Thermonuclear Experimental Reactor (ITER (1985)).

US-Präsident Ulysses S. Grant und Don Pedro setzen die Corliss-Dampfmaschine bei der Eröffnungszeremonie der Centennial International Exhibition Philadelphia (1876) in Gang.

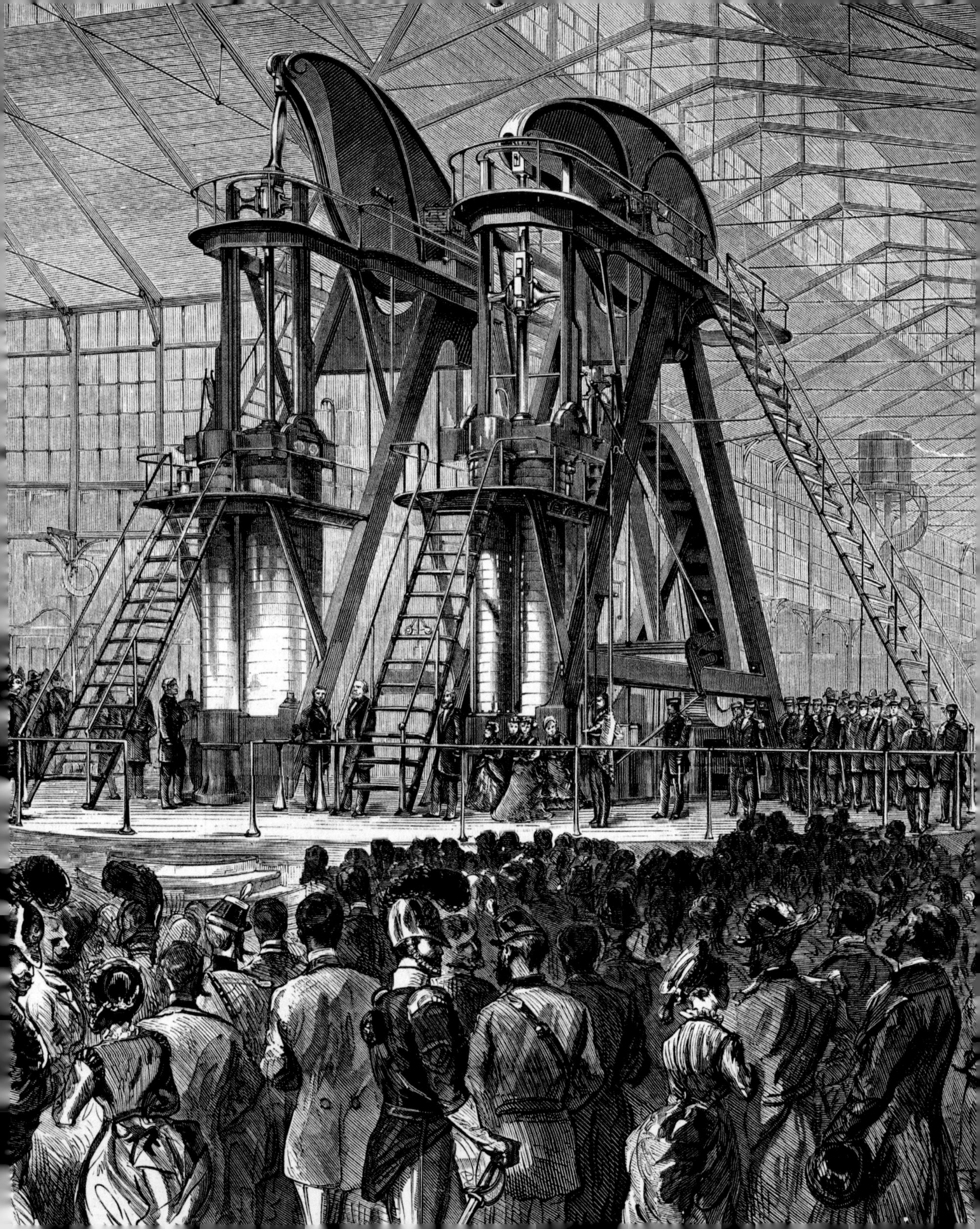

1823

Fachwerkbrücke

Erhielten wir Einblick in das Gehirn eines Ingenieurs, um die wesentlichen Antriebsfaktoren seines Denkprozesses zu ermitteln, so stünde weit oben auf der Liste wohl die Effizienz. Bei allem, was Ingenieure tun, interessiert sie die Effizienz. Beim Bauen drückt sich dieser Wert in der Effizienz der Baumaterialien aus. Überflüssiges Material bedeutet zusätzliches Gewicht und steigende Kosten.

Mit einem Fachwerk lässt sich Baumaterial sehr effizient zur Überbrückung einer Kluft nutzen. Es besteht größtenteils aus Luft – einer Ansammlung offener Dreiecke, ausgelegt für große Belastung.

Die älteste gedeckte Brücke in den USA mit dem ältesten Fachwerk ist die *Hyde Hall Bridge* von 1823 im Hinterland von New York. Die Brücke ist 16 Meter lang und verfügt über zwei Fachwerke – je eines an jeder Seite der Brücke. Ein Dach schützt das Holz vor Umwelteinflüssen.

Fachwerke gehen auf Dachkonstruktionen im Römischen Reich zurück, was leicht nachzuvollziehen ist. Wollen wir die Mauern einer Kathedrale oder eines großen Raumes überspannen, müssen die Deckenbalken Verbindung zu beiden Mauern haben. Aber Holzbalken, ganz gleich wie massiv, beginnen ab einer Spannweite von zwölf Metern unter ihrer eigenen Last durchzuhängen. Die Lösung ist ein minimales Giebelfachwerk, bei dem eine einfache Hängesäule im Zentrum des Balkens Anschluss an den höchsten Punkt der Dachsparren hat und dadurch den Balken stützt. Diese Idee liegt jedem Fachwerk zugrunde, bei dem unterschiedliche Konstruktionen des Fachwerks andere Glieder durch Spannung oder Stauchung stützen. Der Materialaufwand ist im Vergleich zu einem Massivholzbalken mit gleichen Maßen wesentlich geringer.

Deshalb können wir überall in der modernen Welt Fachwerke erblicken: Bei Brücken wie der **Golden Gate Bridge**, bei Gebäuden wie dem **World Trade Center**, bei **Turmkränen**, Strommasten, u. a. Ein entsprechend konstruiertes Fachwerk ist viel kostengünstiger und leichter als ein massiver Träger derselben Größe.

SIEHE AUCH: Kathedrale von Saint-Denis (1144), Ingenieurholz (1905), Woolworth Building (1913), Golden-Gate-Brücke (1937), Tacoma Narrows Bridge (1940), Turmdrehkran (1949), World Trade Center (1973).

Dieses 1862 aufgenommene Foto zeigt einen Zug auf einer Fachwerkbrücke.

1824

Rensselaer Polytechnic Institute

Stephen van Rensselaer (1764–1839), **Amos Eaton** (1776–1842)

Heutzutage sind Ingenieure Absolventen von Fachhochschulen und Universitäten mit entsprechenden Studiengängen. In den USA sind diese Studiengänge fast immer vom *Accreditation Board for Engineering and Technology* (ABET) zugelassen. Wenn Sie **Diplom-Ingenieur** werden möchten, bedarf es einer Zulassung durch den ABET.

In den USA bieten Hunderte von Institutionen tausende Studiengänge für angehende Ingenieure an. Bis 1823 war das ganz anders. Das erste Bildungsinstitut, das sich speziell der Ausbildung von Ingenieuren widmete, war das *Rensselaer Polytechnic Institute* in Troy im Bundesstaat New York.

Bei Eröffnung des Instituts gab es nur wenige Interessenten (zehn Studenten 1825). Die ersten Diplome, allesamt im Bereich Bauingenieurwesen, wurden 1835 verliehen. Auch 1850 hatte das Institut nur fünfzig Studenten, doch die Absolventen im Bereich Bauingenieurwesen genossen bereits hohes Ansehen. So war etwa Theodore Judah, einer der ersten Absolventen des RPI, Chefingenieur beim Bau mehrerer Bahnstrecken und leistete einen wichtigen Beitrag zur **transkontinentalen Eisenbahn.**

Warum befand sich die erste Fachhochschule der USA für Ingenieurwesen gerade in Troy? Ein entscheidender Faktor war die Bekanntheit von Troy als eines der ersten Industriezentren der Nation. In gewisser Weise kann man sich Troy als Silicon Valley dieser Zeit vorstellen. Durch seine Lage am Hudson River war Troy ein wichtiger Verkehrsknotenpunkt. Als der **Eriekanal** 1825 nahe Troy mit dem Hudson River verbunden wurde, stieg die Bedeutung dieses Ortes sprunghaft an. Aufgrund seiner Steilküste entlang des Hudson Rivers und der darüber hinweg verlaufenden Wasserläufe waren Troy und die umliegenden Städte ideal für den Bau von wasserbetriebenen Fabriken geeignet. Außerdem war Troy ein wichtiges Zentrum der Stahlproduktion. Die industrielle Tätigkeit und der Wohlstand machten Troy zu einem vortrefflichen Ort für eine Ingenieursschule. Menschen mit einem Interesse an Technologie, Innovation und Industrie zog es fortan nach Troy.

Heute bringen verschiedene Fachhochschulen in den USA jährlich 80 000–90 000 Diplom-Ingenieure hervor.

SIEHE AUCH: Gunter's Chain (1620), Baumwollspinnerei (1790), Eriekanal (1825), Massenproduktion (1845), Berufszulassung für Ingenieure (1907), Women's Engineering Society (1919).

Ein Stich des ursprünglichen Rensselaer Polytechnic Institute von 1876. Das Gebäude auf der linken Seite, das Winslow-Chemielabor, steht heute noch als einziges.

POLYTECHNIC INSTITUTE, TROY, N.Y.

1825

Eriekanal

Benjamin Wright (1770–1842)

Wohnte man zu Anfang des 19. Jahrhunderts als Kaufmann nicht an einem leicht zu befahrenden Fluss, gestaltete sich der Transport von Waren eher schwierig. Gab es eine Straße, konnte man die Güter in einem Pferde- oder Ochsen-Fuhrwerk befördern. Oder man belud ein Lasttier damit. Vor der Ära der Eisenbahnen war der Warentransport ein enormes Problem. In England und den Niederlanden nutzte man dafür Kanäle. Aber Amerika hatte nur wenige, in England ausgebildete Ingenieure, und ein Kanalprojekt erfordert ausgebildete Bauingenieure für Entwurf und Bau.

Ein Kanal ist eine lange Wasserstraße mit leichtem Gefälle, mit Schleusen zum Ausgleich großer Unterschiede im Pegel. Der Wasserstand muss über die gesamte Länge des Kanals unter Benutzung umliegender Wasserquellen aufrechterhalten werden. Bei den ersten Kanälen bewegte allein die Schwerkraft das Wasser. Ist der Kanal fehlerhaft gebaut, trocknet er aus oder tritt über die Ufer.

Der von Chefingenieur Benjamin Wright beaufsichtigte Eriekanal war für seine Zeit eine monumentale Leistung. Er erstreckte sich über 580 km im Bundesstaat New York, von Albany bis nach Buffalo, mit 36 Schleusen. Der Kanal verband den Hudson River und somit auch New York City mit dem Eriesee. Über den 240 Kilometer langen Eriesee konnte man gar nach Toledo in Ohio gelangen.

Nach seiner Fertigstellung 1825 sorgte der Kanal für einen Wandel. Ein Kanalboot konnte 27 Tonnen Fracht befördern. Dadurch sanken die Transportkosten rapide. Zuvor mag die Beförderung einer Tonne Fracht über die Entfernung des Kanals zwischen 100 und 120 US-Dollar gekostet haben. Durch den Eriekanal sank der Preis unter fünf US-Dollar. Tonnen von Weizen oder Berge von Holz konnten nun zu einem erschwinglichen Preis zum Markt transportiert werden. Das war revolutionär.

Noch wichtiger war das Eriekanal-Projekt für die Ingenieure: Für viele Menschen war es eine Ingenieursschule. Es ist kein Zufall, dass 1824 – ein Jahr vor der Fertigstellung des Projekts – das **Rensselaer Polytechnic Institute**, die erste Fachhochschule für Ingenieurwesen in den USA in Troy, wenige Kilometer vom einen Ende des Eriekanals entfernt ihre Tore öffnete.

SIEHE AUCH: Gunter's Chain (1620), Rensselaer Polytechnic Institute (1824), Dampfturbine (1890), Panamakanal (1914).

Der Eriekanal an der Salina Street in Syracuse, New York, um 1904.

1830

Tom Thumb (Dampflokomotive)

Die Dampflokomotive änderte den Kurs der Zivilisation. Sie ermöglichte dem Menschen den Bau effizienter Transportsysteme ohne Wasser und Schiffe. Züge waren die Lastkähne des Festlandes. Im Vergleich zum Kanalbau waren Schienen unglaublich kostengünstig und vielseitig einsetzbar. Die Gleise konnten über Berge, durch Wüsten und Tunnel verlaufen – mit Kanälen nicht machbar.

Die Dampflokomotive hatte 1830 in den USA mit „Tom Thumb" einen verhaltenen Start. Der dampfbetriebene Kolbenmotor des Tom Thumb generierte durch das Verbrennen von Kohle in einem kleinen Heizkessel lediglich 1,4 Pferdestärken (1000 Watt). Das war jedoch genug, um einen vollbesetzten Wagen mit 29 Stundenkilometer über eine Strecke von 21 Kilometern zu befördern.

111 Jahre später hatten Ingenieure die Dampflokomotive mit dem „Big Boy" für die Bahnstrecke der Union Pacific zu Höchstleistungen gebracht. Big Boy wog über 450 Tonnen, beförderte in einem Wagen Kohle und Wasser und hatte eine Länge von 26 Metern. Die Lokomotive mit 6000 Pferdestärken (4,5 Millionen Watt) verfügte über zwei separate Sätze von Triebrädern, die von eigenen Zylindern angetrieben wurden. Die 25 Lokomotiven vom Typ Big Boy legten durchschnittlich 1,6 Millionen Kilometer zurück, bevor sie durch **Diesellokomotiven** ersetzt wurden.

Dazwischen stand die klassische Dampflokomotive, die man in alten Westernfilmen sieht – mit Schienenräumern an der Vorderseite, großem Schornstein und Kabine für die Ingenieure im hinteren Teil. Eine solche Lokomotive sehen wir auf dem Foto vom Setzen des letzten Schienennagels („Golden spike") der **transkontinentalen Eisenbahn**. Die 1868 gebaute Jupiter mit ihrem holzbefeuerten Heizkessel wurde nach 41 Jahren außer Dienst gestellt.

Dampflokomotiven machten die Frachtbeförderung von einer Küste zur anderen möglich. Die Reise von New York nach San Francisco dauerte nur noch eine Woche. Tausende Städte entstanden entlang der Eisenbahn. Die Lokomotiven spielten durch die Beförderung von Soldaten und Material auch eine entscheidende Rolle im Bürgerkrieg. Die Ingenieure hatten eine völlig neue Art des Transports geschaffen, der den Verlauf der Geschichte veränderte.

SIEHE AUCH: Segelschiffe mit Rahsegeln (1492), Fachwerkbrücke (1823), Eriekanal (1825), Transkontinentale Eisenbahn (1869), Diesellokomotive (1897), Panamakanal (1914), Hochgeschwindigkeitszug (1964).

Spätere Dampflokomotiven wie diese basierten auf Amerikas Prototyp – dem Tom Thumb.

148

1835

Mähdrescher

Hiram Moore (1801–1875)

Im späten 18. Jahrhundert arbeiteten in den USA 90 Prozent der Beschäftigten in der Landwirtschaft. Fast die gesamte Bevölkerung verbrachte ihre Zeit mit dem Anbau von Lebensmitteln. Dann kamen Ingenieure ins Spiel und schon bald steigerte sich die Effizienz der Landwirtschaft enorm. Der 1835 von Hiram Moore entwickelte Mähdrescher war eine der wichtigsten Neuerungen, die den Wandel vorantrieben. Heute produziert Amerika mit etwa einem Prozent der Arbeitskraft (mehr als) genügend Nahrungsmittel. Chemieingenieure stellen Pestizide und Düngemittel her. Maschinenbauer sorgen für die benötigten Maschinen und Werkzeuge. So produzieren wir heute pro Hektar und Kopf mehr Nahrungsmittel als je zuvor.

Die Getreideernte war anstrengend und zeitaufwendig. Mit Sensen wurde Weizen oder Hafer gemäht und zu Garben gebunden. Letztere wurden zur Tenne gebracht, wo man das Korn mit den Füßen oder mit Dreschflegeln aus den Halmen drosch. Später wurde mit einer Getreideschwinge Weizen von Spreu getrennt. Das Einbringen der Ernte von einem großen Feld beanspruchte oft dutzende Menschen für mehrere Tage.

Ein moderner Mähdrescher erledigt dies schnell und effizient in einem Schritt. Die Maschine besitzt an ihrer Front ein Schneidewerk. Im Innern gelangen die Halme auf ein Förderband. Eine Dreschtrommel löst das Korn heraus, und Siebe und Getreideschwingen trennen Korn von Spreu. Stroh und Spreu fallen zurück aufs Feld, während das Korn in einen Behälter gelangt, aus dem es in regelmäßigen Abständen abtransportiert wird. Ein großer Mähdrescher kann mit einem einzigen Fahrer über 40 Hektar Korn, Bohnen oder Mais pro Tag abernten. Ein Arbeiter mit Sense mäht bis zu 0,4 Hektar pro Tag, mit mehreren, Garben bindenden Arbeitern im Gefolge. Für den Transport, das Dreschen und Schwingen waren noch mehr helfende Hände nötig.

Diese Verbesserung der Produktivität zeigt die Macht der Technik und der Ingenieure. Sie helfen, die Kosten dramatisch zu senken. Ähnliche Weiterentwicklungen beim Pflügen, Pflanzen, Kultivieren und Düngen, ganz zu schweigen vom **Pivot-Beregnungssystem** und später der **Tröpfchenbewässerung**, machen die Landarbeit von heute so effizient.

SIEHE AUCH: Werkzeuge der Jäger und Sammler (3300 v. Chr.), Pivot-Beregnungssystem (1952), Grüne Revolution (1961), Tröpfchenbewässerung (1964).

Dieser moderne Mähdrescher verdankt seine Existenz dem ursprünglichen Entwurf von Hiram Moore.

1837

Telegrafensystem

Charles Wheatstone (1802–1875), **William Fothergill Cook** (1806–1879)

Beim Gedanken an ein Telegrafensystem sehen wir vor unserem geistigen Auge wahrscheinlich eine Person, die über eine Taste Mitteilungen in Morsezeichen übermittelt und andere über einen klappernden Metallstab empfängt. Diese 1837 vom englischen Erfinder William Fothergill Cook und dem Wissenschaftler Charles Wheatstone erfundene Anordnung war der erste gewerblich genutzte Telegraf.

Zuvor und danach gab es viele technische Lösungen, aber diese eine setzte sich aus mehreren Gründen durch. Der wichtigste – sie war unglaublich simpel. Man benötigte an jedem Ende der Leitung nur eine Taste, einen Schallgeber, einen Elektromagneten, der Klickgeräusche macht, eine einzige Leitung und eine Batterie. Die Erde diente als zweite Leitung und schloss den Batteriekreislauf. Aufgrund seiner einfachen Konstruktion war dieses System konstengünstig und extrem zuverlässig.

Nach der Etablierung des Grundsystems kam es zur rasanten Entwicklung von Netzwerken. Aus Kostengründen und der einfachen Machbarkeit halber wurde die Leitung an Masten mit Glasisolatoren verlegt. Die Masten errichtete man entlang der bestehenden Bahnstrecken. Deshalb hatten die meisten Bahnhöfe ein Telegrafenamt und jeder in einer Stadt mit einer Telegrafenstation konnte mit dem Rest der Welt kommunizieren.

Stellen Sie sich einmal die Umwälzungen in einer Zivilisation vor, wenn die Menschen plötzlich über weite Strecken kommunizieren können. Eine Nachricht, die zuvor als Brief mehrere Tage oder Wochen auf dem Rücken eines Pferdes unterwegs war, konnte nun in einer Minute übermittelt werden.

Im Bürgerkrieg war der Telegraf für den Norden von entscheidender Bedeutung, weil Nachrichten fast augenblicklich zu und von vielen Gefechtsschauplätzen weitergeleitet werden konnten. Sogar Präsident Lincoln war damals des Öfteren im Telegrafenamt anzutreffen. Mit einer funktionierenden Kommunikation fiel die Koordination von Truppen und Nachschub wesentlich leichter.

Die Ingenieure fanden Wege zur Isolation der Leitungen mit Guttapercha und **Unterseetelegrafenkabel** folgten bald. So ließen sie die Welt schrumpfen.

SIEHE AUCH: Transkontinentale Eisenbahn (1869), Telefon (1876), Radiosender (1920), TAT-1-Seekabel (1956), ARPANET (1969).

Der Telegraf stand für die beispiellose Fähigkeit zur Langstreckenkommunikation.

1845

Massenproduktion

Kostenreduzierung ist einer der wichtigsten Vorzüge, den die Ingenieure uns bescheren. Sie machen komplizierte, teure Prozesse und Geräte erschwinglich, etwa durch die Einführung der Massenproduktion.

Ein Besuch der historischen Gegend von Williamsburg in Virginia gibt Ihnen die Gelegenheit, sich die Herstellung von Waffen vor der Industriellen Revolution anzusehen. Die Waffenschmiede fertigten damals jedes Teil einzeln: Abzug, Lauf, Federn und Batterie. Danach wurden diese Teile per Hand zusammengesetzt.

Zur Zeit der Industriellen Revolution führte die Arbeit der Ingenieure zu drei großen Veränderungen: erstens zur Herstellung standardisierter, austauschbarer Teile, zweitens zur Aufteilung der Fertigungsschritte auf einzelne Stationen entlang der Fertigungslinie (Arbeitsteilung) und drittens zum Einsatz von Maschinen für so viele Arbeiten wie möglich. Einer der ersten Orte, wo diese drei Innovationen zusammentrafen, war eine 1845 in Betrieb genommene Gewehrfabrik in Harpers Ferry, Virginia.

In dieser Fabrik verrichteten Maschinen einen Großteil der Arbeit. So ermöglichte etwa eine spezielle Maschine die automatische Produktion von Gewehrschäften aus Holz. Der Schaft musste nun nicht mehr von Hand gefertigt und angepasst werden und alle Gewehrschäfte waren identisch und austauschbar. Der Mensch war nur in geringer Weise unmittelbar an deren Herstellung beteiligt. Ähnlich verhielt es sich bei der Produktion der Läufe, Abzüge, Federn, und anderer Teile.

Weniger Handarbeit bedeutete geringere Produktionskosten. Außerdem mussten die Waffenschmiede nicht mehr zur Reparatur handgefertigter Waffen zum Kunden geschickt werden. Jeder konnte ein kaputtes Bauteil durch ein funktionierendes ersetzen.

Massenproduktion dieser Art, bekannt als Amerikanisches Fertigungssystem, verbreitete sich von der Waffenindustrie auf viele andere Industriezweige. Es war die Grundlage für die Massenfertigung des Modells T im Fordismus.

Heutzutage stammt nahezu alles, was wir benutzen, aus Massenfertigung. Schauen Sie sich um – vermutlich erblicken Sie kein einziges handgefertigtes Objekt. Alles – von Ihren Schuhen bis zu Ihrem **Smartphone** – stammt aus einer Fabrik. Durch Fabrikfertigung reduziert man die Produktionskosten und macht immer mehr Dinge für den Verbraucher erschwinglich.

SIEHE AUCH: Baumwollspinnerei (1790), Toplader-Waschmaschine (1946), AK-47 „Kalaschnikow“ (1947), Smartphone (2007).

Dieses Foto zeigt die Massenproduktion von Flugzeugen.

1845

Tunnelbohrmaschine

Henri-Joseph Maus (1808–1893)

Die Tunnelbohrmaschine ist eine der raffiniertesten und größten Maschinen, die Ingenieure je entwickelt haben. Das erste, 1845 vom belgischen Ingenieur Henri-Joseph Maus vorgestellte Exemplar hatte enorme Ausmaße, bestand aus über 1000 Schlagbohrern und kam beim Bau eines Alpentunnels zwischen Frankreich und Italien zum Einsatz.

Moderne TBMs sind schlanker als Maus' alter „Bergschneider", wie man die Maschine nannte. An der Vorderseite der Maschine sitzt eine massive Drehscheibe vom Durchmesser einer Tunnelbohrung. Im Fall der beiden Haupttunnel für den **Eurotunnel** zwischen Frankreich und England betrug diese knapp acht Meter. Die Drehscheibe ist mit Messern und Abstreicher ausgerüstet, die gegen den Fels oder verdichtete Erde gedrückt werden und diese aushöhlen. Das Geröll gelangt durch Löcher auf der Scheibe auf eine Sammelvorrichtung und wird mit Förderbändern aus dem Tunnel befördert.

Hinter diesem Schneidekopf befindet sich ein Schild vom Durchmesser der Tunnelbohrung. Darin befindet sich die Ausrüstung, mit der die Betonwandsegmente befestigt werden. Ein neuer Wandabschnitt ist ein Ring, der einen Meter breit ist und aus sieben bis zehn einzelnen Ringelementen besteht. Bei einer Bauart dieser Maschine drücken mehrere Hydraulikzylinder gegen den zuvor angebrachten Ring, um Druck auf den Schneidekopf zu geben. In regelmäßigen Abständen wird der Schneidekopf angehalten, die Zylinder fahren zurück, und ein mechanischer Arm setzt jedes Wandsegment an seinen Platz. Ist der Ring vollständig, gehen die Zylinder wieder in Position gegen den neuen Wandabschnitt, damit die TBM weiterbohren kann. Eine TBM spritzt gewöhnlich Einpressmörtel zwischen die eingesetzte Betonwand und den eigentlichen Tunnel, um den gesamten Tunnel zu versiegeln.

Dank der TBM können Ingenieure durch das Erdreich bohren und dabei einen sehr stabilen und beständigen Tunnel bauen. Die Maschine ist lenkbar, kann sich also nach links und rechts oder oben und unten bewegen. Straßen und Gebäude auf der Oberfläche darüber werden nicht beeinträchtigt.

SIEHE AUCH: Eurotunnel (Kanaltunnel) (1994), Großer Hadronen-Speicherring (1998).

Ein Bauarbeiter betrachtet den Schneidekopf einer Tunnelbohrmaschine.

1846

Nähmaschine

Elias Howe (1819–1867)

Um 1850 erfuhr die Textilindustrie eine Revolution. Die **Baumwollentkörnungsmaschine** und die **Baumwollspinnereien** sowie Fabriken mit mechanischen Webstühlen sorgten für einen Wandel in der Herstellung von Textilien. Der Prozess wurde immer stärker automatisiert.

Was sich jedoch nicht geändert hatte, war das Nähen. Die Kleidungsstücke mussten immer noch von Hand mit Nadel und Faden zusammengenäht werden. Das änderte sich jedoch mit Einführung der Steppstich-Nähmaschine, in den USA als Patent des Erfinders Elias Howe 1846 vorgestellt. Nach 1850 erfuhr diese Maschine durch die Anstrengungen vieler Erfinder und Ingenieure eine rasante Weiterentwicklung.

Die zu entwickelnde Technologie bestand in einer Maschine, die einen Steppstich ausführen kann, bei dem die Naht nicht aufging, wenn jemand am Faden zog. Die Nähmaschinen von Singer waren in den 1850ern als erste in der Lage, dies in einer kommerziellen Größenordnung umzusetzen. Der Mechanismus erscheint noch immer genial. Eine Nadel mit Faden sticht von oben durch den Stoff. Dadurch bildet sich an der Unterseite eine Schlaufe. Dort erfasst ein Haken die Schlaufe und wickelt sie um einen Unterfaden. Nachdem der Haken sich gelöst hat, zieht die obere Nadel die Schlaufe fest und näht den Endriegel. Eine Nähmaschine produziert lange, gerade, stabile Nähte über zehn Mal schneller als eine Näherin oder ein Schneider von Hand.

Die gesamte Technologie entstand zusammen mit einer anderen Neuerung zur Zeit des Bürgerkriegs: genormte Kleidergrößen, die es ermöglichten, Bekleidung in Fabriken in **Massenproduktion** zu fertigen.

Hier eine aufschlussreiche Illustration für den Wandel auf dem Markt: Im Revolutionskrieg hatten die Amerikaner keine Standarduniform. Die Soldaten betraten das Schlachtfeld in eigener Kleidung. Die Armee konnte sich keine Uniformen leisten, weil Bekleidung Mangelware und teuer war. Im Bürgerkrieg erhielt ein Soldat von der Armee dagegen schon drei Paar Hosen, drei Hemden, zwei Mäntel, einen Feldmantel, Unterwäsche und Socken. Eine Fülle von Kleidung war in standardisierten Größen verfügbar, alles ermöglicht durch die industrielle Revolution in der Textilbranche.

SIEHE AUCH: Mechanischer Webstuhl (1784), Baumwollspinnerei (1790), Baumwollentkörnungsmaschine (1794), Massenproduktion (1845).

Eine Annonce für Singer-Nähmaschinen aus dem Jahr 1892, auf der Menschen in Landestracht an einer fußbetriebenen Maschine abgebildet sind.

CARD No 2
ITALY.
SPAIN (VALENCIA)
TUNIS
SPAIN.
MANILA.
ALL NATIONS
BURMAH
USE
JAPAN.
SERVIA
BOSNIA. (AUSTRIA-HUNGARY.)
NORWAY.
SINGER
SEWING
INDIA
SWEDEN
SPAIN.
MACHINES.
SPAIN.
PORTUGAL (VIANNA)
ITALY (ANCONA)
ROUMANIA.

America's Cup

Stellen Sie sich einen Wettbewerb vor, in dem Ingenieure ihrer Fantasie freien Lauf lassen können. Dieser Gedanke lag der erstmals 1851 ausgerichteten Regatta America's Cup zugrunde. Ja, es gibt Regeln, aber diese lassen den Ingenieuren viel Freiraum. Die aus diesen Freiheiten entstehenden Entwürfe sind mitunter revolutionär.

Die neuesten Boote erreichen beispielsweise in freien Gewässern Geschwindigkeiten von über 72 km/h. Mitunter sind sie doppelt so schnell wie der Wind: Weht der mit 32 km/h, schafft das Boot 64 km/h. Manche der Boote mit bis zu 17 Gebäudestockwerke hohen und oft starren Segeln sind beachtlich groß – 26 Meter lang und 14 Meter breit – und haben eine Besatzung von elf Mann.

Wie ist das überhaupt möglich? Wie kann sich ein nur vom Wind angetriebenes Boot mit 72 km/h vorwärtsbewegen? Die Antwort liegt im fachübergreifenden Ingenieurwesen. Um die Boote leicht und stabil zu halten, bestehen diese fast vollständig aus **Kohlefaser** und **Titan**. Zur Reduktion des Strömungs- und Windwiderstands verfügen sie über kleine Tragflügel aus Kohlefasern, die das Boot aus dem Wasser heben.

Die „Segel" stellen eine große Neuerung dar. Lassen Sie uns bei einer Boeing 747 eine Tragfläche entfernen und sie vertikal an einem Mast befestigen – das ist die Größe dieser starren Segel. Sie bestehen im Grunde genommen aus zwei Flügeln, die sich in der Mitte biegen bzw. falten lassen – so lässt sich die Form des Flügels entscheidend verändern. Trifft der Wind im richtigen Winkel auf, drückt er das Segel nicht wie sonst nach vorne, sondern es entsteht ein horizontaler Aufwind entlang des Flügels, der für die Vorwärtsbewegung sorgt.

Bei diesen leichtgewichtigen Booten, den flügelähnlichen Segeln, den Tragflügeln und den gut ausgebildeten Besatzungen haben die Geschwindigkeiten dieser Boote selbst die optimististischsten Erwartungen übertroffen.

Die Größe des Segels und die Belastung der Tragflügel sind abhängig von der Hydraulik. Elektrische Pumpen verstoßen jedoch gegen die Regeln. So sieht man die Besatzungsmitglieder während des Rennens unablässig an Kurbeln, mit denen die hydraulischen Pumpen für das Boot betrieben werden.

SIEHE AUCH: Segelschiffe mit Rahsegeln (1492), Kohlefaser (1879), Hall-Héroult-Prozess (1889), Titan (1940), Boeing 747 Jumbo-Jet (1968).

Der America's Cup war 1851 die erste internationale Regatta.

1854

Wasseraufbereitung

John Snow (1813–1858)

Millionen Menschen erwachen jeden Morgen und benötigen als Erstes Wasser. In den USA liegt der durchschnittliche Wasserverbrauch pro Kopf bei 300 Litern pro Tag. Jede Gemeinde im Land beschäftigt Ingenieure zur Sicherstellung der Wasserversorgung im Wasseraufbereitungswerk.

In vielen Gemeinden stammt das Wasser aus einem Reservoir oder einem künstlich angelegten See. Über eine Einströmleitung bezieht die Gemeinde von dort Wasser, das von zweierlei Verunreinigungen befreit werden muss: zum einen von Kleinstteilen wie Erde, Blättern, Fischabfällen und zum anderen von verschiedenen Bakterien und Parasiten. Dank der Studie zur Cholera-Epidemie von 1854 des englischen Arztes John Snow wissen wir, dass diese Verschmutzungen zur Vermeidung von Krankheiten entfernt werden müssen. Ein kurzer Chlorstoß am Wassereinlass tötet Algen und Bakterien und verwandelt sie in Kleinstteile. Im nächsten Schritt müssen diese entfernt werden.

Üblicherweise geschieht dies durch Hinzugabe von Alaun und anderen Gerinnungsmitteln. Einmal im Wasser besitzen die Alaun-Moleküle eine Ladung, die Partikel anzieht. Wegen der dabei entstehenden Flocken wird dieser Vorgang Ausflockung genannt.

Große, von Ingenieuren entworfene Absetzbecken geben den Flocken Zeit, auf den Boden abzusinken. Danach durchfließt das Wasser große Sandfilter, ähnlich denen von Schwimmbecken, nur viel größer. Diese Filter halten alle verbleibenden Partikel, Parasiten und viele der Bakterien zurück. Auf der letzten Stufe erfolgt die Sterilisation. Dafür sind drei Methoden verbreitet: Chlor, Ozon und UV-Licht. Die Chlorung ist in Deutschland jedoch seit längerer Zeit nur noch bei der Aufbereitung von bereits verschmutztem Wasser zulässig. Studien zur Wasseraufbereitung haben dazu geführt, dass Trinkwasser auch aus anderem, potentiell verschmutzten Quellmaterial gewonnen wird, unter anderem durch **Entsalzung**.

SIEHE AUCH: Modernes Abwassersystem (1859), Meerwasserentsalzung (1959).

Ein Wasserbecken zur Wasseraufbereitung.

1855

Bessemer-Verfahren

Henry Bessemer (1813–1898)

In der Eisenzeit veränderte die verbreitete Nutzung von Eisenwerkzeugen die Welt. Einen gleichsam revolutionären Wandel aber rief die Entwicklung eines 1855 patentierten Verfahrens zur kommerziellen Eisenraffinierung und Stahlherstellung durch den englischen Ingenieur Henry Bessemer hervor.

Woher kommt Stahl? Das abgebaute Eisenerz wird in einem Hochofen zu Roheisen mit einem Kohlenstoffgehalt von etwa fünf Prozent. Danach kommt es zur Erzeugung von Stahl in einen Sauerstoffaufblaskonverter. Unter Druck wird reiner Sauerstoff eingeblasen, der einen Großteil des Kohlenstoffs verbrennt; am Ende liegt der Kohlenstoffanteil zwischen 0,1 (Baustahl) und 1,25 Prozent (Hartstahl). Der Kohlenstoffgehalt, Legierungsmetalle und der Abschreckvorgang entscheiden über die Stahlqualität.

Stahl ist ein erstaunliches Material: zuverlässig stabil, beständig, ermüdungsfest und dennoch gut zu bearbeiten und wandelbar. Bei Erhitzung und Abschreckung (Abkühlung) auf eine bestimmte Weise ist Stahl leichter formbar. Wird er auf andere Weise abgeschreckt, ist er härter und brüchiger. Durch Einsatzhärten erreicht man sogar beide Effekte gleichzeitig. Die Außenhülle ist hart und schwer zu durchschneiden, während der innere Teil weicher ist, um der Brüchigkeit entgegenzuwirken.

Dazu kommen die Legierungen. Durch Zugabe von etwas Chrom lässt sich das Rosten von Stahl vermeiden. Fügt man zusätzlich Kohlenstoff bei, wird er härter. Durch Beimischung von Wolfram oder Molybdän erhalten wir Werkzeugstahl. Vanadium sorgt für höhere Beständigkeit gegen Abnutzung.

Die genannten Vorteile erklären in ihrer Gesamtheit die Allgegenwart von Stahl. Wegen seiner Stabilität, Kosten und Beständigkeit wird Stahl von Ingenieuren zur Herstellung von Autokarosserien und Motoren benutzt. Aus demselben Grund nutzen Ingenieure den Stahl auch in Wolkenkratzern wie dem **Burj Khalifa** sowie beim Bau großer Brücken wie dem **Viadukt von Millau**. **Beton** wird mit Stahl verstärkt, um Stabilität und Spannung zu verbessern. Ist das Gewicht ein entscheidender Faktor, wird Stahl durch Aluminium oder Kohlefaser ersetzt. Wo Stabilität und Beständigkeit im Vergleich zu den Kosten keine große Rolle spielen, wird **Kunststoff** verwendet.

SIEHE AUCH: Beton (1400 v. Chr.), Kunststoff (1856), Hall-Héroult-Prozess (1889), Lachgaseinspritzung (1978), Viadukt von Millau (2004), Burj Khalifa (2010).

Weißglühender Stahl fließt wie Wasser aus einem 35-Tonnen-Elektroofen, Allegheny Ludlum Steel Corp., Brackenridge, PA, ca. 1941.

1856

Kunststoff

Alexander Parkes (1813–1890)

Zwar verwendet der Mensch natürlich vorkommenden Kunststoff wie Kautschuk und Collagen seit Jahrtausenden, doch war das 1856 von Alexander Parkes patentierte Parkesin der erste von Menschenhand geschaffene Kunststoff. Heute sind wir von einer fast unbeschreiblichen Menge an Kunststoff umgeben. Erschwinglichkeit, Formbarkeit und Lebensdauer machen ihn zum idealen Arbeitsmaterial.

Ein Grund für die breite Anwendung von Kunststoff (Plastik) ist die Arbeit der Chemieingenieure, die durch umfangreiche Verfahren in den Fabriken die Kunststoffherstellung so kostengünstig gemacht haben. Ein weiterer Faktor ist der Beitrag der Maschinenbauer und Industrieingenieure, die Bauteile und Gusssysteme zur Formung von Kunststoffobjekten entwerfen. Plastik ist überdies leicht, für sein Gewicht stabil, nicht rostanfällig, gut formbar und es gibt ihn in zahlreichen Formen mit unterschiedlichen Eigenschaften. Während Parkesin aus Zellulose besteht und oft zur Herstellung künstlichen Elfenbeins verwendet wurde, setzt sich moderner Kunststoff meist aus anderen, hochwertigeren Komponenten zusammen. Polyethylen hat lange Kohlenwasserstoffketten und ist somit im Prinzip verfestigtes Benzin. Die Länge der Ketten, die Häufigkeit der Verzweigungen und der Grad der Polymerisierung verleihen dem Polyethylen seine zahlreichen Eigenschaften.

Ingenieure und Wissenschaftler haben bei der Entwicklung Hunderter anderer Kunststoffe zusammengearbeitet. Einige dieser Kunststoffe bilden Fasern, die einen weichen Stoff oder Kissenpolsterung ergeben. Nylon, 1935 erstmals hergestellt von Wallace Carothers in den Forschungslabors von DuPont, ist ein stabiles, abriebbeständiges Material für Fallschirme, Rucksäcke und Zelte. Das später entwickelte **Kevlar** ist stabil genug zum Einsatz in kugelsicheren Westen. Aus gummiartigen Kunststoffen werden Siegel, Dichtungen, Dichtungsringe, Reifen und Griffe. Manche Kunststoffe sind glasklar, andere blickdicht. Einige sind so stabil, dass sie die Zugfestigkeit von Stahl aufweisen und zugleich biegsam und leicht sind. Aufgrund dieser Vielfalt können Ingenieure aus Kunststoff fast alles herstellen.

SIEHE AUCH: Beton (1400 v. Chr.), Baumwollspinnerei (1790), Ölraffinerie Wamsutta (1861), Kohlefaser (1879), Kevlar (1971), 3D-Drucker (1984).

Kunststoffbauklötze dieser Art werden oft aus ABS (Acrylnitril-Butadien-Styrol) gefertigt.

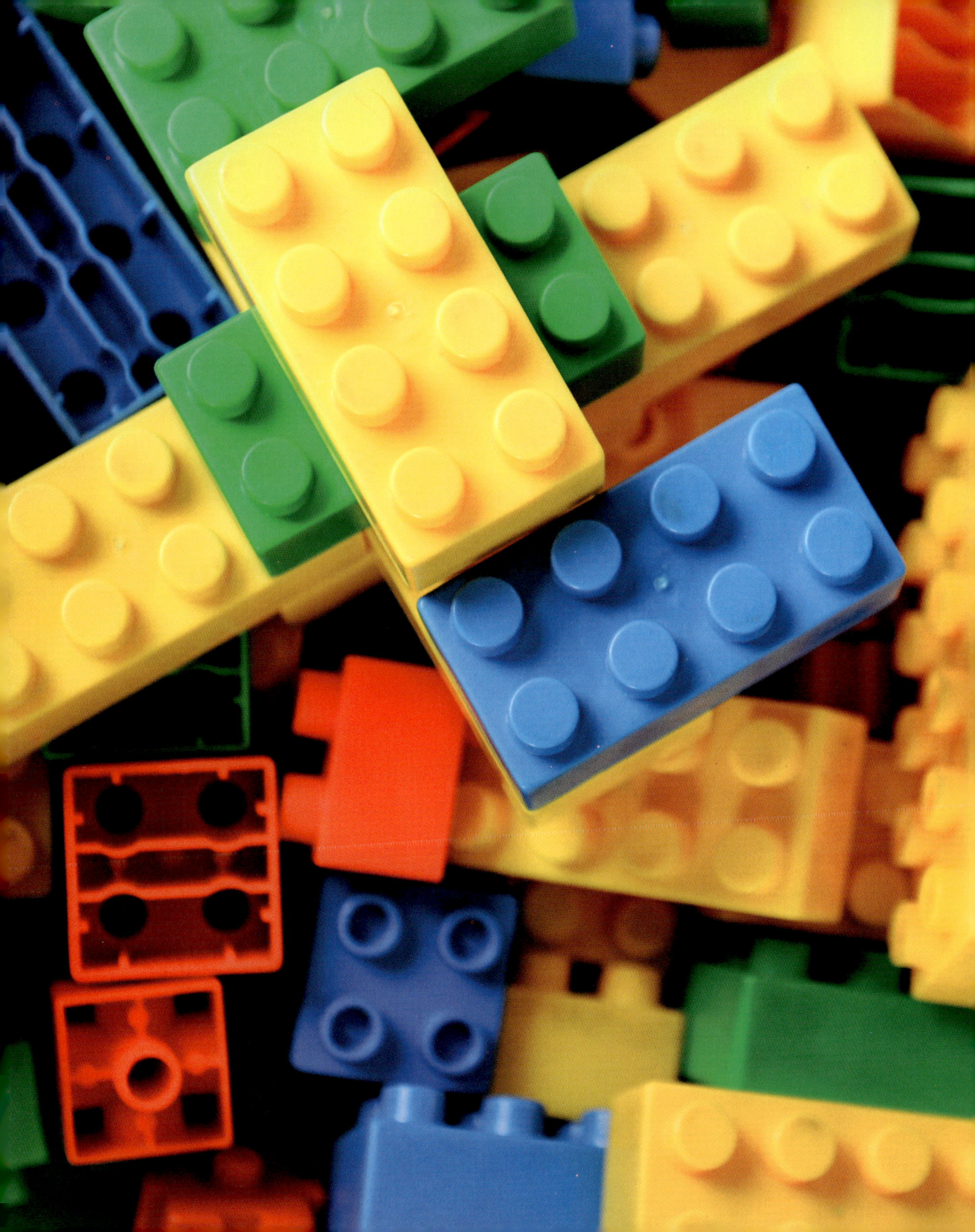

1858

Big Ben

Benjamin Hall (1802–1867)

Der „Big Ben“ ist ein Uhrenturm in London, der eine der größten Schlaguhren der Welt beherbergt. Bauleiter dieses 1858 umgesetzten Projekts war Bauingenieur Benjamin Hall. Den Ingenieur vermag die Uhr durch ihre massiven Ausmaße zu beeindrucken. Unter sozialen Gesichtspunkten war sie ein Instrument, das den Einwohnern der zunehmend industrialisierten Stadt ein Zeitbewusstsein gab.

Die Uhr verfügt über ein massives, vier Meter langes Pendel, eine vergrößerte Version der herkömmlichen **mechanischen Pendeluhren**. Bei dieser Länge nimmt eine komplette Schwingung des Pendels (von rechts nach links und zurück) vier Sekunden in Anspruch. Zur präzisen Einstellung des Pendels und zum Ausgleich von Temperaturschwankungen werden Pennys darauf befestigt. Jeder Penny stellt die Uhr um 0,4 Sekunden pro Tag richtig. Das Pendel wiegt 310 Kilogramm.

Das Pendel steuert die Ankerhemmung, die der Energie eines fallenden Gewichts das „Entfliehen“ und dem Räderwerk für die Uhrzeiger die Vorwärtsbewegung um eine Stufe ermöglicht. Die Ankerhemmung liefert auch die notwendige Energie, um das Pendel in Schwingung zu halten. Der Big Ben war die erste Uhr der Welt, bei der eine doppelte dreibeinige Schwerkrafthemmung zum Einsatz kam. Diese wurde speziell für den Big Ben erfunden und funktioniert außerordentlich zuverlässig.

Die Energie für die Uhr stammt von einem Gewicht von einer halben Tonne, das über eine Trosse an einer Aufziehtrommel befestigt ist. Die Ingenieure der Uhr ziehen sie dreimal in der Woche auf. Die Drehung der Ankerhemmung überträgt sich auf das Räderwerk für Stunden- und Minutenzeiger. Die Uhrzeiger sind riesig: Der Minutenzeiger ist ganze 4,2 Meter lang und wiegt 100 Kilogramm. Ein einziger Schaft führt vom Räderwerk zu einem Zahnrad, das die Energie über vier Schäfte auf die vier Zifferblätter überträgt.

Die Uhr verfügt über zwei weitere Gewichte und Räderwerke. Ein Räderwerk steuert den Hammer der Hauptglocke, die die Stunden schlägt. Das andere Räderwerk steuert die Hämmer der vier kleineren Glocken, die zu jeder Viertelstunde die kurze Melodie „Westminister Chimes“ spielen.

SIEHE AUCH: Mechanische Pendeluhr (1670), Atomuhr (1949), Funkstation der Atomuhr (1962), Flüssigkristallanzeige (LCD) (1970).

Der Big Ben ist der drittgrößte freistehende Uhrenturm und läutete durch seine Glockenschläge für die gesamte Stadt die industrielle Revolution ein.

Domine Salvam Fac Reginam Nostram Victoriam Primam
Domine Salvam Fac Reginam Nostram Victoriam Primam

1859

Erdölbohrung

Edwin Drake (1819–1880)

Was sollte jemanden unter der Erde große Erdölbecken vermuten lassen? Erstens weiß man aufgrund der jahrhundertealten Tradition des Grabens von Brunnen um die Existenz von Wasserquellen im Erdboden und zweitens sickert an manchen Stellen Rohöl an die Erdoberfläche. 1859 wurde nahe Titusville in Pennsylvania an einer solchen Stelle einer der ersten kommerziellen Versuche einer Erdölbohrung unternommen. Im Auftrag der Seneca Oil Company bohrte Edwin Drake mit einem rotierenden Meißel in den Fels. Zur Verhinderung von Wassereinbrüchen wurde das Loch mit einem gusseisernen Rohr ausgekleidet. Nach 22 Metern durchstieß der Bohrer den Fels und traf auf unterirdisches Öl. Eine Pumpe beförderte das Öl dann an die Oberfläche.

Das heutige Verfahren ist ähnlich, jedoch unter Beachtung stärkerer Umweltschutzmaßnahmen sowie von Richtlinien und mit technischer Aufsicht. Eine Drehscheibe auf einem Bohrturm versetzt einen Bohrmeißel an der Spitze eines Rohrs, einen sogenannten Bohrstrang, in Drehung. Eine Flüssigkeit (Bohrschlamm) wird durch das Rohr gepumpt, um den Bohrmeißel zu kühlen und das Loch von Schutt zu befreien. Hat der Bohrer die vorausberechnete Tiefe oder felsigen Untergrund erreicht, wird eine Stahlverkleidung in das Loch eingeführt. Dann wird unter Hochdruck Zement in die Verkleidung gepumpt, bis er an deren Unterseite austritt und durch das Loch an der Außenseite der Hülle zurück zur Oberfläche dringt. Nach dem Aushärten hält der Zement die Hülle an Ort und Stelle und schützt das Grundwasser vor Verschmutzung durch Öl.

Mit einem kleineren Bohrer innerhalb dieser Hülle wird dann bis zum Öl vorgedrungen. Noch mehr Stahlhülle und Zement werden durch das Loch geführt. An dieser Stelle wird die Bohrausrüstung entfernt und ein Förderkopf installiert. Jetzt kann mit dem Pumpen zur Förderung des Öls begonnen werden. Ein großer Teil der Wirtschaft basiert heute auf Erdöl. Der Mensch pumpt und raffiniert etwa 85 Millionen Barrel am Tag, davon fast alles aus Ölbohrungen, auch wenn in vielen Fällen ein Transport über lange Strecken oder eine Pipeline wie die **Trans-Alaska-Pipeline** erforderlich ist.

SIEHE AUCH: Kunststoff (1856), Ölraffinerie Wamsutta (1861), Trans-Alaska-Pipeline (1977), Containerschifffahrt (1984).

Ein Bohrturm in Titusville, Pennsylvania, ca. 1900.

1859

Modernes Abwassersystem

Joseph Bazalgette (1819–1891)

Seit dem Römischen Reich gibt es ein technisches Wunderwerk, das zivilisierte Städte von unzivilisierten unterschieden hat: Ein System zur Beseitigung von Abwasser. Trotzdem leitete man bis ins 19. Jahrhundert in vielen Städten unbehandeltes Abwasser direkt in Gewässer. Dies änderte sich 1858 infolge des „Great Stink" – einer stadtweiten Forderung der Londoner, dass das Parlament etwas gegen die weit verbreitete Wasserverschmutzung und den daraus hervorgehenden Gestank unternehmen sollte. Der vom Metropolitan Board of Works eingesetzte Chefingenieur Joseph Bazalgette schlug ein Abwassersystem vor, das Anfang 1859 akzeptiert und eingerichtet wurde.

Bazalgettes Kanalisationsnetz hat vieles gemeinsam mit modernen Abwassersystemen. Ein vollständiges Abwassernetz hat zwei Bestandteile: Die Rohre, die das Abwasser aus den Gebäuden abführen, und eine Kläranlage, die das Abwasser verarbeitet, bevor es in die Umwelt geleitet wird.

Während das Trinkwassernetz einer Stadt fast immer mit Pumpen unter Druck gesetzt wird, läuft Abwasser fast immer in einem Schwerkraftsystem. Die Kläranlage befindet sich in möglichst niedrigem Terrain, und das Abwasser fällt ihm geradezu entgegen. Besteht doch die Notwendigkeit, Abwasser aufwärts zu bewegen, kommt eine Hubstation zum Einsatz.

Bei einer Kläranlage läuft der Vorgang in drei Stufen ab. In Phase eins werden Müll und schwere Gegenstände entfernt, Fett und Öl abgeschöpft. In Phase zwei wird ein durchlüftetes Becken oder Reservoir durchlaufen, in dem Bakterien alles vertilgen können, was sie im Wasser vorfinden. Das Wasser setzt sich danach wieder und wird seiner endgültigen Filtration und Desinfektion zugeführt. In manchen Städten ist der Abfluss aus dem Klärwerk so sauber, dass dieses Wasser direkt in die Wasserversorgung der Stadt eingespeist wird.

Mit der Abwasseraufbereitung üben die Ingenieure einen gewaltigen aber verdeckten Einfluss auf jede Stadt aus. Würde das Abwassersystem ausfallen, käme es in Kürze zu grauenhaften Zuständen. Da die Ingenieure die Systeme jedoch so bauen und warten, dass sie nahezu reibungslos funktionieren, sehen wir sie als selbstverständlich an.

SIEHE AUCH: Pompeji (79), Wasseraufbereitung (1854), Tiefkühlpizza (1957), Tröpfchenbewässerung (1964).

Wasseraufbereitung in einer heutigen Kläranlage.

1971

1860

Wasserturm in Louisville

Stellen Sie sich vor, Sie entwerfen die Wasserversorgung für eine Kleinstadt. Sie müssen jedes Haus und jedes Geschäft mit Wasser versorgen. Um das zu tun, beginnen Sie vermutlich mit dem Verlegen von Hauptwasserleitungen – den großen Rohren, die einen Durchmesser von mehreren Metern haben können; sie sind das Rückgrat des Wassersystems.

Eine Reihe von Pumpen in der Aufbereitungsanlage pumpt das Wasser in die Hauptwasserleitungen. Am anderen Ende dieser Leitungen befindet sich das Verteilernetzwerk, das über immer kleinere Rohre letztendlich die Verbindung zu jedem Gebäude herstellt, wo Wasser benötigt wird.

Was aber geschieht bei einem Strom- oder Pumpenausfall? Jedes Wassersystem hat einmal ein Leck, und bei einem Stromausfall wird der Druck innerhalb des Systems fallen. Durch all diese Lecks gelangen Krankheitserreger in das Wassersystem, die dem Ergebnis der Wasseraufbereitung entgegenwirken. Und dann wird irgendwo ein Feuer ausbrechen – ganz nach Murphys Gesetz. Die Feuerhydranten geben kein Wasser, denn auch sie hängen am Wassersystem.

Die technische Lösung für beide Probleme ist ein Wasserturm. Es ist eigentlich ein großer Tank, der auf einer Art Turm befestigt ist. Der Tank kann eventuell etwa vier Millionen Liter fassen. Das Funktionsprinzip ist denkbar einfach: Ein großes Rohr verbindet die Hauptwasserleitung mit dem Fuß des Turms. Unter Druck steigt das Wasser und füllt den Tank.

Kommt es nun zu einem Stromausfall, hält die Gravitation das System unter Druck. Ist der Wasserturm 61 Meter hoch, wird die Schwerkraft durch das Wasser im Tank einen Druck von 592 kPa aufbauen. Solange der Tank über Wasser verfügt, wird das System unter Druck stehen. Die Größe des Tanks kann so geplant werden, dass die Wasserversorgung der Gemeinde über Stunden gewährleistet ist, wenn Pumpen gewartet oder Rohre repariert werden usw.

Wassertürme helfen auch bei einem sprunghaften Anstieg des Wasserverbrauchs, etwa in den Morgenstunden, wenn jeder in der Stadt fast zur gleichen Zeit duscht. Die Pumpen, die das System unter Druck setzen, müssen bei weitem nicht so gewaltig sein. In Louisville, Kentucky, wurde 1860 landesweit der erste Wasserturm errichtet, und seither wurden Tausende gebaut.

SIEHE AUCH: Römisches Aquäduktsystem (312 v. Chr.), Wasseraufbereitung (1854), Modernes Abwassersystem (1859), Tröpfchenbewässerung (1964).

Der Wasserturm von Louisville ist einer der verbliebenen Standrohr-Wassertürme in den USA.

Ölraffinerie Wamsutta

Wenn Rohöl aus dem Boden kommt, ist es noch ziemlich eklig und nutzlos. Wenn jedoch die Chemieingenieure ins Spiel kommen und das Rohöl in eine Raffinerie gelangt, entsteht eine große Palette nützlicher Produkte. Eine der ersten Ölraffinerien in den USA war die *Wamsutta Oil Refinery* in Pennsylvania 1861.

Rohöl wird als Kohlenwasserstoff bezeichnet, weil es hauptsächlich aus Wasserstoff- und Kohlenstoffatomen besteht. Die Kohlenstoffatome neigen zur Bildung von Ketten, wobei die Wasserstoffatome Bindungen mit den Kohlenstoffketten eingehen. Die Idee hinter dem Verfahren der Raffination ist, dass Kohlenwasserstoffe sich je nach Länge ihrer Kohlenstoffkette unterschiedlich verhalten. Je länger die Kette, umso dicker das raffinierte Produkt. Butan (bei Raumtemperatur und unter Druck ein Gas) hat vier Kohlenstoffatome in seiner Kette. Benzin hat acht, Kerosin zwölf, Paraffinwachs zwanzig.

Um Rohöl raffinieren zu können, muss es zunächst erhitzt werden. Die unterschiedlich langen Ketten halten unterschiedlichen Temperaturen stand. Der Dampf wird in eine Fraktionssäule geleitet, um mittels dieser Temperaturen die verschiedenen Produkte zu trennen. Hauptziel ist die Herstellung von Benzin. Außerdem gibt es Verfahren, in denen Ketten mit der Länge von Benzin erzeugt werden. So kann etwa ein katalytischer Reformer kürzere Kohlenstoffketten in Ketten der Länge von Benzin integrieren. Durch das katalytische Cracken werden längere Ketten in Ketten der Länge von Benzin aufgebrochen. Unterschiedliche Produkte aus diesen Prozessen verbinden sich anschließend zu Benzin mit spezifischem Oktangehalt.

Ein weiterer wichtiger Teil des Raffinationsvorgangs ist die Entfernung von Verunreinigungen. Schwefel ist weit verbreitet und sorgt in Benzin für Probleme. Erstens bildet er in der Brennkammer Schwefeldioxid. Dieses Schwefeldioxid vermischt sich mit Regen zu Schwefelsäure, auch bekannt als „saurer Regen" – ein großes Umweltproblem, das im 20. Jahrhundert zur Einführung des **Katalysators** führte. Zweitens zerstört Schwefel die Katalysatoren, die die Abgase reinigen. Bei der sogenannten Hydrodesulfurierung wird Schwefel zu Schwefelwasserstoffgas, das leicht entfernt werden kann.

Die größten Raffinerien können fast eine Million Barrel Erdöl am Tag verarbeiten. Es sind gigantische Ansammlungen von Türmen, Rohren, Ventilen und Tanks, die sich über viele Hektar erstrecken. All das beruht auf der Leistung von Ingenieuren.

SIEHE AUCH: Erdölbohrung (1859), Abgasreduktion bei Kraftfahrzeugen (1967), Trans-Alaska-Pipeline (1977), Supertanker Jahre Viking (1979).

Eine moderne Raffinerie für Öl, Gas und Kraftstoff.

1861

Aufzug

Elisha Otis (1811–1861), **Werner von Siemens** (1816–1892)

In der zweiten Hälfte des 19. Jahrhunderts warteten Architekten und Statiker mit neuen Ideen für Gebäude auf, die ihnen den Bau immer höherer Bauwerke ermöglichten. Eine entscheidende Begrenzung stellten damals aber die Stufen dar, denn die meisten würden nur eine begrenzte Zahl von Treppenläufen steigen und dann aufgeben.

Etwas Besseres als Treppen musste her. Die Lösung bestand in einem Raum, der sich vertikal bewegt – einem Aufzug. Der amerikanische Erfinder Elisha Otis erfand 1861 den Dampfaufzug und gründete später die *Otis Elevator Company*.

Für seine Funktion musste ein dampfbetriebener Aufzug in einem Gebäude über einen Heizkessel zur Erzeugung von Dampfdruck und eine **Dampfmaschine** zum Antreiben der großen Kabeltrommel verfügen. Im übrigen wies der Aufzugmechanismus die uns heute vertrauten vier Hauptelemente auf: die Kabine, ein Gegengewicht, die Seile und Seilrollen, nicht zu vergessen den Schutzmechanismus, der die Aufzüge der Firma Otis berühmt machte. Riss ein Seil, wurde ein Bremsmechanismus aktiviert, der die Kabine augenblicklich stoppte und vor dem Absturz bewahrte. Dank dieses Bremssystems konnten die Menschen Aufzüge ohne Furcht benutzen.

1880 entwickelte der deutsche Erfinder Werner von Siemens den ersten elektrisch betriebenen Aufzug. Aufgrund dieser Erfindung und weiterer Beiträge gilt er als einer der Begründer des Elektroingenieurwesens.

1900 gab es in New York City über 3000 Aufzüge, die täglich mehr als eine Million Menschen beförderten. Ingenieure hatten einen sicheren Apparat entwickelt, der den Menschen in den Städten sehr viel Nutzen brachte und die Ära der Wolkenkratzer einläutete. Ohne Aufzüge hätte man keine Gebäude mit mehr als vier oder fünf Stockwerken gebaut.

SIEHE AUCH: Hochdruck-Dampfmaschine (1800), Empire State Building (1931).

Der Aufzug von Elisha Otis (Patent von 1861) war der erste mit einer Sicherung, um die Fahrgäste im Falle eines gerissenen Seils zu schützen.

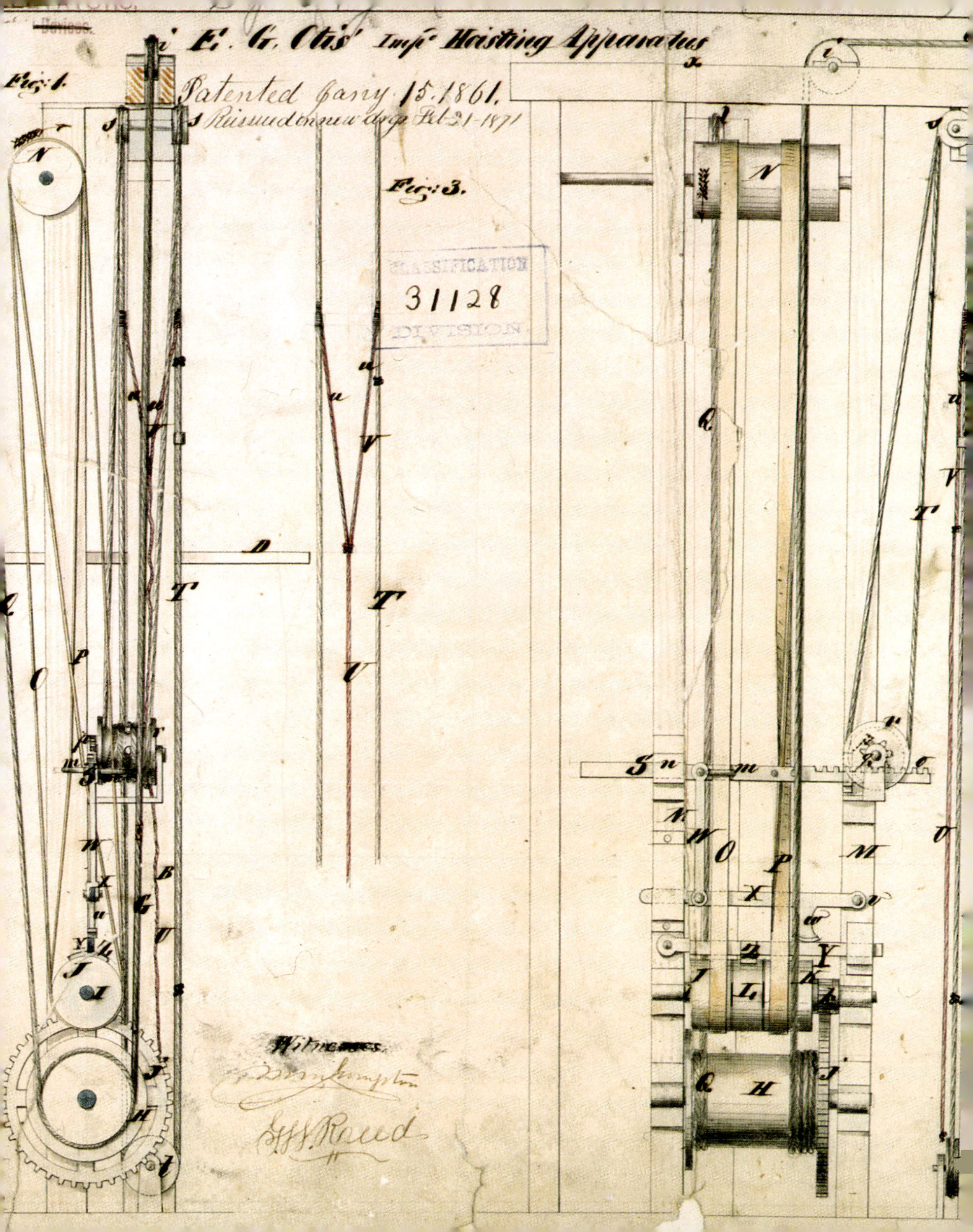

E. G. Otis' Impᵈ Hoisting Apparatus
Fig: 1.
Patented Jany 15. 1861.
Reissued on new drgs Feb. 21-1871
Fig: 3.
CLASSIFICATION
31128
DIVISION
Witnesses
G. W. Reed

1869

Transkontinentale Eisenbahn

Bevor die transkontinentale Eisenbahn 1869 fertig war, nutzte man für die Reise von einer Stadt wie St. Louis oder Omaha nach San Francisco im Normalfall einen Wagen, der von Ochsen gezogen wurde. Diese Fahrt dauerte Monate und war voller Gefahren. Nach Fertigstellung der Eisenbahngleise dauerte die Reise von Omaha weniger als vier Tage. Die Fahrt mit der Eisenbahn war viel sicherer und bequemer. Man konnte viel Gepäck mitnehmen, und der Preis war angemessen, wenn man bedenkt, wie viel Zeit und Sorgen man sich sparen konnte. 1869 kostete ein Ticket von Omaha nach San Francisco 81,50 Dollar, was heute etwa 1400 Dollar entspricht.

Wie aber haben die Ingenieure das erreichen können? Natürlich wurden damals viele Eisenbahnstrecken gebaut. Doch wie konnten sie den Bau in zwei Städten, die fast 3200 km voneinander entfernt liegen, beginnen lassen und sich genau in der Mitte der Strecke treffen? Die Antwort können die Vermessungstechniker geben. Zuerst musste eine Strecke gewählt werden. Fünf mögliche Routen wurden ermittelt und miteinander verglichen; dieses Vorgehen wurde vom Kongress genehmigt. Das sogenannte *Corps of Topographical Engineers* – eine Division der Armee – führte ihre Vermessung durch. Stellen Sie sich vor, sie müssten sich 3200 km durch unwegsames Gelände und Berge arbeiten, und Sie tragen Hilfsmittel wie eine **Gunter's chain** (zur Entfernungsmessung) und einen Transit (zur Winkelmessung) bei sich. Es dauerte zwei Jahre. Doch trotz dieser einfachen Hilfsmittel war die Genauigkeit beeindruckend.

Die gewählte Strecke wurde dann zu einem gigantischen Bauprojekt. Die Ingenieure mussten Tunnel und Brücken entwerfen und bauen, den Baugrund herrichten, um die Gleisbetten anzulegen, Pässe sprengen usw. Der Streckenabschnitt durch die Berge der Sierra Nevada war eine besondere Herausforderung. Zur selben Zeit wurde eine **Telegrafenlinie** errichtet, wodurch die nahezu augenblickliche Kommunikation über den gesamten Kontinent möglich wurde. Nordamerika war der erste Kontinent, der von der Menschheit umfassend erschlossen wurde.

Nach ihrer Fertigstellung schloss die Strecke bei Omaha an das existierende Eisenbahnnetz an. Man konnte nun die Strecke von New York nach San Francisco in weniger als einer Woche bewältigen. Das war eine erstaunliche Leistung – eine der größten Errungenschaften des 19. Jahrhunderts.

SIEHE AUCH: Gunter's Chain (1620), Eriekanal (1825), Telegrafensystem (1837), Berufszulassung für Ingenieure (1907), Tacoma Narrows Bridge (1940).

Die Verlegung des letzten Gleises der transkontinentalen Eisenbahn, 1869.

1873

Seilbahnwagen

Andrew Smith Hallidie (1836–1900),
William Eppelsheimer (1842–unbekannt)

Alle technischen Unterfangen sind stets mit einer Beschränkung verbunden: Die Ingenieure müssen mit der Technologie arbeiten, die ihnen zur Verfügung steht. Ein Ingenieur Mitte des 19. Jahrhunderts verfügte noch nicht über Laser, Mikroprozessoren oder billiges Aluminium. Als Andrew Smith Hallidie und der Ingenieur William Eppelsheimer 1873–1890 gemeinsam ein Verkehrssystem für San Francisco entwarfen, war die Größe der bestehenden Dampfmaschinen eine Einschränkung, die es zu umgehen galt. Diese Maschinen waren groß und schwer. Sie mussten einen Nachschub an Wasser und Kohle befördern. Das funktionierte bei einer großen Dampflokomotive, die einen langen Zug mit Hunderten von Passagieren zieht, aber nicht bei kleinen Straßenbahnwagen, die die steilen Hügel auf den Straßen der Stadt überwinden mussten.

Die Größe der Dampfmaschinen dieser Zeit bestimmte deshalb die Architektur des Systems. Die Dampfmaschinen sollten stationär in einem Gebäude untergebracht sein, und die von ihnen erzeugte Energie sollte mittels beweglicher Stahlseile in Kanälen unter der Straße verteilt werden. Ist die Bahnlinie drei Kilometer lang, sind mindestens sechs Kilometer Stahlkabel in einer Schlaufe notwendig. Laufrollen und Führungsräder entlang der Strecke sollten die Reibungseinwirkung auf das Kabel minimieren.

Der Seilbahnwagen, der „cable car" genannt wird, hat einen Hebel, der vom Schaffner bedient wird. Dieser Hebel beeinflusst den Mechanismus, der das Kabel ergreift. Wenn der Wagen das Kabel ergreift, bewegt er sich. Wenn er das Kabel nicht ergreift, kann er im Leerlauf fahren oder bremsen.

Am Ende der Strecke verläuft das Kabel durch große Führungsräder zurück zur Dampfmaschine. Der Wagen kann entweder auf einer Drehscheibe wenden, wenn er nur über einen Führerstand verfügt. Besitzt er an beiden Enden des Wagens je einen Führerstand, muss der Fahrer über eine Weiche auf die andere Strecke fahren.

Mit einer Kabelgeschwindigkeit von 15 Stundenkilometern wirken die Seilbahnwagensysteme wie ein Relikt aus alter Zeit. Einst waren sie jedoch der aktuelle Stand der Technik. Ingenieure hatten ein System entwickelt, das das Vorankommen in der Stadt wesentlich erleichterte und noch ein Jahrhundert später funktionierte.

SIEHE AUCH: Hochdruck-Dampfmaschine (1800), Eriekanal (1825), Diesellokomotive (1897), Verbrennungsmotor (1908).

Die hier abgebildeten „Cable cars" von San Francisco sind auch heute noch in Betrieb.

VanNess Ave.. California
60
& Market
Streets

1876

Telefon

Alexander Graham Bell (1847–1922)

Stellen wir uns vor, wir schreiben das Jahr 1850 und Sie möchten mit einer bestimmten Person sprechen. Sie haben genau eine Möglichkeit: Sie können sich auf den Weg machen und diese Person treffen, was u. U. Tage oder Wochen dauern kann. Die Alternative ist ein Brief oder das **Telegrafensystem**, das sich ab 1850 verbreitete. Aber ein schlichtes Gespräch erfordert immer noch, dass man sich gegenüber steht.

Dann kam das Telefon. Das Patent auf Alexander Graham Bells Telefon wurde 1876 erteilt. Der Apparat selbst war unglaublich einfach: ein Mikrofon aus Kohlekörnern und ein Lautsprecher. Um zwei Telefone miteinander zu verbinden, war nur ein Kupferdraht notwendig, außerdem eine kleine Stromquelle wie eine Batterie. Mit dieser Neuerung konnten die Menschen erstmals über längere Entfernung miteinander sprechen.

Wie konnten die Ingenieure dies im großen Maßstab verwirklichen? Die Erste Neuerung war das Hauptamt. In einer Stadt verliefen die Kupferdrähte von jedem Haus oder Büro zu einem Hauptamt. Ein Telefonist konnte die Leitung mit jeder anderen Leitung der Stadt verbinden. Es gab auch eine Verbindung zur nächsten Stadt. An diesem Punkt konnte jeder in zwei Städten miteinander kommunizieren. Als immer mehr Städte ans Netz gingen, wurden Regionalhauptämter errichtet. Schließlich verliefen im ganzen Land Fernleitungen und jeder konnte nun mit jedem auf der ganzen Welt Verbindung aufnehmen.

Die Ingenieure entwickelten mechanische Schalter um die Telefonisten zu ersetzen. Beim Wählvorgang erhielten die Schalter die Anweisung, was zu tun ist. Dadurch sanken die Gesprächskosten. Die Ingenieure entwickelten immer kleinere Computer, um die mechanischen Schalter zu ersetzen, und das Tonwahlverfahren wurde ermöglicht. Die Kosten sanken nochmals. Die Ingenieure wandelten Sprachsignale in digitale Bits um und sendeten diese durch **Glasfaserkabel**, was die Kosten drastisch reduzierte und die Kapazität erhöhte. Dann entwickelten Ingenieure Voice-over-IP (VoIP), ein Verfahren, bei dem Anrufe über das Internet geleitet werden. Die Internettelefonie war geboren, und viele VoIP-Netzwerke boten Telefonieren zum Nulltarif an. So lautet die Erfolgsgeschichte der Technik: Nimm etwas, das einst unmöglich war, und mache es kostenlos!

SIEHE AUCH: Telegrafensystem (1837), TAT-1-Seekabel (1956), T1-Leitung (1961), ARPANET (1969), Glasfaserkommunikation (1970), Mobiltelefon (1983), Smartphone (2007).

Abbildungen des Bell-Telefons.

WINDING & INSPECTING COILS

EXPERIMENTAL DEPT.

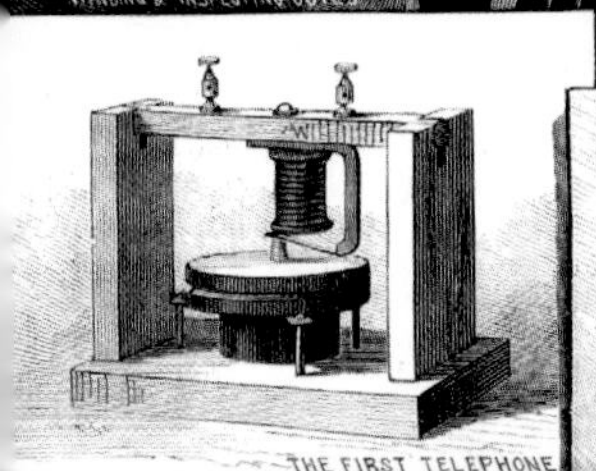
THE FIRST TELEPHONE

THE FIRST BOSTON EXCHANGE

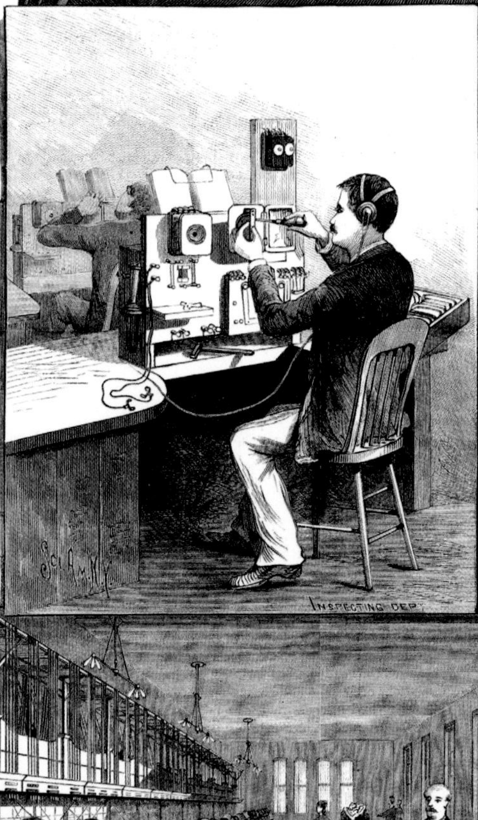
INSPECTING DEPT.

HAND TELEPHONE DEPT.

PRESENT BOSTON TEL. EXCH.

ASSEMBLING TRANSMITTERS

1878

Stromnetz

Auf der Weltausstellung in Paris 1878 bewunderten die Besucher die die von Zénobe Grammes Generatoren betriebenen Kohlebogenlampen (1876 patentiert von Pavel Jablotschkow). Ein Beispiel für ein frühes kommerzielles Hochspannungssystem.

Man kann sich eine Gesellschaft ohne Stromsystem vorstellen, in der jedes Haus und jedes Büro vor Ort den eigenen Strom produziert. Dieser Ansatz ist jedoch ineffizient. Ein großes Kraftwerk kann beim Kauf von Brennstoff gesparte Mittel für die **Emissionskontrolle** aufwenden. Fortschrittliche Technologien wie Kernkraft sind ohne großes Kraftwerk nicht möglich. Und standortabhängige Energiequellen wie Wasser, Sonne und Wind sind nur im Netz sinnvoll einsetzbar. Ein Stromnetz erhöht auch die Zuverlässigkeit. Muss ein großes Kraftwerk zur Wartung vom Netz gehen, speisen andere Kraftwerke in der Region die nötige Energie ins Stromnetz ein.

Mit Erstaunen stellen wir fest, dass das Stromnetz nur zwei Schlüsselkomponenten hat: Kabel und Transformatoren. Die Transformatoren oder Umwandler können die Netzspannung erhöhen oder senken, zur Langstreckenübertragung bis auf 700 000 Volt oder mehr. Am Ziel wird der Strom wieder in solchen von niedrigerer Spannung umgewandelt. In der Gemeinde fließt der Strom mit 40 000 Volt, in einem Stadtviertel sind es noch 3000 Volt. Der letzte Transformator sorgt dafür, dass die Steckdosen und Lichtschalter in Ihrem Haus mit 240 oder 120 Volt versorgt werden.

Das Netz ist nicht perfekt und gelegentlich fällt es großflächig aus. An einem glühend heißen Sommertag bei höchster Belastung kann ein Defekt in einer Hauptübertragungsleitung ein unlösbares Problem verursachen. Andere Leitungen versuchen die Ladung der defekten Leitung zu übernehmen, aber sie überladen und fallen aus. Dieser Vorgang setzt sich immer weiter fort und das kann letztendlich zu einem Stromausfall in mehreren Bundesstaaten führen. Ingenieure arbeiten an neuen Architekturen zur Vermeidung dieses Problems. Einmal perfektioniert wird das Stromnetz noch unsichtbarer.

SIEHE AUCH: Hoover-Talsperre (1936), Itaipu-Talsperre (1984), Intelligentes Stromnetz (1998), Alta Wind Energy Center (2010), Sonnenwärmekraftwerk Ivanpah (2014).

Ohne ein Stromnetz müsste die Energie vor Ort erzeugt werden.

1879

Kohlefaser

Thomas Edison (1847–1931)

Sie möchten etwas entwickeln, das sowohl stabil als auch leicht ist? Stabiler als Stahl und leichter als Aluminium? Wenn Sie genau das wollen und Ihr Budget groß genug ist, dann ist die Kohlefaser genau das Richtige für Sie. 1879 setzte Thomas Edison erstmals einen Glühfaden aus Kohlefaser ein und brachte die ersten Glühlampen zum Leuchten.

Mit Kohlefaser verstärkter Kunststoff, entwickelt aus diesem Ausgangsmaterial, verwendet Hartplastik zur Umschließung und Stabilisierung der Kohlefasern. Die Kohlefasern stammen aus Fäden von kohlenstoffreichen Materialien, meist von Polyacrylnitril. Durch Erhitzung der Fasern in Sauerstoff und ohne Sauerstoff verdampft alles bis auf die Kohlenstoffatome. Diese verbliebenen Kohlenstoffatome sind in langen Ketten angeordnet und besitzen eine eindrucksvolle Zugfestigkeit. Sie können Fäden bilden, die sich auf eine Spirale wickeln oder in Gewebe einarbeiten lassen.

Die gängigste Verarbeitungsmethode für Kohlefasern besteht darin, den Stoff in eine Gussform zu legen und ihn mit Kunstharz zu tränken. Die Kohlefaserteilchen können jede Form annehmen, doch der Prozess ist teuer und wird in Handarbeit verrichtet. Wo Kosten keine Rolle spielen, so bei Rennwagen, Superautos, Flugzeugen und teuren Fahrradrahmen, ist dies kein Problem. Dagegen wurde dadurch die Ausbreitung der Kohlefaser auf eine breitere Produktpalette eingeschränkt. Die Autos der Normalverbraucher sind deshalb nicht aus Kohlefaser hergestellt.

Wie stabil ist Kohlefaser? Stellen Sie sich zwei Objekte in der Form von Bleistiften vor – eines aus Stahl, das andere aus Kohlefaser. Das Kohlefaserobjekt ist bei einem Drittel des Gewichts bis zu dreimal stabiler als das Stahlobjekt – ein gewaltiger Unterschied. Wenn man zum ersten Mal etwas aus Kohlefaser in Händen hält, kommt es einem mit seiner Leichtigkeit und seiner Stabilität wie aus einer anderen Welt vor.

SIEHE AUCH: Muskelkraft-Flugzeug (1977), V-22 Osprey (1981), Bugatti Veyron (2005), Muskelkraft-Hubschrauber (2012).

Die Rahmen von Hochleistungsfahrädern bestehen oft aus Kohlefaser.

S-WORKS
McLaren
ASTANA
SAMRUK
KAZYNA
ASTANA
ASTANA
SRAM
SPECIALIZED

1885

Kompressor und Turbolader

Gottlieb Daimler (1834–1900)

Stellen wir uns einmal die im Zylinder eines Diesel- oder Benzinmotors ablaufenden Prozesse vor. Im Einlasstakt bewegt sich der Kolben nach unten und saugt Luft an, zum Beispiel einen Liter. Nun die Frage: Wie viel Kraftstoff kann unter Einsatz von einem Liter Luft verbrannt werden? Die Menge ist durch die Zahl der Sauerstoffatome im Zylinder beschränkt. Der Sauerstoff wird sich mit den Kohlenstoff- und Wasserstoffatomen im Kraftstoff zu CO_2 und H_2O verbinden. Eine zu hohe Kraftstoffzufuhr wäre bei der beschränkten Menge Sauerstoff Verschwendung.

Ingenieure stellten sich daher die offensichtliche Frage: Kann man mehr Sauerstoff in die Zylinder hineinbekommen? Eine Möglichkeit besteht im Erhöhen des Drucks der angesaugten Luft. Strömt die Luft bei doppeltem Normaldruck ein, findet doppelt so viel Sauerstoff Platz im Zylinder und die doppelte Menge Kraftstoff kann verbrannt werden – die Leistung erhöht sich auf etwa das Doppelte.

Zur Erhöhung des Luftdrucks wird gewöhnlich ein 1885 vom deutschen Industrieingenieur Gottlieb Daimler entwickelter Kompressor eingesetzt. Dabei handelt es sich um eine mit einem Riemen an der Kurbelwelle des Motors befestigte Luftpumpe. Drei Typen von Kompressoren werden eingesetzt: Radial-, Schrauben- und Roots-Kompressoren.

Ein mit einer Abgasturbine anstelle des Riemens an der Kurbelwelle betriebener Radialkompressor ist ein Turbokompressor oder Turbolader. Vorteil: Ein Turbolader verbraucht weniger Energie. Nachteil: erhöhte Komplexität und weniger Schub bei niedriger Drehzahl.

In großen Motoren sind Kompressoren etwas Selbstverständliches. Dragster benutzen Viertakt-Nitromethanmotoren und in Lokomotiven mit ihren **Zweitakt-Dieselmotoren** sind sie stets eingebaut. Doch bei kleineren Motoren können Größe, Gewicht, Kosten und Komplexität des Kompressors sowie die Anforderungen an eine stabilere Konstruktion des Fahrzeugs den Nutzen zunichte machen. Die Ingenieure analysieren alle Werte und entscheiden, ob die Vorzüge die Nachteile überwiegen.

SIEHE AUCH: Zweitakt-Dieselmotor (1893), Lachgaseinspritzung (1978), Bugatti Veyron (2005).

Ein Kompressor auf dem getunten Motor eines 1968er AMC AMX, eines Zweisitzers vom Typ GT.

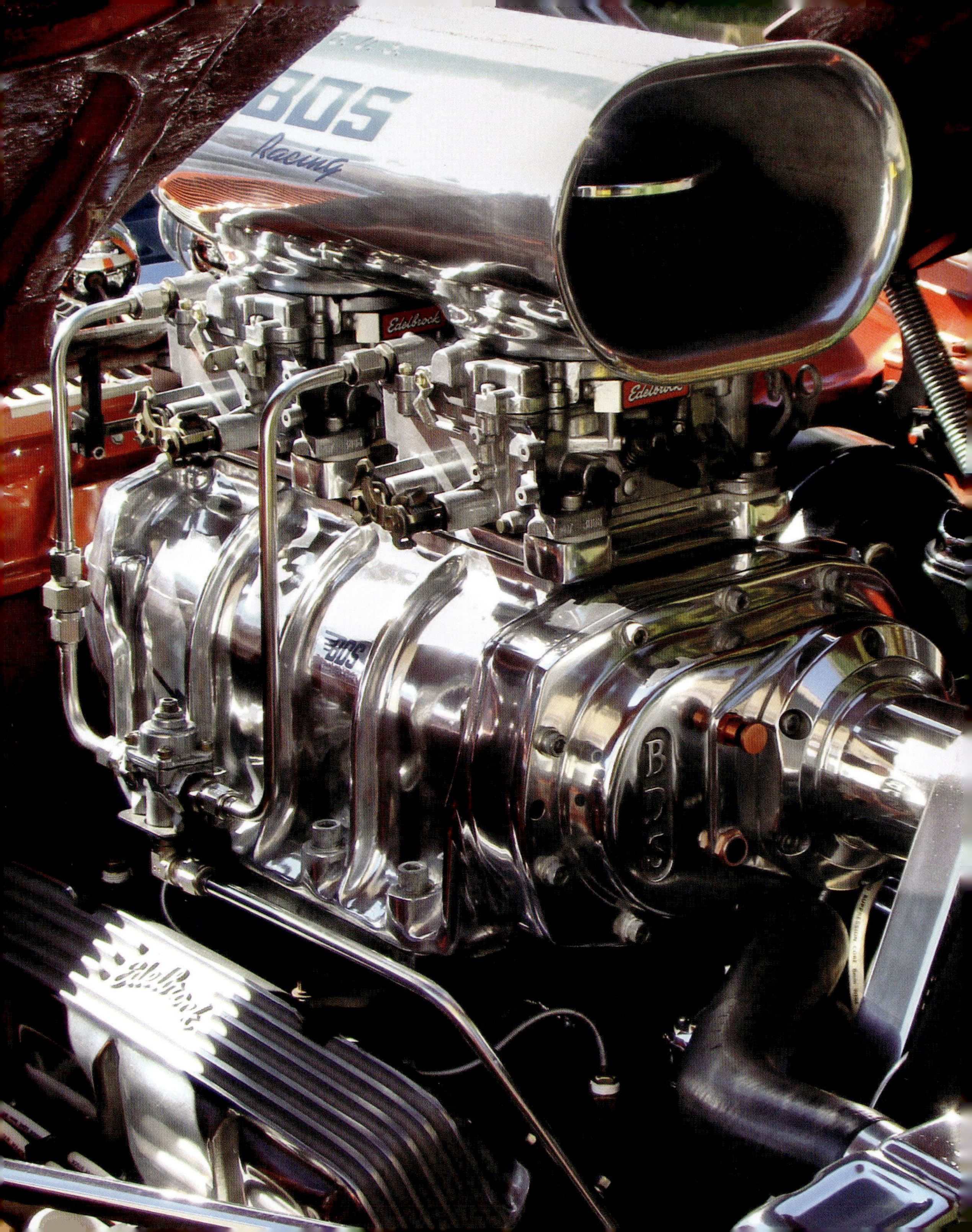
BOS
Racing
Edelbrock
Edelbrock
BOS
Edelbrock

1885

Washington Monument

1832 erfolgten die ersten Schritte zur Errichtung eines Denkmals für George Washington in Washington, DC. 1835 beschrieb der mit der Angelegenheit des Denkmals betraute Ausschuss das Gewünschte wie folgt: Das Denkmal soll „mit nichts in der Welt vergleichbar" sein und „Grandiosität mit Eleganz vereinen, von einer Größe und Pracht sein, die den Stolz des amerikanischen Volks wecken". Letztendlich einigte man sich auf einen monumentalen Obelisken – das höchste bis dahin von Menschenhand gefertigte Objekt der Welt. Jetzt musste er nur noch technisch realisiert und errichtet werden.

Die Obelisken in Ägypten sind am Stück aus dem Fels geschlagen, so dass der größte etwa 30 Meter misst. Das *Washington Monument* mit seinen 170 Metern ist im Vergleich dazu ein Gigant. Es ist innen hohl und wurde aus Blöcken aufgeschichtet. Als das Washington Monument gen Himmel wuchs, konnte ein Kran im Inneren die Baumaterialien heben. Heute befinden sich hier Treppen und ein Aufzug.

Als erstes wurde das Fundament errichtet – 37 000 Tonnen **Beton**, 38,4 x 38,4 Meter und 11,3 Meter stark. Der quadratische Sockel des Denkmals misst an jeder Seite 17 Meter und steht mittig auf dem Fundament; die Wände sind 4,9 Meter stark. An der Spitze, wo die Pyramidenform beginnt, hat die quadratische Fläche eine Seitenlänge von 10 Metern und die Wände sind nur 45 cm stark. Das Denkmal besteht aus 36 500 Blöcken und am Sockel sind Innen- und Außenwände mit Schutt gefüllt.

Trotz seiner scheinbaren Schlichtheit – nur ein großer Haufen Steine – hat der Bau eher lange gedauert. Der Grundstein wurde 1848 gelegt und die Einweihung erfolgte 1885, ganze 37 Jahre später. Das *Washington Monument* war nur vier Jahre lang das größte Bauwerk der Welt. Der Eiffelturm übertraf seine Höhe 1889.

SIEHE AUCH: Beton (1400 v. Chr.), Bessemer-Verfahren (1855), Freiheitsstatue (1886), Eiffelturm (1889), Gateway Arch (1965).

Auch wenn eine Gedenkstätte zu Ehren George Washingtons schon 1799 angeregt wurde, konnte erst 1885 ein Denkmal eingeweiht werden.

SETTING THE CAP STONE.

CAPSTONE OF THE MONUMENT, SHOWING THE ALUMINIUM TIP.

HEIGHT 555 FEET.
WEIGHT 81,120 TONS.
COST $ 1,187,710.

WASHINGTON MONUMENT.

CORNER STONE LAID JULY 4TH 1848.
CAP STONE SET DECEMBER 6TH 1884.
INAUGURATED FEBRUARY 22D 1885.

IN THE ELEVATOR.

ENTRANCE TO THE MONUMENT.

1886

Freiheitsstatue

Gustave Eiffel (1832–1923), **Frédéric Auguste Bartholdi** (1834–1904), **Maurice Koechlin** (1856–1946)

Wenn Kunst und Technik sich vereinen, bringen sie etwas so Großes und Schönes wie die Freiheitsstatue hervor. Wegen ihrer Größe ist die Freiheitsstatue hochtechnisiert. Entfernt man ihre Außenhaut, wird es offensichtlich: Unter ihrem Gewand erscheint die Freiheitsstatue fast wie das von Ingenieuren geschaffene Skelett eines Wolkenkratzers. Und dieses Skelett stammt von demselben Unternehmen, das den **Eiffelturm** entworfen hat.

Stellen Sie sich die Probleme vor, denen sich der Bildhauer und Entwickler Frédéric Auguste Bartholdi, seine helfende Hand Gustave Eiffel und sein Statiker Maurice Koechlin gegenüber sahen. Bartholdi baut eine 45 Meter hohe Skulptur, die in Frankreich gefertigt und per Schiff nach Amerika befördert werden soll. Eine große Marmorstatue kommt also nicht in Frage. Der erhobene Arm wäre aus Marmor auch nur schwer zu realisieren gewesen. So entschied er sich für eine dünne Kupferhaut – am Ende dennoch beeindruckende 72,6 Tonnen. Zusammengesetzt musste die Skulptur Winden der Stärke von Hurrikans standhalten.

In der Skulptur befindet ein riesiger Metallrahmen. Vier vertikale Träger mit einer Länge von 30 Metern verankern die Skulptur im Podest und geben dem inneren Treppenhaus Halt. Von diesen Trägern aus entwickelt sich ein Metallgerüst, auf dem mit Nieten 300 Kupferbleche befestigt wurden. Die Kupferbleche sitzen auf einem Gitter aus individuell gebogenen Eisenstangen, die für Festigkeit und Struktur sorgen. Die Vorhangfassade eines modernen Wolkenkratzers wie dem **Burj Khalifa** bewältigt die Last des Gebäudes auf ähnliche Weise. Die Freiheitsstatue ist eigentlich ein Prototyp der heutigen Wolkenkratzer.

Und was ist mit dem gehobenen Arm der Statue? Er hat sein eigenes Gerüst und eine Leiter, damit man zur Fackel hinaufklettern kann. Die Statue wurde in Frankreich gefertigt, dann zerlegt, in Holzkisten verpackt, nach Amerika verschifft und in etwa einem Jahr zusammengebaut. Bei ihrer Einweihung 1886 war die Statue zugleich ein wichtiges Kunstwerk und ein Meisterwerk der Technik.

SIEHE AUCH: Washington Monument (1885), Woolworth Building (1913), Burj Khalifa (2010).

Innenansicht der Freiheitsstatue, den Blick nach oben gerichtet.

1889

Eiffelturm

Émile Nouguier (1840–1898), **Maurice Koechlin** (1856–1946)

Wer je vor dem Eiffelturm stand, der zweifelt keinen Augenblick an seiner technischen Konstruktion. Er ist riesig, besteht aus tausenden Metallteilen und besitzt eine komplexe Struktur. Seit seiner Eröffnung 1889 hat der Turm den Zahn der Zeit während mehr als 100 Jahren gut überstanden.

Seine Größe mag besonders angesichts seines Alters zu überraschen. Mit einer Dachhöhe bei 300 Metern war der Turm 40 Jahre lang das höchste Bauwerk der Welt, bis er vom *Chrysler Building* und kurz darauf vom **Empire State Building** in New York überholt wurde. Das **Viadukt von Millau** ist das einzige Bauwerk in Frankreich, das den Turm heute übertrifft.

Dass etwas so Komplexes zur damaligen Zeit erdacht, entworfen, gefertigt und errichtet werden konnte, vermag ebenfalls zu beeindrucken. Ein Gefühl dafür vermitteln hochauflösende Bilder des Turms oder ein persönlicher Besuch. Sehen Sie sich nur einmal die vier Säulen zwischen dem ersten (57 Meter über dem Boden) und dem zweiten Stockwerk (115 Meter) an. Gemäß dem Gesamtkonzept sind diese Säulen der einfachste Teil des Turms und dennoch ist ihre Komplexität erstaunlich.

Die vier Säulen haben eine Höhe von ungefähr 58 Metern. Über diese Länge krümmen und verjüngen sie sich leicht. Jede Säule verfügt über vier aus Platten vernietete dicke Stahlträger und Fachwerkträger, die jede Säule ihrerseits zu einem eigenen Träger machen. Alle Eisenteile wurden in einer Fabrik vorgefertigt, auf Pferdewagen zur Baustelle befördert und später mit Nieten zusammengesetzt. Und alles musste perfekt passen. Die Bauingenieure Maurice Koechlin und Émile Nouguier fertigten Tausende präziser Zeichnungen an, um der Fabrik die Art der benötigten Bauteile und den Bauarbeitern den Zusammenbau zu verdeutlichen.

Der Eiffelturm soll aus 18 035 Metallbauteilen und 2,5 Millionen Nieten bestehen. Wenn man bedenkt, dass ein Ingenieur jedes dieser Metallteile und jede Niete auf einer Zeichnung vermerkt hat und diese Zeichnungen später mit der Präzision eines Zehntelmillimeters verwirklicht worden sind, bekommt man ein Gefühl von der technischen Leistung, um die es hier geht.

SIEHE AUCH: Washington Monument (1885), Freiheitsstatue (1886), Woolworth Building (1913), Empire State Building (1931), Viadukt von Millau (2004).

Der Eiffelturm ist ein Beispiel extrem präziser Ingenieursarbeit und gehört zu den die Zeit überdauernden Monumentalbauten.

1889

Hall-Héroult-Prozess

Charles Martin Hall (1863–1914), **Paul Héroult** (1863–1914)

Aluminium ist heutzutage ein gängiger und wichtiger Baustoff für Ingenieure. In unserer Garage finden wir Aluminium in Fahrradrahmen und Felgen und auch in einigen Autos sind zur Senkung des Gewichts Aluminiumteile verbaut. Am häufigsten anzutreffen ist Aluminium jedoch in Flugzeugen. Jedes bis 2010 gestartete Passagierflugzeug bestand zur Hauptsache aus Aluminium. Dasselbe gilt für jede Rakete und jedes Raumfahrzeug, einschließlich der **Internationalen Raumstation**. Die Boeing 787 ist das erste, hauptsächlich aus Kohlefasern bestehende Verkehrsflugzeug.

Der Grund für die Beliebtheit von Aluminium besonders im Flugzeugbau liegt in dessen relativ günstigem Preis, seiner leichten Bearbeitbarkeit, Beständigkeit und seinem leichten Gewicht. Nehmen wir als Beispiel einen Aluminiumwürfel mit einem Gewicht von 0,5 kg. Ein Stahlwürfel derselben Größe würde etwa 1,4 kg wiegen.

Ein Flugzeug mit Bauteilen aus Stahl statt aus Aluminium und beinahe dreifachem Gewicht wäre nicht flugfähig oder könnte nur ohne Nutzlast fliegen. Aluminium ermöglicht den Ingenieuren die Entwicklung von Flugzeugen, die auch vom Boden abheben. Vor dem verbreiteten Einsatz von Aluminium bestanden Flugzeuge aus Holz und Stoff.

Aluminium wurde erstmals 1825 veredelt. Sein Preis war jedoch äußerst hoch, vergleichbar mit dem von Gold. 1889 veranschaulichte ein neues Patent für den vom amerikanischen Chemiker Charles Martin Hall und dem Franzosen Paul Héroult entwickelten sogenannten Hall-Héroult-Prozess, wie kostengünstig sich Aluminium herstellen lässt. Nach dem drastischen Einbruch des Preises stieg die Verwendung von Aluminium bei gleichzeitiger reichlicher Verfügbarkeit sprunghaft an. Heute werden jedes Jahr mehr als 30 Millionen Tonnen Aluminium verarbeitet.

Ein leichtgewichtigeres Fahrzeug ist fast immer besser; deshalb setzen Ingenieure Aluminium überall ein. Mit neuen Techniken der Massenproduktion ersetzt Aluminium den Stahl in immer mehr Autos.

SIEHE AUCH: Bessemer-Verfahren (1855), Kohlefaser (1879), Boeing 747 Jumbo-Jet (1968), Die Concorde (1976), Space-Shuttle (1981), Apache-Kampfhubschrauber (1986), Internationale Raumstation (1998).

Innenverkleidung eines Bombenfliegers aus Aluminium.

1890

Dampfturbine

Sir Charles Parsons (1854–1931)

Bei einem Besuch eines großen Kraftwerks werden Sie unter anderem eine Dampfturbine, größer als ein Bus, entdecken. Solche finden sich auch auf Flugzeugträgern und Atom-U-Booten. Die Dampfturbine ermöglichte den Ingenieuren die Neukonzipierung der Energiegewinnung aus Dampf und machte die Kolben überflüssig.

Kehren wir in einer Zeitreise in den Maschinenraum der **Titanic** im Jahr 1912 zurück. Hier versorgt der Dampf von über einhundert riesigen kohlebefeuerten Heizkesseln drei **Dampfmaschinen** – den Antrieb der Schiffsschrauben. Zwei dieser Dampfmaschinen sind gigantische Kolbenmaschinen mit einer Leistung von jeweils 22 Millionen Watt, die dritte produziert nur halb so viel. Wir sind Zeugen einer Übergangszeit. Die Dampfturbinen, 1892 von Sir Charles Parsons entwickelt, waren noch nicht perfektioniert, aber schon bald würden sie die Kolben zur Gewinnung von Rotationsenergie aus Dampf ersetzen.

Die Grundidee hinter einer Dampfturbine ist absolut simpel. Der sich ausdehnende Dampf treibt eine Reihe von Schaufeln an einer Welle an. Die Schaufeln werden zunehmend größer, damit die Energie des Dampfs bei dessen Ausdehnung aufgenommen werden kann. Vergleichen wir diesen Vorgang mit den Kolbenmotoren der Titanic mit ihren drei Zylindern zunehmender Größe. Der Dampf dehnte sich erst im kleinsten Zylinder aus. Dann strömte er in den nächsten etwas größeren Zylinder, um mehr Energie aus der weniger dichten Ausströmung des ersten Zylinders zu gewinnen. Danach kam der dritte, noch größere Zylinder ins Spiel. Das funktionierte, resultierte aber in einer großen und schweren Anlage. Eine einzige Dampfkolbenmaschine der Titanic wog 1000 Tonnen.

Eine gleichwertige Dampfturbine ist sehr viel kleiner, leichter und effizienter als eine Dampfkolbenmaschine. Aufgrund ihrer Vorteile stehen moderne Dampfturbinen heute in fast jedem großen Kohle- oder **Atomkraftwerk**: Statt dreier Expansionskammern kann die Dampfturbine über viele Stufen von Schaufeln zunehmender Größe zur maximalen Energiegewinnung verfügen. Dies zeigt, wie Ingenieure im Interesse von besseren Ergebnissen zu komplett neuen Konzepten wechseln.

SIEHE AUCH: Hochdruck-Dampfmaschine (1800), Die Titanic (1912), CANDU-Reaktor (1971).

Moderne Turbinen sind so präzise gefertigt, dass sie nur mit Hilfe von Computern gebaut werden können.

1891

Carnegie Hall

Dankmar Adler (1844–1900), **William Burnett Tuthill** (1855–1929)

Die 1891 erbaute Carnegie Hall in New York City gilt als hervorragende Konzerthalle. Trotz ihres Fassungsvermögens von 2800 Zuschauern kann das Orchester unverstärkt konzertieren. Ihr Architekt, William Burnett Tuthill, war Cellist und studierte die Konzerthallen Europas auf ihre Akustik hin; außerdem beriet er sich mit dem Akustikspezialisten Dankmar Adler.

Einige der beim Bau auftretenden Probleme sind leicht verständlich. Stellen Sie sich einen Vortragenden auf offenem Feld vor. Der Schall des Sprechers füllt nach dem Verlassen des Mundes immer mehr Raum und die vorhandene Energie geht sehr schnell zur Neige, doch es gibt kein Echo. Und nun stellen Sie sich in einem geschlossenen Raum vor, etwa einem Squash-Court. Sämtliche Wände sind flach, glatt und fest. Der Schall des Redners ist in einem begrenzten Raum gefangen, er ist gut zu hören. Dagegen macht das Echo das Vortragen schwierig oder gar unmöglich.

Beim Entwurf der Carnegie Hall verbanden Akustikingenieure Eigenschaften beider geschilderter Fallbeispiele. Der Zuhörer erlebt die „Tiefe" des Klangs. Tiefe entsteht, wenn der Schall vom Mund des Sprechers oder vom Musikinstrument über verschiedene Wege zum Zuhörer findet: direkt sowie als Reflektionen von Decke und Seitenwänden. Das eigentliche Echo wird durch das Publikum und schwere Vorhänge oder Akkustikplatten hinten im Saal absorbiert. Daraus resultierte ein langer, schmaler Raum mit dem Orchester an einem Ende. In breiten Räumen nämlich entweicht die Schallenergie wie auf offenem Feld und das Publikum versteht das Gesagte nicht.

Im Interesse bestmöglicher Qualität einer Aufführung oder einer Veranstaltung setzen die Ingenieure ihre Weiterentwicklungen fort – von gigantischen **Stadion-Fernsehschirmen** bis zu **fahrbaren Dächern**.

SIEHE AUCH: Parthenon (438 v.Chr.), Tonbandaufnahme (1935), Einfahrbares Stadiondach (1963), Stadion-Großbildschirm (1980).

Das Muziekgebouw in Amsterdam nutzt einige der Prinzipien des Akustikingenieurwesens, die bei der Carnegie Hall in New York City zum Einsatz kamen.

1891

Zuiderzeewerke

Cornelius Lely (1854–1929)

Unter dem Gesichtspunkt des Ingenieurwesens sind die Niederlande ein faszinierendes Land. Es hat eine extrem hohe Bevölkerungsdichte (488 Einwohner pro Quadratkilometer). Aus diesem Grund und wegen seiner Lage hat das Land dem Meer über viele Jahrhunderte mit Deichen Neuland abgerungen. Ungefähr ein Viertel des Landes liegt unter dem Meeresspiegel – manche Gebiete ganze sieben Meter. Und etwa die Hälfte des Landes liegt knapp über dem Meeresspiegel.

Normalerweise bleibt das Meer auf seiner Seite des Deichs. Wütet jedoch ein Sturm, kommt es zu Problemen. Und in einem Land, bei dem so viele Gebiete unterhalb des Meeresspiegels liegen, können Sturmfluten katastrophale Auswirkungen haben.

Also haben die Niederlande viel in den Schutz vor Sturmfluten investiert. Die Zuiderzeewerke bestehen aus Dutzenden verschiedener Projekte wie **Dämme**, Deiche und Tore. Nach den Originalplänen von Bauingenieur Cornelius Lely aus dem Jahr 1891 begann man jedoch erst 1920 mit dem Bau, der bis 1986 fortgesetzt wurde.

Das bei weitem eindrucksvollste Meisterwerk der Ingenieurtechnik ist hier eine gigantische, mobile Sturmflutbarriere in der Mündung des Rheins. Die meiste Zeit befinden sich die beiden Teile der Barriere zu beiden Seiten des Flusses an Land im Trockendock. Der Fluss ist hier 360 Meter breit. Wird eine Sturmflut erwartet, werden die Trockendocks geflutet. Die beiden schwimmfähigen Barrieren werden in den Fluss ausgefahren. In der Mitte treffen sie sich und schützen die Mündung des Flusses gegen die Sturmflut vom Meer.

Stauen diese den Fluss abdichtenden Barrieren denn nicht das Wasser dahinter auf? Das kann passieren. Deshalb sind die Tore abschnittweise hochfahrbar, um überschüssiges Wasser aus dem Fluss abfließen lassen.

Beim Gedanken an die Größe dieser Barrieren stellt man fest, dass sie eines der größten bewegbaren Objekte auf Erden sind. Da man sie sowohl horizontal als auch vertikal bewegen kann, verfügen sie auch über zwei der größten Kugelgelenke der Welt.

Sturmfluten sind ein riesiges Problem für die Niederlande, und Ingenieure haben mit dieser beweglichen Barriere gezeigt, dass das Land seiner Lage gewachsen ist.

SIEHE AUCH: Hoover-Talsperre (1936), Venedigs Hochwasserschutzsystem (2016).

Die Nordseite von Maeslantkering, einer Sturmflutbarriere in Nieuwe Waterweg bei Rotterdam und Hoek van Holland in den Niederlanden.

1893

Zweitakt-Dieselmotor

Rudolf Diesel (1858–1913)

Wo Hunderte Pferdestärken benötigt werden, so in Sattelschleppern und Bussen, sind Viertakt-Dieselmotoren weit verbreitet. Doch bei der Diesellokomotive müssen die Dieselmotoren Tausende, beim Containerschiff oder Supertanker gar Zehntausende Pferdestärken entwickeln. In solchen Fällen setzen Ingenieure die 1893 vom deutschen Ingenieur Rudolf Diesel entwickelten Zweitakt-Dieselmotoren ein.

Warum? Ein großer Vorteil des Zweitakters ist die unabhängig von der Motorengröße erzeugte doppelte Energiemenge. So ergibt eine Drehzahl von 1000 bei einem Acht-Zylinder-Viertakt-Dieselmotor 4000, bei einem Zweitakter jedoch 8000 Arbeitstakte pro Minute.

Bei der Abwärtsbewegung des Kolbens im Arbeitstakt des Zweitakt-Dieselmotors werden die Ansaugkanäle in der Zylinderwand freigelegt. Kurz davor öffnen sich die Abgasventile an der Spitze des Zylinders und die Abgase entweichen. Ein Kompressor verdichtet die angesaugte Luft und so bahnt sie sich mit doppeltem oder gar höherem Atmosphärendruck ihren Weg in den Zylinder. Nach Beendigung seiner Talfahrt bewegt sich der Kolben wieder aufwärts und komprimiert die Luft im Zylinder. Kurz vor dem oberen Totpunkt wird der Dieselkraftstoff eingespritzt. In der heißen, komprimierten Luft entzündet er sich augenblicklich und liefert die Energie, die den Kolben im Zylinder wieder nach unten drückt.

Schon der Zweitakt-Dieselmotor in einer herkömmlichen Diesellokomotive ist massiv und wiegt über 13 Tonnen. Doch ein Viertakter mit derselben Leistung müsste doppelt so groß sein. Und dies ist der Grund für den breiten Einsatz von Zweitakt-Dieselmotoren in großen Fahrzeugen wie Lokomotiven und Frachtschiffen.

In kleineren Fahrzeugen verschiebt sich aufgrund der Notwendigkeit eines Kompressors das Verhältnis von Leistung und Gewicht oft zuungunsten des Zweitakters. Die Ingenieure müssen die Parameter ausbalancieren, um bei jedem Fahrzeug optimale Ergebnisse zu erzielen: Gewicht, Leistungsaufnahme, Kosten und Komplexität eines Kompressors können die Vorteile des Zweitakters zunichte machen, wenn lediglich 100 PS benötigt werden.

SIEHE AUCH: Kompressor und Turbolader (1887), Diesellokomotive (1897), Supertanker Jahre Viking (1979), Containerschifffahrt (1984).

Die Abbildung zeigt die Zweitakt-Motoren Wärtsilä X72 und Wärtsilä X62 bei Doosan Engine Co., Ltd, in Chagwon, Südkorea.

추락주의

1893

Riesenrad

George Washington Gale Ferris, Jr. (1859–1896)

Für eine schöne Aussicht erklimmen Menschen Berge und fahren mit **Aufzügen** auf das Dach von Wolkenkratzern wie dem **Empire State Building**.

Wir möchten also etwas konstruieren, das die Menschen ohne Kletterpartie die Aussicht von einem Berggipfel spüren lässt– wie machen wir das? Eine mögliche Antwort auf diese Frage ist das Riesenrad. Das erste Riesenrad, entworfen von George Washington Gale Ferris, Jr, wurde 1893 in Chicago in Betrieb genommen.

Beim Betrachten des größten Riesenrads der Gegenwart, des High Roller in Las Vegas, erahnen wir, warum Riesenräder ein Liebling der Ingenieure sind: Sie können vom Material her sehr effizient sein. Wie das mit seinen gespannten Speichen sowohl stabil als auch leicht wirkende Rad eines Fahrrads, sieht auch der High Roller auffallend abgespeckt aus: Radkranz, Speichen, Drehkreuz und Sockel, das ist alles. Die Passagier-Kabinen sind am Radkranz befestigt und Elektrommotoren halten sie waagerecht.

Der Durchmesser von 167 Metern und die minimalistische Menge an Bestandteilen lassen einen schnell vergessen, wie viel Gewicht es trägt. Der Eindruck täuscht, denn über 1000 Personen können gleichzeitig mit dem Riesenrad fahren – in 28 jeweils bis zu 40 Personen Platz bietenden Kabinen. Jede Kabine ist mit einem 16 Meter langen Abschnitt des Radkranzes verbunden. Vier Stahlkabel (die Speichen) verbinden jeden Abschnitt des Radkranzes mit dem Drehkreuz. Eine Kabine wiegt leer etwa 20,5 Tonnen, voll beladen bis zu 25 Tonnen. Am gesamten Radkranz hängen also etwa 680 Tonnen. Die Konstruktion muss bei gleichzeitiger Drehung ein ungeheures Gewicht stemmen. Außerdem verfügt der Sockel über ein Dutzend **Schwingungstilger,** die Vibrationen ausgleichen und eine sanfte Fahrt garantieren.

Bei zwei Umdrehungen pro Stunde verweilt der Fahrgast also etwa 30 Minuten auf dem Rad und 2000 Menschen können in einer Stunde die Aussicht genießen.

SIEHE AUCH: Achterbahn mit Rückrollsicherung (1919), Empire State Building (1931), CN Tower (1976), Schwingungstilger (1977), Harry Potter und die verbotene Reise (2010).

Das Riesenrad auf der Weltausstellung 1893 in Chicago.

1897

Diesellokomotive

Rudolf Diesel (1858–1913)

Sie sind ein Ingenieur in den 1930ern und möchten eine neue Lokomotive auf Grundlage des Dieselmotors entwickeln. Einen Vorgänger präsentierte 1897 Rudolf Diesel. Dampfmaschinen taten seit über einem Jahrhundert erfolgreich ihren Dienst, doch der Dieselmotor ist ein ganz anderes Arbeitstier, denn bei einem Zug mit einhundert Wagen beträgt das Gewicht Tausende Tonnen. Diese Masse einen Berg hinaufzuziehen erfordert einen enorm leistungsstarken Motor, der aber zugleich auch möglichst effizient sein soll.

Ihr Instinkt rät Ihnen womöglich zum Entwurf einer Lokomotive nach dem Vorbild des Diesel-Lastwagens. Das Problem ist jedoch das Getriebe. Während einem Auto ein Vier- bzw. Fünf-Gang-Getriebe ausreicht, benötigt ein Lastwagen aufgrund der viel größeren Last neun, dreizehn oder gar achtzehn Gänge. Bei der Lokomotive müssten wir somit noch mehr Gänge hinzufügen und Größe und Komplexität des Getriebes wären unsinnig. Lokomotiven haben deshalb einen riesigen **Zweitakt-Dieselmotor** mit zwölf bis zwanzig Zylindern und **Kompressor** zur Effizienzsteigerung.

Statt mit einem Getriebe ist dieser Motor mit einem Strom- bzw. Drehstromgenerator verbunden. Bei einem Motor mit 4000 Pferdestärken erzeugt der Drehstromgenerator bis zu drei Megawatt. Mit anderen Worten: Eine Diesellokomotive ist eigentlich ein kleines Stromkraftwerk. Der Strom wird dann in Elektromotoren geleitet. Eine Lokomotive mit sechs Achsen kann bis zu sechs Motoren besitzen.

Die Vorteile dieser technischen Neuerung sind zahlreich. Erstens macht der Gebrauch von Elektromotoren große, komplizierte Getriebe überflüssig. Zweitens ist der Antrieb von sechs Achsen mit sechs Elektromotoren viel einfacher als deren Verbindung zum Getriebe über Gelenkwellen. Drittens ist der Betrieb des Zugs auch bei Ausfall eines der Elektromotoren gewährleistet. Viertens läuft der Motor mit einer bestimmten Drehzahl, was die Effizienz erhöht und das Zusammenhängen mehrerer Lokomotiven ermöglicht.

Im Miniaturformat in Verbindung mit Batterien funktioniert dasselbe System in **Hybridfahrzeugen**. Die Ingenieure haben einen wichtigen Durchbruch in puncto Effizienz erreicht.

SIEHE AUCH: Kompressor und Turbolader (1885), Zweitakt-Dieselmotor (1893), Prius Hybrid (1997).

Der dieselbetriebene Stromlinienzug „Santa Fe Super Chief" in einer Kurve auf der Strecke von Los Angeles nach Chicago.

304
SANTA FE
SANTA FE

1899

Defibrillator

Jean-Louis Prévost (1838–1927), **Frédéric Batelli** (1867–1941), **Frank Pantridge** (1916–2004)

In der Wartehalle eines Flughafens greift ein Mann vor Ihnen sich an die Brust und fällt zu Boden. Er hat einen plötzlichen Herzstillstand erlitten. Gut, dass viele öffentliche Gebäude heute mit tragbaren Defibrillatoren ausgestattet sind. Das Konzept der Defibrillation reicht auf das Jahr 1899 zurück, als Jean-Louis Prévost und Frédéric Batelli, zwei Physiologen an der Universität Genf die Auswirkung von Elektrizität auf die Herzen von Hunden demonstrierten. Tragbare Defibrillatoren gibt es jedoch erst seit 1965, als der irische Professor Frank Pantridge ein erstes Modell mit einem Gewicht von über 70 Kilogramm entwickelte. Die tragbaren Geräte an **Flughäfen** und in Einkaufszentren werden AEDs oder Automatische Externe Defibrillatoren genannt und wurden erstmals 1980 außerhalb eines Krankenhauses eingesetzt.

Bei einem plötzlichen Herzstillstand hat das Herz seinen gewöhnlichen Schlagrhythmus aus irgendeinem Grund eingestellt. Beim menschlichen Herzen sorgt ein eigenes unabhängiges Nervennetz für einen regelmäßigen Herzschlag. Wird dieses Netzwerk beeinträchtigt (etwa durch eine plötzlich verstopfte Arterie auf dem Herzmuskel), kann das Herz in einen Flimmerzustand geraten, das Nervennetz gerät aus den Fugen und das Herz beginnt unregelmäßig und schnell zu schlagen.

Nach Befestigung der selbstklebenden Elektroden auf der Brust des Patienten analysiert ein **Mikroprozessor** im Gerät den Herzrhythmus und stellt fest, ob ein Flimmern vorliegt. Falls ja, nutzt der Defibrillator seine internen Batterien, lädt einen Kondensator mit Hochspannung (z. B. 700 Volt) und verabreicht dem Patienten einen Stromschlag. In vielen Fällen reicht eine einzige Ladung, um den normalen Herzschlag wiederherzustellen, falls nicht, unternimmt das Gerät mehrere Versuche.

Ein plötzlicher Herzstillstand lässt sich am besten durch den schnellstmöglichen Einsatz eines Defibrillators behandeln. Elektro-, Software- und Industrieingenieure haben es geschafft, ein kostengünstiges, leichtgewichtiges, in Massen produziertes Gerät zu entwickeln, das bei der Behandlung einer der häufigsten Todesursachen helfen kann.

SIEHE AUCH: Mikroprozessor (1971), Kunstherz (1982), Internationaler Flughafen Kansai (1994).

Während der erste Defibrillator unheimlich massiv war, sind heute leichtere, tragbare Modelle in den meisten öffentlichen Gebäuden vorhanden.

DEFIBRILLATOR
HEARTSTART
DEFIBRILLATOR
Call
911
PHILIPS
TRAINED
RESPONDERS
ONLY
ALARM
WILL
SOUND

1902

Klimaanlage

Willis Carrier (1876–1950)

Manche von Ingenieuren entwickelten Technologien machen das Leben in bestimmten Teilen der Welt erst erträglich. Die Klimaanlage ist ein hervorragendes Beispiel hierfür.

1902 hatte der amerikanische Ingenieur Willis Carrier die Idee für eine überraschend einfache Luftkühlung. Nehmen wir eine Flüssigkeit mit einem Siedepunkt von etwa -29 °C. Spritzen wir sie bei niedrigem Druck in ein Rohr. Die Flüssigkeit wird in der Leitung kochen und das Rohr dabei auf eine Temperatur von -29 °C abkühlen. Eine Pumpe saugt den Dampf ab. Dieser wird unter Hochdruck komprimiert und in ein anderes Rohr geleitet, das aufgrund der Kompressionswärme heiß wird. Beim Abkühlen kondensiert der Dampf wieder zu einer Flüssigkeit. Diese wird in das kalte Rohr eingespritzt und der Kreislauf beginnt von neuem. Platzieren wir nun das kalte Rohr in einem Gebäude mit einem Ventilator und das heiße Rohr außerhalb des Gebäudes mit einem anderen Ventilator – und fertig ist die Klimaanlage.

Nach der Entwicklung dieses Kreislaufsystems verbesserten die Ingenieure dessen Effizienz, suchten nach kostengünstigen Motoren und Kompressoren und entwickelten Systeme in verschiedenen Größenordnungen. Heute kann man für rund 100 Euro eine kleine Klimaanlage kaufen. Auch der Kauf einer kompletten Klimaanlage für ein ganzes Gebäude ist möglich; damit lassen sich ein Stadion oder ein großer **Flughafen** klimatisieren. Autos, Flugzeuge und Schiffe haben auch Klimaanlagen.

Nach der Perfektionierung des Systems für Gebäude entstanden aus dieser Technologie Kühlschrank und Gefriertruhe. Der Kühlschrankkasten ist eigentlich ein sehr kleiner, gut abgedichteter Raum.

Was heute selbstverständlich ist, darunter **Tiefkühlware** und die modernen Serverfarmen, wäre ohne Kühl- und Kältetechnik nicht möglich.

Die Entwicklung kostengünstiger, zuverlässiger Klimaanlagen machte das Leben in Gebieten mit extrem heißem Klima erträglich und immer mehr Menschen siedelten sich dort an. Eine Schlüsseltechnologie führte in diesen Gebieten zu einem grundlegenden Wandel in der Wirtschaftslandschaft.

SIEHE AUCH: Elektrische Kältetechnik (1927), Tiefkühlpizza (1957), Bestrahlung von Lebensmitteln (1963), Computeranimationsfilm (1995).

Ein Aufdachklimasystem in Hongkong.

1903

Elektrokardiogramm (EKG)

Willem Einthoven (1860–1927)

Wie nützlich wäre doch ein kostengünstiges, zuverlässiges Gerät zur Überwachung der Herzfunktion. Die Ärzte könnten durch das Auflegen einiger Elektroden auf die Haut die Herzfunktion des Patienten prüfen. Ein nicht-invasives Verfahren, das einem Doktor bei der Überwachung der normalen Herztätigkeit und Feststellung einiger Abnormalitäten hilft. Der Elektrokardiogramm-Apparat (EKG) lässt diesen Traum wahr werden.

Der erste zuverlässige EKG-Apparat wurde 1903 vom niederländischen Doktor Willem Einthoven entwickelt. Sein System nutzte keine Elektroden: Die Patienten platzierten ihre Gliedmaßen für eine gute Verbindung in einem Behälter mit Salzwasser. Eine extrem dünne, mit Silber beschichtete Glasfaser bewegte sich dann in einem Magnetfeld zu den schwachen Signalen des Herzens. Warum diese seltsame Herangehensweise? Die Elektroingenieure hatten damals noch keine zuverlässigen, flexiblen Verstärkerschaltungen entwickelt.

Durch Übertragung des Bildes der vibrierenden Faser auf eine Leinwand machte man das EKG sichtbar und konnte es auswerten. Einthoven entwickelte darauf ein standardisiertes Schema zur Benennung der einzelnen Bestandteile des Signals.

Die Erfindung dieses Apparats und die Interpretation der Signale bedeuteten einen so wichtigen Fortschritt, dass der Arzt für sein Werk den Nobelpreis erhielt.

Dieser ursprüngliche Apparat wog jedoch mehr als der Patient und für seine Inbetriebnahme bedurfte es mehrerer Personen. An dieser Stelle beginnt das Werk der Ingenieure: Nach spezifischer Vorarbeit fanden sie Wege zur Verkleinerung des Apparats, zur besseren Aufzeichnung und Anzeige der Signale, zu mehr Zuverlässigkeit unter gleichzeitigem Verzicht auf die Salzwasserbehälter. Und ihr Erfolg war durchschlagend – heute ist ein EKG-Apparat kostengünstig und allgegenwärtig.

In der Welt von heute ist sogar noch mehr möglich. Die Computer in tragbaren **Defibrillatoren** können jetzt EKGs lesen, entscheiden, ob ein Patient einen Herzstillstand erlitten hat, und ihm gegebenenfalls einen lebensrettenden Stromstoß versetzen – alles vollautomatisch. Das war die Grundlage für spätere künstliche medizinische Produkte wie das **künstliche Herz**.

SIEHE AUCH: Defibrillator (1899), Radiosender (1920), Herz-Lungen-Maschine (1926), Kunstherz (1982).

Das moderne EKG ist deutlich effizienter als der ursprüngliche Apparat von Einthoven.

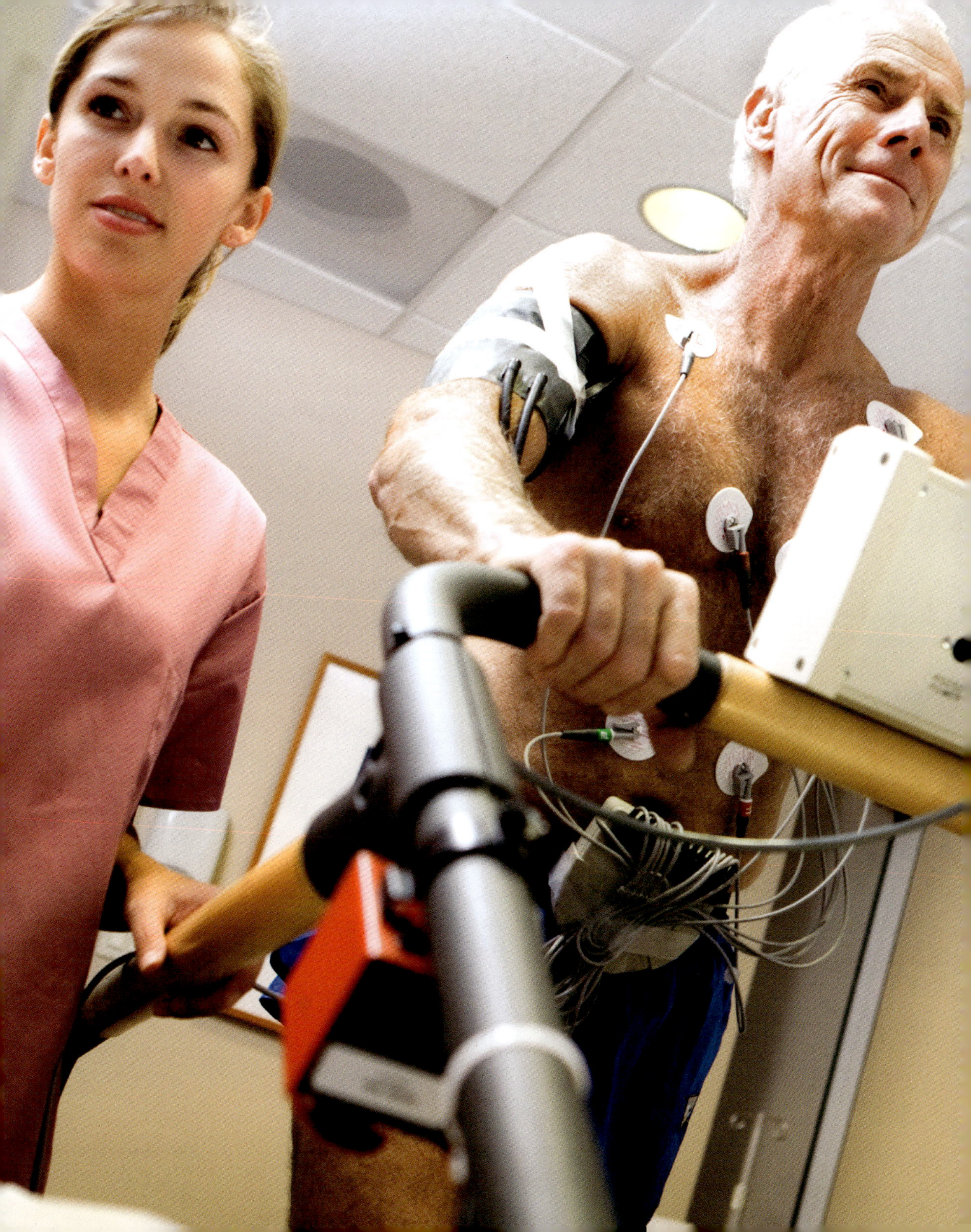

1903

Flugzeug der Gebrüder Wright

Wilbur Wright (1867–1912), **Orville Wright** (1871–1948)

Heute können wir uns ein Leben ohne Flugzeuge kaum mehr vorstellen. Doch zu Beginn des 20. Jahrhunderts meinten viele, der Mensch werde niemals fliegen können.

1903 machten die Gebrüder Wright den Traum vom Fliegen in North Carolina wahr. Sie waren Ingenieure, aber auch Wissenschaftler und Erfinder. Zahlreiche Probleme und grundlegende Fragen harrten einer Lösung: Wie lässt sich der Auftrieb erzeugen? Wie generiert man genügend Schub? Wie soll der Flug gesteuert werden? Wie kann man das Flugzeug leicht genug machen? Und wie all das kombinieren?

Sie bauten einen Windkanal, betrieben Grundlagenforschung und entwickelten Tragflächenformen mit einem Höchstmaß an Auftrieb. Diese Formen setzten sie als stabile, leichtgewichtige Konstruktionen um – beim Zweiflügelsystem der ersten Flugapparate der Wrights wurden Holz, Stoff und Draht verwendet. Zur Steuerung mussten sie diese Konstruktionen während des Flugs biegen. Ihre Lösung wirkt heute fast skurril: Die gesamte Tragfläche verzog sich und sie steuerten die Verzerrung mit ihren Hüften. Auch ihre vorderen Steueroberflächen erscheinen uns heute seltsam. Nach der Entschlüsselung der wichtigsten Geheimnisse durch die Gebrüder Wright entwickelten sich heute gängige Steuerelemente wie Höhen-, Seiten- und Querruder rasant.

Das ganze Flugzeug wog unbesetzt 275 Kilogramm. Wie sollte man es in die Luft bekommen? Der nach heutigen Standards primitiv wirkende **Motor** erzeugte bei 3,3 Litern Hubraum und rund 91 Kilogramm Gewicht nur 12 PS (9000 Watt). Ein kleiner Benzinbehälter im Lufteinlass des Motors diente als Vergaser, Unterbrecherkontakte erzeugten den Funken und das verdampfende Wasser kühlte den Motor. Den entwickelte der Mechaniker Charles Taylor gemeinsam mit den Gebrüdern Wright. Mit seinen 12 PS trieb er zwei sich in entgegengesetzter Richtung drehende, handgeschnitzte Holzpropeller an.

Das Zusammenbringen so vieler Ideen und Disziplinen des Ingenieurwesens und die gemeinsame Entwicklung einer funktionierenden Flugmaschine durch drei einzelne Menschen erscheint schier unmöglich. Doch Inspiration, Neugier, Beharrlichkeit und der Nervenkitzel der Entdeckung trieben sie an.

SIEHE AUCH: Zweitakt-Dieselmotor (1893), Boeing 747 Jumbo-Jet (1968), Muskelkraft-Flugzeug (1977), Space-Shuttle (1981).

Der erste anhaltende Flug mit der Flugmaschine der Gebrüder Wright.

1905

Ingenieurholz

Standard-Bauholz entsteht durch das Aufschneiden eines Baumstamms mit einer Säge. Einfaches Kantholz erfordert keine Ingenieurtechnik. Dieses Holz ist so, wie es die Natur gemacht hat – mit Astlöchern usw. Oft benötigen Menschen jedoch etwas anderes als triviales Kantholz. Hier kommen die Ingenieure ins Spiel. Würde etwa ein Fußboden aus Vierkanthölzern verlegt, wäre dies in den meisten Fällen Verschwendung. Ein technisches Produkt wie das erstmals 1905 von der *Portland Manufacturing Company* hergestellte Mehrschichtholz ist eine viel bessere Option – leichter, dünner, billiger.

Man könnte einen Sechs-Meter-Graben mit einem massiven Holzbalken überbrücken, aber auch das wäre Verschwendung. Ein Holzfachwerk oder ein laminiertes Produkt sind zwei technisch konstruierte Formen, mit denen man das Gleiche mit weniger Holz erreichen kann. In anderen Fällen können Ingenieure nicht benötigte Holzteile in etwas Nützliches verwandeln. Diese Idee liegt der Spanplatte zugrunde, bei der kleine Holzspäne mit Leim zu einer Platte verklebt werden, die dadurch Mehrschichtholz vergleichbar wird. Während als Bauholz nicht weiter verarbeitetes Holz benutzt wird und Mehrschichtholz großflächiges Furnier voraussetzt, werden bei der Spanplatte kleine Holzspäne zu einem nützlichen Ausgangsmaterial.

Ein weiteres Beispiel ist der Doppel-T-Träger aus Holz. Die zwei Gurte und Stege des hölzernen Trägers bestehen aus unterschiedlichem Laminat und werden später verleimt. Der hölzerne Doppel-T-Träger ist deutlich stabiler und leichter als ein Balken aus Massivholz, und Probleme wie Risse, Verzug oder allmähliches Schrumpfen treten nicht auf. Als Fußbodenbalken können sie sogar Quietschgeräusche beim Gehen verhindern.

Auch bei Dachstühlen sind Ingenieure sehr gefragt. **Dachstühle** werden in Fabriken mit passgenauen Elementen zur Senkung der Baukosten vorgefertigt. Dann bringt man sie montagefertig zur Baustelle. Durch den niedrigeren Verbrauch eines preisgünstigeren Holzes kosten Dachstühle weniger als Stabtragwerke.

Technisches Bauholz offenbart die Vorteile des Ingenieurwesens im Allgemeinen: Ein Produkt mit derselben Funktionalität, doch leichter, stabiler und kostengünstiger.

SIEHE AUCH: Fachwerkbrücke (1823), Instant-Wolkenkratzer (2011).

Eine Holzbrücke aus technischem Holz im Montmorency-Wald über den Montmorency River in Quebec, Kanada.

1907

Berufszulassung für Ingenieure

Ihre Stadt möchte einen Fluss stauen, aber eine Million Menschen leben unterhalb des geplanten Damms am Ufer desselben. Bei einem Dammbruch würden sie alle in den Fluten ertrinken. Sollte man die Planung dieses Dammes einem 22 Jahre alten, frisch gebackenen Bauingenieur anvertrauen? Eher nicht. Und es gibt viele andere Vorhaben, bei denen wir den jungen Joe Engineer nicht als Chefingenieur einsetzen möchten: Wolkenkratzer und Fahrzeuge gehören dazu. Für die Planung eines wichtigen Objekts würden Sie mit Sicherheit einen kompetenten, hoch erfahrenen, hoch disziplinierten Ingenieur als Projektleiter einsetzen.

Aus diesem Grund gibt es eine Berufszulassung für Ingenieure – in den USA seit 1907. Dort muss ein Ingenieur vier Anforderungen erfüllen, um eine Berufszulassung als Ingenieur in seinem Fachgebiet zu erhalten:

- Abgeschlossenes vierjähriges Studium an einer vom ABET (Accreditation Board for Engineering and Technology) akkreditierten Hochschule. Der Status gewährleistet eine hochwertige Ingenieursausbildung.
- Bestandene Prüfung zu den Grundlagen des Ingenieurwesens (FE). Die fünfstündige Prüfung erfolgt nach Fachgebiet und wird gewöhnlich kurz nach dem Hochschulabschluss abgelegt. Chemie- und Bauingenieure legen unterschiedliche Prüfungen ab.
- Vier Jahre Arbeit unter einem professionellen Ingenieur; vergleichbar mit einer Lehre.
- Bestandene Prüfung zu Grundsätzen und Praxis des Ingenieurwesens (PE). Diese achtstündige Prüfung wird nach der vierjährigen Tätigkeit unter einem professionellen Ingenieur abgelegt und ist hoch spezialisiert. So gibt es etwa einen Test für Bautechnik und einen anderen für Verkehrstechnik.

Danach kann der Ingenieur eine Berufszulassung als Ingenieur in einem bestimmten Bundesstaat beantragen. Mit dieser Zulassung ist er zur Freigabe von Entwürfen berechtigt, die einem professionellen Ingenieur vorgelegt werden müssen. Dies betrifft sowohl öffentliche als auch viele groß angelegte Privatprojekte.

SIEHE AUCH: Gunter's Chain (1620), Rensselaer Polytechnic Institute (1824), Eriekanal (1825), Women's Engineering Society (1919), Tacoma Narrows Bridge (1940).

Technische Fehlschläge wie die 1907 eingestürzte Quebec Bridge waren ein Grund für die Einführung der Berufszulassung für Ingenieure.

1908

Verbrennungsmotor

Der erste, weit verbreitete Verbrennungsmotor war im Ford T ab 1908 anzutreffen. Er basierte auf dem 1862 von Alphonse Beau de Rochas patentierten Ottomotor, auch als Viertakt-Motor bekannt. Das Ziel eines preisgünstigen, zuverlässigen und ausdauernden Motors war bei den damaligen Materialien und Herstellungsverfahren nur mit unglaublichem technischem Aufwand zu erreichen. Bei Einstellung der Produktion 1927 waren mehr als 15 Millionen T-Motoren vom Band gelaufen.

Der Motor verfügte über mehrere technische Glanzstücke. Werkstoffingenieure verbesserten das **Bessemer-Verfahren** zur Erzeugung von Vanadiumstahl, dessen Stabilität das Funktionieren einiger T-Motoren bis heute gewährleistet. Elektroingenieure entwickelten die Kontakthammer-Spulenzündung, die den Motorbetrieb mit Benzin, Kerosin oder Ethanol ermöglichte. Die Ingenieure entwickelten auch die Thermosiphonanlage, die Wasser ohne Pumpe durch einen Kühler bewegte. Doch die wirklichen Helden waren die Fertigungsingenieure, die die Produktion von zwei Millionen Fahrzeugen pro Jahr mit erstaunlicher Effizienz und zu niedrigen Preisen ermöglichten.

Ein Vergleich des T-Motors mit den Motoren von heute führt uns den Fortschritt der Technik seitdem vor Augen. Mit vier Zylindern und 2,9 Liter Hubraum erzeugte er nur 20 Pferdestärken. Heute gibt es Motorräder mit 1-Liter-Motor und 200 Pferdestärken. Wie ist das möglich? Als Ersatz für das Flachkopf-Design des T entwickelten die Ingenieure hängende Ventilgetriebe und hohe Verdichtungsverhältnisse. Sie erhöhten die Nenndrehzahl und erfanden Kraftstoffeinspritzungssysteme als Ersatz für den Vergaser, leistungsstärkere und präzisere Zündsysteme sowie abgestimmte Ansaug- und Abgassysteme.

Nur wenige weit verbreitete Technologien sind ohne Überdenkung des Grundkonzepts so stark weiterentwickelt worden. Nach über 100 Jahren sind noch alle Kernelemente des T-Motors (Kolben, Ventile, Zündkerzen, Wasserkühler und Benzin) vorhanden. Aber die Ingenieure haben jeden Bereich in höchstem Maße optimiert und die kompakten, zuverlässigen und leistungsstarken Motoren von heute möglich gemacht.

SIEHE AUCH: Bessemer-Verfahren (1855), Ölraffinerie Wamsutta (1861), Turbinen-Luftstrahl-Triebwerk (1937), Formel-1-Wagen (1938), Bugatti Veyron (2005).

Ein Techniker bei der Arbeit an einem Verbrennungsmotor, wahrscheinlich bei der Ford Motor Company, 1949.

1910

Laparoskopische Chirurgie

Hans Christian Jacobaeus (1879–1937)

Über Jahrhunderte war die Chirurgie ein sehr einfaches Feld. Ein Chirurg schnitt mit einem Skalpell ein großes Loch in den Patienten– groß genug für klare Sicht und Zugang mit den Händen. Nach dem Eingriff wurde das Loch zugenäht.

Große Löcher im Körper sind jedoch problematisch: Sie können sich infizieren und Schmerzen verursachen. Eventuell muss der Chirurg viel Muskelgewebe durchtrennen. Die Heilung dauert lange. Sie hinterlassen große Narben. Die Genesungszeiten verlängern sich. Deshalb machten sich Ärzte, Wissenschaftler und Ingenieure an die Entwicklung einer Methode zur Reduzierung der Lochgröße. Die laparoskopische Chirurgie ist das Ergebnis dieser Zusammenarbeit. 1910 führte der schwedische Internist Hans Christian Jacobaeus die erste thoraskopische Diagnose mit einem Zystoskop durch, was eine komplette Überarbeitung des chirurgischen Verfahrens darstellte. Die laparoskopische Chirurgie kann zwar nicht alle Operationen ersetzen, macht aber in vielen Fällen das Herausschneiden eines großen Lochs überflüssig.

Bei der laparoskopischen Chirurgie braucht der Chirurg keinen unmittelbaren Zugriff auf den Ort der Operation. Am Körper des Patienten werden mehrere kleine Schnitte (ein Zentimeter oder kleiner) angelegt und durch zwei davon lange, kleine, ferngesteuerte Werkzeuge eingeführt. Durch einen weiteren gelangt eine kleine Kamera mit einer Lichtquelle in den Patienten. Über einen letzten Schnitt kann Gas eingeleitet werden, um beispielsweise die Bauchwand zu heben und die Stelle des Eingriffs freizulegen. Diese kleinen Wunden heilen viel schneller als eine einzige große Wunde.

Der Chirurg sieht nun alles auf einem Bildschirm und nimmt den gesamten Eingriff mit langen, kleinen Werkzeugen zum Greifen, Schneiden und Nähen vor, die er durch die Zugänge einführen kann. Gesteuert werden diese mit einem scherenartigen Griff.

Die laparoskopische Chirurgie ist ein großartiges Beispiel dafür, wie Wissenschaftler und Ingenieure ein Problem erörtern und völlig neue, wesentlich bessere Lösungen finden können. Ohne derartige Entwicklungen wären verbesserte medizinische Abläufe wie die Implantierung eines **künstlichen Herzens** unmöglich.

SIEHE AUCH: Defibrillator (1899), CT-Scan (1971), Magnetresonanztomografie (MRT) (1977), Künstliches Herz (1982), Chirurgieroboter (1984).

In einem Krankenhaus wird ein Magenbypass gelegt.

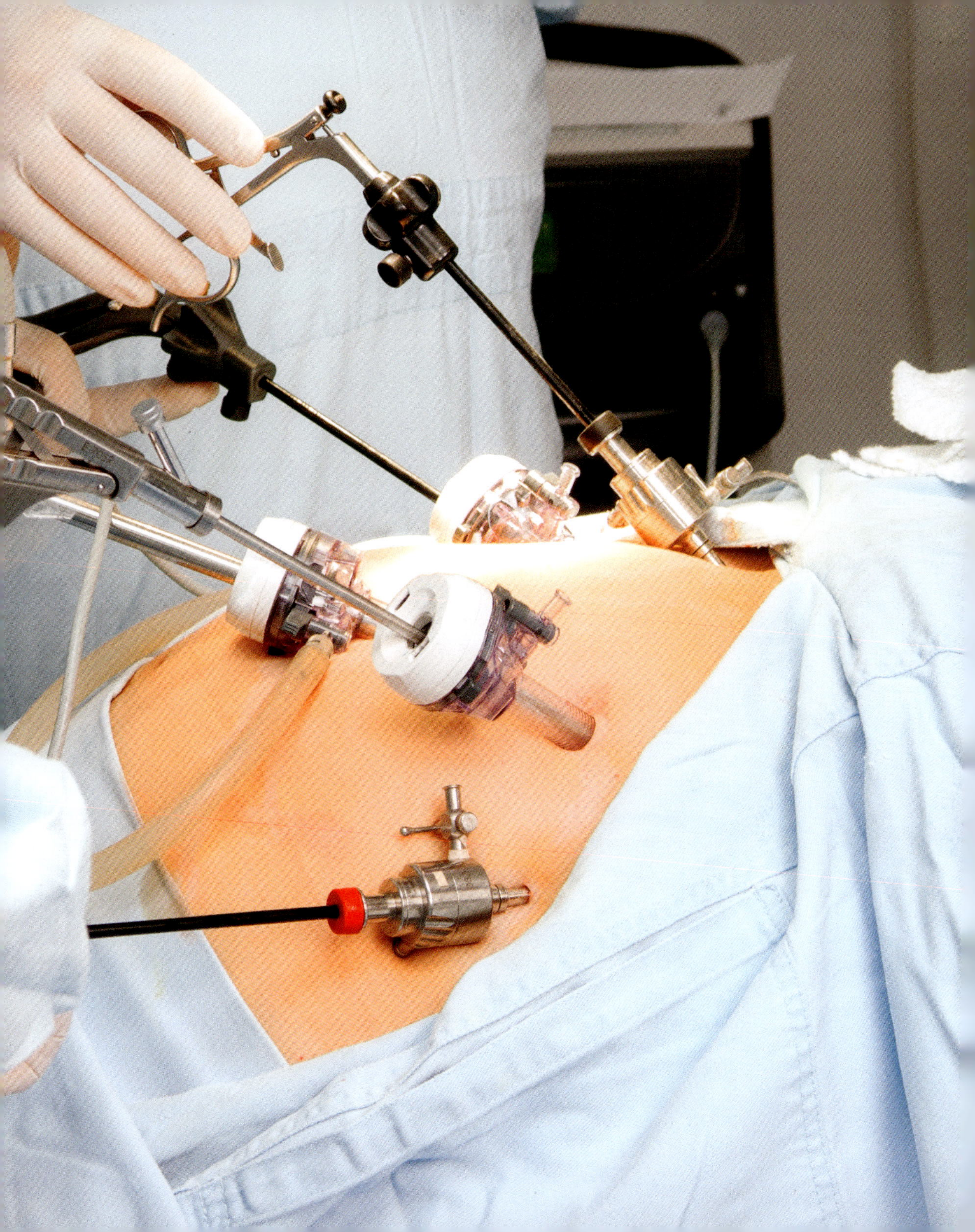

1912

Die Titanic

Thomas Andrews (1837–1912)

In einer Reihe technischer Störfälle wie **Apollo 13**, **Tacoma Narrows Bridge**, **Fukushima** ist wohl die Titanic der berühmteste von allen. Das als unsinkbar geltende Schiff sank auf seiner Jungfernfahrt. Medienrummel, neue Technologie, Zahl der Todesopfer und prominente Fahrgäste machten die Titanic so legendär.

Wie kann denn ein unsinkbares Schiff sinken? Was haben der Schiffbauingenieur Thomas Andrews und seine Assistenten falsch gemacht? Die RMS Titanic war 269 Meter lang und 28 Meter breit. Lassen Sie uns eine große Badewanne mit diesen Abmessungen bauen und ins Wasser lassen. Sie würde gut schwimmen. Nun schießen wir mit einer Kanone ein Loch in eine Seite der Badewanne. Wasser dringt durch das Loch ein und die Wanne sinkt letztendlich. Eine gute Lenzpumpe löst das Problem. Pumpt sie schneller, als das Wasser eindringt, kann die Wanne unbegrenzt lange schwimmen.

Die Ingenieure der Titanic sind beim Bau ihres unsinkbaren Schiffs folgendermaßen vorgegangen: Sie haben das Schiff mit 15 Schotten in 16 Sektionen aufgeteilt. Das von ihnen entwickelte Lenzpumpensystem konnte ungefähr 1,7 Millionen Liter Wasser pro Stunde abpumpen. Im Falle eines Lecks liefe eine Sektion der Titanic voll. Die Lenzpumpen würden das Wasser abpumpen und selbst bei einem Pumpenausfall stellte eine geflutete Sektion kein Problem dar. Bei diesem Szenario wäre das Schiff tatsächlich unsinkbar gewesen.

Beim seitlichen Streifen eines Eisbergs wurden jedoch ganze sechs Sektionen der Titanic beschädigt und die Pumpen vermochten die eindringenden Wassermassen nicht abzupumpen. Die sechs Sektionen füllten sich. Und da die Trennwände der Schotte nicht bis zur Oberseite der Hülle reichten, floss das Wasser nach Erreichen der Oberseite des Schotts in die nächste Sektion weiter. So füllte sich das unsinkbare Schiff mit Wasser.

Heute wissen wir, dass die Ingenieure dieses Problem mit einigen Änderungen hätten lösen können. Aber anscheinend haben sie die Möglichkeit eines Unfalls mit Beschädigung von sechs Sektionen nie in Betracht gezogen. Infolge dieses gravierenden Mangels an Vorstellungskraft sank die Titanic am 15. April 1912 im Nordatlantik.

SIEHE AUCH: Die Hindenburg (1937), Tacoma Narrows Bridge (1940), Apollo 13 (1970), Katastrophe von Fukushima (2011).

Die RMS Titanic verlässt Southampton, 10. April 1912.

1913

Woolworth Building

Gunvald Aus (1851–1950), **Cass Gilbert** (1859–1934),
Kort Berle (Daten nicht verfügbar)

Im 18. Jahrhundert benutzten Architekten und Ingenieure beim Bau Holz, Stein und Ziegel. Die Außenwände und Säulen im Innern trugen die gesamte Last. Bei mehrgeschossigen Gebäuden aus Stein mussten die Wände, besonders am Boden, sehr dick sein. Fenster schwächten die Struktur und durften nicht zu groß werden.

Im 19. Jahrhundert kam das Gusseisen auf. Säulen und Wände durften dünner, Fenster größer sein, doch die Gebäudehöhe blieb beschränkt – sieben oder acht Stockwerke, mehr nicht. All das änderte sich mit der Einführung von billigem Stahl durch das **Bessemer-Verfahren**. Aufgrund der Stabilität des Stahls konnten die Stahlgerüste aus Doppel-T-Trägern in erstaunliche Höhen emporwachsen und die Außenwände mussten weniger Last tragen. Letztere werden bei modernen Wolkenkratzern als Vorhangfassade bezeichnet – ein Hinweis auf ihre veränderte Funktion: Die Außenwände hängen an der Stahlkonstruktion, nicht umgekehrt. Selbst eine komplette Glasfassade ist bei modernen Konstruktionen möglich.

Andere Technologien ermöglichten die Nutzung von Wolkenkratzern. Ohne Aufzüge wären solche Gebäude undenkbar – niemand würde freiwillig 50 Treppenläufe emporsteigen. Hilfspumpen und Speichertanks regeln den Wasserdruck. Im ausgehenden 19. Jahrhundert kamen all diese technischen Neuerungen zusammen.

Das *Flatiron Building* in New York hatte 21 Stockwerke und nutzte diese Techniken bereits 1903. Aber war es ein „Wolkenkratzer"? Die Ingenieure erhöhten den Einsatz im Eiltempo. Nur zehn Jahre später wurde das *Woolworth Building* mit 60 Stockwerken zum höchsten Gebäude der Welt – für die nächsten 17 Jahre. Seine Höhe und Erscheinung machen es unmissverständlich zum Wolkenkratzer. Entworfen vom Architekten Cass Gilbert und gebaut mit Unterstützung des Statikers Gunvald Aus und seines Partners Kort Berle war das *Woolworth Building* mit seinen 34 Hochgeschwindigkeitsaufzügen, 5000 Fenstern und fast 93 000 Quadratmetern Nutzfläche damals eine erstaunliche Leistung.

Wolkenkratzer führen uns ein zentrales Thema der Technik vor Augen: Neue Technologien und Materialien ermöglichen Ingenieuren die Erschaffung neuer Dinge.

SIEHE AUCH: Kathedrale von Saint-Denis (1144), Bessemer-Verfahren (1855), Freiheitsstatue (1886), Empire State Building (1931), Burj Khalifa (2010).

Das Woolworth Building in der Bauphase, 1912.

GENERAL PHOTOGRAP
WOOLWORTH BLDG. IRON WORK
Made Feb 2nd 1912
Copyright 1912 By

1914

Panamakanal

John Findlay Wallace (1852–1951), **John Frank Stevens** (1853–1943), **George Washington Goethals** (1858–1928)

Eine Schiffsreise von New York nach San Francisco war im frühen 20. Jahrhundert ein großes Unterfangen: Eine Fahrt von zwei Monaten und 21 000 Kilometer um Kap Hoorn an der Spitze Südamerikas.

Der 1914 eröffnete Panamakanal verkürzte diese Reise um 11 300 Kilometer. Er stellt eine faszinierende Ingenieursleistung dar, denn bei seinem Bau musste eine fast 80 km lange Wasserstraße durch Dschungel und hügeliges Gelände gegraben werden.

Interessant ist, dass es für die Kanal-Architektur mehrere mögliche Lösungsansätze gab. Die Chefingenieure John Findlay Wallace (1904–1905), John Frank Stevens (1905–1907) und George Washington Goethals (1907–1914) entschieden sich für Folgendes: Sie bauten die damals weltgrößte Talsperre zur Aufstauung des Gatún, des damals größten künstlichen Sees. Die Gatún-Schleusen auf der Atlantikseite heben die Schiffe vom Meeresspiegel in drei Stunden zum See hinauf. Bei ihrer Eröffnung waren sie das größte jemals realisierte Betonprojekt. Anschließend fahren die Schiffe 33 Kilometer über den See. Darauf passieren sie den Culebra Cut, einen knapp 13 Kilometer langen, durch einen Berg gesprengten künstlichen Kanal. In einer Schleuse sinken die Schiffe schließlich zum See Miraflores ab und gelangen über zwei weitere Schleusen in den Pazifik.

Nach der Fertigstellung des Kanals entdeckten die Betreiber ein Problem bezüglich der Wasserversorgung. Wenn die Schleusen ein Schiff nach oben oder unten befördern, fließt eine riesige Menge Wasser aus dem Gatún-See ins Meer ab. In der Trockenzeit herrscht akuter Wassermangel, in der Regenzeit Wasserüberschuss. Die Madden-Talsperre und der Alajuelasee lösten dieses Problem. Wasser wird gespeichert und kann bei Bedarf abgelassen werden.

Bei seiner Eröffnung wurde der Kanal als gigantisches Meisterwerk der Technik gefeiert und durch die geschaffene Abkürzung konnten Milliarden eingespart werden. Das im Projekt umgesetzte Verfahren erfuhr eine Weiterentwicklung bei späteren Projekten wie der **Drei-Schluchten-Talsperre** in China.

SIEHE AUCH: Chinesische Mauer (1600), Eriekanal (1825), Hoover-Talsperre (1936), Containerschifffahrt (1984), Drei-Schluchten-Talsperre (2008).

Der Panamakanal, 2009.

1917

Laser

Albert Einstein (1879–1955)

Laserpointer, Laser-Scanner, Laserdrucker, große Laserwaffen… Warum sind Laser so weit verbreitet? Bereits der Name verrät den Grund: *Light Amplification by Stimulated Emission of Radiation*, zu Deutsch – Lichtverstärkung durch induzierte Strahlungsemission. Wichtig ist hier die induzierte Emission: Laserlicht ist im Gegensatz zu herkömmlichem Licht meist eine einzelne, reine Farbe mit einer einzelnen Phase und einem schmalen Strahl, der über große Entfernungen erhalten bleibt.

Mit der Entdeckung des organisierten Laserlichts waren die Ingenieure imstande, ungeahnte Dinge zu tun. Einen gebündelten Laserstrahl kann man beispielsweise auf einen winzigen Punkt auf einer DVD oder CD schießen und sehen, ob das Licht sauber reflektiert wird. Reflexion steht für den Wert 1, Nichtreflexion für den Wert 0. Der gebündelte Strahl und das konzentrierte Licht des Lasers erlauben auch sehr präzises Schneiden von Papier, Holz oder Metall. Eine Leistung von mehreren hundert Watt kann auf einen Punkt von der Größe einer Nadelspitze gebündelt werden.

Laser ermöglichen die Glasfaserübertragung. Ein Licht an einem Ende des Glasfaserkabels schaltet sich ein und aus, um 1 und 0 zum anderen Ende zu senden. Dies geht bei Lasern sehr schnell. Der fokussierte, leistungsstarke Strahl kann ohne Signalverstärker Dutzende Kilometer durch moderne Glasfaser reisen. Und wegen seiner präzisen Farbe lässt sich Laserlicht zur Vervielfachung der Kapazität in mehreren Farben durch dieselbe Glasfaser schicken. Riesige Datenmengen können durch eine einzige Faser versendet werden.

Laserlicht verrät uns etwas Interessantes über Ingenieure. Nach der grundlegenden Entdeckung – in diesem Fall von Albert Einstein, der die Grundlagen für Laser und Maser, einem Laserstrahl im Mikrowellenbereich, 1917 veröffentlichte – finden sie oft viele unterschiedliche Nutzungsmöglichkeiten. Die ursprünglichen Laserquellen waren recht grob. Ingenieure machten sie kleiner, schneller, besser und billiger. Diese Verbesserungen eröffneten neue Nutzungsmöglichkeiten für Laser und schon bald fanden sich Laser in Hunderten von Produkten. So funktioniert Technik.

SIEHE AUCH: Kompass (1040), Trinity-Atombombe (1945), Glasfaserkommunikation (1970).

Der Laser Guide Star (LGS) in Yepun, eines der vier einzelnen Teleskope, aus denen das Very Big Telescope (VBT) in der Atacamawüste in Chile besteht.

1917

Hooker-Teleskop

George Ellery Hale (1868–1938)

Zu Beginn des 20. Jahrhunderts hatten die Wissenschaftler noch keine Galaxien entdeckt, weil ihnen kein Teleskop mit genügend großer Auflösung zur Verfügung stand. Der „erste Lichtblick" war das vom amerikanischen Solar-Astronomen George Ellery Hale 1917 in Auftrag gegebene Hooker-Teleskop mit seinem zweieinhalb Meter großen Spiegel – groß genug für den Blick in entfernte Galaxien. Mit dem Hooker-Teleskop konnte Edwin Hubble 1929 die Existenz von Galaxien nachweisen.

Das Hooker-Teleskop war für drei Jahrzehnte das größte Teleskop der Welt und für weitere drei das zweitgrößte. Das reibungslose Zusammenwirken der vielen riesigen, präzise gefertigten Bauteile machte es zur erstaunlichen technischen Leistung der Zeit.

Das zentrale Teil war der zweieinhalb Meter große Spiegel, eine 30,5 cm dicke Glasscheibe mit einem Gewicht von 4100 Kilogramm. Diese Scheibe wurde mit einer eigens gebauten, riesigen Schleifmaschine in ihre präzise Form geschliffen und poliert. Darauf wurde sie versilbert und in einen Rahmen eingesetzt, der sie stabil hielt und vor Verzerrungen bewahrte. Der Spiegel ließ sich so sanft und präzise drehen und neigen.

Das Gerüst und die Träger des Spiegels stammten aus einer Fabrik, die Kriegsschiffe produziert. Alle Bauteile zusammen samt Spiegel wiegen 91 Tonnen. Die Konstruktion steht auf einem Lager aus Quecksilber, das sanfte Bewegung ermöglicht. Ein Netz von wasserführenden Rohren hält seine Temperatur stabil, und ein Uhrwerk kontrolliert die Drehung des Teleskops und richtet es für längere Zeit auf denselben Punkt im Himmel aus. Eine Masse von 1800 Kilogramm zieht beim Herabsinken an Seilen und dreht das gesamte Teleskop und die Kuppel sehr langsam im Einklang mit der Erdrotation. Dadurch werden Fotografien von schwach leuchtenden Himmelsobjekten mit langen Belichtungszeiten möglich.

Die technische Konstruktion und Präzision dieses Teleskops ermöglichten in den 1920ern Fotos, die erstmals die Existenz von Galaxien bestätigten. Erstaunlicherweise ist dieses Teleskop auch mehr als 100 Jahre nach Herstellung der massiven Glasscheibe noch in Benutzung. Bei der Entwicklung der späteren Teleskope wie **Hubble** und **Keck** kamen einige Grundkonzepte des Hooker-Teleskops zur Anwendung.

SIEHE AUCH: Hubble-Weltraumteleskop (1990), Keck-Teleskop (1993).

Pläne für das 2,5 Meter große Spiegelteleskop im Mount Wilson-Observatorium.

100-INCH
REFLECTING
TELESCOPE,
MOUNT WILSON
SOLAR
OBSERVATORY.
SCALE OF FEET.
0 5 10 15 20

1919

Women's Engineering Society

Verena Holmes (1889–1964)

Als erster Ingenieurverband wurde 1818 in London die Gesellschaft für Bauingenieure gegründet. Bis zum Ersten Weltkrieg waren bereits viele weitere Organisationen wie die Gesellschaft der Maschinenbauingenieure (gegründet 1847 in London), der Verband deutscher Ingenieure (1856), der Verband der Bauingenieure Kanadas (1887), der Amerikanische Verband der Maschinenbauer (1880) entstanden. Auch viele auf das Ingenieurwesen spezialisierte Technische **Fachhochschulen** hatten ihre Tore geöffnet.

Der Erste Weltkrieg brachte Massen von Frauen auf den Arbeitsmarkt, viele von ihnen arbeiteten danach weiter. England hatte über 800 000 Männer verloren und viele unverheiratete Frauen mussten einer Erwerbstätigkeit nachgehen. Zuvor für Frauen unzugängliche Berufe standen ihnen nun offen, obwohl sie manchmal bei der Rückkehr von Soldaten nach Hause geschickt wurden.

Verena Holmes wollte nie etwas anderes als Ingenieurin werden. Nach ihrem Abschluss an der Oxford High School für Mädchen belegte sie Abendkurse an der technischen Hochschule und begann eine Lehre als technische Zeichnerin. In dieser Zeit gründete sie den Women's Engineering Society, der sich um die akademische und berufliche Ausbildung technisch interessierter Frauen bemühte. 1922 erhielt sie ihr Diplom von der *University of London* und 1924 wurde sie als erste Frau außerordentliches Mitglied der Gesellschaft für Maschinenbauingenieure.

Caroline Haslett, die Redakteurin der Zeitschrift dieser Gesellschaft, schrieb 1924 einen Wettbewerb für Erleichterungen in der Hausarbeit aus: Der Gewinner war ein mit einer Handpumpe betriebener **Geschirrspüler**, gefolgt von einem thermostatischen **Backofen**. Getrieben von den Anwendungsmöglichkeiten des Elektroingenieurwesens im Haushalt gründete sie den Elektrikerverband der Frauen.

Der Women's Engineering Society förderte die Entstehung anderer Organisationen für weibliche Ingenieure, darunter die 1950 gegründete Gesellschaft weiblicher Ingenieure (SWE) in den USA. Beide Gruppen bieten Stipendien, Vorlesungen und Programme an und unterstützen weltweit am Studium und an der Praxis des Ingenieurwesens interessierte Frauen.

SIEHE AUCH: Rensselaer Polytechnic Institute (1824), Berufszulassung für Ingenieure (1907), Toplader-Waschmaschine (1946), Mikrowellengerät(1946).

Ein Titelblatt von „Woman Engineer", 1920.

THE WOMAN ENGINEER

THE ORGAN OF THE WOMEN'S ENGINEERING SOCIETY (Incorporated 1920).

VOL. I., NO. 10. MARCH, 1922. PRICE 6D.

PHOTO: KADEL & HERBERT, N.Y.

MRS. CARLIA S. WESTCOTT,
THE FIRST AMERICAN WOMAN MARINE ENGINEER.

(*See page* 138.)

THE "WOMAN ENGINEER" IS ISSUED QUARTERLY—PRICE 6d.

1919

Achterbahn mit Rückrollsicherung

John Miller (1872–1941)

Stellen Sie sich eine normale Achterbahn vor. Ein freirollender Wagen wird auf die Spitze des ersten Hügels gezogen und saust auf der anderen Seite hinunter. Dabei verwandelt der Wagen die gespeicherte potenzielle Energie in Geschwindigkeit. Zum Ausgleich des Verlusts durch Reibung und Luftwiderstand ist der nächste Hügel etwas niedriger. Und weiter so.

Eine Achterbahn aus Holz wird oft genau so funktionieren. Doch mit der 1919 vom US-Unternehmer John Miller patentierten Erfindung der Achterbahn mit Rückrollsicherung, wurden auch kreativere Fahrstrecken möglich, denn mit ihren sogenannten *Underfriction Wheels* konnten die Wagen der Achterbahn nun Schrauben und Spiralen fahren. Bei den heutigen Schienen aus Stahlrohren setzt allein die für den Menschen maximal erträgliche g-Kraft dem Achterbahnbauer Grenzen.

Die Fahrt auf den ersten Hügel erfolgt traditionellerweise mithilfe einer Zugkette. Der Achterbahnwagen häuft dadurch potentielle Energie an – langsam, über eine Minute lang. Achterbahnen wie der Hulk in Orlando jedoch funktionieren nach einem völlig anderen Prinzip. Die Passagiere werden von 230 großen Elektromotoren auf Gummireifen den ersten Hügel emporgeschossen. In weniger als zwei Sekunden beschleunigt der Wagen von Null auf 64 km/h und rast kopfüber in eine Inversion und den ersten Drop.

Die Beförderung des Wagens mit 32 Fahrgästen auf den Gipfel und dessen enorme Beschleunigung erfordern ungefähr 11 000 Pferdestärken (8 Millionen Watt). Von einem durchschnittlichen **Stromnetz** kann der Ingenieur nicht verlangen „ich hätte gern acht Megawatt für die nächsten zwei Sekunden“, denn dies würde zu einem gewaltigen Spannungsabfall mit schwerwiegenden Folgen führen. Deshalb akkumuliert das System die benötigte Energie zwischen den Starts mit Schwungrädern. Diese geben dann ihre akkumulierte Energie für den zweisekündigen Start frei. Damit wird eine ausgeglichene Belastung des Stromnetzes erreicht und diesem eine konstante Menge Strom entzogen.

SIEHE AUCH: Stromnetz (1878), Riesenrad (1893), Harry Potter und die verbotene Reise (2010).

Die Achterbahn „Son of Beast“ in King’s Island, Ohio.

1920

Kinsol Trestle Bridge

Ein klassische Einstellung in alten Westernfilmen: **Schienen** führen auf einer hölzernen Bockbrücke über ein Tal. Sie ist so klassisch, weil diese Brücken im 19. Jahrhundert sehr weit verbreitet waren, besonders im Westen der USA. Zur Überquerung eines Tals entwarfen die Ingenieure sehr oft eine Bockbrücke. Diese Lösung war einfach, lag auf der Hand und kostete wenig.

Die 1920 fertiggestellte *Kinsol Trestle Bridge* in British Columbia ist ein Beispiel für eine große hölzerne Bockbrücke, die bis heute überdauert hat. Sie ist 188 Meter lang und am tiefsten Punkt des Tals 44 Meter hoch. Eine anmutig wirkende Kurve verleiht ihr Eleganz. Sie besteht aus Holzbalken und Bolzen, Betonfundamente verhindern den direkten Bodenkontakt des Holzes.

Der technische Grundgedanke hinter einer Bockbrücke ist sehr einfach. Die Eisenbahnstrecke verläuft über eine Reihe A-förmiger Gerüste. Die äußeren Beine dieser A-Form bieten Stabilität zu den Seiten und stützen vertikal. Zwischen den Außenbeinen befinden sich ein oder mehrere vertikale Mittelpfosten. Zahlreiche horizontale und diagonale Queraussteifungen sorgen für die Standfestigkeit der Konstruktion.

Bockbrücken können auch aus Eisen oder Stahl gebaut werden. Ein modernes Beispiel hierfür ist die aus Stahlfachwerkträgern errichtete *Tulip Trestle Bridge* in Southern Indiana mit einer Länge von 703 Metern. Sie ist die längste Bockbrücke in den USA. Ein anderer Ort, wo man diesen Bautyp heute sehen kann, sind klassische hölzerne **Achterbahnen** in Vergnügungsparks und lange Seebrücken am Strand.

SIEHE AUCH: Fachwerkbrücke (1823), Diesellokomotive (1897), Achterbahn mit Rückrollsicherung (1919).

Ein Zug der Tanana Valley Railroad in Alaska beim Überfahren einer Bockbrücke am Fox Gulch.

1920

Radiosender

1912 auf dem Deck der sinkenden **Titanic** stehend würden wir noch über uns etwas erkennen, das eine neue Ära der Kommunikation einläutete. Die *Titanic* hatte zwei Masten, einen an jedem Ende des Schiffs, mit einem langen Kabel dazwischen. Das war die Antenne eines 5000 Watt starken Funkstreckenapparats zum Senden von Morse-Notrufen.

Die *Titanic* brachte den Funk auf die Tagesordnung. Nach deren Untergang verpflichtete der „Radio Act of 1912", ein US-Bundesgesetz, die Schiffe zur Überwachung der Funkfrequenzen auf Notsignale rund um die Uhr. Außerdem wurde ein System der Vergabe von Lizenzen für Radiosender durch die US-Regierung geschaffen.

1920 ging der erste Mittelwellen-Radiosender in den USA auf Sendung: KDKA, ein privater Hörfunksender in Pittsburgh, Pennsylvania. Zwischen 1912 und 1920 wurden Vakuumröhren in Massenproduktion gefertigt, angetrieben vom Ersten Weltkrieg. Diese ermöglichten den Elektroingenieuren die Entwicklung von Verstärkern für Radiosender und -empfänger. Das Radio wurde unheimlich beliebt und jeder wollte eines dieser Geräte haben. 1922 gab es in den USA mehr als eine Million Radioempfänger. Hunderte von Organisationen – Zeitungen, Hochschulen, Kaufhäuser und auch Privatpersonen – hatten Radiosender eingerichtet. Das Goldene Zeitalter des Radios war angebrochen.

NBC nahm 1926 seine Tätigkeit auf, CBS folgte 1927. Eine Änderung der staatlichen Regulierung ermöglichte Werbung im Radio. Diese neue Einkommensquelle motivierte die Rundfunkanstalten zur Expansion und brachte ihnen viel Geld für Inhalte ein.

Eine faszinierende Geschichte: Der Krieg brachte Röhren, die zur Entstehung des Radios führten. Das Ergebnis hatte bis dahin ungeahnte Auswirkungen: Ein unmittelbares, elektronisches und kostenloses Massenmedium konnte mit landesweit ausgestrahlten, werbefinanzierten Sendungen Millionen von Menschen erreichen. Nichts davon existierte 1920. Schon 1930 besaß fast die Hälfte aller Haushalte in den USA einen Radioempfänger. Während der Weltwirtschaftskrise war das Radio ein kostengünstiges Medium für Nachrichten und Unterhaltung. Die Elektroingenieure hatten einen massiven gesellschaftlichen Umschwung bewirkt.

SIEHE AUCH: Telegrafensystem (1837), Die Titanic (1912), Tonbandaufnahme (1935).

Eine junge Frau schaltet ein frühes Modell eines Radios ein.

1921

Roboter

Das Wort „Roboter“ wurde erstmals im Theaterstück „R. U. R.“ des tschechischen Autors Karel Čapek erwähnt. Was aber ist ein Roboter? Ist ein **Schachcomputer**, der einen Menschen matt setzt, ein Roboter? Oder der **Marsrover „Curiosity“**, der auf dem Mars landet? Ein Geldautomat, der Geld ausspuckt? Merriam-Webster's Wörterbuch zufolge ist ein Roboter „eine Maschine, die die Arbeit einer Person verrichten kann, automatisch funktioniert oder von einem Computer gesteuert wird.“ Nach dieser Definition sind alle drei vorgenannten Beispiele Roboter. Ingenieure entwerfen Roboter als Ersatz für den Menschen bei der Arbeit. Mögliche Gründe dafür sind die Optimierung von Kosten, Sicherheit, Bequemlichkeit sowie die Vermeidung von Monotonie oder Ekel. So senden wir wegen des günstigeren Preises, der größeren Sicherheit und auch der Monotonie von Hin- und Rückreise einen Roboter statt eines Menschen zum Mars.

Roboter sind heute in den unterschiedlichsten Funktionen anzutreffen. Die meisten Fabriken in den USA sind massiv automatisiert und Roboter übernehmen Aufgaben wie das Schweißen, Lackieren, Zerspanen und Gießen. Viele Warenhäuser und Versandlager werden mittlerweile komplett von Robotern betrieben. **Selbstfahrende Autos** und LKW stehen für die Wachstumsphase der Robotik. Schon in naher Zukunft wird sich jedes Fahrzeug robotisch steuern lassen.

Noch mangelt es den Robotern an guter, allgemeiner Sehfähigkeit, während der Mensch aufgrund seines guten Sehvermögens die Produkte auf einem Regal ausrichten, alle Einkaufswagen auf einem Parkplatz einsammeln, Wäsche sortieren und einen Geschirrspüler ausräumen kann. Die Verfügbarkeit eines guten Sichtsystems bei Robotern wird zu einem sprunghaften Anstieg der robotischen Funktionalität führen.

Erst das Zusammenwirken verschiedener Fachbereiche des Ingenieurwesens machte all dies möglich. Motoren, Konstruktionen, Sensoren, Computer, Batterien und Energieverwaltungssysteme arbeiten in Robotern zusammen. Die Ingenieure haben die Möglichkeiten erweitert und die Preise gesenkt. Es ist nur eine Frage der Zeit, wann die Ingenieure Roboter dazu bringen können, alle Arbeiten von Menschen zu verrichten.

SIEHE AUCH: Schachcomputer (1950), Operationsroboter (1984), Watson (2011), Rover Curiosity (2012), Marskolonie (ca. 2030).

Atlas ist ein vom US-Robotik-Unternehmen Boston Dynamics entwickelter, menschenähnlicher Roboter.

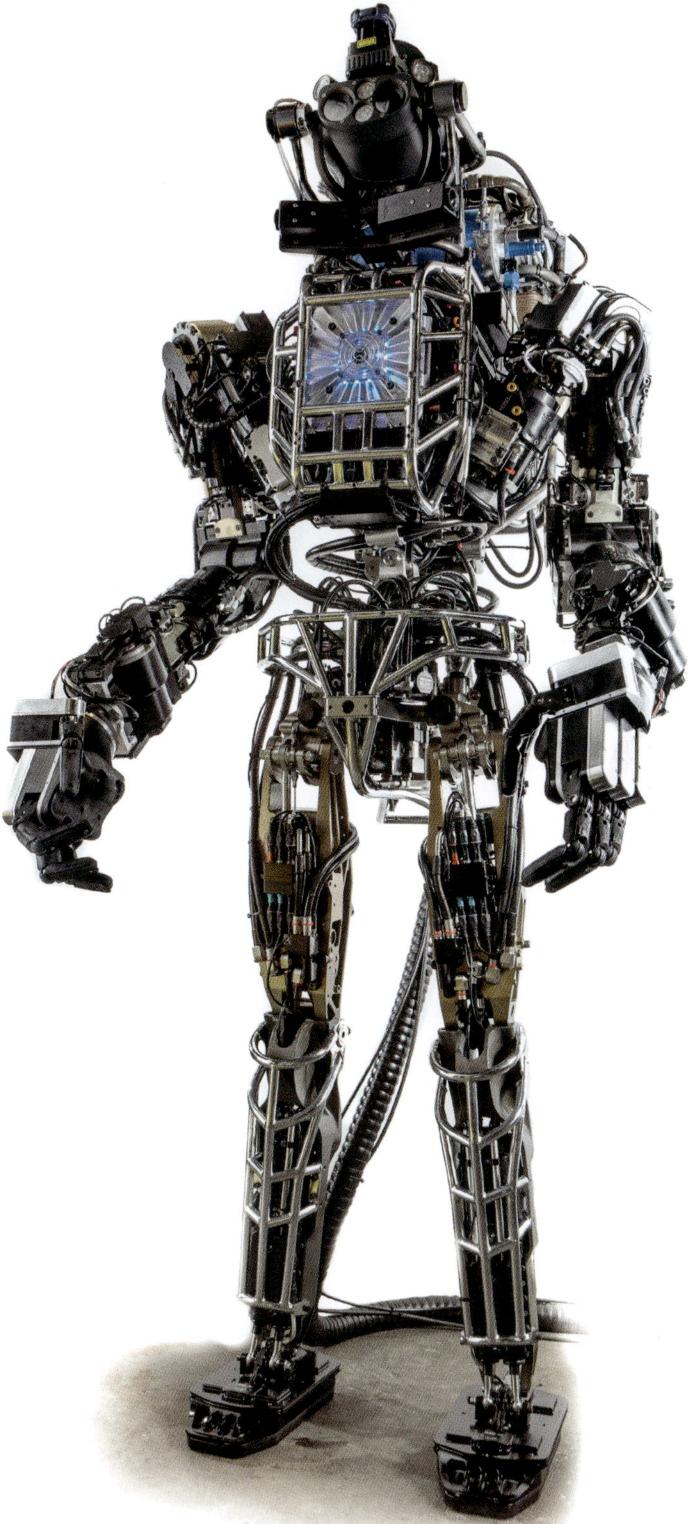

1926

Herz-Lungen-Maschine

Sergej Bruchonenko (1890–1960)

Der Gedanke an einen Ersatz des menschlichen Herzens durch ein Spenderherz oder auch nur an eine Reparatur am Herzen, etwa an einer Herzklappe, erscheint uns abwegig. Wir glauben, dass der Mensch stirbt, wenn sein Herz aufhört zu schlagen. Zur Ermöglichung der Herzchirurgie mussten Ingenieure den Tod überbrücken – der Patient sollte trotz Herzstillstand am Leben bleiben. Das Ergebnis war eine zuverlässige Herz-Lungen-Maschine.

Die 1926 vom sowjetischen Wissenschaftler Sergej Bruchonenko entwickelte Herz-Lungen-Maschine ist ein Apparat, der die normalerweise von Herz und Lungen erledigten Funktionen des Pumpens und der Sauerstoffversorgung übernimmt. Die Maschine muss dies über mehrere Stunden und ohne Beschädigung der Blutzellen des Patienten tun können. Außerdem sollte das Gerät sich schnell und leicht anschließen lassen.

Ingenieure haben all diese Probleme gelöst und so werden heute Herz-Lungen-Maschinen in Krankenhäusern Tag für Tag hundertfach eingesetzt.

Das Grundkonzept der Maschine ist einfach und besteht aus vier Teilen. Ein Verbindungsschlauch zur Entnahme von Blut wird in die Herzarterien oder eine Oberschenkelarterie eingeführt. Eine Pumpe zieht das Blut sanft in die Maschine. Durch ein Membransystem nimmt das Blut Sauerstoff auf und gibt Kohlendioxid ab. Zur Verlangsamung des Stoffwechsels des Patienten und Verringerung des Sauerstoffbedarfs wird das Blut oft auch gekühlt. Schließlich fließt das mit Sauerstoff angereicherte Blut durch einen anderen Schlauch in den Körper zurück.

Nach Anschluss der Herz-Lungen-Maschine kann das Herz des Patienten für die Operation gestoppt werden. Es kann sogar entfernt und durch ein **künstliches Herz** ersetzt werden. Genau das macht die Technik einer Herz-Lungen-Maschine so eindrucksvoll: Sie übernimmt für eine Weile eine überlebenswichtige Aufgabe und gibt den Chirurgen ein Zeitfenster für ihre Arbeit.

SIEHE AUCH: Elektrokardiogramm (EKG) (1903), Dialysegerät (1943), Kunstherz (1982), Operationsroboter (1984).

Eine Herz-Lungen-Maschine in der Herzchirurgie.

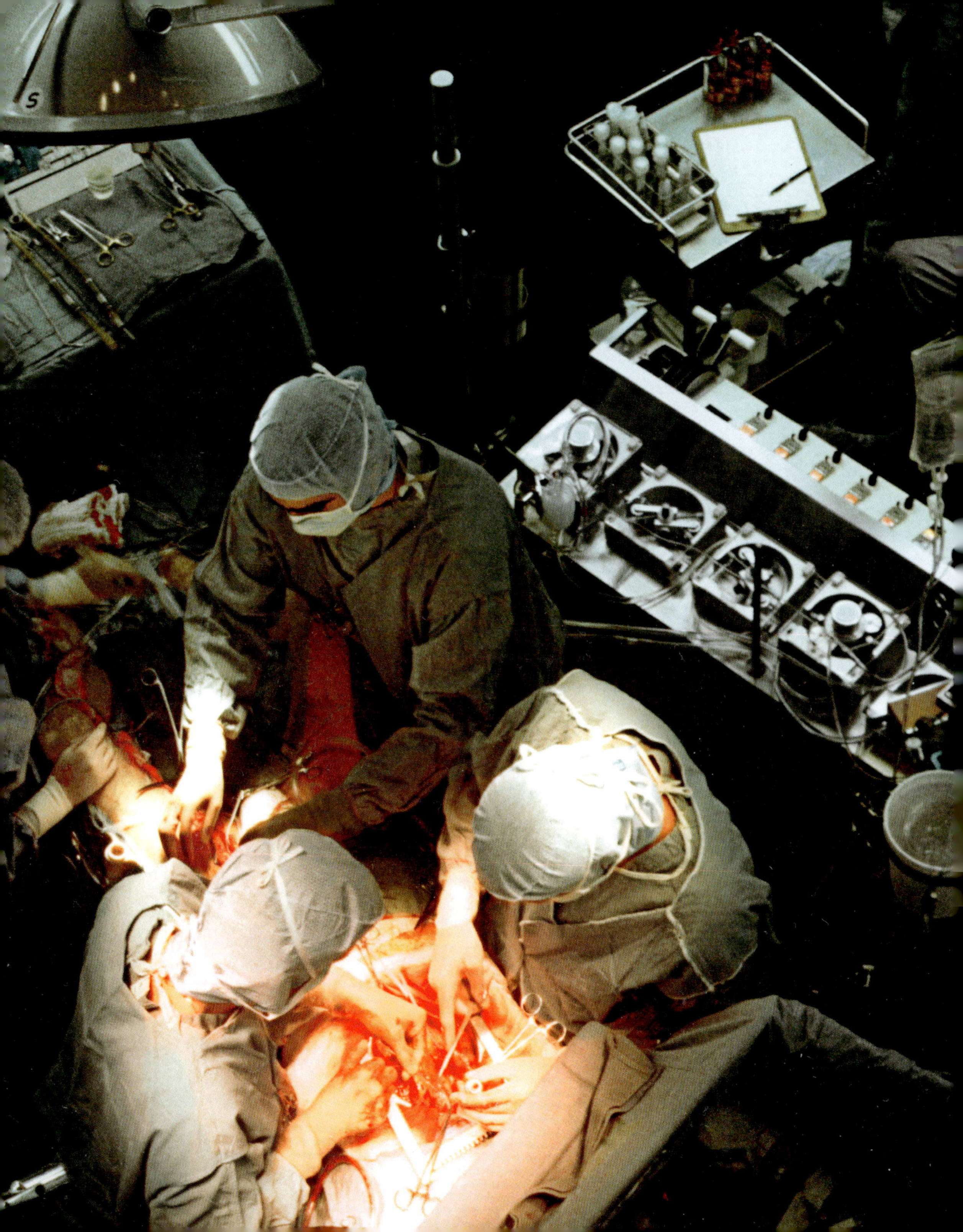

1927

Elektrische Kältetechnik

Fast jeder Haushalt in den Industrienationen verfügt über einen Kühlschrank. Warum? Die Nahrungsmittel sind so länger haltbar. Eine Packung Milch wird auf dem Küchentisch in wenigen Stunden sauer. Bakterien in der Milch produzieren Säure und die Milch gerinnt. Ein Stück rohes Fleisch auf dem Tisch lassen Bakterien verfaulen.

Im Kühlschrank verlangsamt sich die Tätigkeit der Bakterien. Nun sind etwa Milch, Fleisch, Gemüse und Essensreste eine Woche haltbar. Im Gefrierfach kommen die Bakterien zum Stillstand und **gefrorene Lebensmittel** sind über Monate haltbar.

Die erste weiter verbreitete Kältetechnik-Technologie war die Eisbox. Ein Eismann kam alle paar Tage und lieferte das Eis. Jedoch konnte hierbei die Eislieferung nach Hause teuer werden und die Eisbox kühlte nicht genug.

Zur Entwicklung eines richtigen Kühlschranks machten die Ingenieure vom bereits bei der Klimaanlage angewandten Konzept der Dampfkompression Gebrauch, das sie nur kleiner, effizienter und sicherer machen mussten. Die ersten Kühlschränke waren riesig und enthielten giftige Flüssigkeiten wie Ammoniak. Der Schlüssel lag in der Entwicklung kleinerer Motoren und Kompressoren, die 1927 zum ersten Kühlschrank für den Heimgebrauch von General Electric führte. Die Erfindung des sichereren und kostengünstigeren Freon als Kühlmittel war ebenfalls entscheidend. Die Preise für Kühlschränke sanken stark. Bald konnte sich fast jeder Haushalt ein solches Gerät leisten. Der Eisautomat in der Tür hielt 1965 Einzug.

Es gab jedoch einen von den Ingenieuren übersehenen, gravierenden Nachteil. Wie sich herausstellte, entweichen Freon-Moleküle aus dem Kühlschrank und können über 100 Jahre in der Luft bleiben. Die für Menschen ungiftigen Freon-Moleküle steigen in die Stratosphäre auf und bauen dort Ozon ab. Dieses Problem wurde mit einem Verbot von Freon und der Entwicklung neuer, sicherer Kühlmittel angegangen, doch bis zu seiner vollständigen Behebung wird es noch Jahrzehnte dauern.

SIEHE AUCH: Wasseraufbereitung (1854), Klimaanlage (1902), Tiefkühlpizza (1957), Grüne Revolution (1961), Bestrahlung von Lebensmitteln (1963).

Der elektrische Kühlschrank war eine gewaltige Weiterentwicklung der Eisbox.

SnowCrop
TIP-TOP
BREAD
CRISPER
CRISPER

1931

Empire State Building

Homer G. Balcom (1870–1938)

40 Jahre lang hielt das *Empire State Building* in New York den Rekord für das höchste Gebäude der Welt – nur einer von vielen Rekorden, die es aufstellte.

Seit seiner Eröffnung im Jahre 1931 galt das *Empire State Building* als eine der größten ingenieurwissenschaftlichen Errungenschaften der Welt. Erbaut wurde es nach einem Entwurf des Architekturbüros Shreve, Lamb und Harmon, entwickelt durch John J. Raskob, verantwortlicher Hochbauingenieur war Homer G. Balcom. Die kurze Bauzeit von nur 405 Tagen wurde mit der Vorfertigung der Stützen und Träger in einer Fabrik aus 58 000 Tonnen Stahl erreicht – ein frühes Beispiel der fertigungssynchronen Herstellungsweise. Die Stahlteile wurden von den Arbeitern mit Bolzen und heißen Nieten verbunden. So konnten durchschnittlich viereinhalb Etagen pro Woche fertiggestellt werden. Pro Monat wurden rund 10 000 Tonnen Stahl angeliefert.

Ein weiterer Schlüssel zur schnellen Errichtung war das Gleichzeitigkeit verschiedener Arbeiten. Kaum war das Stahlgerüst der jeweiligen Etage fertiggestellt, wurde es mit schwerer Holzverschalung abgedeckt und so eine Plattform für den Bau der nächsten Etage geschaffen. Klempner und Elektriker folgten den Stahlarbeitern auf dem Fuß. Mit der Konstruktion der Außenhülle wurde nur wenige Wochen nach dem Emporwachsen des Stahlgerüsts begonnen.

Auch die technische Beschaffenheit der Außenhülle trug maßgeblich zur Baugeschwindigkeit bei. Von unten erkennt man oberhalb der ersten paar Geschosse ein regelmäßiges Muster aus vertikal emporsteigenden Chromverkleidungsteilen. Vertikale Leisten aus Aluminiumguss verbinden die 6400 Fenster mit Kalksteinplatten zu ihren Seiten. Unter Aluminium und Kalkstein verbergen sich 20 Zentimeter dicke Backsteinmauern, hergestellt aus zehn Millionen Backsteinen. Innen sind die Backsteinwände verputzt. Eine an Ort und Stelle gegossene Betonplatte ist der Boden eines neuen Stockwerks. Die Ingenieure haben innovative modulare Bauweisen entwickelt, die Jahrzehnte später neue Rekorde und den Bau unvorstellbar hoher Gebäude wie des **Burj Khalifa** ermöglichten. Angesichts der 1931 verfügbaren Technologie jedoch vermögen Bauzeit und Höhe des *Empire State Building* auch heute noch zu beeindrucken.

SIEHE AUCH: Schwingungstilger (1977), Burj Khalifa (2010), Instant-Wolkenkratzer (2011)

Luftaufnahme von New York mit Fokus auf dem Empire State Building.

1935

Tonbandaufnahme

Fritz Pfleumer (1881–1945)

Führen Sie sich einmal die Nützlichkeit der Aufnahme von Geräuschen vor Augen. Heutzutage machen wir mit unseren **Smartphones** Audio- und Videoaufnahmen auf Knopfdruck.

Großer Beliebtheit erfreute sich die Aufnahme schon kurz nach der Markteinführung der Technologie im Jahre 1888. Die ursprüngliche Technologie – Wachszylinder und Nadel – ermöglichte Aufzeichnen und Abspielen von Tönen. Einen richtigen Boom erlebten dann Musikaufnahmen, an deren Popularität sich bis heute nichts geändert hat.

Die Geschichte der Tonbandaufnahme begann in Deutschland mit der Erfindung des ersten praxistauglichen Tonbandgeräts im Jahre 1935. Das AEG Magnetophon K1 des deutschen Elektronikunternehmens AEG basierte auf dem vom Ingenieur Fritz Pfleumer erfundenen Magnetband, einer mit Eisenoxid beschichteteten dünnen Kunststoffunterlage. Tausende Meter passten auf eine Spule. Ein Motor zog das Band über einen Schreiblesekopf zu einer anderen Spule. Ein variierender Strom im Kopf erzeugte ein Magnetfeld zur Aufzeichnung auf das Eisenoxid oder die Aufnahme im Eisenoxid einen schwachen Strom im Kopf, der verstärkt und gehört werden konnte.

Die anfänglichen Systeme waren unglaublich einfach, ermöglichten aber sehr realistische Aufnahmen.

Die Ingenieure entwickelten die Technologie in verschiedene Richtungen weiter. Die 8-Spur-Kassette und später die Kompaktkassette vereinfachten die Verwendung von Bändern. Spiralförmige Aufzeichnungsknöpfe machten **Videoaufnahmen** möglich, was zur Entwicklung der VHS-Systeme führte. In den 1960er und 70er Jahren waren Computer-Bandlaufwerke von außerordentlicher Bedeutung für die Datenspeicherung. Sehen Sie sich irgendeinen älteren Sci-Fi-Film wie *Dr. Strangelove* an – die sich drehenden Bandlaufwerke vermitteln ein High-Tech-Gefühl. Die Verbesserung des Formfaktors führte zur Erfindung der Computer-Disketten. Darin steckt dieselbe Technologie, auf Diskette gebracht, um den Datenzugriff zu beschleunigen. Selbst auf der Rückseite unserer Kreditkarten finden wir kurze Stücke Magnetband.

Die Tonbandaufnahme ist ein großartiges Beispiel dafür, wie Ingenieure eine technologische Idee in viele verschiedene Richtungen weiterentwickeln können.

SIEHE AUCH: Festplatte (1956) VHS Videokassette (1976).

Das erste praxistaugliche Tonbandgerät wurde 1935 entwickelt; dieses Modell ist aus den späten 1970er Jahren.

TRACK SELECTOR
STEREO
1-4
3-2
REC
POWER
PLAY REC
PAUSE
MONITOR
S-O-S
EQ
TAPE
SELECTOR
LINE — REC LEVEL — MIC/DIN
MIC
OUTPUT
PHONES
VU
VU
TAPE
SOURCE
OFF
ON
LOW NOISE
WIDE RANGE

1936

Hoover-Talsperre

John L. Savage (1879–1967)

Wir betrachten das Wasser gern als selbstverständlich – bis es uns genommen wird. Ist keine Quelle in der Nähe oder trocknet diese infolge einer Dürre aus, kommen wir in große Schwierigkeiten. Ohne Wasser stirbt der Mensch innerhalb weniger Tage.

Die 1936 fertiggestellte Hoover-Talsperre ist aus zwei Gründen eine erstaunliche Ingenieurleistung. Erstens wegen des riesigen Stausees mitten in der Wüste. Gefüllt fasst Lake Mead 32 000 Kubikkilometer Wasser und ist damit der größte künstlich geschaffene See in den USA. Sein Wasser bewahrt Städte und Farmen in Arizona, Nevada und Kalifornien vor der Trockenheit.

Zweitens ist auch der Staudamm selbst eine Ingenieurleistung. Es gibt drei grundlegende Staumauer-Arten. Eine Gewichtsstaumauer ist ein großer Wall aus Erde, Felsen und/oder Beton, der das Wasser durch sein bloßes Gewicht zurückhält. Eine Bogenstaumauer ist ein schmaler Betonbogen, meist zwischen zwei Felswänden. Der Hoover-Talsperre ist eine Bogen-Gewichtsstaumauer, die wegen der gewaltigen Ausmaße des Stausees beide Techniken vereint.

John L. Savage, der vom *Bureau of Reclamation* mit der Bauleitung betreute Konstruktionsingenieur, sah sich beim Entwurf und Bau des Staudamms mit Dutzenden Herausforderungen konfrontiert. Wo sollte all der Beton herkommen? Wie können derartige Mengen verschoben werden, bevor der Beton aushärtet? Wie und wohin soll man einen so großen Fluss umleiten? Wie genau soll mit dem Wasser, das durch eine so riesige Staumauer fließt, Strom erzeugt werden? Das vielleicht kniffligste Problem aber war die Wärme, die beim Aushärten des **Betons** entsteht. Beim Bau des Staudamms wurden 2,5 Millionen Kubikmeter Beton verarbeitet, der sich bei gleichzeitigem Gießen im Inneren auf mehrere hundert Grad erhitzen und den Staudamm zerstören würde. Deshalb goss man den Beton in Blöcken und leitete gekühltes Wasser durch jeden Block. Später wurden die Leitungen mit Mörtel gefüllt. Der Staudamm ist so massiv und so perfekt in die Schlucht eingepasst, dass er vermutlich ewig halten wird.

SIEHE AUCH: Beton(1400 v. Chr.), Meerwasserentsalzung(1959), Itaipu-Staudamm (1984), Drei-Schluchten-Staudamm (2008).

Der Hoover-Talsperre ist eine Betonbogen-Gewichtsstaumauer im Black Canyon des Colorado River, an der Grenze zwischen den US-Bundesstaaten Arizona und Nevada.

1937

Golden Gate Bridge

Joseph Strauss (1870–1938), **Leon Moisseiff** (1872–1943), **Charles Alton Ellis** (1876–1949)

Die 1937 eröffnete *Golden Gate Bridge* gehört mit 1280 Metern Hauptstützweite auch heute noch zu den zehn längsten Hängebrücken der Welt. Erstaunlich, dass Ingenieure und Hunderte Arbeiter diese gewaltige Struktur in gerade mal vier Jahren erbauten. Der ursprüngliche Entwickler und Chefingenieur dieser Brücke war Joseph Strauss, assistiert von Leo Moisseiff (der später die *Tacoma Narrows Bridge* entwarf). In Zusammenarbeit mit Moisseiff leitete Oberingenieur Charles Alton Ellis das Projekt. Da aufgrund der großen Tiefe der Hauptfahrrinne zahlreiche große Schiffe den Hafen von San Francisco anlaufen, entschieden sich die Ingenieure für eine Hängebrücke mit nur zwei Türmen. Eine Bauweise mit mehreren Masten hätte hier nicht funktioniert. Die 1280 Meter zwischen den beiden Türmen konnten unmöglich mit einem Bogen, Ausleger oder freitragenden Segmenten überbrückt werden.

Die Türme ruhen auf gewaltigen, direkt auf den Felsboden gegossenen Betonfundamenten. Der Sockel des südlichen Turms steht im Wasser, umgeben von 12 Meter dicken Schutzmauern aus Stahlbeton. Diese Wände bewahren Schiffe vor dem Zerschellen an den Türmen. Die Türme selbst sind aus Stahl und erreichen eine Höhe von 227 Metern über dem Meeresspiegel.

Die zwei Hauptseile haben einen Durchmesser von einem Meter und bestehen nicht aus massivem Stahl, sondern wurden vor Ort aus je 27 000 Längen Stahldraht gesponnen. Dies erfolgte aus zwei Gründen: Erstens war es nur so machbar und zweitens durften die Seile nicht starr sein – bei starkem Wind schwingt die Brücke bis zu über acht Metern seitwärts. Senkrechte Seile tragen die Fahrbahn der Straße. Fachwerk stützt die Tragfläche zwischen den Trägerseilen.

Die letzten Teile des Puzzles sind die beiden Verankerungen an den Enden der Brücke. Die Türme werden durch das gewaltige Gewicht der Seile, der Tragfläche und der Fahrbahn zueinander hingezogen. Um den Türmen Stand zu verleihen, ziehen einander entgegengesetzte Seile, die an je 60 Millionen Kilogramm schweren Verankerungsblöcken festgemacht sind, die Türme nach außen.

SIEHE AUCH: Fachwerkbrücke (1823), Tacoma Narrows Bridge (1940), Viadukt von Millau (2004).

Blick vom südlichen Turm der Golden Gate Bridge.

1937

Die Hindenburg

Von Zeit zu Zeit hört man bei der Präsentation einer neuen Erfindung: „Wohl keine gute Idee." Oder: „Das sieht ganz nach einer Katastrophe aus." Bald ist der Grund Ignoranz der Ingenieure, bald sind es wirtschaftlichen Gründe oder auch pure Selbstüberschätzung und Verblendung. Die Einhüllen-**Supertanker** sind ein Beispiel für Letzteres. Bei genauerem Hinsehen muss man sich die Frage stellen: „Aber was passiert bei einem Zusammenstoß?" Dann landen Millionen Liter Rohöl im marinen Ökosystem. Die Idee, Gigatonne um Gigatonne Kohlendioxid in die Atmosphäre zu blasen, gehört auch hierher.

Und dann gab es da die *Hindenburg*, ein Starrluftschiff, das seinen Auftrieb einem Gas verdankte, das leichter als Luft ist. Ursprünglich sollte Helium als Traggas verwendet werden, doch die Zeppelinwerke, Hersteller der *Hindenburg*, konnten es nicht in ausreichenden Mengen beschaffen. Also verwendete man Wasserstoff – günstig, einfach herzustellen und dazu das leichteste verfügbare Traggas. Großer Nachteil: Es ist extrem leicht entflammbar. Der Hersteller glaubte, alles Notwendige zur Vorbeugung einer Explosion getan zu haben, und die *Hindenburg* legte Zehntausende Kilometer ohne Zwischenfälle zurück.

Die *Hindenburg* war ein Wunder der Technik – ein Luxus-Kreuzfahrtschiff in der Luft für 50 Passagiere, knapp über 245 Meter lang, das Passagierabteil vergleichsweise klein. Die Kajüten der Passagiere konnten es mit denen eines Kreuzfahrtschiffs aufnehmen, doch die *Hindenburg* war mit bis zu 125 Stundenkilometern bedeutend schneller.

Am 6. Mai 1937 aber passierte es. Der Wasserstoff – rund 200 000 Kubikmeter – entzündete sich und ging innerhalb weniger Sekunden in Flammen auf.

Seitdem gab es viele Versuche, Kleinluftschiffe und Starrluftschiffe zu neuem Leben zu erwecken. Die Idee ist so verlockend, weil der Auftrieb durch Gas keinen Kraftstoff benötigt. Das Problem sind die riesigen Ausmaße, die geringe Geschwindigkeit und die fehlende Unwetterresistenz der Schiffe. Mit Düsenflugzeugen, die bei jedem Wetter 800 km/h erreichen, können Luftschiffe kaum mithalten.

SIEHE AUCH: Die Titanic (1912), Supertanker Jahre Viking (1979)

Dieses während der ersten Explosion der Hindenburg aufgenommene Foto, zeigt den deutschen 245-Meter-Zeppelin kurz vor den Folgeexplosionen, die das Schiff am 6. Mai 1937 auf der Lakehurst Naval Air Station in New Jersey, USA, am Boden zerschellen ließen.

1937

Turbinen-Luftstrahl-Triebwerk

Frank Whittle (1907–1996)

Ein Staustrahlttriebwerk ist im Grunde genommen nur eine Röhre, die wie ein Pfeil durch die Luft schießt. An der Vorderöffnung tritt aufgrund der Geschwindigkeit der Röhre Luft ein. Ein Einlasskonus unterstützt diesen Prozess, indem er für Druck sorgt. In der Mitte der Röhre wird Kraftstoff eingespritzt, der in der Brennkammer verbrennt. Der brennende Treibstoff erzeugt Hitze und die Luft dehnt sich erheblich aus. Da vorne weiterhin Luft in die Röhre strömt, tritt das Gas hinten aus und es entsteht Schubkraft. Nur funktioniert das Staustrahltriebwerk im Stillstand nicht. Der britische Ingenieur Frank Whittle präsentierte in den späten 1930er Jahren eine Lösung, die 1937 zur Entwicklung des ersten erfolgreichen Turbinen-Luftstrahl-Triebwerks führte.

Ein Turbinen-Luftstrahl-Triebwerk hat ein leistungsstarkes Gebläse an der vorderen Einströmungsöffnung. Das Gebläse bewegt sogar bei Stillstand Luft durch das Triebwerk. Ingenieure entwickelten Whittles ursprüngliches Konzept weiter zu einem mehrstufigen Kompressor – einer Reihe von Gebläsen und Turbinenschaufeln. Durch Komprimieren der hereinströmenden Luft um Faktor zehn oder mehr kann zusätzlicher Treibstoff verbrannt und mehr Schubkraft erzeugt werden. Die Ingenieure erkannten, dass zum Antrieb eine weitere Turbine im Abgasstrom statt eines Elektromotors die bessere Lösung ist. Die Abgasturbine ist über eine durch die Mitte des Motors laufende Welle mit dem Kompressor verbunden – ein sehr effizientes Design.

Nun befindet sich aber die Abgasturbine mitten in einem extrem heißen Luftstrom. Materialwissenschaftler und Ingenieure lösten das Problem einer möglichen Schmelze durch die Entwicklung neuer Legierungen und Techniken. Infolge der extrem schnellen Drehung der Welle muss das System stets gut ausbalanciert und geschmiert sein.

Unter Verwendung der Wellenrotation für den Antrieb eines zusätzlichen großen Bypass-Flügelrads wurde 1943 das effiziente Mantelstrom-Triebwerk geboren. Mit der Effizienz des Mantelstrom-Triebwerks machten die Ingenieure Flugreisen für Millionen erschwinglich. Durch Hinzufügen einer Antriebswelle entstand der Gasturbinenmotor, wie man ihn im **Apache-Kampfhubschrauber** und im **Panzer M1 Abrams** findet.

SIEHE AUCH: Düsentriebwerkstest (1951), Panzer M1 Abrams (1980), Apache-Kampfhubschrauber (1986)

Nahaufnahme des Turbinen-Luftstrahl-Triebwerks eines Flugzeugs.

1937

Magnetschwebebahn

Bewegt sich ein Zug mit weniger als 160 Stundenkilometern, funktionieren Stahlräder gut. Sie sind kostengünstig, effizient und ohne größere Nachteile. Bei Tempi von über 160 Stundenkilometern entstehen in Bezug auf die Räder technische Probleme, die den Ingenieuren zunehmend Mühe bereiten. Eines dieser Probleme ist die Schwingung, ein weiteres die Beschleunigung und das **Bremsen**. Wird stark gebremst, verlieren die Stahlräder ihre Haftung auf dem Gleis und kommen ins Schleudern. Hält man den Zug einfach mit Spurkränzen auf dem Gleis, entsteht Reibung, insbesondere in Kurven.

All diese Probleme lassen sich durch den Verzicht auf Räder lösen, am besten mit der Magnetschwebetechnik. Das Konzept einer Magnetschwebebahn existiert bereits, seitdem der deutsche Ingenieur Hermann Kemper zwischen 1937 und 1941 eine Reihe von Patenten für diese Erfindung erhielt.

Eigentlich setzt eine Magnetschwebebahn sogar drei magnetische Wirkungsweisen in Kombination um: Ein Satz von Magneten lässt den Zug vom Boden abheben, so dass er schwebt. Ein weiterer Satz von Magneten hält den Zug mittig auf dem Gleis, besonders in Kurven. Ein dritter Satz (oft in Verbindung mit den Schwebemagneten installiert) erzeugt einen Linearmotor, der den Zug beschleunigt und abbremst.

Durch die Abstimmung einer Reihe von Elektromagneten kann der Zug seine genaue Höhe über dem Boden sowie Geschwindigkeit, Beschleunigung und Abbremsung kontrollieren.

Das Enfernen der Räder gewährleistet nicht nur eine ruhige Fahrt sowie schnelle Beschleunigung und Abbremsung, sondern beseitigt auch die von den Rädern verursachte Reibung. Bei Geschwindigkeiten über 320 Stundenkilometern verbraucht jedoch die Überwindung des Luftwiderstands die meiste Energie. Deshalb schenken Ingenieure der Aerodynamik, die hier genauso wichtig wie bei einem Düsenflugzeug ist, besondere Beachtung.

Die Magnetschwebebahn von Schanghai (China), die 2004 ihren Betrieb aufnahm, war das erste öffentliche Verkehrssystem, das über 320 Stundenkilometern fährt. Sie hat eine Höchstgeschwindigkeit von 501 km/h erreicht und legt ihre 30-Kilometer-Strecke täglich über 100-mal in sieben Minuten zurück.

SIEHE AUCH: Tom Thumb (Dampflokomotive) (1830), Diesellokomotive (1897), Antiblockiersystem (1971), Vakuumtunnelzug (ca. 2020)

Der Transrapid in Schanghai ist die weltweit erste kommerziell betriebene Bahn dieser Art.

SMT

1938

Formel-1-Wagen

Gioacchino Colombo (1903–1988)

Ein Formel-1-Wagen ist unfassbar schnell – so schnell, dass die entstehende Beschleunigungskraft die Grenzen des Erträglichen erreicht.

Wie schaffen es die Ingenieure, ein derart schnelles Auto zu entwerfen, mit einer Höchstgeschwindigkeit von über 320 Stundenkilometern und der Fähigkeit, rasend schnell zu beschleunigen und abzubremsen? Alles begann 1938 mit dem Alfa Romeo 158 des italienischen Automobil-Designers Gioacchino Colombo. Kaum zu glauben, aber das Auto gewann jedes Rennen, an dem es in der ersten Saison der Formel 1 im Jahre 1950 teilnahm. Seitdem gab es bei den Formel-1-Wagen erhebliche Fortschritte.

Für die Leistungsfähigkeit eines Formel-1-Wagens ist der Turbomotor von zentraler Bedeutung, wobei die maximale Drehzahl des Motors die Hauptrolle spielt. Ein normaler PKW stößt bei 6000 Umdrehungen pro Minute an seine Grenzen, Formel-1-Motoren erreichen das Dreifache und mehr. Das bedeutet, dass ein Formel-1-Motor dreimal mehr Kraftstoff pro Zeiteinheit verarbeiten kann als ein normaler Motor gleicher Größe. Das Verhältnis Kraft zu Gewicht dieses Motors ist herausragend. Die hohe Drehzahl ist nur möglich, weil ein Teammechaniker den Motor bis zur Perfektion tunen kann und er nur für zwei Rennen halten muss.

Das Gewicht entscheidet, wie schnell das Auto beschleunigen und abbremsen kann. Formel-1-Wagen wiegen weniger als 500 Kilogramm. Eine der Techniken, um sie leichter zu machen: Der Motorblock ersetzt einen Teil des Fahrgestells und fungiert nicht nur als Motor, sondern auch als tragendes Element, das die Hinterräder und das Getriebe mit dem Rest des Wagens verbindet. Auch das **Chassis aus Karbonfasern** und die durchgehend verwendeten leichten Legierungen machen das Auto leichter.

Dazu kommt die Aerodynamik. Die Front- und Heckflügel eines Formel-1-Wagens liefern Anpresskraft statt Hub – so viel Anpresskraft, dass ein Formel-1-Wagen kopfstehend an der Decke eines Tunnels fahren könnte. Sie drückt die Räder für besseres Kurvenfahren und Bremsen auf die Fahrbahn.

Formel-1-Wagen sind ein Spielplatz für Ingenieure, beschränkt allein durch die Formel-1-Regeln. Formel-1-Wagen enthalten maximale Ingenieurarbeit für maximale Leistung.

SIEHE AUCH: Kompressor und Turbolader (1885), Verbrennungsmotor (1908), Bugatti Veyron (2005).

Moderne Formel-1-Wagen können Geschwindigkeiten von über 320 km/h erreichen.

Santander
V-Power
Santander
HUBLOT
7
Santander
KASPERSKY
FIAT
Santander

1939

Norden Bombenzielgerät

Carl Norden (1880–1965)

Zum präzisen Abwurf auf ein Ziel sind Bomben heutzutage mit einer Reihe von Seitenleitwerken ausgestattet. Diese sind mit einem an einen GPS-Empfänger und ein Trägheitsnavigationssystem angeschlossenen Computer justierbar. Vor dem Abwurf der Bombe empfängt der Computer den Breiten- und den Längengrad des Ziels. Ist dieses nicht allzuweit entfernt, trifft die Bombe das Ziel genau.

Lassen Sie uns mit einer Zeitmaschine in die 1930er Jahre zurückreisen. Es gibt keine GPS-Satelliten. Weil aber in Europa ab 1939 der zweite Weltkrieg tobt, sollen von Flugzeugen abgeworfene Bomben die Ziele so präzise wie möglich treffen. Deshalb entwickelte der niederländisch-amerikanische Ingenieur Carl Norden das 1939 vorgestellte Norden Bombenzielgerät.

Vor der Erfindung des Bombenzielgeräts warfen Flugzeuge ungelenkte Bomben ohne Steuerungssysteme ab. Nach dem Abwurf flog die Bombe eine Kurve. Die exakte Form der Kurve hing von Fluggeschwindigkeit und -richtung, Windgeschwindigkeit und -richtung sowie Abwurfhöhe ab. Daher musste das Flugzeug die Bombe von einem exakten Ort und zu einem genauen Zeitpunkt abwerfen. Das Norden Bombenzielgerät führt das Flugzeug an den richtigen Ort und berechnet den richtigen Zeitpunkt, sodass die Flugkurve der Bombe präzise ins Ziel verläuft.

Ohne die Verfügbarkeit von **Mikroprozessoren** war das kein triviales Problem. Das Norden Bombenzielgerät verwendete zwei Systeme: eine kreiselstabilisierte Plattform zur Haltung der Ebene des Bombenziels während der Bombardierung und einen mechanischen Computer für die Berechnungen. Der Schlüssel zur Effektivität des mechanischen Computers war die Benutzeroberfläche. Nach der Ersteinrichtung bewegte der Bombenschütze das Ziel ins Fadenkreuz und stellte dann ein paar Drehknöpfe so ein, dass das Ziel ohne Abweichung im Fadenkreuz verblieb. Zum richtigen Zeitpunkt gab der mechanische Computer die Bomben dann frei.

Nach der Aufhebung seiner Top Secret-Klassifizierung wurde das Norden Bombenzielgerät mit einer großangelegten Kampagne beworben. In der Realität war es nie so genau wie öffentlich dargestellt. In Anbetracht der verfügbaren Technologie jedoch war es ein bemerkenswertes Stück Technik.

SIEHE AUCH: Trinity-Atombombe (1945), Streumunition (1965), Mikroprozessor (1971), Globales Positionsbestimmungssystem (GPS) (1994)

Blick durch das Norden Zielgerät

1939

Farbfernsehen

Peter Carl Goldmark (1906–1977)

In den 1950er Jahren waren Millionen Schwarz-Weiß-Fernseher in Betrieb. Wie nun wurde das Farbfernsehen unter die Massen gebracht, ohne diese existierenden Fernsehgeräte verwaisen zu lassen? Der Wechsel von Schwarz-Weiß zu Farbe verdeutlicht eine Entscheidung, die Ingenieure häufig treffen müssen: Macht Rückwärtskompatibilität mit bestehenden Geräten Sinn?

Für ein rückwärtskompatibles Farbfernsehsystem mussten die Ingenieure ein neues Farbsignal entwickeln, das alle notwendigen Informationen für farbige Bilder enthält und zugleich ein älteres Schwarz-Weiß-Signal nachahmt. Dieses Problem wurde bemerkenswert gelöst: Die Farbinformation wurde als Sinuswelle verschlüsselt, die entlang des bereits existierenden S/W-Signals verläuft. Schwarz-Weiß-Fernseher ignorierten diese neue Sinuswelle, während die neuen Farbfernseher sie entschlüsseln konnten.

Eine weitere Herausforderung für die Ingenieure war die Entwicklung eines Geräts, das das neue Farbsignal anzeigen konnte. Ein erster Versuch des deutsch-ungarischen Ingenieurs Peter Goldmark im Jahre 1939 für RCA verwendete ein mechanisches, sich vor dem Bildschirm drehendes Farbrad. Es war in vielerlei Hinsicht problematisch: Es flimmerte und war dreimal so groß wie der Bildschirm selbst. Deshalb musste es wie eine Behelfslösung erscheinen. Ein anderes System beruhte auf Kathodenstrahlröhren, besser bekannt als Braun'sche Röhren, und Spiegeln.

Letzere Lösung wurde 1953 vom Elektronikkonzern RCA perfektioniert und populär gemacht – die Ingenieure hatten eine neue Form von Kathodenstrahlröhren entwickelt, bei der sie drei Elektronenkanonen, drei Arten von farbigen Leuchtstoffen im Bildschirm und eine neue Schattenmaske zwischen den Kanonen und den Leuchtstoffen verwendeten. Mit dem eingebauten, rückwärtskompatiblen Farbsignal, das die Hinfälligkeit von Millionen S/W-Fernsehern verhinderte, und einer neuen, komplett elektronischen Bildröhre zur Anzeige konnte das Farbfernsehen durchstarten. Die Ingenieure hatten ein elegantes System erschaffen. Die erste Sendung in Farbe überhaupt war 1954 die Tournament Roses Parade. Bei der Umstellung von analog auf **HDTV** im Jahr 2006 wurde diese originelle Methode wiederholt.

SIEHE AUCH: Radiosender (1920), Stadion-Großbildschirm (1980), HDTV – hochauflösendes Fernsehen (1996)

Ausstellung von Farbfernsehgeräten, die in einem Kaufhaus verkauft werden, ca. 1960er Jahre

COLOR
COLOR

1940

Tacoma Narrows Bridge

Leon Moisseiff (1872–1943)

Sie sind Brückeningenieur und berücksichtigen bei der Planung die neuesten Erkenntnisse, dann aber stürzt die Brücke auf spektakuläre Art ein. Ihre Berechnungen waren also fehlerhaft. Methoden werden aktualisiert, Gleichungen abgewandelt und die Welt der technischen Konstruktionen wird ein bisschen sicherer. Genau das passierte im Falle der von Leon Moisseiff geplanten und 1940 eingebrochenen *Tacoma Narrows Bridge*.

1940 waren Hängebrücken weit verbreitet. Moisseiff selbst hatte 1909 die *Manhattan Bridge* und 1937 die **Golden Gate Bridge** entworfen – gewaltige Brücken mit gigantischen Stützlängen. So war er zum hoch angesehenen Experten für Entwürfe von Hängebrücken geworden.

Als Moisseiff mit der Planung der *Tacoma Narrows Bridge* über den Puget Sound in der Nähe von Seattle betraut wurde, dürfte ihm das Projekt unkompliziert vorgekommen sein. Die Brücke braucht Pfeiler, Seile für die Aufhängung, Verankerungen für die Kabel, Aufhängungen und eine Fahrbahn. Das Budget war beschränkt und so legte Moisseiff einen weniger kostspieligen Entwurf mit kleineren Tragbalken zur Stützung der Fahrbahn anstelle der üblichen, dreimal größeren Gitterträger vor. Sein Entwurf trug aus zwei Gründen den Sieg davon: Erstens war der Bau aufgrund der geringeren Menge von Stahl kostengünstiger, und zweitens war der dünnere Querschnitt der Fahrbahn ästhetischer. Moisseiff selbst empfand die Tacoma Narrows als „die schönste Brücke der Welt".

Das Problem dabei: Die Ingenieure besaßen noch kein umgehendes Verständnis des aeroelastischen Flatterns. Wenn Sie je ein Seil in starkem Wind haben vibrieren sehen, kennen Sie das Phänomen. Die Gitterträger der Brücke waren nicht steif genug und begannen bei starkem Wind zu flattern. Bei dieser Brücke fungierte die Fahrbahn als ungeheuer langes und schweres Seil, flatterte stark auf und ab und riss schließlich. Auf Filmaufnahmen der Brücke vor dem Einbruch ist die außerordentliche Stärke der Flatterbewegung zu sehen.

Glücklicherweise kamen keine Menschen zu Schaden, die Ingenieure jedoch analysierten den Fehler. Seitdem müssen die Fahrbahnen von Hängebrücken zur Vermeidung dieses Problems steif genug sein.

SIEHE AUCH: Fachwerkbrücke (1823), Die Titanic (1912), Golden Gate Bridge (1937), Apollo 13 (1970), Katastrophe von Fukushima (2011)

Die Tacoma Narrows Bridge bricht in sich zusammen.

1940

Radar

Heinrich Hertz (1857–1894), **Robert Watson-Watt** (1892–1973), **Arnold Frederic Wilkins** (1907–1985), **Edward George Bowen** (1912–1991)

Im Ersten Weltkrieg stellten Flugzeuge als noch junge Erfindung eine große Bedrohung dar. Die Soldaten benötigten infolge ihrer Geschwindigkeit zum Abschuss ein Frühwarnsystem. Damals war jedoch eine Erkennung aus der Ferne kaum möglich. Allein riesige Höhrrohre standen zur Verfügung. Bis zum Zweiten Weltkrieg aber hatte sich die Technologielandschaft grundlegend verändert.

Das Wort „Radar" steht für *Radio Detection and Ranging* (Funkermittlung und Entfernungsmessung). Die Forschung auf dem Weg dahin begann 1886, als der deutsche Physiker Heinrich Hertz die Existenz von elektromagnetischen Wellen schlüssig bewies. Dennoch konnte das Radar erst im Zweiten Weltkrieg zur Erkennung von Flugzeugen mithilfe von Radiowellen verwendet werden. Das Chain Home-System wurde im Jahr 1940 in Großbritannien eingesetzt. Dieses von Robert Watson-Watt (Nachfahre von James Watt, dem Erfinder der **Dampfmaschine**), Armold Frederic Wilkins, und dem Physiker Edward George Bowen entwickelte Radarsystem konnte von Großbritannien aus Flugzeuge in bis zu cirka 160 Kilometer Entfernung erkennen und war von enormer Bedeutung in der Luftschlacht um England, mit der Deutschland die britische Kapitulation zu erzwingen suchte.

Das Radar basiert auf einer einfachen Idee: Sende einen Radiowellenimpuls aus und fange die zurückgeworfenen Radiowellen auf. Die Messung der bis zur Rückkehr der reflektierten Wellen verstrichenen Zeit erlaubt eine gute Schätzung der Entfernung. Ein Oszilloskop-ähnlicher Bildschirm zeigte die Echozeichen der reflektierten Energie an. Die erste Version des Chain Home-Systems war weit von Perfektion entfernt, doch gut genug, um Reflexionen zu empfangen und ein Gefühl für Entfernung und Richtung zu vermitteln. Später wurden immer bessere Systeme entwickelt und eingeführt. Durch eine erhöhte Sendestärke wurde eine bessere Reichweite erreicht. Neue Systeme erkannten Flugzeuge näher am Boden. Rotierende Antennen und erheblich bessere Bildschirme taten ein Übriges.

Die Elektroingenieure hatten einen völlig neuen „Sinn" entwickelt. Noch heute wird das Radar in vielen Bereichen, darunter bei **selbstfahrenden Autos**, eingesetzt.

SIEHE AUCH: Hochdruck-Dampfmaschine (1800), Streumunition (1965), F-117 Tarnkappenjäger (1983), Selbstfahrendes Auto (2011)

Ein japanischer Schalldetektor, der durch die Entdeckung des Radars überflüssig wurde.

國
七一
愛

1940

Titan

William Justin Kroll (1889–1973)

Sie sind Ingenieur und arbeiten sowohl mit Aluminium als auch mit Stahl. Die Vorteile des Stahls sind sein günstiger Preis und seine Stabilität, ein Nachteil ist sein großes Gewicht. Aluminium ist bei derselben Stabilität um 50 Prozent leichter, schmilzt aber bei viel niedrigerer Temperatur und verschleißt schneller.

Als Ingenieur würden Sie sich fragen: „Gibt es ein Metall, das leicht wie Aluminium und robust wie Stahl ist und seine Festigkeit auch bei höheren Temperaturen behält?" Die Antwort lautete: „Titan". Aus diesem Grund bestehen **SR-71**-Flugzeuge überwiegend aus Titan. Eine SR-71 aus Stahl würde nicht abheben – sie wäre zu schwer. Eine SR-71 aus Aluminium dagegen könnte nicht mit Mach 3 fliegen, denn die Außenhülle würde zu heiß und das Flugzeug bersten. Titan behebt das Problem, denn es rostet, korrodiert und verschleißt nicht.

Weshalb nun bestehen nicht alle Flugzeuge aus diesem Metall? Das Problem sind die Kosten. 1940 senkte das vom Metallurgie-Ingenieur William Justin Kroll entwickelte Kroll-Verfahren den Produktionspreis von Titan auf ein akzeptables Niveau, um es außerhalb des Labors zu verwenden, aber niemand hat bisher ein wirklich kostengünstiges Verfahren zur Titanherstellung entwickelt. In Zahlen ausgedrückt: Kostet ein Kilo Stahl X, so beträgt der Preis eines Kilos Aluminium 2X und der eines Kilos Titan 20X.

Das andere Problem von Titan ist seine schlechte Formbarkeit. Die Herstellung von gegossenen Teilen aus Titan ist kaum machbar. Die Bearbeitung von Titan ist langsamer und problematischer als die von Stahl. Und das Schweißen von Titan erfordert viel Vorsicht zur Vermeidung fehlerhafter oder verunreinigter Schweißnähte. Hie und da sieht man Titanschmuck in schönen Farben, die das Ergebnis von – strukturell schlechter – Sauerstoffverunreinigung sind. Auch jede Art von Öl (einschließlich Fingerabdrücken) auf dem Metall kann eine Verunreinigung verursachen.

Neben Hochgeschwindigkeitsflugzeugen und Raketen kommt Titan wegen seiner Robustheit, seines leichten Gewichts und seiner chemischen Inaktivität auch im menschlichen Körper zur Anwendung. Wenn Sie eine künstliche Hüfte haben, ist sie vermutlich aus Titan.

SIEHE AUCH: Bessemer-Verfahren (1855), Hall-Héroult-Prozess (1889), SR-71 (1962)

Röntgenbild einer Hüftprothese aus Titan.

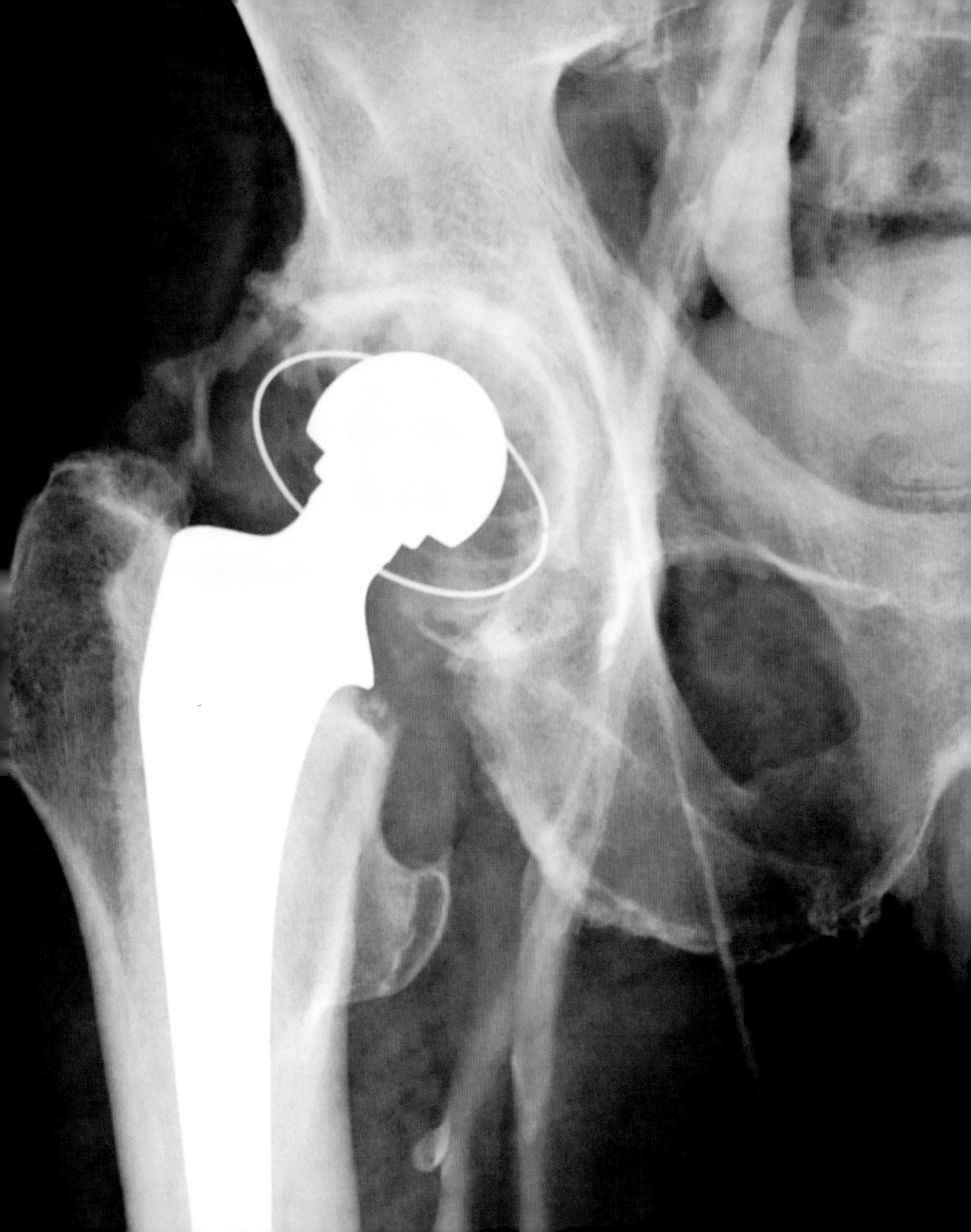

1941

Dotiertes Silizium

John Robert Woodyard (1904–1981)

Die Verwendung welcher Substanz durch Ingenieure hatte wohl die größten Auswirkungen auf die Menschheit? Schießpulver in Schusswaffen, Kanonen und Bomben? Es hat Abermillionen Menschen getötet. Vielleicht das von Ingenieuren in **Atombomben** und **Atomkraftwerken** verwendete Uran? Der **Asphalt**, der Milliarden Menschen tagtäglich zur Fortbewegung dient, oder der in so vielen Gebäuden verarbeitete Beton? Und was ist mit dem Benzin, das unsere Fahrzeuge antreibt?

Und der Preis für das einflußreichste Material geht an … Trommelwirbel … dotiertes Silizium, entwickelt 1941 vom damals bei der Sperry Gyroscope Company angestellten Physiker John Robert Woodyard. Als Grundlage des **Transistors** hat es unsere Gesellschaft in mannigfacher Hinsicht verändert. Sehen Sie sich um und zählen Sie die Objekte, die in der einen oder anderen Weise Computer benutzen. Denken Sie darüber nach, wieviel Zeit Sie am Laptop, Tablet-PC oder Smartphone verbringen. Denken Sie an die Milliarden Computer, die mit dem Internet verbunden sind.

Und denken Sie darüber nach, wohin die Reise geht. Das „Internet der Dinge" ist der nächste große Wurf. Voraussichtlich werden schon in ein oder zwei Jahrzehnten 100 Billionen Objekte mit dem Internet verbunden sein. Allgegenwärtig: Haushaltsgeräte, Kameras, Sensoren, Autos, Routen-Kontrollgeräte, Drohnen, unser Zuhause und dessen Sicherheitssysteme. Dotiertes Silizium hat Computer so preiswert, so leistungsfähig und so intelligent gemacht, dass sie omnipräsent und im Internet miteinander vernetzt sind. Dazu kommen die **Roboter**, deren Zahl schon in näherer Zukunft stark ansteigen wird.

Das Dotierungsverfahren beruht auf einem einfachen Konzept. Man beginnt mit einem reinen Siliziumkristall und fügt Dotierstoffe hinzu – Bor für eine gelöcherte Fläche oder Phosphor für eine Fläche mit freien Elektronen. Durch Kombination dieser Flächen kann der Ingenieur Dioden und Transistoren herstellen. Transistoren stecken in Verstärkern, Empfängern und Computern. So gründet unsere Computer- und Elektronikindustrie auf dotiertem Silizium.

SIEHE AUCH: Beton (1400 v. Chr.), Asphalt (625 v. Chr.), Ölraffinerie Wamsutta (1861), AK-47 „Kalaschnikow" (1947), Transistor (1947), Streumunition (1965), Mikroprozessor (1971), HDTV – hochauflösendes Fernsehen (1996).

Ein Siliziumplättchen, hier abgebildet, ist eine dünne Scheibe aus Halbleitermaterial.

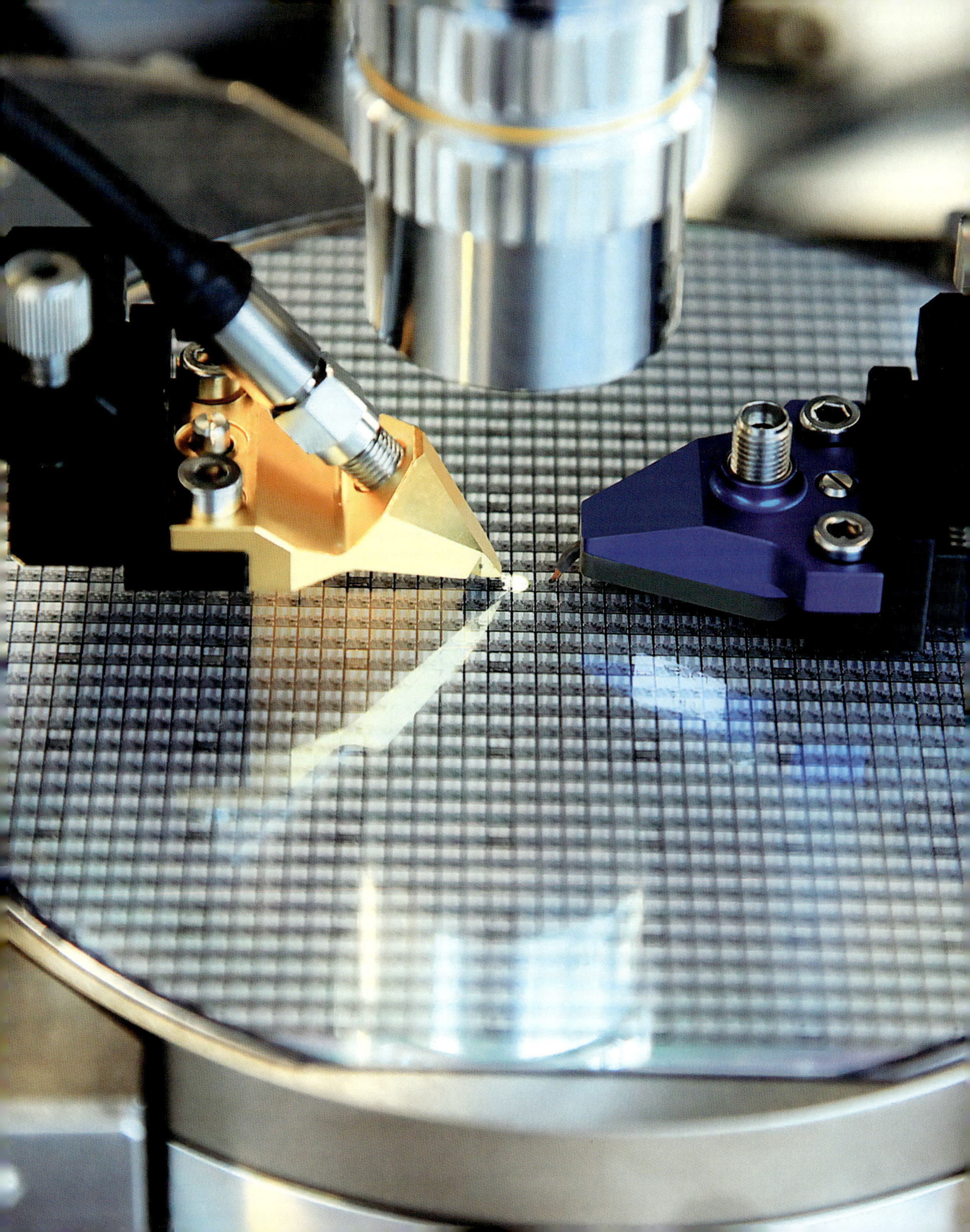

1942

Frequenzspreizung

George Antheil (1900–1959), **Hedy Lamarr** (1914–2000)

Sie bauen eine militärische Funkstation zur Übertragung von Kommandos an die Fronttruppen. Sendet sie auf einer festen Frequenz, ist der Funkverkehr leicht abzuhören. Und bei Verschlüsselung der Nachrichten könnte der Feind den Code knacken. Oder er richtet einen Hochleistungs-Funksender ein und müllt die Frequenz zu.

Zur Vermeidung dieser Probleme dienten den Ingenieuren anfangs die Frequenzspreizung und das Springen von Frequenz zu Frequenz. 1942 erhielten der amerikanische Avantgarde-Komponist George Antheil und seine Ehefrau Hedy Lamarr, ein Filmstar, das Patent für ein „Geheimes Kommunikationssystem", ein Frequenzspreizungssystem, das 1962 während der Kubakrise vom US-Militär verwendet wurde.

Beim elektronischen Frequenzspreizungssystem sendet der Funksender einen kurzen Impuls auf einer Frequenz, springt zu einer neuen Frequenz und überträgt einige weitere, springt erneut zu einer anderen Frequenz … und so fort. Statt nur einer Frequenz werden viele für die Übermittlung verwendet. Der Empfänger muss in der Lage sein, den Sprüngen zu folgen. Das geschieht üblicherweise durch Verwendung desselben Pseudo-Zufallsgenerators auf beiden Seiten. Dies erschwert dem Feind das Auffinden der Übermittlung einigermaßen und die Blockierung erheblich.

Dieselbe Technologie findet heutzutage aufgrund einer anderen Problematik eine breite Anwendung. Nehmen wir an, unzählige Menschen auf der Welt möchten ihre eigenen kleinen Funksender einrichten. Sie können unmöglicherweise alle spezifisch zugewiesene Frequenzen erhalten. Abhilfe schafft die Frequenzspreizung. Solange alle Funksender andere Sprungmuster verwenden, können sie ohne große gegenseitige Störung koexistieren. Warum sollte jemand einen Funksender einrichten wollen? Jeder **Wi-Fi-Hotspot** und jede Bluetooth-Quelle ist einer. Dank Frequenzspreizung können Hunderte dieser Geräte an einem Ort mit Massen von Menschen wie einem Hochhaus oder einem Flughafen koexistieren. Ingenieure haben mithilfe einer Lösung militärischer Probleme auch zivile gelöst.

SIEHE AUCH: Women's Engineering Society (1919), Radiosender (1920), Radar (1940), WLAN (1999).

Das Patent für ein „Geheimes Kommunikationssystem", entwickelt von Hedy Lamarr und ihrem Ehemann George Antheil. Ihre Innovationen führten schließlich zur Frequenzspreizungstechnologie, wie wir sie heute kennen.

Aug. 11, 1942. H. K. MARKEY ET AL 2,292,387

SECRET COMMUNICATION SYSTEM

Filed June 10, 1941 2 Sheets-Sheet 2

Fig. 7.

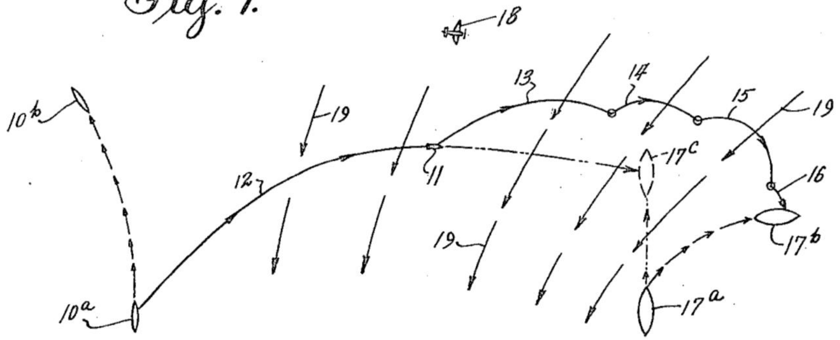

Fig. 4.

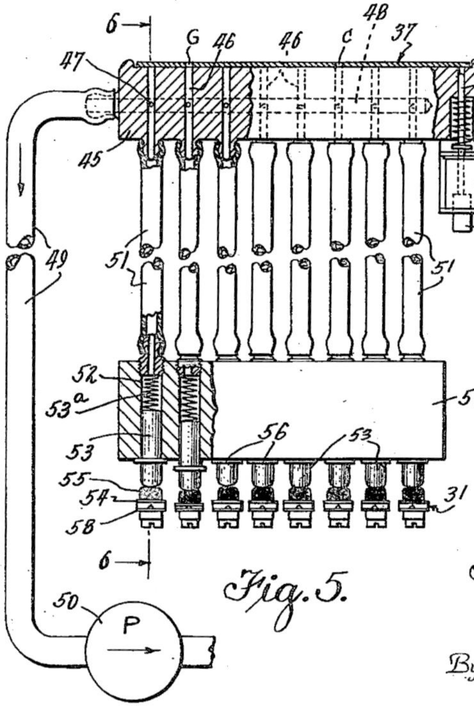

Fig. 5.

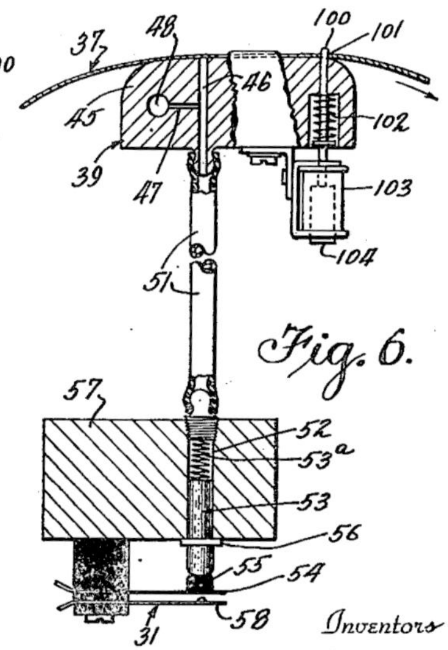

Fig. 6.

Inventors

Hedy Kiesler Markey

George Antheil

By Lyon & Lyon

Attorneys

1943

Dialysegerät

Willem Johan Kolff (1911–2009)

In den Vereinigten Staaten leidet etwa jeder zehnte Erwachsene an einer Nierenerkrankung. Etwa 400 000 Menschen sind wegen Nierenversagen auf Dialyse angewiesen oder benötigen eine Transplantation. Ohne Dialyse würden sie infolge der sonst von den Nieren entfernten Giftstoffe innerhalb weniger Wochen sterben.

Der Arzt und Erfinder Willem Johan Kolff fragte sich, ob die Aufgaben der Niere nicht von einem Gerät übernommen werden könnten. Die Grundprinzipien des Ergebnisses dieser Forschungen, des ersten Dialysegeräts aus dem Jahre 1943, sind leicht zu verstehen.

Die Dialyse beruht auf zwei Grundelementen – einer Membran und einer Flüssigkeit. Als Membran wurde eine Naturdarmhülle, ein langes Stück Tierdarm, verwendet. Stellen Sie sich vor, dass in dieser Hülle Blut zirkuliert, außerhalb dagegen reines, steriles Wasser. Bestimmte unerwünschte Chemikalien im Blut wie Harnstoff passieren die Membran und werden vom Wasser absorbiert. Dasselbe gilt für andere schädliche Chemikalien.

Das Wasser in einem Dialysegerät wird Dialysat genannt und vorsichtig mit Chemikalien gemischt, sodass schädliche Chemikalien aus dem Blut in das Dialysat übergehen, während die nützlichen im Blut verbleiben. Infolge der hohen Konzentration bestimmter Chemikalien im Dialysat verbleiben diese Chemikalien im Blut.

Ein typischer Patient mit komplettem Nierenversagen benötigt drei Mal pro Woche eine Dialyse in einem Behandlungszentrum, mit einem Gerät für zu Hause häufiger. Die Strömungsgeschwindigkeit des Blutes in und aus der Maschine muss recht hoch sein. Die regelmäßige Dialyse erfolgt nach einer Art Operation, die das für gewöhnlich am Unterarm vorgenommene häufige Anschließen erleichtert.

Wird den Ingenieuren die Erfindung einer künstlichen Niere gelingen, so wie sie ein **künstliches Herz** kreiert haben? Könnte diese technische Niere Harn herstellen, der ganz natürlich in die Blase abfließt? In diese Richtung wird bereits geforscht. Die ersten Geräte werden wahrscheinlich außerhalb des Körpers getragen. Wenn die Ingenieure sie noch weiter verkleinern, können wir Geräte erwarten, die in den Körper verlegt werden.

SIEHE AUCH: Defibrillator (1899), Laparoskopische Chirurgie (1910), Kunstherz (1982), Operationsroboter (1984)

Ein Dialysegerät kann zu Hause oder bei Krankenhaussitzungen verwendet werden.

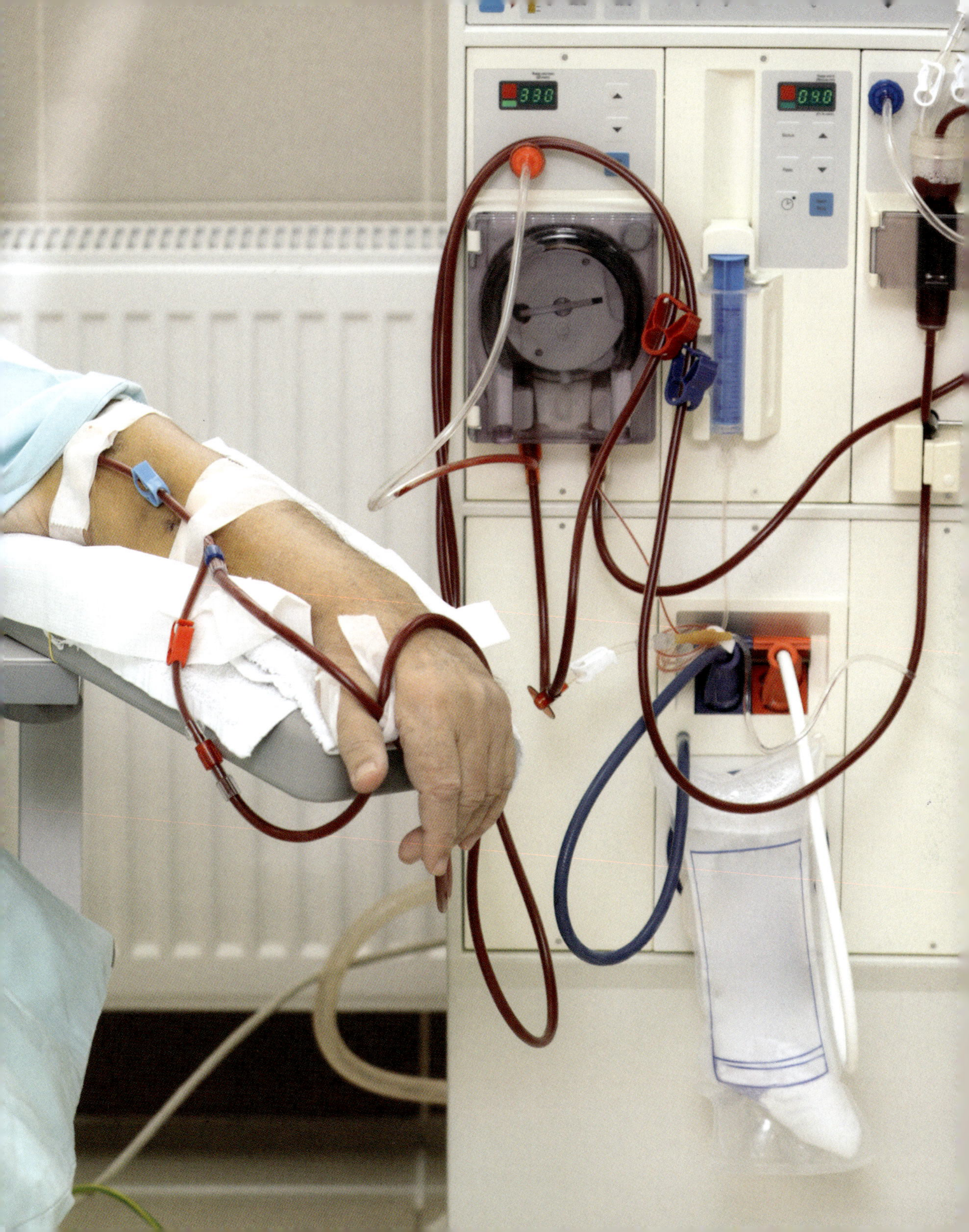

1943

Unterwasseratemgerät

Emile Gagnan (1900–1979), **Jacques-Yves Cousteau** (1910–1997)

Fast jeder, der schon einmal geschwommen ist, hat schon davon geträumt unter Wasser atmen zu können. Emile Gagnan und Jacques Cousteau erfanden 1943 die von ihnen so genannte „Aqualunge" – das erste SCUBA (für *Self Contained Underwater Breathing Apparatus*) oder in sich geschlossene Unterwasseratemgerät, auch bekannt als Luftversorgung in einem Rucksack.

Der Hauptbestandteil eines Unterwasseratemgeräts ist – simpel und naheliegend – ein mit verdichtetem Sauerstoff gefüllter Tank. Wegen des üblichen hohen Drucks von rund 207 bar zur Maximierung der Sauerstoffmenge besteht der Tank aus Stahl oder Aluminium. Bei einem Volumen von 15 Litern fasst der Tank somit ungefähr das 207-fache dieser Sauerstoffmenge bei Standardatmosphärendruck oder 3100 Liter Luft. Der Tankinhalt würde für einen Spaziergänger an Land, der normal atmet und 30 Liter Sauerstoff pro Minute verbraucht, für 100 Minuten ausreichen. (Zum Vergleich: Feuerwehrleute schätzen ihren Sauerstoffverbrauch auf 40 Liter pro Minute ein).

Der Gerätetaucher befindet sich aber unter Wasser und die Tiefe beeinflusst die Menge Sauerstoff pro Atemzug in starkem Maß. Mit dem Regler am Tank wird Tankdruck (beispielsweise 207 bar) auf den zum Atmen benötigten vermindert. Je größer die Tauchtiefe, desto stärker der Wasserdruck auf die Lungen des Tauchers. Daher muss der Regler mehr Sauerstoff in die Lungen pumpen, damit der Taucher atmen kann. Somit ist tief unter Wasser ein Sauerstofftank sehr viel schneller leer als an der Oberfläche.

Die andere Möglichkeit, unter Wasser zu atmen, ist ein geschlossenes Kreislaufsystem, auch bekannt unter dem Namen Kreislaufatemgerät. Ein Kreislaufatemgerät benutzt Natronkalk-Granulat, um Kohlendioxid zu absorbieren, während aus einem kleinen Tank mit reinem Sauerstoff der vom Taucher verbrauchte Sauerstoff nachgefüllt wird.

Unterwasseratemgeräte sind ein ausgezeichnetes Beispiel für verlässliche und kostengünstige Ingenieurslösungen, die Träume Wirklichkeit werden lassen.

SIEHE AUCH: Kohlefaser (1879), Hall-Héroult-Prozess (1889), Kabinendruckausgleich (1958), Marskolonie (ca. 2030)

Eine moderne Tauchausrüstung, hier abgebildet, ist wesentlich stromlinienförmiger als ursprüngliche Versionen.

1944

Hubschrauber

Flugzeuge sind fantastisch. Sie lassen uns wie Vögel durch die Luft gleiten. In wenigen Stunden und zu recht günstigen Preisen fliegen wir über den Atlantik und Pazifik. Aber die Sache hat einen Haken: Flugzeuge benötigen Landebahnen für Start und Landung und diese wiederum brauchen viel Platz. Wir werden also nie jeden Morgen im Privatjet zur Arbeit pendeln.

Gefordert ist eine Flugmaschine, die vertikal starten und landen kann, ohne Landebahn. So wurde die Idee des Hubschraubers geboren, der 1944 bei Sikorsky in **Massenproduktion** ging.

Mit dem Auge eines Laien betrachtet sieht ein Hubschrauber einfach aus: Man nehme einen Flugzeugpropeller und lasse ihn sich vertikal statt horizontal drehen. Aus der Sicht eines Ingenieurs jedoch ist das bei weitem nicht so einfach.

Nehmen wir einen Propeller und drehen ihn vertikal, will sich der Motor mit derselben Geschwindigkeit wie der Propeller in entgegengesetzter Richtung drehen. Um der Rotation des Motors entgegenzuwirken, bringen die Ingenieure am langen Leitwerksträger einen eigenen Propeller an. Die vom Heckpropeller benötigte Kraft wird über eine lange Antriebswelle vom Motor bereitgestellt. Der Pilot kontrolliert den Heckpropeller über Fußpedale.

Nun kann der Hubschrauber senkrecht aufsteigen. Mit welchen Mitteln kontrollieren die Ingenieure seine Richtung? Und die Steig- oder Sinkgeschwindigkeit? Mit einem Gerät namens Taumelscheibe kann der Winkel der Rotorenflügel verändert werden. Man erreicht mehr Auftrieb auf der Rück- als auf der Vorderseite des Rotors, neigt den Hubschrauber nach vorne und er fliegt vorwärts. Macht man das Gegenteil, lässt das den Hubschrauber ebenso mühelos rückwärts fliegen. Ein schweres Fluggerät in der Luft schweben zu lassen, scheint ein Ding der Unmöglichkeit. Doch die Maschinenbauer haben es möglich gemacht.

SIEHE AUCH: Massenproduktion (1845), Die Hindenburg (1937), V-22 Osprey (1981), Apache-Kampfhubschrauber (1986), Muskelkraft-Hubschrauber (2012)

Der erste Hubschrauber aus Massenproduktion, der Sikorsky R-4, kommt von einer Erkundung der Gewässer am Südpol zurück.

BEWARE
ROTORS
U.S.COAST GUARD
043

1945

Urananreicherung

Die 1942 am Manhattan Projekt beteiligten Ingenieure sahen sich damit konfrontiert, dass Uran aus dem Boden fast komplett aus U-238 besteht, während die von den Ingenieuren zum Bau einer Atombombe benötigten U-235-Atome weniger als ein Prozent ausmachen. Wie nun können die einen Atome von den anderen getrennt werden?

Zahlreiche verschiedene Trennungsverfahren werden benutzt. In Ölraffinerien macht man sich die unterschiedlichen Siede- und Kondensationstemperaturen zunutze. In Steinbrüchen verwendet man Filtersiebe, um unterschiedlich große Kiesel voneinander zu trennen. Aus einer Mischung von Salz und Sand kann man mit Wasser chemisch das Salz herauslösen. Die Trennung der nahezu identischen Atome U-235 und U-238 dagegen ist schwierig.

Viele verschiedene Ideen zur Trennung sind vorgebracht worden: thermisch, magnetisch, zentrifugal etc.. Damals am besten bewährt hat sich die aus zwei Schritten bestehende Gasdiffusion. Dabei wird festes Uran in ein als Uranhexafluorid bezeichnetes Gas umgewandelt. Anschließend lässt man das Gas durch Hunderte mikroporöse Membranen diffundieren, die eine leichte Präferenz zum Durchlassen von U-235-Atomen gegenüber U-238-Atomen besitzen.

Die Entwicklung einer Anordnung für eine zuverlässige Gasdiffusion erwies sich als gigantische technische Herausforderung. Das K-25-Gebäude, die erste Gasdiffusions-Industrieanlage in Oak Ridge, Tennessee, nahm 1945 den Betrieb auf, kostete seinerzeit 500 Millionen Dollar (entspricht heute rund 7 Milliarden Euro) und benötigte einen beachtlichen Prozentsatz der Elektrizität des Landes. Das Gebäude war mit einer Fläche von ungefähr 20 Hektar eines der größten der Welt und enthielt Tausende von Diffusionskammern. Eines der Hauptprobleme, die hoch korrosive Eigenschaft des Uranhexafluorids, wurde mithilfe neu entwickelter Materialien wie Teflon gelöst.

Unter beispielloser Geheimhaltung und mit rasender Geschwindigkeit bauten die Ingenieure K-25, um Uran für die ersten Atombomben aufzubereiten. Auch nach dem Zweiten Weltkrieg diente die Gasdiffusionsmethode der Urananreicherung, bis sie von effizienteren Zentrifugen abgelöst wurde.

SIEHE AUCH: Ölraffinerie Wamsutta (1861), Trinity-Atombombe (1945), Leichtwasserreaktor (1946), CANDU-Reaktor (1971).

Für die Anreicherung von Uran verwendete Gaszentrifugen. Dieses Bild zeigt die US-Gaszentrifugenanlage in Piketon, Ohio, im Jahr 1984.

1945

Trinity-Atombombe

Robert Oppenheimer (1904–1967)

Im Grunde nutzt die Atombombe ein einfaches Prinzip: Mehr als 52 Kilogramm U-235 in einer annähernd kugelförmigen Form erzeugen eine gewaltige Explosion. Diese beruht auf folgender Eigenschaft des U-235-Atoms: Absorbiert es ein vorbeifliegendes Atom, zerbricht das Atom in zwei kleinere Teile und sondert drei neue Neutronen ab, die weitere U-235-Atome anregen, dasselbe zu tun. Die zwei kleineren Teile und die drei Neutronen wiegen zusammen weniger als das ursprüngliche U-235-Atom. Das fehlende Gewicht wandelt sich im Verhältnis $E=mc^2$ in Energie um. Die direkte Masse-zu-Energie-Umwandlung setzt eine ungeheure Energiemenge frei. Daher kommt die enorme Explosivkraft von Atombomben. Der Absorptions- und Spaltungsvorgang findet fast unverzögert statt.

Zur Herstellung einer solchen Atombombe muss der Ingenieur die Massen von U-235 bis zum Zeitpunkt der Explosion separat halten und sie dann zusammen bringen. Nach dem ersten, unglaublich einfachen Entwurf wird eine kritische Masse U-235 in zwei Teile getrennt. Der eine ist stationär, der andere wird in ein Geschützrohr geladen. Nach dem Abfeuern des Geschosses vermengen sich die beiden Massen, setzen eine Kettenreaktion in Gang und explodieren.

Dieser Entwurf ist jedoch ineffizient, denn während der Explosion der Bombe geht die überkritische Eigenschaft verloren, so dass eine Kernspaltung nur bei etwa einem Prozent des Urans vor dem Auseinanderbrechen der Masse stattfindet. Die Einlagerung der U-235- (oder Plutonium-)Masse in einer segmentierten Hohlkugel, die durch gleichmäßige konventionelle Explosionen von außen in einen überkritischen Zustand gebracht wird, steigert die Effizienz. Die initiierende konventionelle Explosion und die Eigendynamik halten die Kugel etwas länger zusammen. Dieses Design wurde bei der ersten Atomexplosion der Geschichte umgesetzt – der 1945 von Wissenschaftlern des Manhattan-Projekts, darunter Robert Oppenheimer, erschaffenen Trinity-Atombombe. Andere Techniken beinhalten Neutronenreflektoren und Stampfer – starke, schwere, die explodierende Masse länger zusammenhaltende Behälter. Kernfusionstests führten zur bekannten **Wasserstoffbombe**.

SIEHE AUCH: Pfeil und Bogen (30 000 v. Chr.), Ivy Mike-Wasserstoffbombe (1952), Streumunition (1965), Katastrophe von Fukushima (2011)

Die Grafik veranschaulicht die zwei Funktionsweisen einer Atombombe.

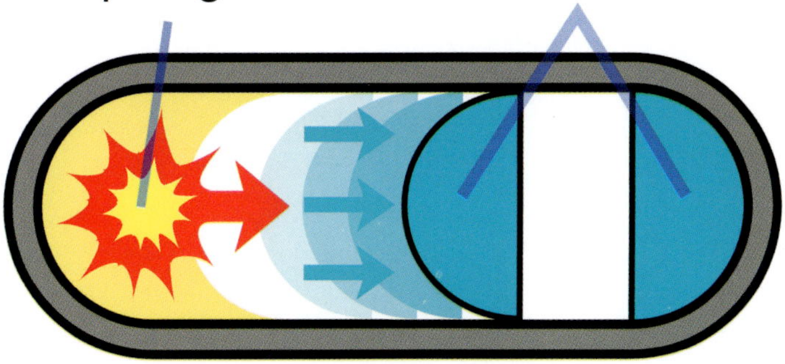

Erzeugung der überkritischen Masse durch Beschuss

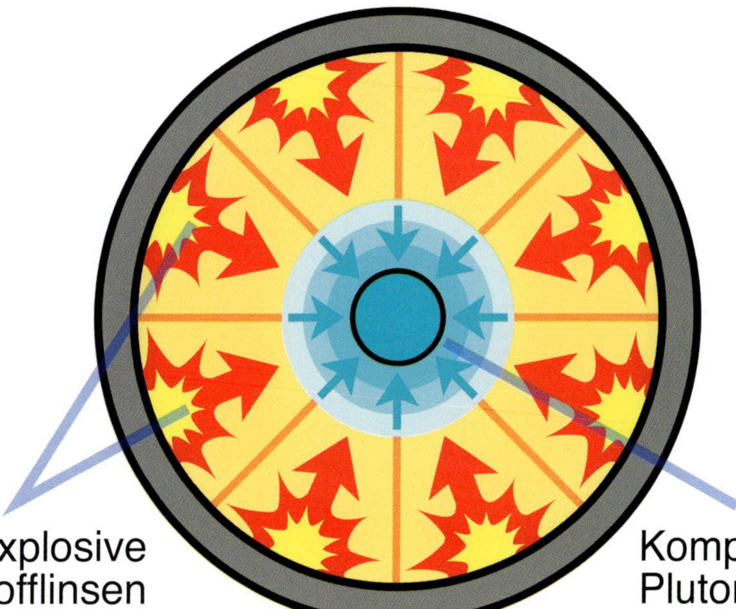

Implosionsverfahren

1946

ENIAC – der erste digitale Computer

John Mauchly (1907–1980), **John Presper Eckert Jr.** (1919–1995)

Es gab mal eine Zeit ohne Computer. Reichweitentabellen für Artilleriegeschütze ließ das Militär von einem Raum voller menschlicher Wesen berechnen, die diese Arbeit mit Stift und Papier oder einer mechanischen Rechenmaschine ausführten. Gleichermaßen wurde bei der Berechnung einer Kometenumlaufbahn oder den Kräften eines Trägers auf dem Bau verfahren. Wenn Sie bedenken, dass ein Mensch für die Addition komplexer Zahlen fünf bis zehn Sekunden braucht, wird Ihnen klar, wie viel Zeit eine jede Form von komplexerer Berechnung in Anspruch nahm.

Das änderte sich mit der Taufe des ENIAC Computers 1946. Die Ingenieure John Mauchly und John Presper Eckert Jr. hatten mit einem Team von Entwicklungsingenieuren die Maschine geschaffen, die alles ändern würde. ENIAC war der erste programmierbare Universal-Computer. Aus heutiger Sicht war er unglaublich primitiv. Er benötigte 18 000 Vakuumröhren, war so groß wie ein Haus, wog 27 Tonnen und brauchte 150 Kilowatt Strom. Er konnte 5000 Additionen pro Sekunde ausführen.

ENIAC hat nichts gemein mit den heutigen Computern – so wie das erste Flugzeug der Brüder Wright nichts mit seinen heutigen Nachfolgern gemein hat. ENIAC arbeitete mit Dezimal- statt mit Binärzahlen und verarbeitete zehn Zahlen gleichzeitig. Die Dateneingabe erfolgte über einen Kartenleser, die Ausgabe per Lochkarte. Ein Programmierer musste den Computer einrichten, indem er Schalter und Kabel konfigurierte – ein Prozess von mehreren Tagen.

Doch ENIAC konnte allgemeine Berechnungen ausführen und das war das Ziel der Ingenieure gewesen. ENIAC machte die Berechnungen für die erste Wasserstoffbombe möglich, die vom Manhattan Projekt entwickelt wurde. 500 000 Lochkarten wurden für die Eingabe der Daten in die Maschine benötigt. Man kann sich leicht vorstellen, wie schwierig so etwas wäre, wenn Menschen und Rechenmaschinen es machen müssten.

Durch die Computer wurden sonst nicht zu bewältigende Aufgaben lösbar und den Ingenieuren eröffneten sich ungeahnte Möglichkeiten. Heutzutage benutzt man im Ingenieurswesen für fast jeden Aspekt einen Computer.

SIEHE AUCH: Transistor (1947), Ivy Mike-Wasserstoffbombe (1952), Mikroprozessor (1971), Watson (2011).

Von links nach rechts: Patsy Simmers, Gail Taylor und Milly Beck halten Computerplatinen.

A
B
C
A
B
C
F
G
H
J
K

1946

Toplader-Waschmaschine

In einem berühmten Vortrag sagte Hans Rosling, ein schwedischer Arzt und Redner, über Waschmaschinen unter anderem Folgendes: Erstens will jeder eine Waschmaschine – sogar der eingefleischteste Öko wäscht seine Kleidung in einer Maschine, und zweitens: Mein Dank an die Ingenieure und Systeme, die preiswerte Waschmaschinen möglich machen.

Waschmaschinen für den Massenmarkt benötigen kostengünstige Bestandteile – Stahl, **Plastik**, Motoren, Getriebe und Steuerungen. Voraussetzungen für deren Einsatz sind ein Wasserversorgungssystem, eine **Kanalisation**, ein **Kraftwerk** und ein **Stromnetz**. Nur bei gleichzeitiger Verfügbarkeit all dieser Dinge können sich die Massen eine Waschmaschine leisten und sie verwenden. Zwei Milliarden Menschen besitzen eine Waschmaschine – ein Triumph. Fünf Milliarden tun es nicht – wir sind noch meilenweit von ökonomischer Gleichheit und gleichmäßiger Infrastrukturentwicklung entfernt.

Die automatische Waschmaschine, wie wir sie heute kennen, setzte sich nach dem Zweiten Weltkrieg durch. Im Nachkriegsboom waren die Verkaufszahlen von Waschmaschinen beeindruckend. Ein weiterer Faktor war der *Rural Electrification Act* (ländliche Elektrifizierungs-Verordnung) aus den Jahren 1935, 1944, der Strom für fast jeden in Amerika verfügbar machte. Europa folgte demselben Trend.

Aus der Perspektive eines Ingenieurs ist die Toplader-Waschmaschine ein ziemlich einfaches Gerät. Sie braucht eine Wanne, die das Wasser aufhält, und eine innere Trommel für die Kleidung. Während des Waschvorgangs dreht ein Agitator (Rührer) die Trommel vor und zurück. Darauf extrahiert der Schleudervorgang einen Großteil des Wassers. Oft übernimmt ein einzelner Hochleistungsmotor zusammen mit einem Getriebekasten die Agitation, das Schleudern und das Pumpen. Ein elektromechanisches oder elektronisches Steuerungssystem teilt dem Motor, dem Getriebe und den Magnetventilen mit, was zu tun ist.

Die Waschmaschine ist eine technische Errungenschaft, die das Leben für Milliarden Menschen einfacher gemacht hat. In einer idealen Welt wird der Tag kommen, an dem jeder Mensch Zugang zu einer solchen hat.

SIEHE AUCH: Römisches Aquädukt-System (312 v. Chr.), Plastik (1856). Modernes Abwassersystem (1859), Stromnetz (1878), Women's Engineering Society (1919), Leichtwasserreaktor (1946).

Im Jahr 1946 stellte General Electric seine erste Toplader-Waschmaschine vor.

1946

Mikrowellengerät

Percy Spencer (1894–1970)

Hin und wieder geschehen Entdeckungen zufällig. Ingenieure werden sich dessen bewusst und verbessern sie schrittweise, bis sie sich fast jeder leisten kann. Das ist die Geschichte des Mikrowellengeräts.

Die Kochleistung von Mikrowellen wurde 1945 von Percy Spencer entdeckt, einem Ingenieur, der in der Nähe einer Radaranlage arbeitete. Das Radar verwendet zur Erkennung von Flugzeugen Mikrowellen-Funkimpulse mit Tausenden von Watt. Der Ingenieur bemerkte, dass die Mikrowellen den Schokoriegel in seiner Tasche zum Schmelzen brachten. Natürlich erhitzten die Wellen auch ihn selbst und so führte diese Entdeckung wohl auch zu grundlegenden Sicherheitsvorkehrungen.

In der Nähe von Radaranlagen fällt die Herstellung eines primitiven Mikrowellengeräts leicht. Die Funkwellen des Radarsenders können in einen Metallkasten gesendet werden, dessen Wände sie reflektieren. Dort bringen sie Wasser- und Fettmoleküle von in den Kasten gelegten Nahrungsmitteln in Bewegung und diese erwärmen sich.

Die ersten kommerziellen Mikrowellengeräte kamen 1946 auf den Markt. Sie wurden „Radaranges" genannt und von Raytheon, dem Hersteller der schokoriegelschmelzenden Radaranlage, produziert. Die Radaranges waren im Grunde ein Funksender und eine Metallbox mit einer Tür von Größe und Gewicht eines Kühlschranks. Umgerechnet auf heutiges Preisniveau würde dieses Gerät etwa 45 000 Euro kosten.

Kaum jemand konnte sich Mikrowellengeräte leisten, bis die Ingenieure einfachere Lösungen entwickelten und in den 1970er Jahren die Kosten senkten. Die neuen Entwürfe boten zudem Schutz beim Betrieb im Leerzustand.

Heutzutage betrachten wir Mikrowellengeräte als selbstverständlich und die Preise für einfache Geräte sind unter 50 Euro gefallen. Wir sehen Mikrowellengeräte überall – in Hotelzimmern, Pausenräumen, Schlafsälen. Sie sind schneller als normale Öfen und deutlich energieeffizienter – fast die gesamte vom Gerät benutzte Energie wird zum Erwärmen der Nahrung verwendet. Das Mikrowellengerät ist ein hervorragendes Beispiel dafür, wie die Ingenieurskunst eine Technologie zu Millionen Menschen bringt.

SIEHE AUCH: Women's Engineering Society (1919), Elektrische Kältetechnik (1927), Radar (1940), Tiefkühlpizza (1957).

Ein Koch, ca. 1958, der ein Raytheon RadaRange III benutzt, ein frühes kommerzielles Mikrowellengerät.

RadaRange

1946

Leichtwasserreaktor

Eugene Wigner (1902–1995), **Alvin Weinberg** (1915–2006)

Die Kernbrennstoffe waren revolutionär. Mit weniger als hundert Tonnen ließ sich eine ganze Stadt für ein Jahr oder länger ohne Luftschadstoffe versorgen. Zur Erzeugung derselben Leistung würde 20 000 Mal mehr Kohle benötigt.

Das Grundprinzip wurde schon bei der Entwicklung der Atombombe verwendet. U-235-Atome spalten sich und erzeugen Wärme, wenn ein Neutron sie trifft. Da beim Zerfall drei neue Neutronen entstehen, kann eine Kettenreaktion erfolgen. Bei unkontrollierter Reaktion erzeugt die Kettenreaktion eine Atombombe. Kontrolliert man sie aber, wird U-235 zu einer leistungsstarken und beständigen Wärmequelle.

Nun mussten die Ingenieure nur noch einen Reaktor entwerfen, der die Wärme aus dem Brennstoff extrahierte und dabei weder einschmolz noch explodierte. 1946 entwickelten der theoretische Physiker Eugene Wigner und der Kernphysiker Alvin Weinberg den Vorgänger des Leichtwasserreaktors. Dieser Reaktortyp ist bis heute die beliebteste Lösung.

Als Erstes mussten die Ingenieure für die sichere Aufbewahrung des Brennstoffs sorgen und darauf die Geschwindigkeit der Wärmeentwicklung unter Kontrolle bringen. Dafür schichteten sie das angereicherte Urangranulat in gebündelt angeordnete Metallröhren (Brennstäbe). Der Kontrolle der Wärmeentwicklung dienten zwischen die Brennstäbe absenkbare Steuerstäbe. Das Material in den Steuerstäben absorbiert Neutronen. Zum Herunterfahren des Reaktors werden alle Steuerstäbe vollständig abgesenkt.

Die Ingenieure benötigten auch einen Moderator, der die Neutronen ausreichend verlangsamt und U-235 zur Spaltung bringt. Sie entschieden sich für Wasser, das auch die Reaktorwärme in Form von Dampf extrahiert.

Brennstäbe, Steuerstäbe und Wasser – das klingt einfach. Warum also sind Kernreaktoren so kompliziert und teuer? Der Grund ist, dass fehlender Zustrom von Wasser zur Überhitzung des Reaktors und zur Kernschmelze mit wahrscheinlicher Freisetzung von Radioaktivität in die Umwelt führt. Deshalb legen die Ingenieure beim Bau eines Kernkraftwerks auf enorme Redundanz und Sicherheit wert.

SIEHE AUCH: Trinity-Atombombe (1945), Kugelhaufenreaktor (1966), Gaswäscher für Kraftwerke (1971), Tschernobyl (1986), Katastrophe von Fukushima (2011)

Schematische Darstellung eines Druckwasserreaktors, wie er auf Schiffen verwendet wird.

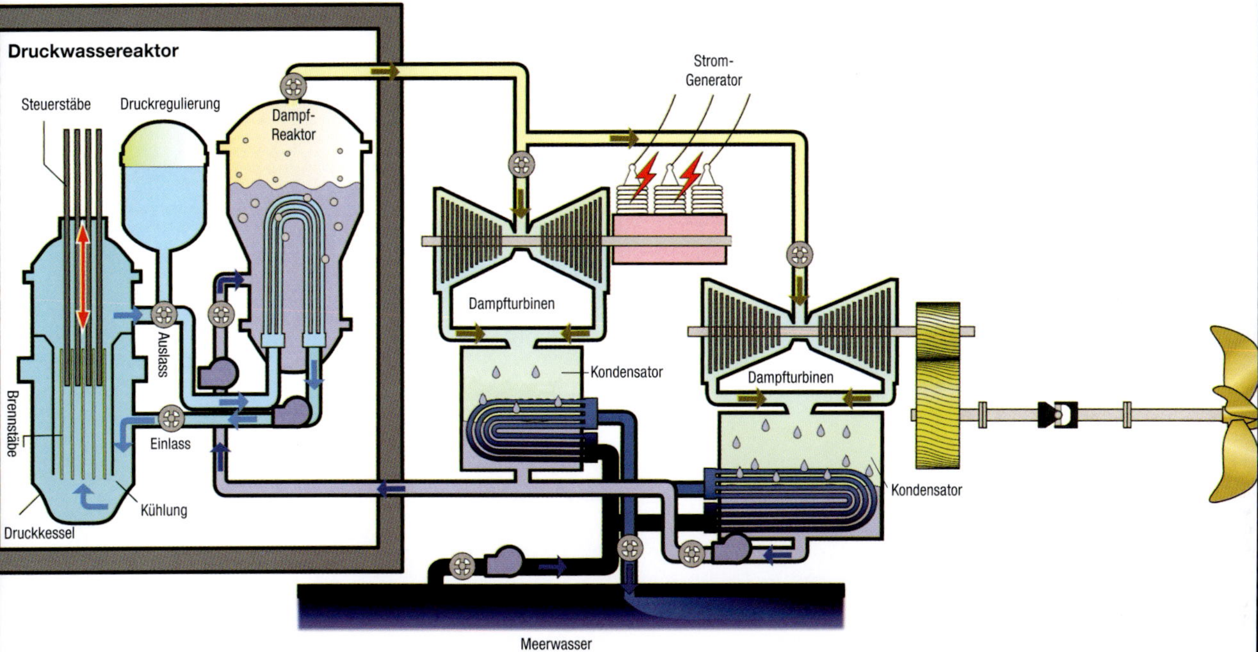
Druckwassereaktor
Steuerstäbe
Druckregulierung
Dampf-
Reaktor
Strom-
Generator
Dampfturbinen
Auslass
Einlass
Brennstäbe
Kühlung
Druckkessel
Kondensator
Dampfturbinen
Kondensator
Meerwasser

1947

AK-47 „Kalaschnikow“

Michail Kalaschnikow (1919–2013)

Die Evolution der Waffen begann vor Zehntausenden von Jahren mit **Pfeil und Bogen**. Die AK-47 ist zwar als Waffe seit ihrer Einführung 1947 in der Sowjetunion verantwortlich für Millionen Tote, zugleich aber auch ein Wunderwerk der Technik.

Ein Maschinengewehr gleicht einem Kolbenmotor, denn die beim Abfeuern einer Kugel erzeugte Energie reicht aus, um den Mechanismus für den nächsten Schuss vorzubereiten. Auf ungefähr halber Höhe des Gewehrlaufs hat die Oberseite ein Loch. Wenn die Kugel daran vorbeikommt, drängen sich ausdehnende Gase durch das Loch in die Gasröhre und lassen den Gaskolben nach hinten schnellen.

Der Kolben ist mit dem Verschlussträger verbunden. Im Rückwärtsgleiten wirft der Träger die verwendete Patrone aus, drückt den Hahn zurück und spannt ihn. Sobald der Druck im Inneren der Trommel fällt, drückt eine Feder den Verschlussträger nach vorne, dieser lädt die nächste Patrone aus dem Magazin und schließt den Verschluss. Im Automatikmodus wird der Hahn zum Abfeuern der neuen Patrone sofort wieder ausgelöst.

Drei technische Ziele kommen in Michail Kalaschnikows Entwurf der AK-47 zum Ausdruck: Sie muss günstig, kaum störanfällig und leicht zu reinigen sein. Die Anzahl der Teile ist auf ein Minimum reduziert und das Verschlussgehäuse, der Hauptbestandteil des alles zusammenhaltenden Mechanismus, ein Stanzstück aus Stahl. Keine ausgefallene maschinelle Bearbeitung kein Gießen oder Schmieden. Man nimmt ein Stück Metall, stanzt Löcher hinein und biegt es.

Große Zwischenräume zwischen den Einzelteilen und die geringe Anzahl beweglicher Teile mindern die Störungsanfälligkeit. Ein größeres Gasrohr verhindert Verstopfung. Der Hammer ist ein riesiges, stumpfes Metallteil.

Die Reinigung ist ein Kinderspiel. Man drückt eine Taste zur Lösung der oberen Abdeckung. Verschlussträger, Verschlussfeder und Kolben kommen alle leicht heraus. Auslöser, Hahn, Verschluss, Kammer, Schlagbolzen etc. sind nun leicht zugänglich für die Reinigung.

Die Technik ist extrem elegant, entworfen für niedrige Kosten und Zuverlässigkeit unter widrigsten Bedingungen. Das ist der Grund für die Millionen von AK-47 überall auf der Welt.

SIEHE AUCH: Pfeil und Bogen (30 000 v. Chr.), Katapult (1300), Trinity-Atombombe (1945), Ivy Mike-Wasserstoffbombe (1952), Streumunition (1965).

Dieses Beispiel einer AK-47 „Kalaschnikow“ wurde 1954 in der Sowjetunion hergestellt.

1947

Transistor

Walter Brattain (1902–1987), **John Bardeen** (1908–1991)

Auf einer Zeitreise in das Jahr 1945 oder 1946 fänden wir in den Vereinigten Staaten eine florierende Elektronikindustrie vor. Die Menschen kauften Radios und Fernsehgeräte. Elektronische Innovationen wie das Radar waren revolutionär. Und auch der weltweit erste richtige Digitalcomputer, der ENIAC, entstand 1946. Die Vakuumröhren in all diesen Geräten aber waren infolge ihrer Größe (ungefähr die eines Tablettenfläschchens), Hitzeentwicklung, Anfälligkeit für das Ausbrennen, hohen Preises und Energieverbrauchs wirklich unpraktisch. Beim ersten Einsatz des ENIAC mussten seine Röhren andauernd ersetzt werden.

Besserung setzte 1947 mit der Entdeckung des Transistors durch die amerikanischen Wissenschaftler John Bardeen und Walter Brattain von AT&Ts Bell Labs ein. 1953 wurde er Wirklichkeit und 1954 begann mit den ersten Germanium- und Silizium-Transistoren die Massenproduktion.

Der Transistor jener Zeit war ein kleines erbsengroßes Gerät mit drei Anschlüssen. Je nach Design hat er eine von zwei Funktionen. Er kann, wie in Computern, als An-Aus-Schalter dienen. Oder er kann wie in Radios und Fernsehgeräten als Verstärker funktionieren. Transistoren sind klein, leichtgewichtig, zuverlässig, effizient und dazu unglaublich preiswert. Die Ingenieure begannen sofort mit der Ersetzung von Vakuumröhren durch Transistoren.

Eines der ersten Transistor-Geräte auf dem Markt war 1954 das Transistorradio, ein kleines, tragbares Gerät, das mit einer 9-Volt Batterie lief und in eine Tasche passte. Mit der Massenproduktion wurden sie unglaublich günstig. So etwas war absolut neu für die Menschen und Milliarden Transistorradios wurden verkauft. Das „Tragbare-Musik-Fieber" hatte begonnen.

1954 war auch das Jahr des ersten Transistorcomputers TRADIC. Verglichen mit einem Vakuumröhren-Gerät war er winzig und verbrauchte nur 100 Watt. Dieser Computer konnte im Flugzeug mitfliegen – mit Vakuumröhren unvorstellbar.

Später sollten die Transistoren den Ingenieuren die Entwicklung von Tausenden neuen Geräten ermöglichen. Sie gaben ihnen erstaunliche Freiheiten im Vergleich zur Technologie, die sie ersetzten.

SIEHE AUCH: Radiosender (1920), Farbfernsehen (1939), Radar (1940).

Dies ist ein früher Transistor, im IBM 1401 verwendet.

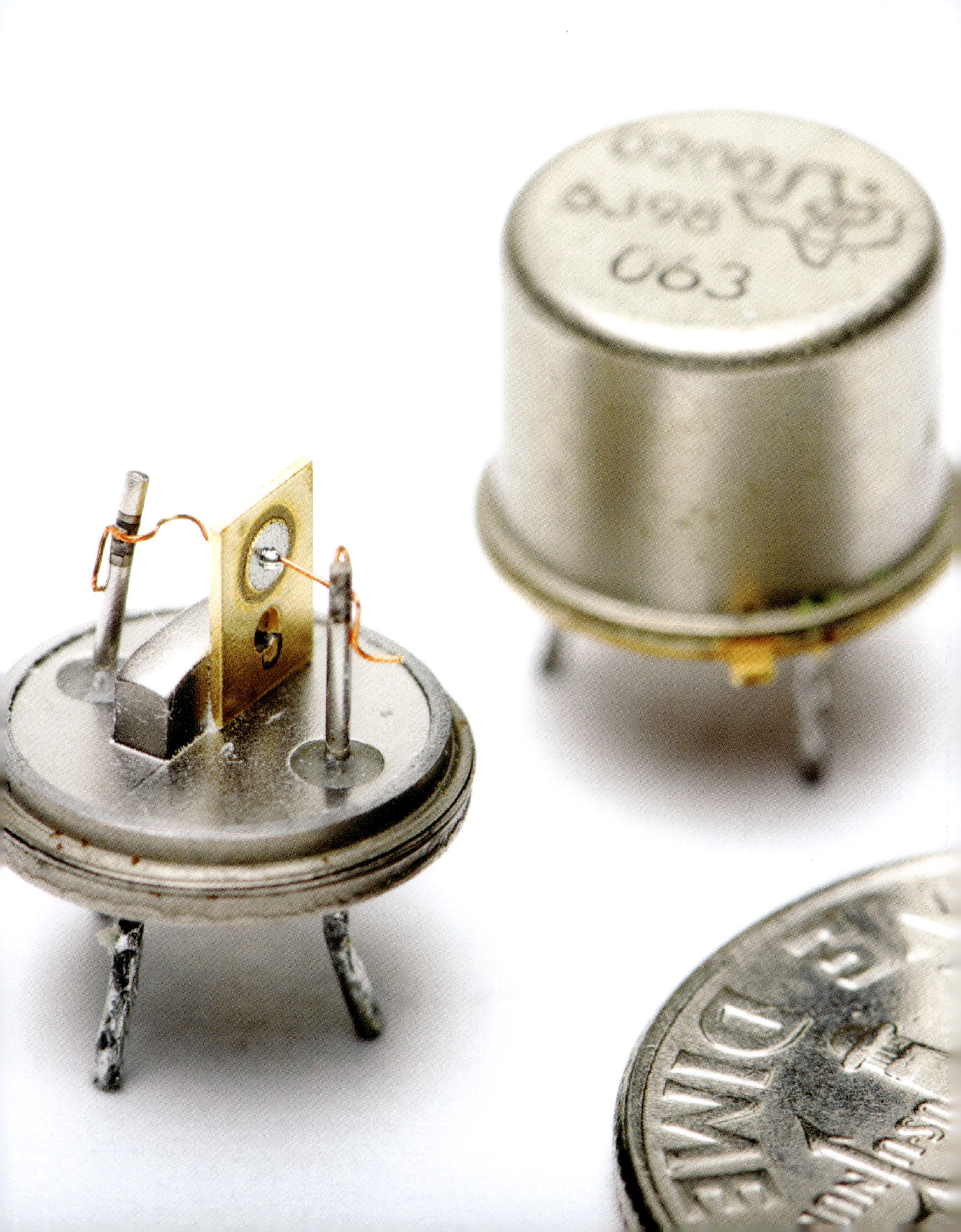
063

1948

Kabelfernsehen

Robert Tarlton (1914–2006), **John Walson** (1915–1993)

Als Begründer des Kabelfernsehens gilt John Walson, Eigentümer eines Elektronikgeschäfts in Mahonoy City, Pennsylvania. Aufgrund der Lage des Ortes inmitten von Bergen konnten die Einwohner keine Sendungen aus dem nahegelegenen Philadelphia empfangen. Walsons Lösung bestand darin, eine Antenne auf der Spitze eines Berges zu platzieren und das Signal mithilfe von Verstärkern und Kabeln ins Tal zu bringen. So wurde das erste Kabelsystem geboren.

1950 tat sich dann ein Fernsehgerätehändler namens Robert Tarlton mit einer Gruppe anderer TV-Verkäufer zusammen und bot den Bewohnern des Einzugsgebiets von Philadelphia für eine Gebühr Sendungen an. Wegen des klareren Bildes (besonders in Städten waren Geisterbilder infolge der Reflexion von Signalen durch Gebäude ein Problem) und dem möglichen Empfang von mehr Sendern stieß das Angebot auf großes Interesse. Die Abonnenten waren auch bereit, für diese Leistungen eine kleine monatliche Gebühr zu bezahlen.

Hatten sich genug Einwohner zum Kabelsystem einer Stadt angemeldet, bot es dem Betreiber ein garantiertes Publikum und eine garantierte Einnahmequelle. Dies ermöglichte jedem im Land (sobald die gesetzliche Regulierung es gestattete) die Eröffnung eines neuen Kabel-TV-Senders. Der 1972 gegründete Sender HBO (Home Box Office) war der erste dieser Art. Das Kabel-TV-System hatte bereits ein Abrechnungsmodell, so dass HBO seine monatliche Gebühr leicht mit auf die Rechnung setzen konnte. HBO schuf auch ein Ablegersystem, um seine Inhalte leicht an Kabel-TV-Sender im ganzen Land zu senden.

WBTS, ein lokaler Fernsehsender in Atlanta, der ein Vertriebssystem wie das von HBO gründete – war der nächste. Nach ein paar regulatorischen Anpassungen explodierte die Branche hinsichtlich der Zahl der Sender und ihrer Abonnenten in den USA und in anderen Ländern. Infolge der enormen Beliebtheit wechselten fast alle zum Premium-Fernsehen, obwohl konventionelle Fernsehübertragungen umsonst angeboten wurden – Menschen wechseln gerne zu neuen Systemen mit erheblichen Vorteilen. Darauf beruhen auch die massiven Verschiebungen vom Analogfernsehen zu **HDTV**.

SIEHE AUCH: Funkstation (1920), Farbfernsehen (1939), HDTV – hochauflösendes Fernsehen (1996).

Das Kabelfernsehen veränderte die Art, wie wir mit der Fernsehunterhaltung interagieren.

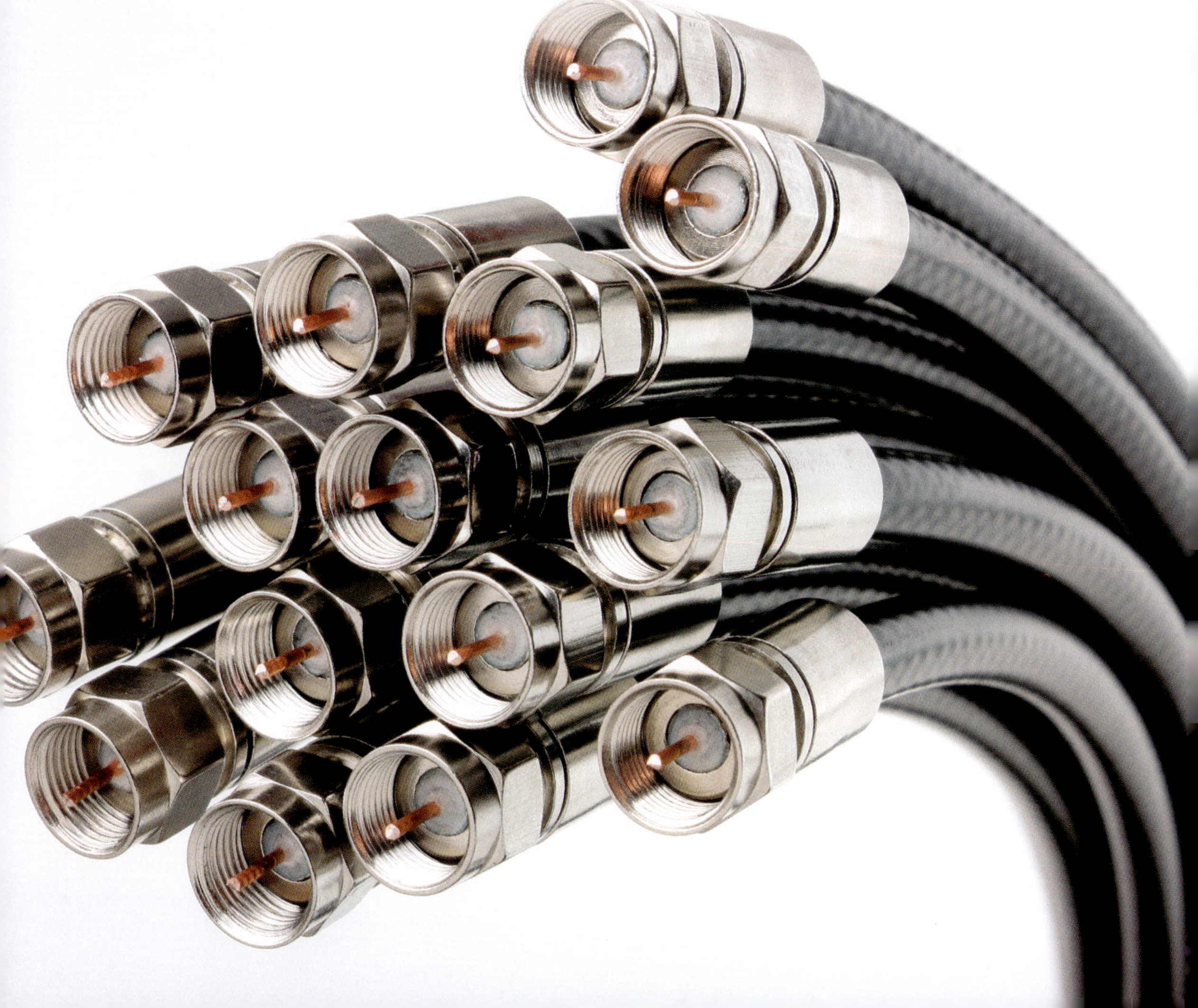

1949

Turmdrehkran

Hans Liebherr (1915–1993)

Auf jeder Baustelle eines Wolkenkratzers erblicken wir einen Turmdrehkran. Was wir da sehen, kommt uns fast unmöglich vor: Der dünne, überlange Arm, zum Tragen von gewaltigen Lasten in der Lage, die das ganze Teil eigentlich zum Einsturz bringen müssten. Wie hat der deutsche Erfinder Hans Liebherr (in Verbindung mit vielen anderen Konstrukteuren) den Turmdrehkran zum Funktionieren gebracht?

Ein Schlüssel dazu ist der normalerweise verborgene Sockel. Einen Monat vor dem Eintreffen des Turmdrehkrans gießen die Bauarbeiter einen riesigen Stahlbetonblock mit Seitenmaßen von bis zu 15 Metern, einer Dicke von drei Metern und einem Gewicht von vielen Tausend Tonnen. Der Turm wird mit dem Sockel verbolzt.

Der vertikale Träger ist trotz seines langbeinigen Aussehens sehr robust konstruiert. Er hat jedoch eine maximale Sicherheitshöhe. Er hakt sich üblicherweise während des Baus zum Abstützen im Bauwerk ein. Auch der Arm oder Kranausleger ist entgegen seiner Erscheinung ein extrem starker Träger. Zur Ausbalancierung der Kippkräfte des Turms hängt an einer Seite ein Gegengewicht. Dazu kommen üblicherweise auch Seile zum Einsatz, in der Art einer Schrägseilbrücke.

Aber es gibt definitiv auch Grenzen. Die maximale Last verändert sich, wenn die Ladung zum Ende des Kranauslegers hin bewegt wird. Ist die Last in der Nähe des Turms, kann der Kran fünfzig Tonnen hochheben, befindet sie sich jedoch am Ende des Kranauslegers, nur eine Tonne.

Es ist die Fähigkeit zum horizontalen und vertikalen Verschieben der Last, die den Turmdrehkran so nützlich macht. Durch diese Fähigkeit war er hervorragend geeignet für die Arbeit, für die er ursprünglich entworfen wurde – den Wiederaufbau Nachkriegsdeutschlands. Zudem schuf er die Grundlage für den späteren Liebherr-Konzern.

SIEHE AUCH: Cheops-Pyramide (2250 v. Chr.), Woolworth Building (1913), Kinsol Trestle Bridge (1920).

Ein Turmdrehkran ermöglichte es Bauherren, neue Projekte in Angriff zu nehmen.

1949

Atomuhr

Louis Essen (1908–1997)

Was ist Zeit? Die Wissenschaftler wissen es nicht genau. Wir aber wissen, wie man Zeit misst, nämlich mit Uhren. Und die Ingenieure haben die Präzision der Zeitmessung über die Jahrhunderte verbessert.

Eine Uhr hat zwei Hauptbestandteile: Oszillator und Zähler. Ein Beispiel für einen – einfachen – Oszillator ist das Pendel in einer **Pendeluhr**, das jede Sekunde vor und zurückschwingt. Ein einfacher Zähler verwendet Ritzel zur Bewegung der Zeiger auf der Vorderseite einer Uhr.

Für größere Genauigkeit macht man den Oszillator präziser. Ein Quarzkristall schwingt präziser und viel schneller als ein Pendel. Mit einem Pendel werden Sie nie Tausendstelsekunden messen können, mit einem Quarzkristall dagegen schon.

Noch schneller und präziser sind Oszillationen eines Atoms. 1967 wurde die Sekunde offiziell als 9 192 631 770 Schwingungen eines Cäsium-133-Atoms definiert. Die Atom-Oszillatoren sind die Grundlage der genauesten Uhren, der Atomuhren. Die erste Atomuhr wurde 1949 vom *US National Board of Standards* gebaut. Der englische Physiker Louis Essen entwickelte 1955 die erste präzise Atomuhr.

Wie lässt der Ingenieur das Atom präzise schwingen? Und wie zählt er dann diese Schwingungen? Eine von vielen Möglichkeiten besteht in der Anregung einer Wolke oder eines Stroms von Atomen mit Mikrowellenenergie. Durch Ermittlung der exakten, die meisten Atome auf das richtige Niveau anregenden Mikrowellenfrequenz kreieren die Ingenieure einen ultrapräzisen Oszillator.

Die ersten Atomuhren waren riesig. In der Folge aber schrumpften sie immer mehr und wurden zuverlässiger und präziser. Die kleinsten kommerziellen Atomuhren haben heute die Größe einer Streichholzschachtel. Sie werden „chipgroße Atomuhren" genannt.

Zum Zeitpunkt der Abfassung dieses Artikels benutzt die präziseste Atomuhr von einem Laser stimulierte Ytterbium-Atome. Uhren wie diese gehen über Milliarden von Jahren vielleicht eine Sekunde nach. Verglichen mit Pendeluhren, die schon nach einem Tag Sekunden vor- oder nachgehen, ist die Präzision nahezu perfekt.

SIEHE AUCH: Mechanische Pendeluhr (1670), Big Ben (1858), Funkstation der Atomuhr (1962).

Die erste Atomuhr, die 1949 im US National Bureau of Standards (heute National Institute of Standards and Technology) von Harold Lyons und Kollegen gebaut wurde.

NATIONAL BUREAU OF STANDARDS

1949

Integrierter Schaltkreis

Werner Jacobi (1904–1985), **Jack Kilby** (1923–2005), **Robert Noyce** (1927–1990)

Vor der breiten Einführung von integrierten Schaltkreisen bestanden elektronische Geräte wie Computer aus einzelnen Transistoren in einer etwa erbsengroßen Umhüllung mit drei Anschlussdrähten. Die Transistoren waren auf eine Leiterplatte gelötet. Ein Computer dieser Ära verwendete oft Tausende Transistoren, gelötet auf zehn oder mehr Platten von der Größe eines Blatts Papier. Die Platten der einfachsten Computer füllten einen Kasten von der Größe eines Aktenschranks. Das Ergebnis waren große, schwere, teure, langsame und stromfressende Computer.

Der integrierte Schaltkreis änderte alles. 1949 schlug der deutsche Ingenieur Werner Jacobi ein Gerät mit einer Art integriertem Schaltkreis vor. 1958 präsentierte der für Siemens arbeitende Elektroingenieur Jack Kilby den ersten funktionsfähigen integrierten Schaltkreis. Kurz danach verbesserte Robert Noyce ihn durch die Entwicklung des Silizium-Chips. Die integrierte Schaltkreistechnologie revolutionierte die Computer- und Elektronikindustrie.

Die Grundidee ist einfach: Am Anfang steht eine polierte, aus einem großen, im Labor gezüchteten Siliziumkristall geschnittene Silizium-Halbleiterscheibe. In der Folge werden Teile der Halbleiterscheibenoberfläche zur Herstellung von Transistoren selektiv mit Substanzen dotiert, Oxidschichten zur Isolierung gezüchtet und Metalldrähte aufgetragen, um die Transistoren miteinander zu verbinden. Die Technologie wurde in den letzten Jahren zunehmend anspruchsvoller, mit vielen Metallschichten und 3D-Transistoren, die kleinere, komplizierte Schaltkreise möglich machten.

Integrierte Schaltkreise sind eines der Beispiele für schrittweise technische Verbesserungen. Die Ingenieure haben mit der Zeit Kosten, Leistungsfähigkeit und Haltbarkeit mit atemberaubender Geschwindigkeit radikal verbessert. Die Anzahl der Transistoren auf einem Chip hat sich alle zwei Jahre verdoppelt – eine Rate bekannt als Mooresches Gesetz. So haben heutige Mikroprozessoren Milliarden von Transistoren, die bei niedrigen Spannungen und hoher Geschwindigkeit hocheffizient arbeiten. Wir alle profitieren von integrierten Schaltkreisen in unseren Smartphones, Tablet-PCs und Heimcomputern.

SIEHE AUCH: ENIAC – der erste digitale Computer (1946), Transistor (1947). Mikroprozessor (1971), Smartphone (2007), Tabletcomputer (2010)

Nahaufnahme eines Chips in einem integrierten Schaltkreis.

1950

Schachcomputer

Alan Turing (1912–1954), **Claude Elwood Shannon** (1916–2001)

1950 schrieb der amerikanische Mathematiker Claude Elwood Shannon einen Artikel über die Programmierung eines Computers zum Schachspielen. 1951 entwickelte der britische Mathematiker und Computerspezialist Alan Turing das erste Programm, das eine komplette Partie spielen konnte. Seitdem haben Softwareentwickler die Software und Hardwareentwickler die Hardware verbessert. 1997 schlug ein der von IBM entwickelte Computer namens *Deep Blue* als Erster den besten menschlichen Spieler.

Wie erschaffen Ingenieure einen schachspielenden Computer? Sie setzen Maschinenintelligenz ein, die sich im Falle von Schach sehr stark von menschlicher Intelligenz unterscheidet. Zur Lösung des Schachproblems gehen sie den Weg brachialer Gewalt.

Denken Sie an ein Schachbrett mit einem Satz Figuren. Ingenieure schaffen eine Möglichkeit, diese Stellungen mit Punkten zu bewerten. Die Punktebewertung kann die Anzahl der Figuren auf jeder Seite beinhalten, die Positionen der Figuren, den guten Schutz des Königs etc. Nun stellen Sie sich ein sehr einfaches Schachprogramm vor. Sie spielen schwarz, der Computer weiß und sie waren gerade am Zug. Das Programm könnte versuchsweise jede weiße Figur in jede mögliche erlaubte Position bewegen und die jeweils resultierende Stellung bewerten. Dann würde es den Zug mit den meisten Punkten wählen. Dieses Programm würde zwar Schach spielen, aber nicht wirklich gut.

Und wenn der Computer einen Schritt weiter ginge? Er bewegt jede weiße Figur in jede mögliche Richtung. Dann probiert er jeden möglichen, auf jeden der weißen Züge folgenden schwarzen Zug und bewertet all diese Stellungen. Die Anzahl der möglichen zu bewertenden Züge ist erheblich gewachsen, doch der Computer spielt nun besser.

Und wenn der Computer mehrere Züge vorausdenkt? Die Anzahl der vom Computer zu bewertenden Stellungen explodiert mit jedem neuen Zug. Als *Deep Blue* 1996 gewann, war er in der Lage, 200 Millionen Stellungen pro Sekunde zu bewerten. Er hatte alle gängigen Spieleröffnungen und Gambits abgespeichert. Er konnte eine enorme Anzahl von Zügen als unproduktiv ausschließen. Mit derselben Methode können heute dank ihrer Rechenleistung **Smartphones** die meisten Menschen im Schach schlagen.

SIEHE AUCH: Mikroprozessor (1971), Smartphone (2007), Watson (2011), Gehirnreplikation (ca. 2024).

IBM's Supercomputer Deep Blue

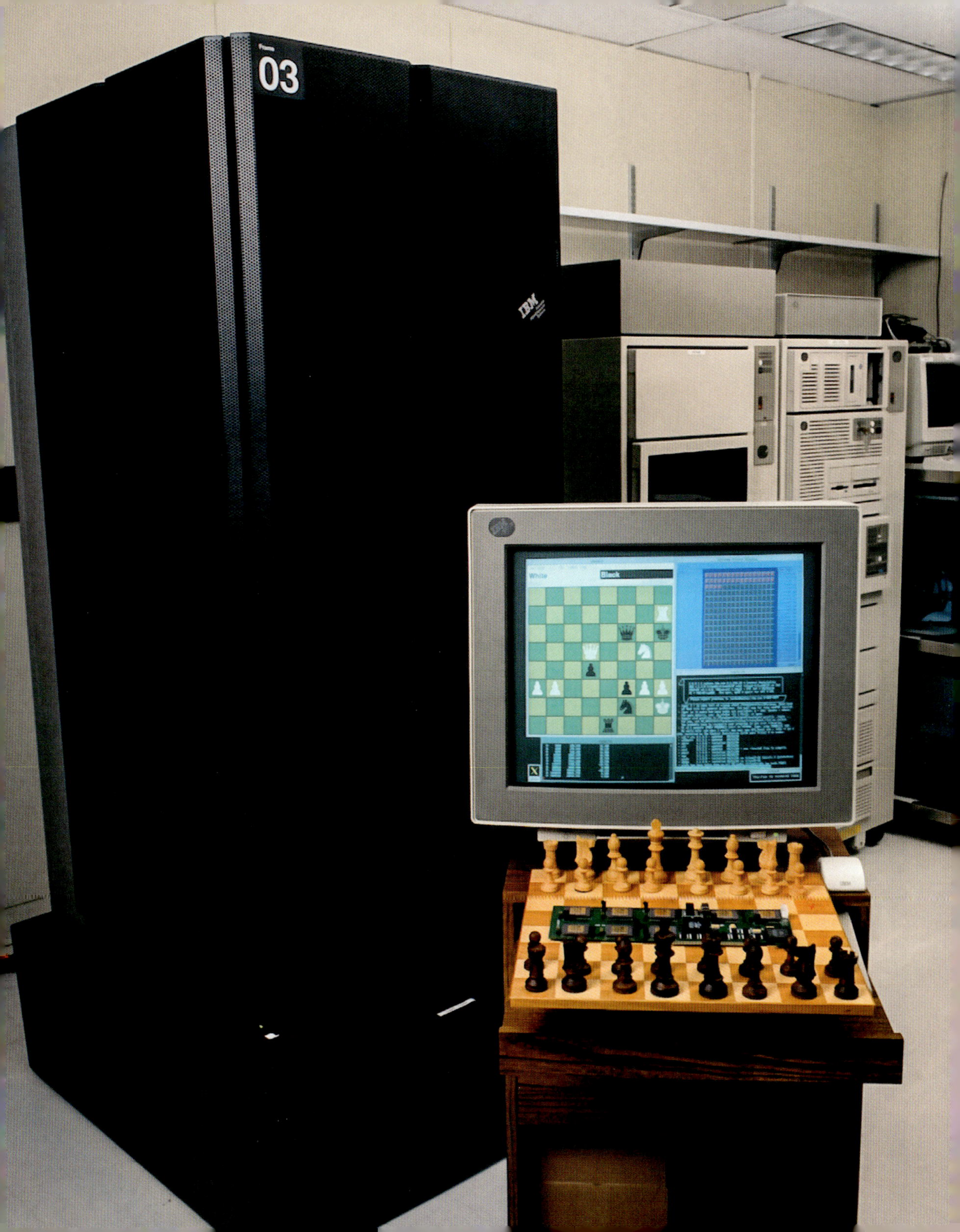
03
IBM
White
Black

1951

Düsentriebwerktest

Eine von Ingenieuren unbedingt zu berücksichtigende Sache betrifft Grenzfälle. Was passiert mit einem Produkt, wenn es nicht standardmäßig funktioniert?

Ein faszinierendes Beispiel für Grenzfälle sind Düsentriebwerktests. Eine einfache Sache ist die Funktion eines Düsentriebwerks in ruhiger, sauberer Luft auf einer Höhe von 10 000 Metern. Aber Düsentriebwerke sind oft sehr unterschiedlichen Bedingungen ausgesetzt und müssen allfällige Probleme mit Leichtigkeit bewältigen. Ingenieure berücksichtigen solche Szenarien bei der Entwicklung und testen dann rigoros, um Katastrophen auch bei Grenzfällen möglichst auszuschließen.

Das einfachste Beispiel ist wohl Regen. Das Triebwerk zieht den Regen sofort ein und presst ihn geradewegs in die Verbrennungskammer. Selbst bei orkanartigen Stürmen muss das Triebwerk das Wasser ohne Selbstabschaltung handhaben können. Deshalb könnte man ein großes Düsentriebwerk mit einer Wassermenge von 3800 Litern pro Minute testen. Ähnliches gilt für Schnee-, Hagel- und Eistests oder auch für einen Sandsturm.

Die überraschendste Situation, die ein Düsentriebwerk bewältigen muss, ist ein Vogelschlag. Man könnte ein großes Düsentriebwerk dahingehend testen, indem man ein gut zwei Kilogramm schweres Huhn in den Einlass schießt. Der vordere Lüfterflügel muss das Huhn ohne Flügelschaden in Scheiben hacken und der Kompressor die Hühnerscheiben verdauen können. So schuf 1951 die de Havilland Aircraft Company die erste Hühner-Kanone für Düsentriebwerktests.

Und doch existieren Grenzen, wie man 2009 am Beispiel des Flugs US Airways 1549 sehen kann. Das Flugzeug geriet auf einer Flughöhe von ungefähr 915 Metern in einen Schwarm Kanadagänse. Diese Vögel haben Flügelspannen von bis zu anderthalb Metern und ein Gewicht von oft knapp fünf Kilogramm. Die beiden Triebwerke konnten die Vögel nicht verdauen und brannten aus. Das führte zur historischen Landung im Hudson River, wo andere Ingenieure das Problem der Flugzeug-Flotation vorausgesehen hatten. Die Tatsache, dass es keine Verletzten gab, ist ein Nachweis für die hohe Qualität von Pilot und Technik.

SIEHE AUCH: Flugzeug der Gebrüder Wright (1903), Boeing 747 Jumbo-Jet (1968), C-5 Super Galaxy (1968).

Ein F119-PW-100 Düsentriebwerk wird bei voll zugeschaltetem Nachbrenner getestet.

GFT 99
CG

1952

Pivot-Beregnungssystem

Frank Zybach (1894–1980)

Die Standardmethode der Bewässerung einer Landwirtschafsfläche besteht im Verlegen von Rohrleitungen durch das Feld in einem Abstand von etwa zwölf Metern, mit vertikalen Rohren, ebenfalls im Abstand von je etwa 12 Metern mit einem großen Sprinklerkopf. Alle Rohrleitungen sind mit einer großen Pumpe verbunden.

Dieser Ansatz funktioniert natürlich, ist aber nicht sehr effizient. Ein quadratisches Feld von annähernd vier Hektar benötigt rund 3050 Meter horizontale Rohrleitungen und mehr als 200 Sprinklerköpfe. Das Pivot-Beregnungssystem wurde 1952 vom Landwirt Frank Zybach patentiert. In den folgenden Jahren perfektionierten Ingenieure das ursprüngliche System und reduzierten die zur Bewässerung eines Felds benötigte Menge an Rohrleitungen und die Anzahl der Sprinklerköpfe erheblich.

Um eine Vorstellung von der Funktion des neuen Systems zu erhalten, stellen Sie sich ein 2,25 ha großes Feld als Kreis mit einem Durchmesser von 213 Metern vor. Im Zentrum des Kreises befindet sich die Wasserquelle in Form einer Pumpe. Sie ist mit einer Steigleitung verbunden und diese mit einer einzelnen horizontalen, 107 Meter langen Rohrleitung. Die Rohrleitungslänge ist somit um das Dreißigfache reduziert, dafür wird eine längere Bewässerungszeit des Feldes in Kauf genommen.

Das Geniale ist die Art, wie die horizontale Rohrleitung sich bewegt. Sie wird in der Luft durch dreieckige Türme auf Rädern im Abstand von 30 Metern angeordnet. Wasserbetriebene oder elektrische Motoren bewegen die Räder ganz langsam. Das System spart nicht nur eine Menge Rohrleitungen sondern auch viel Wasser ein. Die Sprinklerköpfe zeigen von der erhöhten horizontalen Rohrleitung gerade nach unten und reduzieren dadurch die Verdunstung und den Verlust durch Wind.

Durch komplette Überarbeitung der Art der Bewässerung senkten die Ingenieure Kosten und verbesserten die Effizienz. Weitere Innovationen wie unterirdische Tröpfchenbewässerung haben sich in den letzten Jahren als noch nützlicher erwiesen.

SIEHE AUCH: Grüne Revolution (1961), Tröpfchenbewässerung (1964).

Eine frühmorgendliche Ansicht eines Pivot-Beregnungssystems auf einer landwirtschaftlichen Fläche.

3D-Brille

Milton Gunzberg (1910–1991)

Wir Menschen nehmen Tiefe aufgrund der binokularen Natur unseres Sehsystems wahr. Unsere beiden Augen haben leicht unterschiedliche Perspektiven und unser Gehirn berechnet die Entfernung eines Objekts. Beim Blick auf ein Foto oder einen Fernsehbildschirm verlieren wir die Tiefeninformation. Damit diese flachen Bilder Tiefe erhalten, müssen unsere Augen gleichzeitig mit leicht unterschiedlichen Bildern versorgt werden, sodass die binokulare Rechenmaschine des Gehirns die Illusion von Tiefe erzeugen kann. Die Ingenieure haben dafür vier Technologien auf den Markt gebracht.

Die erste Technologie setzt die in den 1950er Jahren popularisierte, 1952 erstmals vom Publikum des Films *Bwana Devil* verwendete Brille mit roten und cyanblauen Gläsern von Milton Gunzberg ein. Die Methode ist extrem einfach. Zwei leicht unterschiedliche Schwarzweißbilder – eines rot und eines cyanblau eingefärbt – werden gleichzeitig projiziert. Das rote Brillenglas lässt das cyanblaue Bild zum einen, das cyanblaue Glas das rote Bild zum anderen Auge durch.

Eine wesentlich bessere Technologie sind polarisierte Brillengläser. Ein Glas lässt vertikal polarisiertes, das andere horizontal polarisiertes Licht durch. Zwei Projektoren spielen leicht unterschiedliche Versionen eines Films durch Polarisationsfilter auf die gleiche Leinwand ab. Die Brillengläser entflechten die beiden Bilder. Bunte 3D-Bilder werden günstig erstellt.

Die dritte Technologie verwendet **LCD**-Synchronbrillen. Ein **Fernseher** zeigt die beiden Perspektiven in verschachtelten Einzelbildern. Ein Vollbild für das linke, das nächste Vollbild für das rechte Auge. Mit einem Tempo von 120 Bildern pro Sekunde sieht jedes Auge 60 Vollbilder in der Sekunde und das Gehirn 3D.

Schließlich gibt es Brillen mit zwei kleinen eingebauten Fernsehbildschirmen. Ein Bildschirm projiziert zum linken Auge, der andere zum rechten Auge. Der Nutzer sieht ein binokulares Bild. Diese Technologie ist zwar am teuersten, kann aber sie ein fesselndes Erlebnis vermitteln. Die Entwicklung von kleinen Aktivmatrix-OLED-(**AMOLED**)-Anzeigen hat diese Technologie realisierbar gemacht.

SIEHE AUCH: Flüssigkristallanzeige (LCD) (1970), HDTV – hochauflösendes Fernsehen (1996), AMOLED-Bildschirm (2006).

Formell gekleidetes Publikum mit 3D-Brillen bei der Premieren-Vorführung des Films Bwana Devil, dem ersten abendfüllenden 3D-Farbfilm.

1952

Ivy Mike-Wasserstoffbombe

Richard Garwin (geb. 1928)

Die gewaltige Sprengkraft der Atombombe beruht auf Kernspaltung von U-235 oder Plutonium. Und wenn Ingenieure eine noch größere Bombe bauen wollen? Dann würden sie der Fusion von Wasserstoffkernen den Vorzug geben. Diese aber ist gar nicht so einfach zu erreichen, denn enorme Hitze und ein gewaltiger Druck, ähnlich den im Sonneninneren herrschenden, werden benötigt. Eine Möglichkeit, wie man diese Bedingungen erzeugen kann: eine herkömmliche Atombombe.

Deshalb war die Ivy Mike-Wasserstoffbombe so konzipiert: Eine herkömmliche Explosion führt eine kritische Masse Plutonium zusammen und erzeugt eine **Kernexplosion**, die wiederum ausreichend Wasserstoffatome zusammenbringt, um die Fusion von Wasserstoffatomen in Gang zu setzen. Damit dies funktioniert, müssen die Ingenieure zwei große Probleme bewältigen. Erstens brauchen sie eine Anhäufung der richtigen Sorte Wasserstoffatome zur richtigen Zeit am richtigen Ort. Und zweitens müssen sie das Ganze bis zum Beginn des Fusionsvorgangs zusammenhalten, obwohl die Kernexplosion die Bombe zu zerfetzen sucht.

Die 1952 vom amerikanischen Physiker Richard Garwin entwickelte erste Wasserstoffbombe, die Ivy Mike, verwendete flüssiges Deuterium in einem Vakuumgefäß. Das funktionierte zwar, war aber für eine betriebssichere Bombe ungeeignet. Den Durchbruch markierte die Verwendung von Lithiumdeuterid, einem Feststoff, der bei Beschuss mit Neutronen in Tritium zerfällt.

In der Verschalung steckt keine wirkliche Zauberei – sie ist einfach aus extrem starkem, 30 Zentimeter dickem Stahl. Eine zentrale Erkenntnis besagt, dass die Strahlung und die Neutronen aus der Fusionsexplosion schneller als die Druckwelle sind. Die Weiterleitung der Strahlung auf die sekundäre Fusionsbombe ermöglicht ihre Detonation noch vor der völlige Zerstörung der Bombe.

Man kann sogar eine weitere Stufe zum Ablauf hinzufügen, bei der durch die Explosion der ersten Fusionsbombe eine weitere gezündet wird. Dies war der in der sowjetischen Zar-Bombe verwendete Mechanismus, der größten jemals von Menschen erzeugten Explosion mit einer Sprengkraft von etwa 50 Megatonnen TNT.

SIEHE AUCH: Trinity-Atombombe (1945), Urananreicherung (1945), International Thermonuclear Experimental Reactor (ITER) (1985).

Luftaufnahme der Detonationswolke der Ivy Mike-Wasserstoffbombe.

1953

Fahrzeug-Airbag

Walter Linderer (Lebensdaten nicht verfügbar),
John Hetrick (Lebensdaten nicht verfügbar)

Sie fahren mit dem Auto auf einer Landstraße und sehen, wie ein Reh von links aus dem Wald auf Ihr Auto zuspringt. Ihr Ausweichmanöver nach rechts ist ein natürlicher Instinkt. Leider steht Ihnen dort eine riesige Eiche im Weg. Sie fahren mit 65 Stundenkilometern. Der Baum steht in drei Metern Entfernung. Sie werden also in etwa einer Zehntelsekunde aufprallen. Ihr Gehirn kann unmöglich rechtzeitig reagieren.

Lassen Sie uns alles in Zeitlupe betrachten. Die vordere Stoßstange berührt den Baum. Während das Auto sich weiter vorwärtsbewegt, werden mehrere Ingenieure Ihnen einen großen Gefallen tun. Einer der Ingenieure hat die Knautschzonen in der Blechabdeckung entworfen. Die komplette Auto-Vorderseite klappt wie ein Akkordeon zusammen und absorbiert so den Aufprall teilweise. Ein weiterer Ingenieur hat an der Motoraufhängung gearbeitet und der Motor fällt unter das Auto, statt auf ihrem Schoß zu landen. Ein dritter Ingenieur hat den Sicherheitskäfig um den Fahrgastbereich geplant – bei diesem Unfall eine erstaunlich robuste Blase. Ein vierter Ingenieur hat am Sitzgurt gearbeitet, der automatisch blockiert und Sie vor dem Flug durch die Windschutzscheibe bewahrt. Sogar die Windschutzscheibe ist so entworfen, dass sich keine Glassplitter in Ihr Gesicht bohren können.

Und dann löst ein sechster Ingenieur eine Explosion aus und erzeugt dabei eine Gaswolke, die einen Stoffbeutel füllt. Ihr Kopf schlägt nicht auf das Lenkrad auf, sondern er prallt er auf diesen sich schnell aufblähenden Beutel. Dies ist der Fahrer-Airbag.

Das Tachometer teilt dem Bordcomputer mit, dass er den Airbag auslösen soll. Der Computer feuert eine Zündpille ab und setzt so die explosive Füllung in Gang. Die Füllung entlädt sich und erzeugt dabei die Hochgeschwindigkeitsgaswolke. Der Airbag schießt gerade rechtzeitig aus dem Lenkrad heraus, um auf Ihr herannahendes Gesicht zu treffen. Der ganze Ablauf dauert nur ein paar Millisekunden.

Die Erfindung des Airbags wurde unabhängig voneinander zwei Männern zugesprochen: dem deutschen Ingenieur Walter Linderer und dem amerikanischen Wirtschaftsingenieur John Hetrick. Im Jahr 1953 erhielten beide Patente für das Gerät.

SIEHE AUCH: ENIAC – der erste digitale Computer (1946), Antiblockiersystem (1971).

Ein Crashtest-Dummy bei der Vorführung der Wirksamkeit eines Airbags.

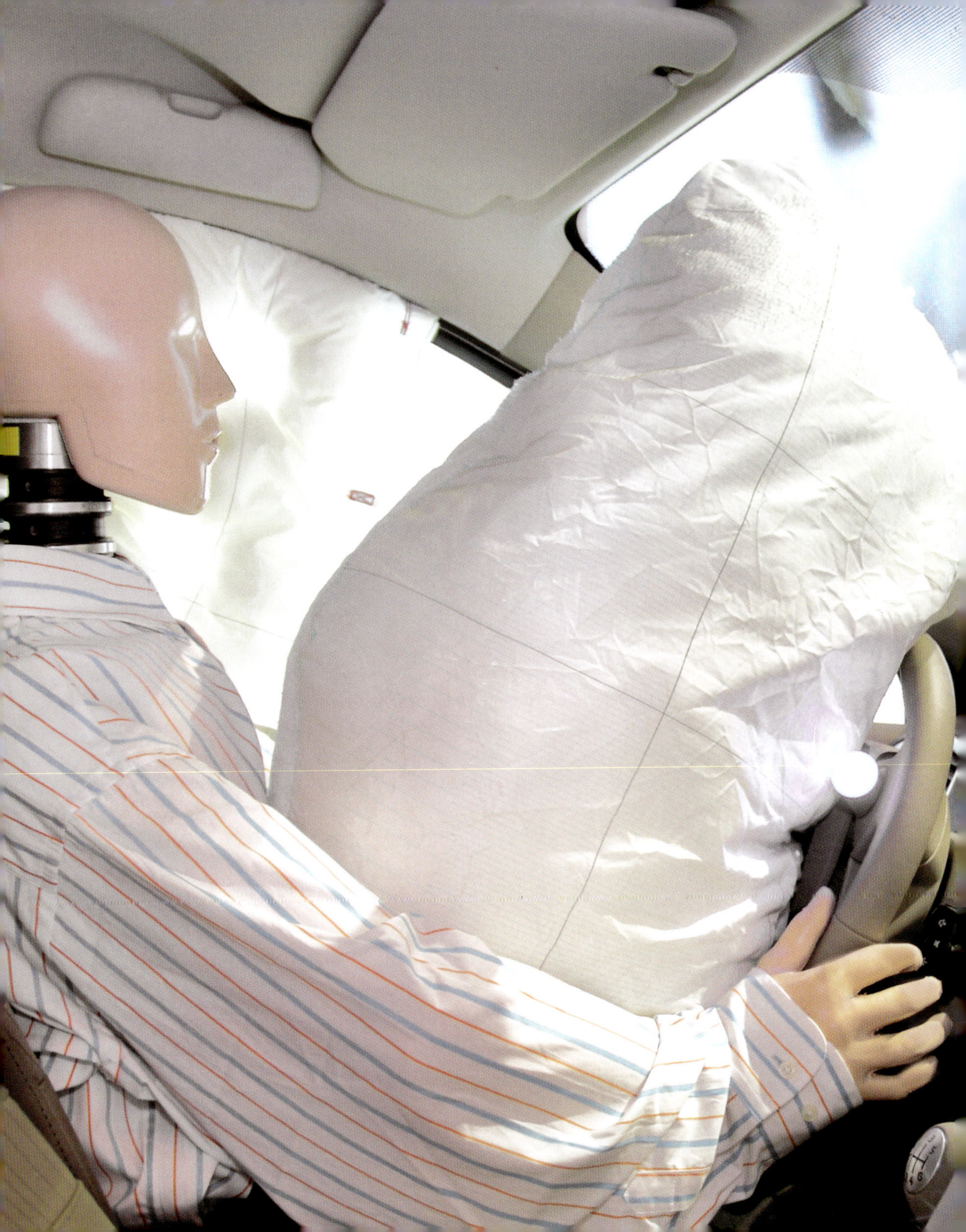

1956

Festplatte

Zur Datenspeicherung verwendeten die Ingenieure in deren Geschichte seit den 1940er Jahren einfach alles Erdenkliche: Mit Quecksilber gefüllte Röhren, riesige mit Eisenoxid beschichtete Trommeln, winzige, in einen Stoff aus Draht eingewebte Metall-Donuts … ganz zu schweigen von Lochstreifen, Lochkarten und großen Magnetband-Spulen.

All diese Ideen sind längst obsolet. Bis auf eine 1956 von IBM für die US-amerikanische Luftwaffe entwickelte: die Festplatte.

Die ersten Festplatten waren so groß wie Kühlschränke und unglaublich teuer. Sie speicherten nur ein paar Millionen Zeichen. Aber die grundlegenden Konzepte sind bis heute identisch. Eine steife Aluminiumscheibe dreht sich auf einer Spindel. Die Beschichtung auf der Scheibe nimmt magnetische Veränderungen auf. Ein Lese-Schreibkopf auf einem Arm bewegt sich zu verschiedenen Spuren auf der Scheibe. Damit Kopf und magnetische Beschichtung nicht verschleißen, gleitet der Lese-Schreibkopf auf einem Luftkissen über die Scheibe.

Seitdem haben die Ingenieure alles verbessert. Die Beschichtung auf der Scheibe ermöglicht immer dichtere Aufzeichnungen. Der Kopf wird immer kleiner, präziser und schneller. Wo einst Tausende Bits Platz fanden, sind heute Millionen gespeichert. Der größte Unterschied aber sind die Kosten. Kostete einst die Speicherung von einer Million Bytes über 15 000 Dollar, so ist es heute der Bruchteil eines Cents.

Dieser schrittweise Einsparungs- und Verbesserungsprozess zeichnet das Ingenieurswesen aus. Eine anfängliche Idee wird andauernd verbessert. Die **Gebrüder Wright** brachten ein Flugzeug in die Luft und ein paar Jahrzehnte später fliegen die Leute mit einer Reisegeschwindigkeit von 0,8 Mach preiswert von Amerika nach Europa. Die Ingenieure erfinden teure, sperrige Funkgeräte und ein paar Jahrzehnte später haben wir billige **Smartphones** in unseren Hosentaschen. Anfangs füllt ein Computer einen ganzen Raum und kostet Millionen. Ein paar Jahrzehnte später kaufen wir Laptops, die Millionen mal leistungsfähiger sind für ein paar hundert Euro. Dies ist mit das Beste am Ingenieurswesen.

SIEHE AUCH: Flugzeug der Brüder Wright (1903), ENIAC – der erste digitale Computer (1946), Smartphone (2007).

Ein winziger Lese-/Schreibkopf gleitet über die Oberfläche der Scheibe, wenn diese sich dreht. Der hier abgebildete leichte Aluminiumarm hält den Kopf und bewegt ihn zu unterschiedlichen Spuren auf der Scheibe.

1956

TAT-1-Unterwasserkabel

In 1950er Jahren kam der Wunsch einer zuverlässigen Fernsprechleitung zwischen den Vereinigten Staaten und Europa auf. Der verfügbare Funkdienst war teuer und qualitativ minderwertig. Daher sollten die beiden Seiten des Atlantiks mit einem Kabel verbunden werden. Die Technologie hierfür war 1956 verfügbar und die Ingenieure machten sich an die Entwicklung des TAT-1 (Transatlantic 1) Unterwasserkabels.

TAT-1 nutzte mehrere Innovationen. Zur Durchquerung der 3200 km des Atlantik wurde ein Paar Koaxialkabel verwendet, das die gleichzeitige Übertragung von bis zu 36 Konversationen ermöglichte. Ein Koaxialkabel übermittelte Sprache von West nach Ost, das andere die von Ost nach West.

Das Koaxialkabel Ihres Fernsehers hat einen dünnen, oft aus Kupfer bestehenden mittleren Leiter und darum herum eine Kunststoffisolierung, eine Drahtgeflechtabschirmung sowie die äußere Schutzhülle. Unterseekoaxialkabel sind in ihrem Innenteil auf die gleiche Art konstruiert, bis auf den umfangreicheren Kerndraht und Abschirmung. Das TAT-1 Kabel wurde zur Polsterung in Jute gewickelt, gefolgt von einer gepanzerten Schicht aus schwerem Stahldraht, einer weiteren Polsterung und der äußeren Hülle.

Wegen der hohen Entfernung beinhaltete das Kabel alle 64 Kilometer Leitungsverstärker, die das Signal über die vorherigen 64 Kilometer abgeschwächte Signal verstärkten. Zur Einfügung der flexiblen Verstärker in das Kabel verwendete TAT-1 eine Reihe von Vakuumröhren und andere Komponenten, die in Plexiglas verschweißt waren. Speziell angefertigte, sehr zuverlässige Vakuumröhren mit einer geschätzten Haltbarkeit von 20 Jahren bildeten das Herzstück der Verstärker. Diese Röhren wurden vorher 5000 Stunden lang eingebrannt, begutachtet und dann für die Verwendung im Kabel zertifiziert.

Das Kabel blieb 22 Jahre lang in Gebrauch – ein deutlicher Beleg für die Qualität der darin eingebundenen Technik. Dennoch waren transatlantische Telefonanrufe nicht billig. Im Jahr 1956 kostete ein drei Minuten langes Gespräch zwölf Dollar, nach heutigem Maßstab etwa 90 Euro.

SIEHE AUCH: Telefon (1876), Radiosender (1920), Smartphone (2007).

Dieses Foto zeigt die Verlegung des ersten transatlantischen Telefonkabels der Welt in Clarenville, Neufundland. Es war ein Gemeinschaftsprojekt der AT&T Abteilung für Fernleitungen, der American Telephone and Telegraph Company und von kanadischen Behörden.

1957

Tiefkühlpizza

Für die Zubereitung einer frischen Pizza zu Hause benötigen Sie keinen Ingenieur. Sie machen einen Teig, rollen ihn aus, geben eine Sauce darauf und streuen Käse darüber. Sie machen das mit Ihren Händen und benutzen dafür Zutaten aus Ihrer Vorratskammer und Ihrem Kühlschrank. Stellen Sie sich jedoch vor, Sie haben eine beliebte Marke für Tiefkühlpizzen geschaffen und möchten jeden Tag 100 000 Pizzen in **Massenproduktion** herstellen. Oft wird Celentano als erste Marke genannt, die 1957 in den USA Tiefkühlpizzen verkaufte. Die reibungslose Herstellung von täglich 100 000 Pizzen zu einem vernünftigen Preis ist eine große Herausforderung. Hierfür sind Ingenieure ein Muss.

In unserem Fall brauchen wir einen sogenannten Produktionstechniker. Um so viele Pizzen kostengünstig herzustellen, wird fast jeder Produktionsschritt in riesigen Mengen maschinell ausgeführt. Besteht jede Pizza aus 500 Gramm Teig, so brauchen Sie Maschinen für die tägliche Zubereitung von fünfzig Tonnen Teig. Und bei nur 60 Gramm Pepperoni pro Pizza müssen Sie täglich 6 Tonnen Pepperoni verteilen. Deshalb werden große Behälter, Förderbänder für die Weiterleitung und eine spezielle Maschine zum gleichmäßigen Verteilen der Pepperoni benötigt.

Und wenn der Lebensmittelwissenschaftler festlegt, dass die Pizzen in weniger als drei Minuten auf -29 °C gefroren werden müssen, damit die Kruste nicht mehlig wird? Dann muss ein Ingenieur eine Maschine entwickeln, die das 100 000 mal am Tag bewältigen kann, zum Beispiel ein riesiger Windkanal mit einer gefühlten Temperatur von -51 °C oder eine Maschine, die die Pizzen in flüssigen Stickstoff eintaucht und sie auf der Stelle einfriert.

Am Ende des Tages muss die ganze Fertigungsstraße zerlegt und gereinigt werden. Dabei können rund 38 000 Liter durch Tomatensauce, Teigreste und Desinfektionsmittel verunreinigtes Abwasser entstehen. Die Stadt wird Sie das nicht in die Kanalisation entsorgen lassen. Also wird ein Ingenieur eine Kläranlage für die Fabrik entwerfen müssen.

Der Bau keiner modernen, automatisierten Fabrik kommt ohne Ingenieure aus, egal ob sie Autos, Golfbälle oder Pizzen herstellt.

SIEHE AUCH: Massenproduktion (1845), Modernes Abwassersystem (1859).

Eine Anzeige für Tiefkühlpizza.

At last! A frozen pizza with real pizzeria flavor ...party-perfect in only 8 minutes

Chef does the work. You do the enjoying. Yes, 8 minutes after you get the pizza urge, you're enjoying it. And it's pizza to perfection.

You see, only Chef Boy-Ar-Dee Frozen Pizza is made with 3 cheeses the way real pizzeria pizza is made. Tangy Romano, traditional Mozzarella, and Cheddar for that "extra cheese" flavor.

Rounding out the good flavor is a tender, crunchy crust (it's made with pure vegetable shortening) and Chef's famous slowly simmered pizza sauce.

Keep several packages in your freezer for those spur-of-the-moment parties.

Two kinds: cheese, or sausage with cheese. Both flash-frozen to keep the flavor pizzeria-fresh.

flavor-frozen...by Chef Boy-Ar-Dee®

1957

Weltraumsatellit

Der typische Satellit, zum Beispiel ein Bilder von der Erde schießender Fotosatellit, ist gar nicht so kompliziert. Seine auf einem Teleskop montierte, hochauflösende Digitalkamera funktioniert wie eine Linse, die Energie bezieht er aus Solarzellen und Batterien. Nichts wirklich Überraschendes, eine Kamera, eine Energiequelle und eine Funkverbindung.

Warum also kostet ein Satellit wie dieser Millionen Euro? Die Ingenieure müssen die Funktionsfähigkeit des Satelliten in einer unzugänglichen, rauen Umgebung gewährleisten. Die Bezwingung des Weltalls gelang 1957, als russische Wissenschaftler den Sputnik 1 als ersten Weltraumsatelliten ins All schossen. Seitdem sind Satelliten wesentlich durchdachter geworden.

Nehmen wir zum Beispiel den Computer in einem fortschrittlichen Satelliten. Die Ingenieure können im Weltraum keinen Standardcomputer verwenden. Zur Verhinderung einer Unterbrechung der Schaltkreise müssen die Computer gegen kosmische Strahlung, Sonnenpartikel und andere Arten von Strahlung resistent sein. Zusätzlich werden drei baugleiche Computer eingesetzt, die sich im Ernstfall gegenseitig ersetzen.

Der Satellit muss jederzeit die Orientierung bewahren. Normalerweise tut er das mithilfe einer Kombination aus Sonnen- und Sternensensoren sowie Reaktionsrädern. Letztere können beschleunigen oder verlangsamen um die Ausrichtung des Satelliten zu verändern. Hinzu kommen Schubdüsen und Treibstoff für ein Jahrzehnt oder länger.

Die Solarmodule bestehen aus strahlengehärteten, hocheffizienten Solarzellen und die Ingenieure haben spezielle Nickel-Wasserstoff-**Batterien** entworfen, die zehntausende Ladungs- und Entladungszyklen in mehr als einem Jahrzehnt überdauern.

Der Satellit kann nicht repariert werden und muss viele Jahre lang im All funktionieren. Dies gewährleisten zum Beispiel der Zusammenbau in einer Reinraumumgebung, Tests im Hochvakuum sowie Schüttelprüfungen. All diese Arbeiten und die speziellen Komponenten machen den Satelliten zu einem teuren Vorhaben.

SIEHE AUCH: Das Hubble Weltraumteleskop (1990), Lithium-Ionen-Batterie (1991), Globales Positionsbestimmungssystem (GPS) (1994), Iridium-Satellitensystem (1998).

Drei Besatzungsmitglieder von Mission STS-49 halten sich am 4,5 Tonnen schweren International Telecommunications Organization Satellite (INTELSAT) VI fest, 1992.

NASA
HUGHES

1958

Kabinendruckausgleich

Die Bombardierungen der Alliierten aus großer Höhe im Zweiten Weltkrieg sind ein Beispiel für eine machbare, aber nicht sonderlich gute Lösung. Die B-17 war ein typisches Bombenflugzeug jener Epoche. Zur Vermeidung von Flakbeschuss und Luftkämpfen erfolgten die Bombardierungen der B-17 meist aus mehr als 7620 Metern Höhe. Da die Kabine war nicht unter Druck stand, mussten alle an Bord Sauerstoffmasken und schwere Kleidung tragen. Die typische Lufttemperatur in dieser Höhe liegt bei -45 °C und die Richtschützen trugen deshalb sperrige, elektrisch beheizte Anzüge.

Luftkompressoren hätten auch am Flugzeugrumpf angebracht werden können (dies kam sowohl in der Boeing 307 von 1938 als auch in der Lockheed Constellation von 1943 zur Anwendung), doch es war das Auftreten von **Düsentriebwerken**, das den Kabinendruckausgleich erleichterte.

Die Düsentriebwerke brachten große Vorteile für Flugzeuge mit unter Druck stehenden Kabinen, denn in jedem Düsentriebwerk ist schon ein leistungsstarker Luftkompressor eingebaut. Die Entlüftung der Druckstufe des Triebwerks erzeugt ohne zusätzliches Gewicht jede Menge Druckluft für die Kabine.

Das andere von den Ingenieuren zu lösende Problem war die Abdichtung und Verstärkung des Flugzeugrumpfs, damit der Druck bewältigt werden konnte. Türen, Fenster und die Aluminiumverkleidung – alles musste verstärkt werden. Düsentriebwerke sind jedoch viel effizienter und leistungsstärker als Hubkolbenmotoren, lieferten also die größere Antriebskraft zur Bewältigung des zusätzlichen Gewichts.

Mit der Indienstnahme der Boeing 707 und der Douglas DC-8 wurde das Reisen mit Jets in unter Druck stehenden Kabinen 1958 für die Öffentlichkeit routinemäßig verfügbar. Im selben Jahr führte Pan Am den transatlantischen Service für Passagierjets ein – ohne unter Druck stehende Kabinen unmöglich oder sehr unbequem.

Der Kabinendruckausgleich ist ein gutes Beispiel für eine neue Technologie, die den Ingenieuren den praktischen Nebeneffekt bescherte, eine andere neue Technologie zu vereinfachen. Eine Art Zwei-für-Eins Angebot. Dazu löste es in diesem Fall einen gewaltigen Boom bei Reisen mit Passagierjets aus.

SIEHE AUCH: Turbinen-Luftstrahl-Triebwerk (1937), Norden Bombenzielgerät (1939), Boeing 747 Jumbo-Jet (1968).

Die hier gezeigte Boeing 707 war eines der ersten mit Kabinendruckausgleich ausgestatteten Flugzeuge.

BOEING 707
BOEING 707

1959

Meerwasserentsalzung

Samuel Yuster (1903–1958), **Sidney Loeb** (1917–2008), **Srinivasa Sourirajan** (geb. 1923)

Mit der weltweiten Bevölkerungszunahme wird in einigen Gebieten mit zu geringem Niederschlag das Süßwasser knapp. Die Ingenieure schauen hinaus auf den Ozean und fragen sich, ob sie dessen Wasser nicht entsalzen und trinkbar machen können? Viele unterschiedliche Ideen für eine industrielle Entsalzung wurden entwickelt. Eine Methode: Destillieren. Beim Verdampfen von Salzwasser steigt der Dampf auf und lässt das Salz zurück. Die Kondensation des Dampfs erzeugt Süßwasser. Die häufige Verwendung fossiler Brennstoffe führt zu großen CO_2-Emissionen. Eine weitere Methode sind Atomreaktoren mit viel geringeren Emissionen. Dieses Verfahren ist üblich in Japan. Auch eine Kopplung von Stromerzeugung und Entsalzung ist denkbar.

Je salziger das Wasser, desto mehr Energie benötigt seine Entsalzung. Diese Einsicht führte zur Entwicklung der MSF (Multistage Flash)-Entsalzung. Stellen Sie sich eine Reihe von Tanks vor, mit dem kältesten und am wenigsten salzigen Tank an einem und dem wärmsten und salzigsten Tank am anderen Ende. Die konzentrierte Sole aus dem wärmsten Tank fließt durch eine Leitung in den nächsten Tank und erwärmt ihn durch einen Wärmeaustauscher. Das Salzwasser aus den weniger salzigen Tanks fließt in die salzigeren Tanks und verdichtet sich. Dieser Ablauf wiederholt sich die Reihe hoch und runter, wobei so viel Wärme wie möglich aufgefangen und wiederverwertet und der Wärme-Salz-Gradient möglichst konstant gehalten wird.

Die andere große Technologie ist die 1959 von Samuel Yuster und seinen beiden Studenten Sidney Loeb und Srinivasa Sourirajan verfügbar gemachte Reversosmose (RO). Wasser fließt mit hohem Druck durch einen RO-Filter. Nur Süßwasser kann passieren. Die verwendeten Hochdruckpumpen benötigen etwa so viel Energie wie das Destillieren, arbeiten aber mit Elektrizität statt mit Hitze. Ein großes **Kraftwerk** (konventionell oder atomar) kann nachts eine RO-Entsalzung betreiben und tagsüber Strom liefern. So wird sonst ungenutzte Kapazität ausgenützt.

Da immer mehr Entsalzungsanlagen gebaut werden, achten Ingenieure auch zunehmend auf die Umwelt. Sonst würde der zu große Abfluss von Lösungen das Meer in der Nähe von Entsalzungskraftwerken vergiften.

SIEHE AUCH: Stromnetz (1878), Leichtwasserreaktor (1946), Grüne Revolution (1961), Pumpspeicherkraftwerk Bath County (1985).

Plan einer Reversosmose-Wasserentsalzungsanlage.

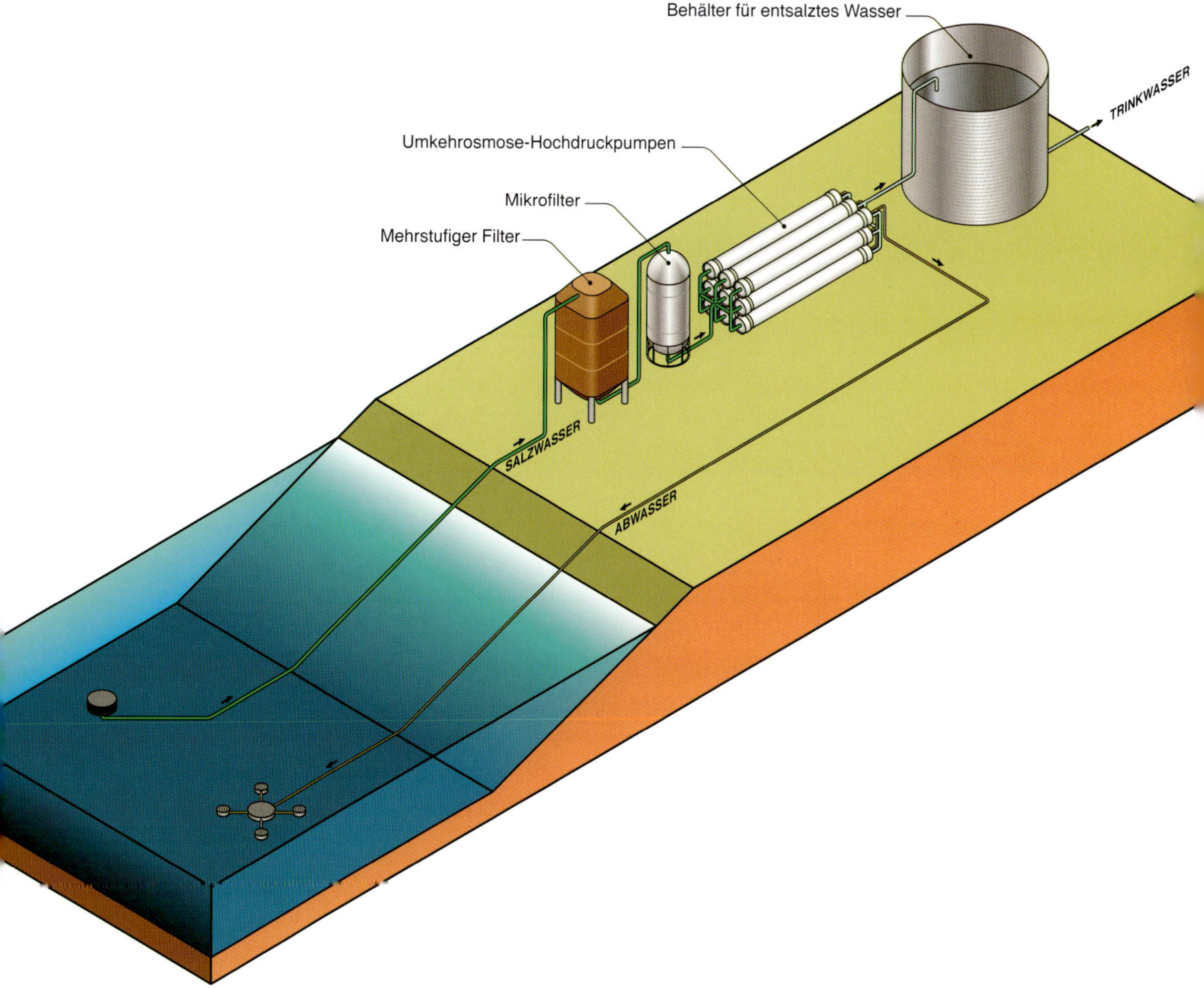
Behälter für entsalztes Wasser
TRINKWASSER
Umkehrosmose-Hochdruckpumpen
Mikrofilter
Mehrstufiger Filter
SALZWASSER
ABWASSER

1960

Reinraum

Willis Whitfield (1919–2012)

Im heutigen Ingenieurwesen spielen die vom amerikanischen Physiker Willis Whitfield 1960 zur Vollendung gebrachten Reinräume mittlerweile eine wichtige Rolle, so bei der Herstellung von **integrierten Schaltkreisen**, medizinischen Geräten und Arzneimitteln, **Satelliten**, empfindlicher Optik. Die Idee besteht in der Schaffung eines Raums frei von Staub, Keimen und anderen Verunreinigungen, die einem im Zusammenbau befindlichen Gerät schaden *könnten*.

Die durch einen Reinraum gelösten Probleme lassen sich am besten anhand der Fertigung einer Halbleiterscheibe mit integrierten Schaltkreisen nachvollziehen. Ein winziges Staubkörnchen auf der Halbleiterscheibe könnte den Funktionsausfall hunderter Transistoren verursachen.

Stellen Sie sich die Luft in einem typischen Haus vor. Sie ist voll von Staub, Schuppen, Hautschuppen, Schimmelpilzsporen, Bakterien, Insektenkot, Gewebefasern, die bei durch das Fenster hereinfallendem Sonnenlicht als in der Luft schwebende Teilchen zu sehen sind.

Vor allem drei Mittel dienen der Verteidigung eines Reinraums gegen diesen Partikelangriff aus der Luft. Erstens werden durch extremes Filtrieren alle bereits in der Luft befindlichen Partikel entfernt. Zweitens gewährleistet Überdruck, dass keine Luft von außen hereinkommt. Drittens gibt es einen Schutz vor Kontaminationen im Rauminneren. Damit keine Haare, Hautzellen, Keime, Schmutz usw. in die Luft gelangen, stecken die Arbeiter von Kopf bis Fuß in flusenfreien Anzügen – bekannt auch als Häschenkostüme. Von der Farbe bis zu den Werkzeugen dient alles dem Entfernen von Partikeln aus der Luft.

Zum Vergleich: Ein Kubikmeter typischer Raumluft in einem Haus kann zig Millionen Partikel enthalten. Wir mögen die Partikel nicht sehen, weil sie so klein sind, doch als Staub auf den Möbeln oder im Ofenfilter werden sie sichtbar.

Dagegen enthält ein ISO 1 Reinraum maximal 15 Partikel pro Kubikmeter Luft, und 10 davon sind kleiner als 0,2 Mikrometer. Deshalb ist die Filterung extrem, der Raum dicht verschlossen, und nichts im Rauminneren produziert Partikel. Die Ingenieure erzeugen so den möglichst reinen Ort.

SIEHE AUCH: Integrierter Schaltkreis (1949), Weltraumsatellit (1957), Kabinendruckausgleich (1958).

Wissenschaftler im Fotolithografie-Laboratorium im Reinraum des London Center for Nanotechnology.

LAMARFLO
Acetone

1961

T1-Leitung

1940 fanden Ferngespräche mittels Senden analoger Stimmsignale durch Paare von Kupferkabeln statt, ein Signal pro Kupferpaar. Um einen Anruf von New York nach San Francisco zu tätigen, wurde ein 3000 Meilen langes Paar aus Kupferkabeln aus Segmenten zusammengesetzt. Deshalb waren Ferngespräche damals so teuer. Die Stimme konnte nur mit großem Aufwand an Gerätetechnik durchs ganze Land getragen werden.

Später fand die Telefongesellschaft neue Methoden für die Übermittlung von Ferngesprächen. Mehrere analoge Anrufe konnten durch ein einziges Koaxialkabel oder auf einem Höchstfrequenzsignal übertragen werden. Jetzt konnte die Stimme mit weniger Gerätetechnik durchs ganze Land getragen werden. Mehrere Stimmen teilten sich dasselbe Kabel, doch die Gespräche waren noch immer sehr teuer.

Das alles begann sich in den 1960er Jahren zu ändern. Die für Bell Labs in den Vereinigten Staaten arbeitenden Elektroingenieure entwickelten ein Gerät, mit dem Sprachsignale digitalisiert und dann als digitale Daten gesendet werden konnten. 1961 konnte die T1-Leitung über ein Kupferpaar anderthalb Millionen Bits pro Sekunde übertragen – genügend Bandbreite für 24 unkomprimierte Telefonanrufe.

Um das zu bewerkstelligen, nahmen die Ingenieure 24 analoge Telefonsignale und sampelten jedes davon mit einer Rate von 8000 Bytes (Samples) pro Sekunde. Also musste die T1-Leitung jede 8000stel Sekunde 192 Bits plus ein zusätzliches Startbit übertragen. Am anderen Ende der Leitung wurden die digitalen Signale in eine weitere T1-Leitung eingespeist oder in analoge Telefonanrufe zurückgewandelt.

Das Geniale an digitalen Daten: Dem Kabel ist es egal, ob es Stimmen oder Daten überträgt. Ein Byte ist ein Byte. Also konnte man nun Daten durch Telefonleitungen bewegen.

Später wurden T3 Leitungen verfügbar, die das Bündeln von T1-Leitungen ermöglichten. Eine T3 Leitung hat die Kapazität von 28 T1-Leitungen, das heißt 44,7 Millionen Megabits pro Sekunde oder 672 Telefonanrufe.

Schließlich wurden T1- und T3-Leitungen extrem wichtig für die Ausbreitung des Internets. 1987 begann die Datenübertragung des Internets landesweit mit T1-Leitungen. Bis 1991 war der **Internet**-Datenverkehr so angestiegen, dass diese auf T3-Leitungen nachgerüstet wurden.

SIEHE AUCH: Telefon (1876), ARPANET (1969).

T1-Internetleitungen.

SERVICE
T1 LINES
For Trouble Call:
XFFWPUA000
ISDN
811-8081

1961

Grüne Revolution

Norman Borlaug (1914–2009)

Zwischen 1950 und 1987 verdoppelte sich die Weltbevölkerung von zweieinhalb Milliarden auf fünf Milliarden, ein alarmierender Anstieg. Und Nahrung war schon damals knapp. Zum Beispiel starben 1943 in Indien vier Millionen Menschen (sechs Prozent der Bevölkerung) während einer Hungersnot. Ein Problem braute sich zusammen: Mit dem damaligen Produktionsniveau konnte man unmöglich genug Nahrung für alle erzeugen. Der Prozess, der einen massenhaften Hungertod verhinderte und damit über eine Milliarde Leben rettete, begann 1961 und hieß: Grüne Revolution. Biologen und Ingenieure verbreiteten weltweit die hoch entwickelten, vom amerikanischen Biologen und Philanthropen Norman Borlaug verfochtenen landwirtschaftlichen Methoden.

Eine wichtige Rolle bei der Verbesserung der Nahrungsproduktion spielten die Züchtung und später genetische Entwicklung verbesserter Stämme von Getreidesorten wie Weizen und Reis. Die Biologen versuchten, Pflanzen zu züchten, die mehr Stickstoff verwerten können und den Stickstoff stärker für die Samenproduktion als für das Wachstum der Stängel einsetzen. Sie strebten nach kurzen, gedrungenen Stängeln, damit die Pflanzen nicht umfallen. Außerdem suchten sie die Zeit bis zur Ernte verkürzen, was ihnen unter anderem durch das Entdecken und den Einbau von Zwergstämmen gelang.

Die neuen Pflanzensorten benötigten Wasser und Dünger. Die Ingenieure reagierten mit **Bewässerungsprojekten** und neuen Methoden zur Steigerung der Düngemittelproduktion. Dann gingen sie einen Schritt weiter: In warmen Klimaten kann man zweimal pro Jahr ernten, aber nur wenn ausreichend Wasser vorhanden ist. Da die Regenzeit das Wasser für eine Ernte liefert, bauten die Ingenieure in Indien Tausende neuer Dämme zur Speicherung des Wassers der Monsunregen. Nun konnte Indien doppelt so viel Nahrung anbauen.

Der Effekt dieser Verbesserungen war erstaunlich. Die weltweite Nahrungsmittelproduktion verdoppelte sich zweimal. Das Nahrungsmittelangebot wuchs schneller als die Bevölkerung. Wissenschaft und Ingenieurwesen schufen zusammen eine Revolution in der Landwirtschaft.

SIEHE AUCH: Mähdrescher (1835), Pivot-Beregnungssystem (1952), Tröpfchenbewässerung (1964), Gentechnik (1972).

Die technischen Innovationen, die sich aus der Grünen Revolution ergaben, waren zahlreich und umfassten neue Reissorten, die in von Hunger betroffenen Regionen höhere Erträge erzielen sollten.

1962

SR-71-Aufklärungsflugzeug

Ihr Job ist der Entwurf des erstaunlichsten, jemals erdachten Flugzeugs. Es fliegt schneller als alles andere – Mach 3+ – und auch höher – über 24 400 Meter. In etwas mehr als einer Stunde und ohne Auftanken überquert es den nordamerikanischen Kontinent.

Wozu so ein Flugzeug? Zur militärischen Überwachung. Mitten im Kalten Krieg, 1962, wurde das Bedürfnis nach Überfliegen eines jeden Ortes der Welt ohne Gefahr eines Abschusses zur militärischen Besessenheit. Eine Geschwindigkeit von Mach 3 auf einer Höhe von 24 400 Metern würde dieses Flugzeug unberührbar machen. Für die Erfüllung seines Auftrags wäre das Flugzeug mit zwei Mann Besatzung, einigen Kameras mit ausgezeichneten Linsen und geeigneter Elektronik ausgerüstet.

Wie würden Sie ein Flugzeug für diese Mission entwerfen? Die zwei größten Herausforderungen wären die Antriebsleistung und die Hitze.

Die Verdrängung der Luft erfordert bei Mach 3 einen bärenstarken Antrieb. Raketentriebwerke sind ein möglicher Ansatz, der aber Probleme mit dem Oxidationsmittel, der Drosselung und der Betankung während des Flugs verursacht. Die Ingenieure entschieden sich für **Düsentriebwerke**, doch bei Mach 3 fließt die Luft viel zu schnell ins Triebwerk.

Die Lösung ist ein beweglicher Einlaufkonus an der Vorderseite des Triebwerks.

Er verlangsamt die Luft vor dem Einsaugen durch das Triebwerk auf Unterschallgeschwindigkeit. Zusätzlich leiten Umgehungsventile die überschüssige Luft um das Triebwerk herum.

Die Hitze bei Mach 3 wirkt auf jedes Teil des Flugzeugs. Temperaturen von über 260 °C an der Außenhaut lassen Aluminium nicht in Betracht kommen. Deshalb besteht fast das gesamte Flugzeug aus einer **Titan**-Legierung. Die Außenhaut und der Rahmen dehnen sich bei Hitze aus, sodass die Außenhaut am Boden locker sitzt. Sobald das Flugzeug Geschwindigkeit aufgenommen hat, dehnt sich alles aus und liegt dann eng an. Sogar der Treibstoff für die SR-71 ist speziell – der JP-7 Treibstoff hat eine viel höhere Zündtemperatur.

Die Ingenieure erschufen ein erstaunliches Flugzeug, das über drei Jahrzehnte im Einsatz war.

SIEHE AUCH: Turbinen-Luftstrahl-Triebwerk (1937), Titan (1940).

Sie konnte schneller als 3200 Stundenkilometer und in Höhen von mehr als 26 000 m fliegen – die SR-71 war eine exzellente Bühne für die Wissenschaft und für Experimente in den Bereichen Aerodynamik, Antrieb, Aufbau, Wärmeschutzmaterialien, atmosphärische Untersuchungen und der Charakterisierung des Überschallknalls.

1962

Funkstation der Atomuhr

Ingenieure sind dafür bekannt, dass sie die Gesellschaft leistungsfähiger machen. Also denken Sie mal an Folgendes: Jedes Jahr werden die Uhren je einmal vor und zurückgestellt.

Und jetzt denken Sie an die 100 Millionen Haushalte in Amerika. Jeder davon besitzt eine **Uhr**, die gestellt werden muss. Nehmen wir mal an, das Stellen der Uhr dauert eine Minute. Zweimal im Jahr. Wieviel Zeit verschwendet Amerika unter dieser Prämisse für das Stellen von Uhren? Fast 400 Menschenjahre. Lässt sich all diese verlorene Zeit zurückgewinnen?

Die Ingenieure beantworteten die Frage mit einer genialen Lösung – mit Uhren, die sich mit Funkwellen selbst stellen. 1962 wurde in Colorado eine Funkstation, genannt WWVB, mit der gewaltigen Leistung von 70 000 Watt und einer riesigen Antenne in Betrieb genommen. Sie überträgt auf der sehr niedrigen Funkfrequenz von 60 000 Hertz, was ihr eine große Reichweite (insbesondere nachts) verleiht. Und sie hat ein unglaublich einfaches AM-Format: Sie sendet jede Sekunde ein Bit und jede Minute einen neuen Zeitcode. Dazu kommt ein zweites phasenmoduliertes Signal.

Die Uhr daheim muss nur einen einfachen Mittelwellen-Funkempfänger und einen winzigen **Prozessor** für Empfang und Entschlüsselung des Signal besitzen. Sobald sie das Signal empfängt, kann sie die richtige Zeit anzeigen. Da die WWVB ihr Signal von einer NIST-zertifizierten (National Institute of Standards and Technology) **Atomuhr** erhält, zeigt jede Uhr mit dieser Technik die Uhrzeit extrem präzise an.

Wegen der Leistung, der Antenne und der niedrigen Funkfrequenz deckt die Funkstation die gesamten Vereinigten Staaten ab. Nachts erreicht ihr Signal gar Hawaii und Südamerika.

Wenn Sie nun eine Uhr kaufen, die WWVB empfangen kann – auf der Packung ist oft die Bezeichnung „Atomuhr" angegeben – legen Sie die Batterien ein und eins von zwei Dingen geschieht. Entweder wird sie sich eine Minute später selbst stellen. Oder sie wird sich nachts selbst stellen. Es hängt davon ab, wie weit Sie von Colorado entfernt sind. Die Ingenieure haben Ihnen gerade pro Jahr ein paar Minuten Ihres Lebens eingespart.

SIEHE ALSO: Mechanische Pendeluhr (1670), Funkstation (1920), Atomuhr (1949), Mikroprozessor (1971).

Funkgesteuerte Uhren werden durch ein Zeitsignal von einer Atomuhr gleichgeschaltet.

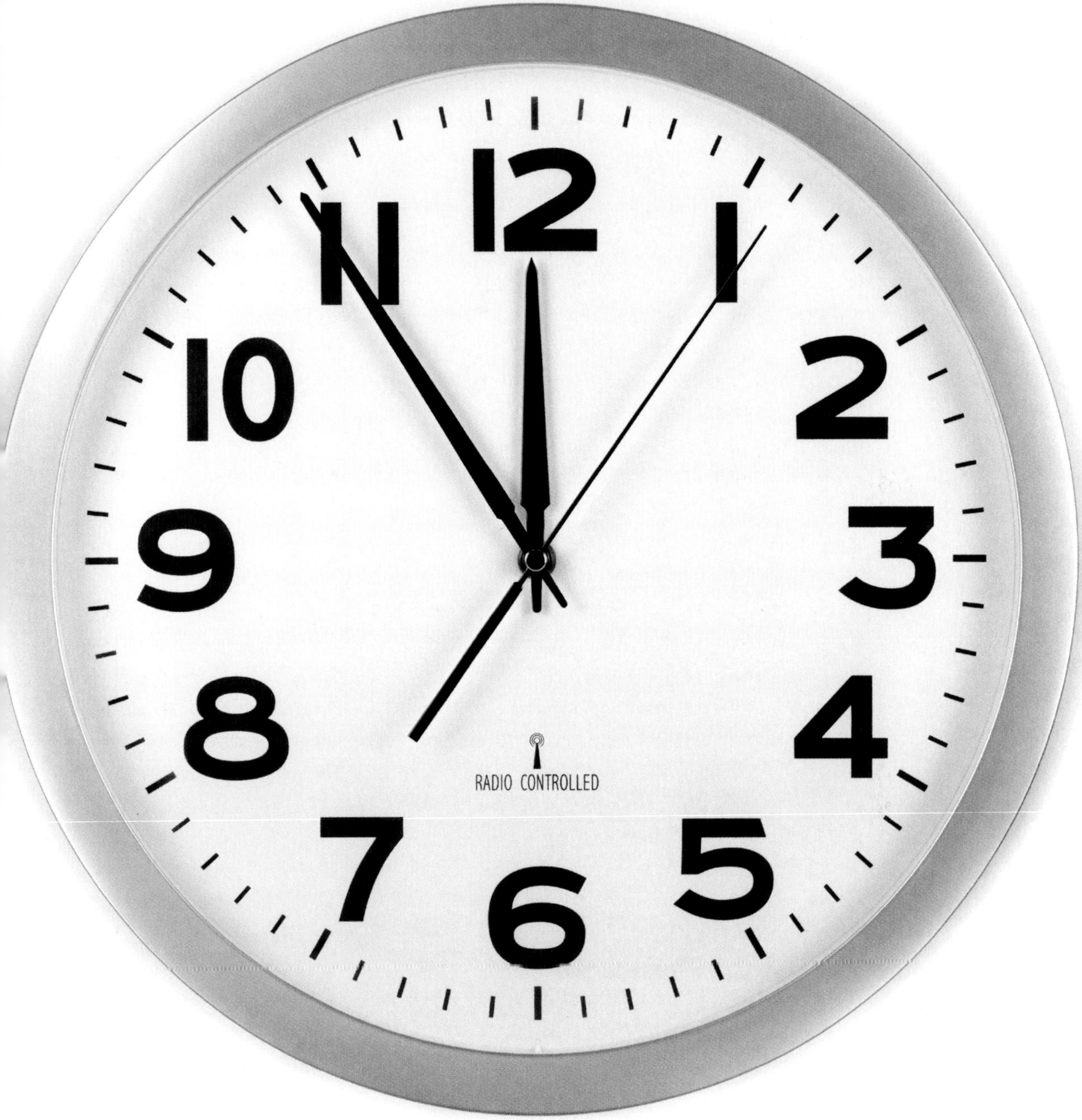
RADIO CONTROLLED

1963

Einfahrbares Stadiondach

David S. Miller (Lebensdaten nicht verfügbar)

Stellen Sie sich das Dach eines großen Supermarkts vor. Dieses kann mehr als anderthalb Hektar Fläche überspannen. Schauen Sie beim nächsten Besuch im Supermarkt zur Decke hoch und Sie werden wahrscheinlich eine Reihe durch in regelmäßigen Abständen emporragende Säulen verstärkter Stahlträger mit I-Profil und/oder **Fachwerkträger** erblicken – eine einfache und billige Dachkonstruktion.

Jetzt stellen Sie sich vor, Sie wollen ein Dach dieser Größe entwickeln, und sie haben zwei zusätzliche Vorgaben: Keine Säulen in der Mitte und das Dach muss komplett einfahrbar sein. Das ist exakt die Herausforderung, die beim Entwurf von Stadien mit bewegbaren Dächern auf Ingenieure zukommt – eine 1963 vom amerikanischen Architekten David S. Miller patentierte Konstruktion.

Ein einfacher Ansatz für einfahrbare Dächer ist die Verwendung mehrerer, sich untereinander schiebender Paneele. Dabei hat der Ingenieur zu berücksichtigen, dass das Dach 1. vor- und zurückgleiten muss, 2. es ein Eigengewicht von mehreren tausend Tonnen haben kann, 3. es in einigen Klimazonen zusätzlich durch beispielsweise Schnee oder Eis, belastet wird und 4. große Entfernungen von über 200 Meter überspannen können sollte. Solche Paneele muten eher wie Brücken an und werden auch genau so entworfen. Ein Paneel besteht normalerweise aus langen, tiefen Traversen, die das ganze Stadion überbrücken. Die Materialien für die Aufdachung werden oben auf den Traversen befestigt.

Die beiden Enden dieser Dachbrücken befinden sich auf Rollen, die ähnlich wie Eisenbahnräder auf Schienen laufen. Elektromotoren versetzen die Dachpaneele in langsame Bewegung. Das Einfahren eines Daches kann bis zu 15 Minuten dauern.

Der Vorteil eines Stadions mit einem einfahrbaren Dach liegt auf der Hand. Bei schönem Wetter bietet das Dach ein Open-Air-Erlebnis, bei schlechtem Wetter erlaubt das Schließen des Dachs die Fortsetzung des Spiels. Die Ingenieure sind in der Lage, für die Spieler und das Publikum stets die optimale Lösung zu finden.

SIEHE AUCH: Fachwerkbrücke (1823), Stadion Großbildschirm (1980).

Das Chase Field Stadion in Arizona, Vereinigte Staaten, hat ein einfahrbares Dach.

1963

Bestrahlung von Lebensmitteln

1957 kam die **Tiefkühlpizza** auf den Markt, aber es gibt viele Nahrungsmittel, die nicht eingefroren werden können. In der Kühlabteilung im Supermarkt werden die Nahrungsmittel trotz Verpackung gekühlt. Der Grund dafür sind Bakterien. Würde Ihr Lebensmittelhändler die Milch in ein Regal stellen statt sie zu kühlen, wäre sie nach wenigen Stunden sauer. Bei Raumtemperatur vermehren sich die Bakterien in der Milch schnell und verderben sie. Das Gleiche gilt für die meisten Milchprodukte, Fleischwaren, vorgemischte Gebäckteige und ähnliches.

Nun entwickelten aber die Ingenieure eine Methode zum Abtöten der Bakterien in verpackten Nahrungsmitteln – das Eindosen. Man erhitze eine Dose oder ein Einweckglas genügend, verschließe sie und schon ist der Inhalt steril. Das macht das darin enthaltene Nahrungsmittel lagerstabil, weshalb Dinge wie Spaghettisauce oder Dosengemüse keine Kühlung benötigen. Das Problem am Eindosen ist die mögliche Veränderung von Geschmack und Konsistenz der Nahrung durch das Erhitzen.

Und was, wenn die Ingenieure ein Verfahren zur Abtötung der Bakterien bei gleichbleibendem Geschmack entwickeln? Dieses Verfahren nennt sich Lebensmittelbestrahlung und wurde von der US-amerikanischen *Food and Drug Administration* (FDA) 1963 genehmigt. In Plastikfolie verpackt kann frisches Fleisch nach Abtöten der Bakterien mittels Bestrahlung für ein Jahr oder länger im Regal stehen bleiben. In seiner Verpackung ist das Fleisch steril, sodass Bakterien es nicht verderben. Wenn man es auspackt, ist es ein Stück frisches Fleisch.

Die Bestrahlung mit Gammastrahlen wie denen von Kobalt-60 ist eine beliebte Methode. Das Fleisch wird dabei nahe an der Quelle vorbeigeführt. Der Ablauf ist extrem einfach. Die technischen Hauptanforderungen sind der Schutz der Menschen vor der Strahlung und die Sicherung der Strahlungsquelle. Gammastrahlen durchdringen als hochfrequente, ionisierende Radiowellen das Fleisch und töten die Bakterien restlos ab.

Die Bestrahlungsmethode existiert seit den 1960er Jahren. Die NASA benutzt sie für Fleisch, das mit in den Weltraum fliegt. Warum sehen wir dann nicht öfter bestrahlte Lebensmittel in den Lebensmittelgeschäften? Der Grund ist etwas, was die Ingenieure nicht verändern können: Angst. Wenn die Menschen das Wort „Strahlung" hören, reagieren sie sofort negativ darauf, trotz der Sicherheit und Vorteile des Verfahrens.

SIEHE AUCH: Elektrische Kältetechnik (1927), Mikrowellengerät (1946), Tiefkühlpizza (1957).

Bestrahlte (links) und unbehandelte Erdbeeren (rechts) nach wenigen Tagen.

1964

Top Fuel Dragster

Was geschieht, wenn man Ingenieure eine Technologie bis an ihre Grenzen ausreizen lässt? Genau das war bei den Top Fuel Dragster Rennwagen der Fall, wie wir sie heute kennen. Die Ingenieure wollen das schnellste, von einem Hubkolbenmotor betriebene Fahrzeug bauen.

Eine Möglichkeit ist die Steigerung der **Motor**leistung. Die Ingenieure starten mit einem 8,2 Liter V8 – dem nach den Regeln der National Hot Rod Association (NHRA) größten erlaubten Motor.

Ein **Lader** presst so viel Luft wie möglich in die Zylinder. Dann setzen die Dragster Nitromethan, auch bekannt als „Top Fuel" statt Benzin als Treibstoff ein. Das erstmals in der Saison 1964 zugelassene Nitromethan ähnelt eher einem Flüssigsprengstoff als einem Treibstoff. Es enthält reichlich Sauerstoff, mit dem es sich selbst entzündet (eine Eigenschaft eines Sprengstoffs). Denken Sie an das Wasser, das morgens aus ihrem Duschkopf sprüht – etwa in diesen Mengen wird der Treibstoff eingespritzt. Der Motor kann fünf Liter Treibstoff pro Sekunde verbrennen.

Für größtmöglichen Bodenkontakt sind die Hinterreifen extrem breit, und mithilfe der „wrinkle-wall"-Methode wird die Kontaktfläche an der Startlinie sogar noch verlängert. Der Kotflügel liefert eine Anpresskraft von rund 4000 Kilogramm und lässt die Reifen auf der Strecke haften, wenn sich das Auto in Bewegung setzt.

Eine komplizierte Sechs-Gang Kupplung mit viel Schlupf am Start und immer weniger Schlupf mit zunehmender Geschwindigkeit des Autos überträgt die Leistung des Motors auf die Reifen. Es ist ein Direktantriebssystem ohne Übertragung – der Kupplungsschlupf schützt den Motor vor dem Festfahren. Die richtige Einstellung der Kupplung ist einer der wichtigsten Gesichtspunkte.

Diese ganze Technologie liefert eine Motorenleistung von 8000 PS (6 Megawatt) und eine enorme Beschleunigung. Wenn die Ampel auf grün schaltet, beschleunigt das Auto in einer halben Sekunde auf etwa sechs Meter von Null auf 120 Stundenkilometer. Nach etwa 400 Metern fährt das Auto schneller als 480 Stundenkilometer.

SIEHE AUCH: Kompressor und Turbolader (1885), Verbrennungsmotor (1908), Formel-1-Wagen (1938).

Larry Dixon fährt seinen Top Fuel Dragster während eines Qualifikationslaufs für das Tire Kingdom NHRA Gatornation als Rennen in Gainesville, Florida, 2011 die Rennstrecke runter.

TIRE
GDOM.
• BATTERIES • MORE
EAGLE
GOODYEAR
TOYOTA
Prestone
AL-ANABI
Racing

1964

Tröpfchenbewässerung

Simcha Blass (1897–1982)

Schon seit Jahrhunderten bewässern die Bauern ihre Felder. Sie können das Wasser durch Bewässerungskanäle auf ihre Felder leiten oder hängende Sprinklersysteme aufstellen. Doch in einem trockenen Klima funktionieren beide Methoden nicht sonderlich gut. Dort fehlt es an Wasser für eine Überstaubewässerung und bei einem herkömmlichen Sprinklersystem verdunstet zu viel Wasser. Ein **Pivot-Beregnungssystem** würde hier nicht funktionieren.

Daher wurde in Israel ein neues Bewässerungssystem entwickelt. Der Ingenieur Simcha Blass und sein Sohn Jeschajaschu patentierten zusammen mit dem Kibbutz Hatzerim den ersten in der Praxis verwendbaren Emitter zur Oberflächentröpfchenbewässerung. Israel ist extrem trocken und Süßwasser ist eine knappe Ressource. Die im Jahr 1964 patentierte Tröpfchenbewässerung wurde zum neuen Standard für eine wassersparende Bewässerung.

Die zugrundeliegende Idee ist einfach. Das Wasser tropft auf die Wurzeln jeder einzelnen Pflanze. Plastikrohre transportieren es über das Feld und spezielle, nicht verstopfende Emitter kontrollieren die Wasserabgabe.

Dieser technische Ansatz bringt mehrere wichtige Vorteile mit sich. Der wichtigste ist die drastische Reduzierung der Verdunstung. Das Wasser tropft direkt auf den Boden und wird sofort adsorbiert.

Der zweite Vorteil: Das Wasser konzentriert sich im Wurzelbereich, wo es gebraucht wird. Die Erde zwischen den Pflanzen wird nicht befeuchtet. Das reduziert die Oberflächenverdunstung und das Unkraut.

Ein weiterer Vorteil der Tröpfchenbewässerung ist ihre Fähigkeit zur Umwandlung von Grauwasser und Abwasser in Frischwasser. Nicht aufbereitetes Wasser sollte nicht durch Versprühen in der Luft aerosolisiert werden. Bei der Tröpfchenbewässerung wird das Wasser direkt auf oder mit unterirdischen Emittern direkt in den Boden gegeben und der Einsatz von Abwasser ist keine Gefahr mehr.

Die Tröpfchenbewässerung ist ein weiteres großartiges Beispiel für eine technische Neugestaltung, die viele Vorteile mit sich bringt. Sie hat riesige Landflächen für die Landwirtschaft erschlossen. Zum Beispiel wird die gesamte in Israel angebaute Baumwolle (mehr als 100 000 Tonnen pro Jahr) tröpfchenbewässert.

SIEHE AUCH: Pivot-Beregnungssystem (1952), Meerwasserentsalzung (1959), Grüne Revolution (1961).

Die Tröpfchenbewässerung ist eine wassersparende Innovation, die viele von uns in ihren Hausgärten verwenden.

1964

Flüssiggastanker

Immer wieder werden Ingenieure um scheinbar Unmögliches gebeten. Aber in vielen dieser Fälle kann nach genauer Analyse und schrittweiser Ausschaltung der Schwierigkeiten eine praktikable Lösung gefunden werden.

So geschehen beim Transport von Erdgas. Zu Land wird das Problem mit Pipelines gelöst. Aber wie bewegt man Erdgas über das Meer?

Beim Öl ist das ein recht einfacher Vorgang, denn Öl ist eine normale Flüssigkeit. Man kann es bei atmosphärischer Temperatur und Druck in einen Tank füllen und es wird jahrelang unbeaufsichtigt dort bleiben.

Erdgas dagegen ist ein Gas. Man kann es komprimieren. So bringen die Ingenieure Erdgas in Autos und Bussen unter. Aber komprimiertes Erdgas ist nicht dicht genug für die **Verschiffung**. Dafür muss das Erdgas verflüssigt werden.

Der Vorteil von verflüssigtem Erdgas liegt im reduzierten Volumen. Aus 600 Kubikmetern Erdgas wird ein Kubikmeter Flüssiggas. Das Problem: Es ist eine tiefgekühlte Flüssigkeit. Flüssiggas in einer Tasse auf Ihrem Schreibtisch wäre eine klare, aufwallende Flüssigkeit mit einer Temperatur von -162 °C.

Zur Lagerung von Flüssiggas in einem Schiff mussten die Ingenieure riesige, superisolierte Tanks entwickeln. Als erstes Schiff war die 1964 für British Gas gebaute *Methane Princess* damit ausgerüstet. Die Isolierung besteht oft aus über 30 Zentimeter Schaumstoff, mit einer inneren Metallauskleidung und einer starken äußeren Metallhülle. Die größten Flüssiggastanker der Q-Max-Klasse fassen nahezu 266 000 Kubikmeter Flüssiggas.

Die extrem niedrigen Temperaturen verursachen große Probleme. Die innere Auskleidung schrumpft stark und muss vorgekühlt werden. Die Metallrohre zum Be- und Entladen werden brüchig und schrumpfen ebenfalls, deshalb werden für Abzweigungen und Verbindungsstücke kälteresistente Materialien verwendet. Dazu kommt das Abdampfen. Während der Reise werden bis zu zehn Prozent des Flüssiggases gasförmig. Einige Schiffe benutzen dieses als Treibstoff, andere verflüssigen es wieder und geben es zurück in die Tanks.

Sogar bei -162 °C können Ingenieure Dinge zum Laufen bringen.

SIEHE AUCH: Erdölbohrung (1859), Stromnetz (1878), Supertanker Jahre Viking (1979), Containerschifffahrt (1984).

Flüssiggastanker im Hafen, mit Gas-Verflüssigungsanlage im Hintergrund.

L N G

1964

Hochgeschwindigkeitszug

Hideo Shima (1901–1998)

In den Vereinigten Staaten fährt ein typischer Amtrak Personenzug mit einer Geschwindigkeit von weniger als 160 Stundenkilometern, in Japan dagegen verkehren die Hochgeschwindigkeitszüge, die Shinkansen, routinemäßig mit 320 Stundenkilometern. Hideo Shima war der verantwortliche Chefingenieur für den ersten Hochgeschwindigkeitszug, den 1964 in Betrieb genommenen Tokaido-Shinkansen.

Wie konnten diese Ingenieure die Bahntechnik zu solchen Geschwindigkeiten führen? Um die Unterschiede zu verstehen, ist ein Blick auf ein typisches Bahngleis hilfreich. Das Gleisbett besteht aus Kies (auch bekannt als Schotter). Hölzerne Schwellen stützen die mit Bolzen und Klammern fixierten Stahlschienen. Immer wieder kreuzen Autobahnen und ebenerdige Straßen die Schienen. Zwei oder mehr Dieselloks ziehen die Züge und die Schienenfahrzeuge haben kegelförmige Stahlräder auf massiven Stahlachsen.

Bei Hochgeschwindigkeitszügen ist alles anders. Verbesserungen am Schienenstrang beruhigen die Fahrt. Auf Hochgeschwindigkeitsstrecken werden kontinuierlich geschweißte Stahlschienen verwendet. Diese sind an Schwellen aus Beton statt Holz befestigt und auch der Schotter wird oft durch Beton ersetzt. Ebenerdige Kreuzungen mit Autobahnen und Straßen sind aufgrund des Bremswegs von Hochgeschwindigkeitszügen von bis zu fünf Kilometern beseitigt worden. Anstelle von scharfen Kurven werden lange, laufruhige Kurven mit Radien von bis zu acht Kilometern bevorzugt. Statt Dieselmotoren verwenden Hochgeschwindigkeitszugsysteme Oberleitungen für die Stromversorgung, statt eines Triebwerks sind elektrische Motoren auf die Räder aller Waggons verteilt. Das hilft beim Beschleunigen und Bremsen. Der vorderste Eisenbahnwaggon ist mit seiner Stromlinienform zur Reduzierung des Luftwiderstands noch immer einzigartig und enthält zudem das Lokführerabteil.

Kombinieren die Ingenieure all diese Merkmale mit Erfolg, können Züge mit 320 Stundenkilometern fahren und die Passagiere genießen eine ruhige, bequeme Reise.

SIEHE AUCH: Diesellokomotive (1897), Magnetschwebebahn (1937), Vakuumtunnelzug (c. 2020).

Ein Shinkansen (Hochgeschwindigkeitszug) rast am Fuß des japanischen Fuji vorbei.

1965

Gateway Arch

Eero Saarinen (1910–1961), **Hannskarl Bandel** (1925–1993)

Die beiden Seiten des Gateway Arch in St. Louis, Missouri, wurden unabhängig voneinander als freistehende Türme gebaut. Vor ihrer Verbindung ragte jeder Turm 192 Meter in die Höhe und eine schmale Lücke trennte sie. Der oberste Teil des Bogens war 2,4 Meter breit, doch die Sonnenhitze hatte die Gebäude gedehnt und die Breite der Lücke betrug nur 0,6 Meter. Der Architekt des Bogens, Eero Saarinen und das Ingenieurteam unter Bauingenieur Hannskarl Bandel hatten dies vorausgesehen. Sie ließen eine gewaltige hydraulische Hebevorrichtung auf den Bogen setzen, die die Aussparung mit einem Gewicht von über 220 000 Kilogramm auseinanderdrückte. So rutschte das finale Bauteil perfekt an seine Stelle.

Der im Jahr 1965 fertiggestellte Gateway Arch ist eine weltberühmte technische Errungenschaft. Es gibt auf der ganzen Welt kein größeres Monument aus Edelstahl. Und er ist zeitlos schön – ein perfekter, glänzender Bogen, der auch nach Jahrtausenden noch immer genauso atemberaubend aussehen wird.

Der Bogen musste Erdbeben und Orkanen standhalten, groß genug für eine Aussichtsplattform mit hundert Besuchern und hohl genug für den seltsamsten Aufzug der Welt sein – das sind nur drei der wichtigen Herausforderungen, die den Ingenieuren bei diesem Projekt begegneten. Der Bogen erhebt sich tief im Untergrund auf zwei massiven, 18,3 Meter hohen, im bauseitigen Kalksteinuntergrund eingelassenen Blöcken aus Gussbeton. Jeder dieser Blöcke wiegt 24 000 Tonnen. Auf diesen technisierten Fundamentblöcken beginnt der Bogen mit einem hohlen Dreieck aus Edelstahl, das auf jeder Seite 16,5 Meter misst. Der Bogen verjüngt sich gleichmäßig und das oberste Dreieck misst auf jeder Seite 5,2 Meter.

Die jährlich mehr als eine Million Touristen, die die Aussicht genießen wollen, müssen schnell auf die Aussichtsplattform gelangen. Wie entwerfen Ingenieure einen am Boden senkrechten und zuoberst waagrechten **Aufzug**? Sie gestalten die Aufzugskabinen zylindrisch wie die Trommel eines Trockners und lassen die Kabinen bei der Aufwärtsbewegung im Bogen rotieren, um die Sitze in waagrechter Position zu halten. Jedes Bauteil dieses Bogens ist beeindruckend.

SIEHE AUCH: Schiefer Turm von Pisa (1372), Aufzug (1861), Empire State Building (1931), Burj Khalifa (2010).

Der Gateway Arch, das symbolische Tor zum Westen.

1965

Streumunition

Streumunition ist fürchterlich. Sie tötet Menschen und zerstört höchsteffizient Material. Und doch muss man eingestehen, dass sie eine technische Errungenschaft darstellt, wenn es darum geht, den Feind und gegnerische Objekte auszuschalten.

Die ersten Streubomben, die 1965 in Laos und Vietnam zum Einsatz kamen, waren simple Konstruktionen. Eine Hülle umschloss eine große Anzahl kleiner, Handgranaten vergleichbarer Bomblets. Ein Flugzeug warf die Bombe ab, die Hülle öffnete sich in der Luft und setzte die Bomblets frei, die beim Auftreffen auf einen festen Gegenstand explodierten. Jeder Mensch, der sich im Wirkungskreis eines Bomblets befand, starb in einem Hagel aus Granatsplittern. Ein schlimmer Nebeneffekt waren die Blindgänger – Bomblets, die aus irgendeinem Grund beim Aufschlag nicht detonierten. Sie kontaminierten jahrelang Gebiete und verursachen zahllose Opfer.

Moderne Streubomben wie die CBU-105, die über eine Sensorenzündung verfügen, funktionieren anders. Wenn sich der Gefechtskopf in der Luft öffnet, werden zehn BLU-108-Einheiten freigesetzt und sinken langsam an Fallschirmen herab. Ein Radarsensor am Unterteil der BLU-108 ermittelt deren Höhe, um im geeigneten Moment eine kleine, kompakte Rakete abzufeuern, die die Einheit herumwirbelt und wieder in die Höhe steigen lässt. Durch die Rotation werden vier sich drehende Bomblets abgeworfen, die dank thermischer Sensoren und einer intelligenten Steuerung Fahrzeuge am Boden aufspüren. Jedes Bomblet sucht sich so sein Ziel, feuert ein panzerbrechendes Geschoss darauf ab und zerstört damit das gegnerische Fahrzeug. Konnte ein Bomblet kein Ziel ausgemachen, zerstört es sich nach einer gewissen Zeit selbst, sodass Blindgänger vermieden werden.

Stellen Sie sich einen Spähtrupp vor, der auf einem feindlichen Fahrzeugkonvoi stößt. Eine CBU-105 könnte diese Fahrzeuge gezielt zerstören, ohne einen Blindgänger zurückzulassen und damit Zivilisten zu gefährden. Diese Technologie ist gegenüber den einfachen Streubomben der 60er Jahre eine deutliche Verbesserung.

SIEHE AUCH: Trinity-Atombombe (1945), AK-47 „Kalaschnikow"(1947).

Teil des chemischen Gefechtskopfs M190 Honest John, mit M134 GB (Sarin) Bomblets.

1966

Compound-Bogen

Holless Wilbur Allen (1909–1979)

Die Vorstellung eines von einem Bogen angetriebenen Pfeils ist eine der ältesten Techniken der Menschheit. Pfeil und Bogen werden seit Zehntausenden von Jahren verwendet. Die Ingenieure könnten also diese Technik bereits vor langer Zeit ausgereizt haben. 1966 aber machten die Ingenieure Fortschritte und kreierten eine Neugestaltung des Bogens namens Compound-Bogen.

Denken sie an die Funktionsweise eines gewöhnlichen Bogens. Man nimmt einen Stock und biegt ihn, dann spannt man eine Sehne über die beiden Bogenenden. Wenn der Bogenschütze die Bogensehne zurückzieht, wird die Energie in der gesteigerten Wölbung des Bogens gespeichert. Die Enden kommen einander und dem Schützen näher. Je weiter der Bogenschütze zurückzieht, desto mehr Spannung liegt auf der Sehne. Bei einem starken englischen Langbogen kann das Zuggewicht bis zu 68 Kilogramm (670 Newton) betragen. Der Bogenschütze muss somit einen Kraftaufwand von 68 Kilogramm aufbringen, um die Sehne gespannt zu halten.

Der Schlüssel zum 1966 von Holless Wilbur Allen patentierten Compound-Bogen ist eine andere Art der Energiespeicherung. Es gibt ein starres, senkrechtes Mittelstück, an dem der Schütze den Bogen greift. Dann gibt es zwei fast starre waagrechte Teile, die Wurfarme. Durch das Zusammenführen der Wurfarmenden wird Energie gespeichert. Die Wurfarmenden werden zu Cantileverfedern – die gleiche Art von Federn wie bei einem Sprungbrett.

Die Nocken erzeugen eine änderbare Hebelanordnung. Dadurch kann der Zug auf der gespannten Sehne in Abhängigkeit von der Entfernung zum Mittelstück verändert werden. In der Nähe des Mittelstücks kann das Zuggewicht erheblich sein, aber wenn der Schütze die Sehne weiter zurückzieht, drehen sich die Nocken und generieren dabei einen anderen Hebelarm. Der Schütze empfindet das als eine überraschende Reduzierung des Zuggewichts. Es ist viel leichter, die Sehne in Position zu halten und zu zielen.

Dies ist eine dieser Situation, in denen die Ingenieure die richtige Frage gestellt haben: Wie kann man das Zuggewicht reduzieren, ohne die Leistung des Bogens zu reduzieren? Sie fanden eine Antwort, auch wenn es Zehntausende Jahre dauerte.

SIEHE AUCH: Pfeil und Bogen (30 000 v. Chr.).

Albina Loginova belegte den 3. Platz in der Einzelwertung Damen-Compound-Bogenschießen beim 2013 FITA Archery World Cup in Paris, Frankreich.

Team
HOYT
KIA
SHIB
Platinum

1966

Gleitschirm

Domina Jalbert (1904–1991)

Bei Ingenieurwissenschaft denken wir oft an harte Gegenstände wie Brücken, Flugzeuge, Getriebe. Aber ein technisierter Gegenstand kann auch weich und biegsam sein. Ein gutes Beispiel ist der heutige durch und durch technisierte Sport-Fallschirm. Denken Sie an den herkömmlichen runden Fallschirm: ein Stück Stoff, zusammengenäht aus einer Reihe Bahnen, dünner Seile und ein Paar Schulterriemen, Rucksack und Gurt. Unter der Fallschirmkappe schwebt der Springer praktisch geradewegs herab, dem Wind ausgeliefert.

Der 1966 von Domina Jalbert patentierte moderne Gleitschirm, im wesentlichen ein Flügel aus Stoff in der Form einer Tragfläche, ist eine völlige Neugestaltung mit mehreren großen Vorteilen gegenüber einem runden Fallschirm. Die Stauluft an der Vorderseite der Tragfläche verleiht dem Flügel Auftrieb und hält ihn halbstarr. Als Tragfläche fliegt er – mit Vorwärtsgeschwindigkeit und Gleitquotient. Die Leinen, die den Gleitschirm mit dem Gleitschirmspringer verbinden, halten ihn über dem Kopf des Springers ausgerichtet. Mit den Schlaufen an den hinteren Leinen kontrolliert der Springer den Gleitschirm. Zieht er an der linken Steuerschlaufe, verlangsamt sich die linke Seite des Gleitschirms. Analoges gilt für die rechte Seite. Zieht er beide Schlaufen gleichzeitig nach unten, wird der Fallschirm langsamer und breitet sich aus, was insbesondere für die Landung nützlich ist.

Der Vorteil des Gleitschirms liegt darin, dass er fliegt. Der Gleitschirmspringer kann den Gleitschirm lenken und behält die Kontrolle über die Landung. Das führt zu mehr Sicherheit beim Fallschirmspringen. Beim Entwurf eines Gleitschirms können die Ingenieure viele Parameter kontrollieren: Form, Dicke der Tragfläche, Gesamtgröße, Seitenverhältnis, Anzahl der Poren, Stoff und ähnliches mehr. Einige Gleitschirme sind klein und dünn zum schnellen Fliegen, andere sind groß zum gemächlichen Fallschirmsegeln. Das Design ist abhängig von den Zielen und Bedürfnissen des Benutzers.

Die Ingenieure sehen vielleicht nicht die Tricks und die Kunststücke der erfahrenen Gleitschirmspringer vorher. Sie stellen nur die Technik zur Verfügung und die Enthusiasten loten dann deren Grenzen aus.

SIEHE AUCH: Plastik (1856), Kinsol Trestle Bridge (1920), Muskelkraft-Flugzeug (1977).

Domina Jalberts Gleitschirmpatent aus dem Jahr 1966.

Nov. 15, 1966 D. C. JALBERT 3,285,546

MULTI-CELL WING TYPE AERIAL DEVICE

Filed Oct. 1, 1964 2 Sheets-Sheet 1

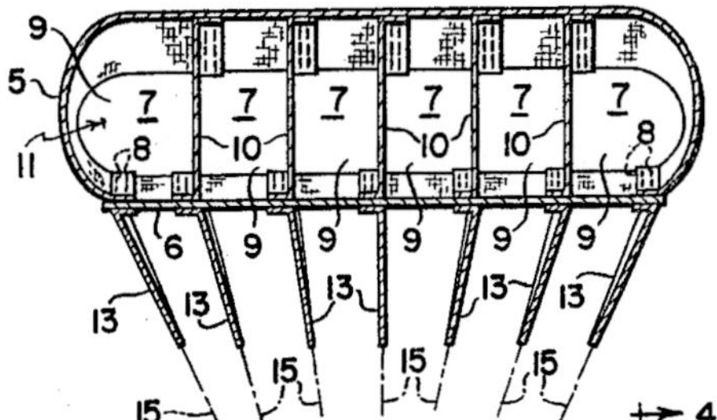

Fig. 4

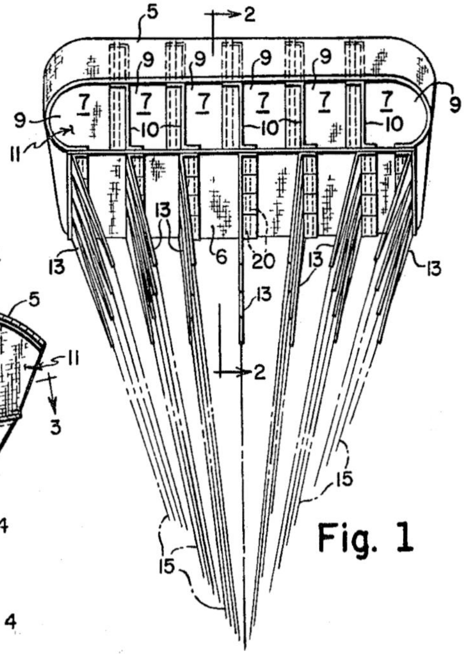

Fig. 1

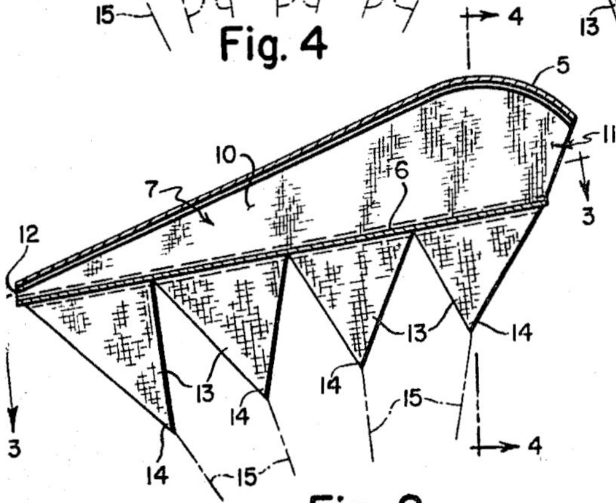

Fig. 2

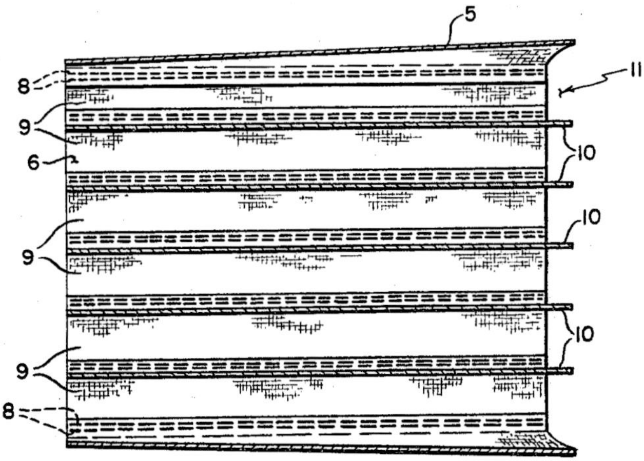

Fig. 3

INVENTOR

DOMINA C. JALBERT

BY James N. [signature]

ATTORNEY

1966

Kugelhaufenreaktor

Der Kugelhaufenreaktor ist ein Beispiel für eine völlige Neugestaltung. Fast alle wesentlichen heute auf der Welt verwendeten Kernreaktorsysteme nutzen auf irgendeine Weise Wasser, was ein Potential für größere Unfälle birgt. Mit dem Ziel der Entwicklung eines einfacheren, kleineren und sichereren Reaktors verfolgt der erstmalig im Jahr 1866 erfolgreich vorgeführte Kugelhaufenreaktor einen völlig anderen Ansatz.

Das Wort „Kugel" im Namen rührt von der Art der Verpackung des **nuklearen** Brennmaterials durch den Reaktor her. Statt in zerbrechlichen Brennstäben ist das Brennmaterial in einer Kugel aus Strahlenschutzstoffen von der Größe einer Orange (60 mm) eingekapselt. Im Inneren der Kugel befinden sich eine Handvoll winziger Kügelchen. Stellen Sie sich ein Kügelchen (0,5 Millimeter Durchmesser) aus Brennmaterial vor, das in Sperrschichtmaterial und in pyrolytischen Kohlenstoff eingepackt ist. Diese Handvoll Kügelchen wird dann zusammen in der größeren Kugel eingeschlossen.

Das Wort „Haufen" im Namen rührt von der Art her, wie die Ingenieure diese Kugeln unterbringen. Sie werden in einem Rohr angehäuft – denken Sie an ein kleines Silo – und die Kugel-Ansammlung generiert eine gewaltige Hitze. Die Hitze wird mittels Durchblasen eines Edelgases aus dem Kugelhaufen extrahiert. Vom Boden des Haufens können Kugeln zur Inspektion entnommen werden. Alte oder beschädigte Kugeln werden entfernt, während für gut befundene an der Spitze des Haufens wieder eingefügt werden.

Die den Kugelhaufenreaktoren nachgesagte Sicherheit beruht auf folgendem Gedankengang: Bei einem Totalausfall würde der zurückbleibende Haufen Kugeln eine Maximaltemperatur erreichen und dann unendlich lang bei dieser Temperatur verbleiben. Der Brennstoff würde weder schmelzen noch explodieren.

Das Kugelhaufen-Design zeigt die Fähigkeit der Ingenieure, anhand bestehender Entwürfe auf Probleme und Schwachstellen erfindungsreich zu reagieren. Ingenieure gehen häufig auf diese Weise vor, um voranzukommen. In China gibt es Pläne für den Bau von Hunderten dieser Reaktoren.

SIEHE AUCH: Leichtwasserreaktor (1946), CANDU-Reaktor (1971), Tschernobyl (1986).

Der AVR Kugelhaufenreaktor am Forschungszentrum Jülich, Deutschland.

Kugelhaufenreaktor

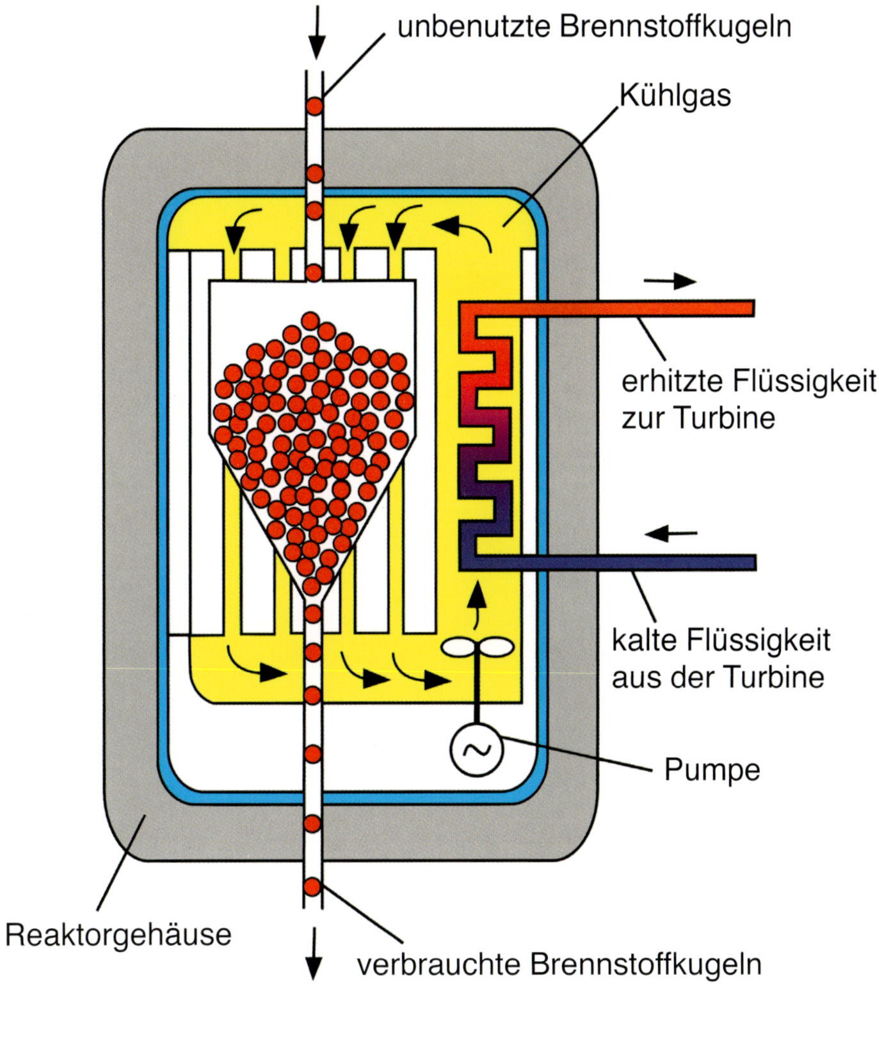

1966

Dynamisches RAM

Robert Dennard (geb. 1932)

Jeder **Computer** benötigt RAM (Random Access Memory). Der Prozessor, die CPU (Random Processing Unit), braucht einen Speicherplatz, der schnellen Zugriff auf Programme und Daten garantiert – mit der Taktrate der CPU. Der Prozessor bezieht all seine Anweisungen aus dem RAM und legt seinen Rechenergebnisse dort wieder ab.

Ende der 1960er Jahren hatte ein Ingenieur beim Arbeitsspeicher zwei Optionen. Die erste war der Kernspeicher, hergestellt aus einem Drahtnetz mit eingewobenen, winzigen Donuts aus Eisenoxid. Dieser war jedoch teuer, schwer und klobig. Die zweite war ein statisches RAM aus normalen Transistor-Stromkreisen. Jedes Speicherbit braucht mehrere Transistoren; in den damaligen integrierten Schaltkreisen konnte man noch nicht viel Speicher auf einem Chip unterbringen.

1966 suchte der bei IBM angestellte amerikanische Ingenieur Robert Dennard nach einem anderen Weg zur Reduzierung der Transistoren-Anzahl und Unterbringung von mehr Speicherelementen auf einem Chip. Gemäß dem Gedanken des dynamischen RAM verwendete er einen Kondensator für die Speicherung von einem Bit Daten. Der geladene Kondensator bedeutet 1, der ungeladene 0. Speichert man jedoch eine 1 auf einem Speicher aus Kondensatoren, so generiert der Kondensator Gleichströme und vergisst die 1 in weniger als einer Zehntelsekunde.

Dieser Ansatz reduziert jedoch die Anzahl der Transistoren und erhöht damit die Anzahl der Speicherelemente auf einem Chip erheblich. Zur Vermeidung des Gleichstrom-Problems werden alle Kondensatoren gleichzeitig ausgelesen (zum Beispiel alle paar Millisekunden) und erneut mit einer 1 beschrieben. Dieser erstmals im Jahr 1970 präsentierte Ansatz heißt dynamisches RAM (DRAM), weil dynamisch aktualisiert werden muss, damit die Kondensatoren weiter geladen bleiben.

Aus dem Ansatz mit dem dynamischen RAM resultieren im Vergleich zum statischen RAM so viel kleinere und daher billigere Speicherelemente, dass heute jeder Computer, Laptop, **Tablet-PC** und jedes **Smartphone** DRAM verwendet. Es ist ein tolles Beispiel für die Art, wie Ingenieure durch die Verfolgung anfänglich abwegig erscheinender Ideen Kosten senken können.

SIEHE AUCH: ENIAC – der erste digitale Computer (1946), Flash-Speicher (1980), Smartphone (2007), Tabletcomputer (2010).

Dynamischer SDRAM-Speicher für einen Computer.

1967

Abgasreduktion bei Kraftfahrzeugen

1960 wären in einer US-amerikanischen Großstadt wie Los Angeles unter anderem brauner Smog am Horizont, zunehmende Bleiablagerungen im Oberboden (als Ergebnis des verbleiten Benzins), eine ernsthafte partikuläre Luftverschmutzung und erhöhte Ozonwerte in Bodennähe nichts Ungewöhnliches gewesen.

Öffentliche Proteste führten zusammen mit dem *Federal Air Quality Act* von 1967 zu einer Reihe technischer Verbesserungen, die die Autoabgase säuberten und uns Städter wieder atmen ließen.

Eine erste Verbesserung stellte 1961 die aktive Kurbelgehäuseentlüftung dar. Diese saugt den Dunst aus dem Automotor ab und verbrennt ihn, womit er nicht in die Luft gelangt. Das ist wichtig, denn nicht verbrannter Rauch aus Treibstoff und Öl verbindet sich mit dem Sonnenlicht und Smog entsteht.

Die nächste große Veränderung waren der Katalysator und bleifreies Benzin. Die ersten Katalysatoren von verbrannten 1975 im Auspuffrohr Kohlenmonoxid und nicht verbranntes Benzin. Spätere Modelle beseitigten auch Stickoxide. Der von Ingenieuren entwickelte einfallsreiche, langlebige Keramikwaben-Ansatz brachte die Abgase in Kontakt mit Katalysatormetallen wie Platin. Zur Erzeugung von Benzin, das kein Tetraethylblei für die künstliche Steigerung der Oktanzahl benötigt, mussten Erdölingenieure **Raffinerien** und Techniken verbessern.

Ein weiterer von den Ingenieuren ausgearbeiteter Trick ist die Abgasrückführung. Abgase enthalten keinen Sauerstoff, dehnen sich also in den Zylindern aus. Deshalb senken sie die Temperatur in den Zylindern ab und reduzieren die Stickoxide.

Und schließlich der Tank, aus dem Benzin verdunstet, während das Auto auf einem Parkplatz steht. Normalerweise würden diese Kohlenwasserstoffe in die Luft gelangen und zum Smog beitragen. Zur Adsorption des Benzindunsts entwickelten die Ingenieure mit Kohlegranulat gefüllte Kanister und dichteten die Benzinanlagen ab.

Durch Kombination all dieser Techniken reduzierten die Ingenieure den Ausstoß von Blei, Kohlenwasserstoffen, Stickoxiden und Kohlenmonoxid der Autos grundlegend. Seitdem ist die Luft in Amerika trotz der steigenden Zahl von Personenwagen immer sauberer geworden.

SIEHE AUCH: Erdölbohrung (1859), Ölraffinerie Wamsutta (1861), Prius Hybrid (1997).

Die Innovationen im Autoverkehr veränderten die uns bekannte Welt, führten aber auch zu einem Bedürfnis nach Qualitätsanforderungen für saubere Luft.

1967

Apollo-1

Manchmal begehen Ingenieure Fehler, hin und wieder auch katastrophale. Die Apollo-1-Tragödie zeigt einen dieser Fehler auf, aber auch, wie die Ingenieure aus ihren Fehlern lernen und vorankommen.

Der ursprüngliche Entwurf für die Apollo-Raumkapsel sah eine Atmosphäre aus reinem Sauerstoff und Überdruck vor. Für diesen Entwurf gab eine Reihe von guten, rationalen Gründen, unter anderem, dass die NASA bei den Mercury- und Gemini-Missionen so verfahren war.

Ein einziges Gas in der Kapsel ist leichter als eine Mischung aus Stickstoff und Sauerstoff wie auf der Erde. Nur ein Gastank muss mitgenommen werden und man spart sich die Misch-Kontroll-Ausrüstung zur Aufrechterhaltung des richtigen Mischverhältnisses. Im All kann der Kapseldruck wie in einem Raumanzug auf 0,34 bar abgesenkt werden. Der Unterdruck im Raumanzug garantiert die größtmögliche Beweglichkeit.

Auf der Abschussrampe jedoch muss die reine Sauerstoffatmosphäre einen etwas höheren als den Umgebungsdruck aufweisen, um das Eindringen von Gasen von außen zu vermeiden: 1,1 bar. Bei diesem Druck werden aber brennbare Substanzen wie reiner Sauerstoff zu Brandsätzen und verbrennen viel schneller und heißer. Und die Apollo war voll mit brennbaren Materialien wie Nylon, einem schnell brennenden **Plastik**. Sogar die Fluganzüge waren aus Nylon.

Während eines routinemäßigen Tests am Boden wurden die drei Astronauten bei 1,1 bar Sauerstoff in die Raumkapsel gesperrt. Ein Funke löste ein Feuer aus, dass sich mit atemberaubender Geschwindigkeit ausbreitete. Alle drei Astronauten starben. Die letzten verständlichen Worte aus der Kapsel, nur 17 Sekunden nach dem Zünden, waren „Ich verbrenne!".

Der Tragödie folgten eine zwanzigmonatige Untersuchung und eine Neukonstruktion. Die größte Veränderung: Eine atmosphärische Mischung aus Stickstoff und Sauerstoff auf der Abschussrampe. Eine weitere war der Austausch von Nylon der Fluganzüge gegen ein nichtbrennbares Material.

Ingenieure machen Fehler. Wichtig ist, dass sie aus ihnen lernen und die Dinge in der Zukunft besser machen.

SIEHE AUCH: Kunststoff (1856), Saturn-V-Rakete (1967), Mondlandung (1969), *Apollo 13* (1970).

Eine Besatzung bereitet sich auf den Einstieg in ihr Raumschiff vor.

UNITED
STATES

1967

Saturn-V-Rakete

Die Saturn-V-Rakete strotzt vor Technik! Von ihrer lächerlichen Größe über ihre gewaltige Kraft bis zu ihrer wichtigsten Mission ist sie die erstaunlichste jemals gebaute Rakete. Einer der zahlreichen Rekorde, die sie für sich verbuchen kann, ist der Transport von knapp 118 Tonnen in die niedrige Erdumlaufbahn.

Die meisten Ingenieure verwendeten damals noch immer Rechenschieber und 1957 hatten die Vereinigten Staaten noch nichts erfolgreich ins All geschossen. Trotzdem steuerte dieser Koloss schon 1967 mit Leichtigkeit den Orbit an.

Ein Schlüssel war das F-1-Triebwerk. Die Ingenieure hatten im Rahmen eines Projekts der Luftwaffe noch einige Jahre vor Gründung der Raumfahrtbehörde NASA mit dessen Entwicklung begonnen. Somit war das Triebwerk getestet und lief reibungslos, noch bevor es überhaupt gebraucht wurde. Das F-1 ist das größte jemals gebaute Einzeltriebwerk mit einer Schubkraft von 6,76 Meganewton. Die auf der ersten Stufe zusammengeführten fünf F-1-Triebwerke erzeugten eine Schubkraft von 33,8 Meganewton, genug für die voll betankte und schwer beladene Rakete mit ihrem Gewicht von 3000 Tonnen. Für den Start der Rakete verbrannte jedes Triebwerk in weniger als drei Minuten fast 450 Tonnen Kerosin und flüssigen Sauerstoff.

Nach Abstoßen der ersten Stufe wog die Saturn V schon 2300 Tonnen weniger. Die zweite und dritte Stufe brachten die Ladung dann bis in den Orbit und verbrannten dabei flüssigen Wasserstoff und flüssigen Sauerstoff.

An der Spitze der dritten Stufe befand sich ein wesentlicher Bestandteil – die Steuereinheit. Mit fast sieben Metern Durchmesser, einem Meter Höhe und einem Gewicht von zwei Tonnen, enthielt dieser Ring die Computer, Funkgeräte, Überwachungsgeräte, Radar, Batterien und andere Systeme für die Kontrolle der drei Stufen während des Flugs und die Kommunikation mit der Bodenkontrolle. Damals gab es noch keine **Mikroprozessoren**, also diente ein individuell gefertigter Mini-Computer von IBM in dreifacher Ausfertigung als Gehirn.

Die Ingenieure erschufen diesen Einwegkoloss, um Menschen zum Mond zu schicken, und verwendeten ihn dann für die Unterbringung von Skylab. Ein wahres Technikwunder.

SIEHE AUCH: Mondlandung (1969), Raumanzug (1969), Mikroprozessor (1971), Rover Curiosity (2012).

Die Apollo-4-Weltraummission (Raumschiff 017/Saturn 501) wurde vom Kennedy Space Center in Florida aus gestartet.

1968

C-5 Super Galaxy

Eine militärische Einrichtung will jederzeit Soldaten, Nachschub und Ausrüstung in ein Kriegsgebiet bewegen. Sie könnte alles auf ein Schiff laden und dieses losschicken. Der Vorteil: hohe Kapazität und Effektivität. Aber das Schiff kommt erst zwei Wochen später auf der anderen Seite der Welt an.

Diese Situation ist wie geschaffen für riesige Militärtransportmaschinen wie die erstmals 1968 im Flugeinsatz getestete C-5. Sie kann erstaunliche Frachtmengen mit einer Geschwindigkeit von 885 Stundenkilometern fast überall auf dem Planeten hinbringen. Und kann sie nicht landen, wirft sie die Ladung ab – in einem Fall fast 90 Tonnen: vier Sheridan Panzer und 73 Fallschirmspringer.

Wie bauen die Ingenieure etwas so Großes, das so schwer beladen noch fliegen kann? Der Frachtraum einer C-5 ist 5,8 Meter breit, 4,1 Meter hoch und 38,7 Meter lang und hat eine Ladekapazität von 129 Tonnen. An beiden Enden lassen sich gleichzeitig Tore öffnen. Im Wesentlichen ist der Frachtraum eine große Röhre. Die oben auf der Röhre angebrachten Flügel tragen Hunderte Tonnen Treibstoff, das Fahrgestell ist am Boden der Röhre befestigt.

Bei der C-5 verwenden die Statiker und Flugzeugkonstrukteure im Wesentlichen zwei übereinander angeordnete Flugzeugrümpfe. Der obere Rumpf ist kleiner und wirkt wie ein Rückgrat für das Flugzeug. Er bietet 73 Flugpassagieren Platz. Die im Laderaum und bei den Flügeln von den Ingenieuren verwendeten Bautechniken verleihen diesen eine überraschende Festigkeit. Zum Beispiel beginnt der Bau der Flügelhülle mit riesigen, 1360 Kilogramm schweren Aluminiumrohlingen, die bis auf ein Fünftel ihres Gewichts ausgefräst werden. Dabei entstehen tiefe, längliche Kanäle und eine dünne Außenhaut. So wird eine enorme Festigkeit bei geringem Gewicht erreicht.

Das vielleicht Erstaunlichste ist, dass die Ingenieure bei der C-5 von der Konzeptualisierung bis zum ersten Flug gerade mal drei Jahre benötigten. Sie war ein eine faszinierende technische Errungenschaft.

SIEHE AUCH: Segelschiffe mit Rahsegeln (1492), Boeing 747 Jumbo-Jet (1968), Containerschifffahrt (1984).

Zur Unterstützung der Übung Patriot Hook 2012 entladen US-amerikanische Militärs eine C-5 Galaxy an der Naval Air Station North Island, 16. März 2012.

AIR FORCE RESERVE COMMAND

1968

Boeing 747 Jumbo-Jet

Joe Sutter (1921–2016)

1968 erblickte der vom Flugzeughersteller Boeing in Auftrag gegebene und von Chefingenieur Joe Sutter und seinem Team entwickelte 747 Jumbo-Jet das Licht der Welt. Die immense Größe der 747 überraschte alle. Nie zuvor hatte die Öffentlichkeit ein Verkehrsflugzeug mit zwei Etagen und einer Treppe gesehen. Die 747 führte auch das Konzept des Großraumflugzeugs mit zwei Gängen und zehn Sitzen pro Reihe ein. Mit mehr als 600 Passagieren an Bord bei dichtester Sitzanordnung hielt die 747 fast vier Jahrzehnte lang den Passagierrekord. Sie war zwei- oder dreimal größer als andere Passagierflugzeuge der Zeit.

Wie kam es zu einem so gewaltigen Flugzeug? Zwei technische Weiterentwicklungen machten den Bau der 747 möglich: kraftvolle Mantelstromtriebwerke mit einem hohen Nebenstromverhältnis und Hochauftriebsflügel. Der große Vorteil dieser Triebwerke bestand darin, dass sie im Vergleich zu den damaligen Mantelstromtriebwerken mit geringem Nebenstromverhältnis bei deutlich geringerem Kraftstoffverbrauch und Lärm erheblich mehr Schubkraft entwickelten. Riesige einziehbare Klappen und Vorflügel vergrößerten die Oberfläche und die Krümmung der Flügel und ermöglichten kurze Starts und Landungen.

Die Größe und die hocheffizienten Triebwerke der 747 führen zu einer enormen Reichweite. In Flügeln, Ladefläche und Heck nimmt die 747–400 fast 227 000 Liter Treibstoff auf. Einige Versionen der 747 können ohne Auftanken über 14 500 Kilometer weit fliegen. Das klingt nach katastrophalen 0,07 km/l. Doch bei 600 Passagieren an Bord entspricht das 42 km/l pro Passagier bei Mach 0,85.

Woher hat die 747 ihren Buckel? Die 747 sollte sowohl Passagierflugzeug als auch Frachtflugzeug sein. Ein echtes Frachtflugzeug hat an der Vorderseite ein Tor und die Flugzeugnase soll für den vollen Zugang zum Frachtraum nach oben schwenken können. Das Cockpit musste also über dem Frachtraum liegen und nicht in der Nase. Aufgrund von aerodynamischen Überlegungen bauten die Ingenieure hinter dem erhöhten Cockpit einen kegelförmigen Bereich zur Glättung des Luftstroms ein. Dieser kegelförmige Bereich zieht sich nach hinten bis zu den Flügeln und bildet die zweite Etage – die kreative Verwendung eines aus aerodynamischen Überlegungen eingeplanten Raums durch einen Ingenieur.

SIEHE AUCH: Turbinen-Luftstrahl-Triebwerk (1937), C-5 Super Galaxy (1968).

Modell des Passagierraums einer 747-100, März 1967.

1969

Mondlandung

Jeder Bestandteil einer Mission bemannte Mondlandung beinhaltete eine technische Lösung: die Raketen, das Raumschiff, das Lebenserhaltungssystem, die Raumanzüge, die Stromversorgungsgeräte, ja sogar die Nahrungsmittel und deren Verpackung. Nichts wurde dem Zufall überlassen.

Im Zentrum stand die Planung der Mission, deren Ziel darin bestand, einen Menschen sicher auf den Mond und wieder zurück zu bringen. Das Zeitfenster war aufgrund der Angst, die Sowjetunion könne schneller sein, begrenzt. Deshalb entwarfen die Ingenieure eine sowohl verblüffende als auch überraschende Architektur.

Beim Abheben von der Startrampe wog die Saturn V, d. h. die komplette, in sich geschlossene, für den Hin- und Rückflug zum Mond erforderliche Einheit, etwa 3000 Tonnen. Nach 150 Sekunden war die erste Raketenstufe ausgebrannt und fiel ab. Nun war die Einheit 2300 Tonnen leichter. Die zweite Stufe fiel 360 Sekunden später ab und entfernte dabei weitere 454 Tonnen. Die dritte Stufe brannte zweimal. Die erste Zündung beförderte das Raumschiff in die Erdumlaufbahn. Die zweite, bekannt als „Trans Lunar Injection", schickte das Raumschiff in Richtung Mond. Bei ihrer Abtrennung reduzierte sich das Gewicht um weitere 118 Tonnen.

Die Mondlandefähre trat aus ihrer Verkleidung und dockte an das Kommando- und Versorgungsmodul an. Es bestand aus zwei Teilen: der Abstiegs- und der Aufstiegsstufe. Mit Hilfe der Abstiegsstufe landete die Mondlandefähre am 20. Juli 1969 auf dem Mond. Die Astronauten verbrachten die vorgesehene Zeit auf der Mondoberfläche. Dann brachte sie die Aufstiegsstufe zurück in die Mondumlaufbahn und traf dort wieder mit dem Kommando- und Versorgungsmodul zusammen. Die Aufstiegsstufe wurde abgeworfen und das Kommando- und Versorgungsmodul brachte alle zurück in die Erdumlaufbahn. Nach Aufgabe des Versorgungsmoduls kehrte das Kommandomodul zur Erde zurück, wobei Hitzeschild und drei Fallschirme für eine sichere Landung sorgten. Beim Auftreffen auf das Wasser wog das Kommandomodul knapp sechs Tonnen, davon machten die Astronauten etwa 226 Kilogramm und Gesteinsproben 21 Kilogramm aus.

Wer konzipierte einen so komplizierten und dennoch perfekten Plan zum Erreichen des gesetzten Ziels? Und ließ dazu die zahlreichen Einzelteile so weit entfernt von Zuhause fehlerfrei funktionieren? Ingenieure.

SIEHE AUCH: Raumanzug (1969), Mondfahrzeug (1971).

Astronaut John W. Young auf dem Mond während der Apollo-16-Mission.

1969

ARPANET

Donald Davies (1924–2000), **Paul Baran** (1926–2011), **Lawrence Roberts** (1937–2018)

In den 1950er Jahren gab es nur ein paar hundert Computer auf der Welt, doch schon in den 1960ern wurden Tausende verkauft. 1965 wurde mit dem PDP-8 der Minicomputer geboren, produziert von Digital Equipment Corporation (DEC).

Und wie benutzte man den Computer? Man brauchte je einen Anschluss und eine Fernmeldeleitung pro Computer. Elektroingenieure schufen die Hardware zur Digitalisierung von Sprachsignalen und deren Versand als digitale Daten. Die 1961 erfundene T1-Leitung transportierte anderthalb Millionen Bits pro Sekunde – genug Bandweite für 24 Telefonanrufe. Der Transport digitaler Daten via Telefonleitung ermöglichte zwei Dinge: die Verbindung von Computern und das Anbieten unterschiedlicher Dienstleistungen auf der Grundlage dieser Verbindungen. Dies alles führte schließlich zur Geburt des Internets.

Der erste internet-ähnliche Zusammenschluss von Computern verband 1969 unter dem Namen ARPANET vier Computer. Dabei wurden Konzepte und Ideen des amerikanischen Ingenieurs Paul Baran, des walisischen Wissenschaftlers Donald Davies sowie von Lawrence Roberts vom Lincoln Laboratory verwendet. Dann begann dieses winzige Netzwerk zu wachsen. Bis 1984 stieg die Anzahl der Hauptrechner auf 1000, bis 1987 auf 10 000.

Zwei für das frühe Internet wichtige Schlüsseltechnologien waren NCP (Network Control Program) und IMP (Interface Message Processor). Gemeinsam erzeugten diese Technologien zwischen den angeschlossenen Computern ein paketvermittelndes Netzwerk. Zum Versand an einen anderen Computer teilte der Hauptrechner die Information in kleine Datenpakete auf und leitete diese zusammen mit der Zieladresse an seinen IMP weiter. Dieser stand mit anderen IMPs in Verbindung und lieferte die Pakete an den gewünschten Empfängercomputer. Am Bestimmungsort wurden die Pakete wieder zusammengesetzt.

Letztendlich wurde das NCP durch das TCP/IP ersetzt, und IMPs durch Router. An diesem Punkt hatten die Ingenieure das Internet geschaffen, wie wir es heute kennen.

SIEHE AUCH: ENIAC – der erste digitale Computer (1946), Glasfaserkommunikation (1970), Router (1975), Domain Name System (DNS) (1984), World Wide Web (1990).

Dies ist ein Foto der Frontabdeckung des allerersten Interface Message Processor (IMP). Dieser hier wurde im UCLA Boelter 3420 Laboratorium für die Übertragung der ersten Nachricht im Internet verwendet.

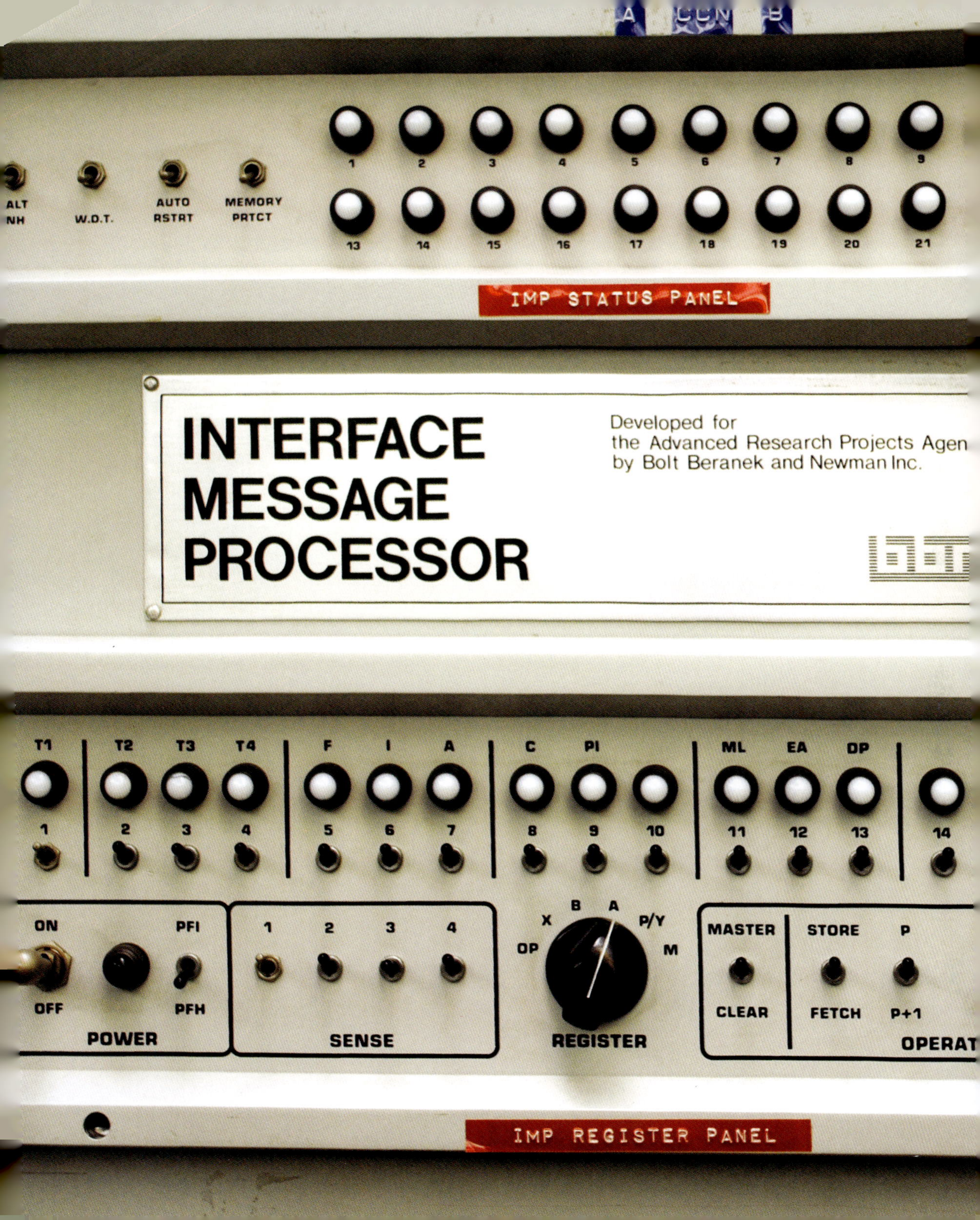

ALT
NH
W.D.T.
AUTO
RSTRT
MEMORY
PRTCT
1 2 3 4 5 6 7 8 9
13 14 15 16 17 18 19 20 21
IMP STATUS PANEL
INTERFACE
MESSAGE
PROCESSOR
Developed for
the Advanced Research Projects Agen
by Bolt Beranek and Newman Inc.
T1 T2 T3 T4 F I A C PI ML EA DP
1 2 3 4 5 6 7 8 9 10 11 12 13 14
ON
OFF
PFI
PFH
POWER
1 2 3 4
SENSE
OP X B A P/Y M
REGISTER
MASTER
CLEAR
STORE
FETCH
P
P+1
OPERAT
IMP REGISTER PANEL

1969

Raumanzug

SK-1, der erste im Orbit getragene Raumanzug des sowjetischen Kosmonauten Juri Gagarin war für eine Mondlandung ungeeignet. Die Umgebung auf dem Mond ist äußerst unwirtlich: Hochvakuum, intensive Solarstrahlung und abrasiver Mondstaub sind drei der größten Herausforderungen. Für die Mondlandungen mussten die Ingenieure einen Raumanzug entwickeln, in dem sich ein Mensch unter diesen Bedingungen frei bewegen kann. Missionsentscheidende Ingenieursarbeit, denn eine Fehlfunktion des Anzugs bedeutet den sicheren Tod. Außerdem muss der Anzug bequem und flexibel sein, damit die Astronauten ihn bis zu acht Stunden täglich tragen können.

Der Anzug ist ein mehrschichtiges Raumschiff aus Stoff – zufälligerweise von der Form eines Menschen und für kurzzeitige Ausflüge entworfen, aber dennoch ein Raumschiff. Der Astronaut trägt Unterwäsche voller wassergefüllter, der Kühlung dienender Wasserschläuche. Der Anzug selbst beginnt mit einem abgedichteten, gummiartigen Ballon aus neoprenumhülltem Nylon. Diese Schicht hält den Atmosphärendruck aufrecht. Mehr als ein Dutzend Schichten aus Nylon, Mylar, Dacron, Kapton sowie teflonbeschichteten Glasfasern schützen vor Hitze, Kälte, Abrasion, Durchstich und Mondstaub.

Der PLSS oder Primary Life Support System genannte Rucksack erzeugte die Atmosphäre und die Kühlung und lieferte Energie sowie **Funkverbindungen**. Sauerstofftanks ersetzten den von den Astronauten verbrauchten Sauerstoff und ein CO_2-Gaswäscher aus Lithiumhydroxid beseitigte das ausgeatmete Kohlendioxid. Ein Wassertank lieferte die Kühlung.

Bei Ausfall des Hauptsystems trat ein Reservesystem in Aktion. Ein separater Sauerstofftank blies Sauerstoff in den Anzug und entlüftete ihn, um den Astronauten mit Atemluft und Kühlung zu versorgen. Dieses System war einfach und funktionierte in einem Notfall etwa dreißig Minuten lang.

Die hinter dem Raumanzug steckende Konstruktionsarbeit hatte ein sehr zuverlässiges System geschaffen, das bei mehreren Missionen fehlerlos funktionierte. Der Raumanzug ist leuchtendes Zeugnis einer technischen Spitzenleistung.

SIEHE AUCH: Radiosender (1920), *Apollo 1* (1967), Mondfahrzeug (1971), Internationale Raumstation (1998).

Die amerikanischen Astronauten trugen Anzüge, die für die Bedingungen auf dem Mond entwickelt worden waren. Juri Gagarins Anzug war für einen Weltraumflug, nicht aber für eine Mondlandung konzipiert.

1970

Flüssigkristallanzeige (LCD)

Der Erfolg einer Technologie lässt sich unter anderem an ihrer Verbreitung messen. So gesehen ist die Technik der Flüssigkristallanzeigen sicherlich ein Erfolg, denn wir treffen sie in Armbanduhren, Taschenrechnern, Uhren, Mikrowellengeräten, Smartphones, Tablet-PCs, Laptops und Fernsehern.

In ihren Anfangszeiten löste diese Technologie ein wirkliches Problem. Ein typisches Beispiel war die erste Digitaluhr Pulsar 1, deren LED-Anzeige viel Strom benötigte und die deshalb die Uhrzeit erst auf Knopfdruck anzeigte. Bis 1973 aber hatten die Ingenieure die 1970 vom Schweizer Pharmakonzern Hoffmann-LaRoche patentierte Nematische Drehzelle perfektioniert. Sie verbrauchte fast keinen Strom.

Die Flüssigkristallanzeige ist unglaublich einfach und billig in der Massenfertigung. Bei einer Armbanduhr besteht sie aus sechs Schichten. Zuunterst liegt ein Spiegel (6), darüber eine Schicht Kunststoff (5), die Licht in einer Richtung polarisiert. Dann folgt ein mit einem durchsichtigen Stromleiter, meist Indiumzinnoxid überzogenes Glas (4). Als nächstes die Flüssigkristallschicht (3), gefolgt von einem weiteren Glasplättchen (2) mit den Anzeigesegmenten oder eingeätzten Pixeln, das einen klaren Stromleiter nutzt. Zuoberst folgt eine letzte Schicht Kunststoff (1), die Licht im Winkel von 90 Grad zur ersten Kunststoffschicht polarisiert.

Wegen der rechtwinklig versetzten Abwinklung sollten die beiden Polarisationsfilter sämtliches Licht blockieren und die Anzeige schwärzen. Aber die Schicht aus Flüssigkristallen dreht das passierende Licht um 90 Grad. Also erscheint die Anzeige weiß. Stellt man eines der Segmente unter Spannung, wird die Verdrehung des Lichts aufgehoben und das Segment schwarz. Da kein Strom fließt, verbraucht die Anzeige praktisch keine Energie – ein Feldeffekt.

Dann bauten die Ingenieure durch Reduktion der Pixelgröße, Einfügung einer Hintergrundbeleuchtung und mittels RGB Farbfiltern über den Pixeln eine bunte Anzeige.

Vielleicht werden Aktivmatrix-OLED-(AMOLED)-Anzeigen oder etwas Vergleichbares irgendwann die Flüssigkristallanzeigen ersetzen, aber viele wertgeschätzte elektronische Geräte wurden durch Flüssigkristallanzeigen ermöglicht.

SIEHE AUCH: Mikrowellengerät (1946), AMOLED-Bildschirm (2006), Smartphone (2007), Tabletcomputer (2010).

Schematische Darstellung einer reflektierenden Nematischen Drehzelle in Flüssigkristallanzeigen.

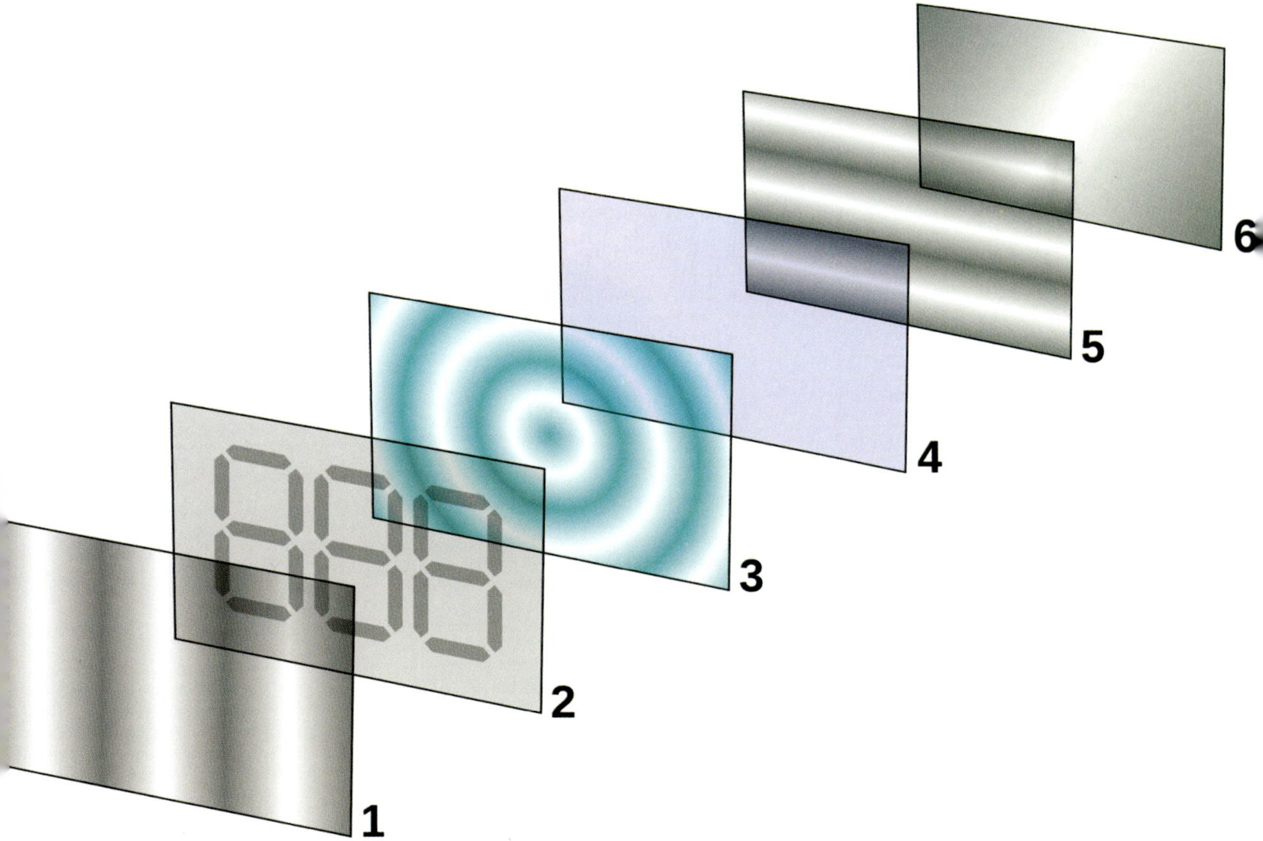
1
2
3
4
5
6

1970

Apollo 13

Die erfolgreichen Mondmissionen *Apollo 11, 12, 14, 15, 16 und 17* sind großartige Triumphe der Technik. Missionsplanung, geschaffene Technik, Ausführung, Geschwindigkeit der Entwicklung, Zuverlässigkeit der Ausrüstung – alles spricht Bände über die an diesem Unterfangen beteiligten Ingenieure.

1970 explodierte jedoch bei *Apollo 13* wegen eines elektrischen Problems im Tankinneren ein Sauerstofftank. Die Explosion eliminierte den Sauerstoffvorrat für das Kommandomodul und das Raumschiff hatte keinen Sauerstoff mehr zum Atmen oder zur Stromerzeugung über seine Brennstoffzellen.

Dieses Szenario stellte die Ingenieure am Boden vor eine große, unmittelbare Herausforderung. Konnten die Astronauten mit der vorhandenen Ausrüstung sicher nach Hause gebracht werden? Trotz aller Probleme waren die Ingenieure bei dieser Nervenprobe in der Lage, die Mondlandefähre als Rettungsboot zu verwenden und so alle nach Hause zu bringen.

Die einzige Energiequelle für das Kommandomodul war ein Batteriesystem. Also setzten die Astronauten das Kommandomodul außer Betrieb und zogen in die Mondlandefähre um. Nur war diese leider nicht für einen längeren Aufenthalt von drei Astronauten konzipiert und die CO_2 Konzentration stieg bis auf tödliche Werte an. Die Astronauten fanden jedoch einen Weg zur Benutzung der Gaswäscher aus dem Kommandomodul in der Mondlandefähre. Und der Abstiegsmotor wurde mehrere Male benutzt, um die richtige Bahn um den Mond und zurück zur Erde zu erzeugen.

Das letzte Problem: Die Rückkehr der Astronauten ins Kommandomodul und Neustart sowie Landung im Batteriebetrieb. Letzteres war normal, der Neustart nicht. Ingenieure, Astronauten und Fluglotsen fanden eine Sequenz, die mit der verbliebenen Energie einen Neustart erlaubte. Daraufhin verliefen die Rückkehr zur Erde und die Wasserlandung normal.

Ein unglaubliches Beispiel für eine Problemlösung im laufenden Betrieb und für eine Neuverwendung eines Systems. Und alle Astronauten kehrten sicher zurück. Die Mission war kein Unglück der Ingenieurswissenschaft, sondern vielmehr deren Triumph.

SIEHE AUCH: *Apollo* 1 (1967), Mondlandung (1969), Lithium-Ionen-Batterie (1991).

Deke Slayton (im karierten Jackett) zeigt den Adapter, mit dem sich unter Zuhilfenahme der viereckigen Lithiumhydroxid-Kanister des Kommandomoduls das überschüssige Kohlendioxid aus der Apollo 13 Mondlandefähre entfernen ließ.

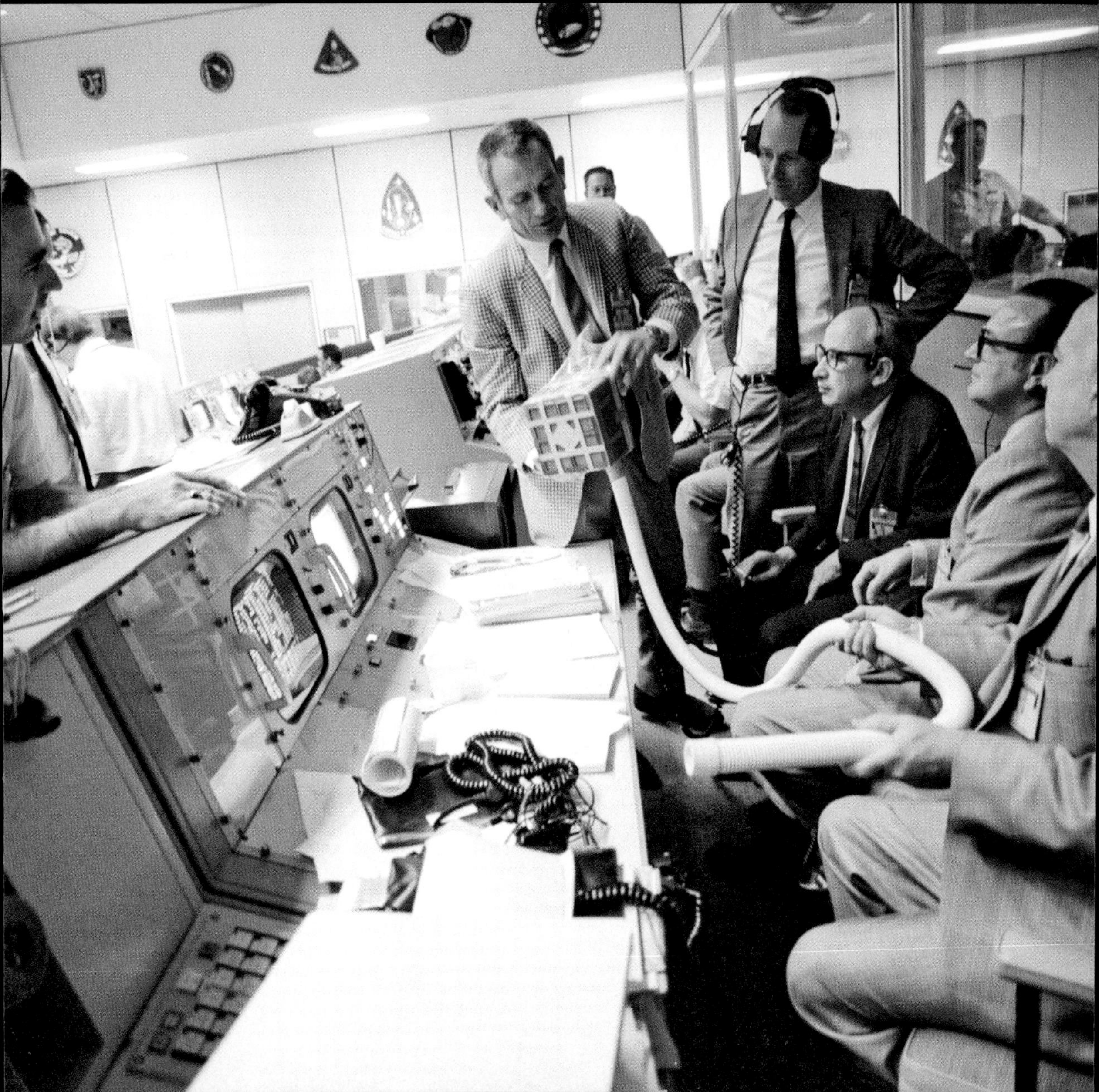

1970

Glasfaserkommunikation

Robert Maurer (geb. 1924), **Donald Keck** (geb. 1941), **Peter Schultz** (geb. 1942)

Ein Blick zurück auf die Geschichte der Fernmeldekabel, etwa die für Ferngespräche, führt uns die ersten Kabel, **Bündel** aus Kupferpaaren, vor Augen. Diese Kabel waren groß, sperrig und schwer. Die nächste Stufe bildete das Koaxialkabel. Damit konnten viele Telefonanrufe gleichzeitig übertragen werden. Das reduzierte das benötigte Kupfer pro Anruf und die Anzahl der nötigen Repeater (Signalverstärker).

Der richtige Durchbruch kam jedoch mit der Kommerzialisierung der Glasfasertechnologie für die Datenübertragung. Die bei Corning angestellten Forscher Robert Maurer, Donald Keck und Peter Schultz begannen mit dem Erkunden der Möglichkeiten der verlustarmen Faser. Dies führte 1970 zum ersten Glasfaserleiter, der Laserlichtsignale über große Entfernungen hinweg zu erhalten vermochte. Um 1977 gab es die ersten handelsüblichen Leitungen und seitdem ist diese Technologie explodiert. Heute fließt fast jedes Datenbit (einschließlich Telefonanrufe) durch eine Glasfaserleitung durch das Land oder rund um die Welt.

Der Übergang von Kupferleitungen zur Glasfaser erfolgte wegen der absoluten Überlegenheit der Letzteren. Die Glasfasern sind leichter, günstiger, immun gegen elektromagnetische Störungen und schwierig anzuzapfen. Und das Wichtigste: Die Glasfaserleitung kann erheblich größere Datenmengen ohne Verstärker über eine größere Entfernung und in einem einzelnen Kabel übertragen.

Und der Grundgedanke hinter den Glasfaserkabeln ist unglaublich schlicht. Aus einer Glasstange kann man durch Erhitzen und Dehnen einen mehrere Meilen langen, dünnen Strang herstellen. Befestigt man an einem Ende des Strangs eine Laserdiode und schaltet den Laser für eine 1 ein und für eine 0 aus, kann man digitale Daten versenden. Bei besonders reinem Glas kann das Licht über 80 Kilometer zurücklegen, bevor ein Verstärker benötigt wird.

SIEHE AUCH: Telegrafensystem (1837), Telefon (1876), TAT-1-Unterwasserkabel (1956), ARPANET (1969).

In der Langstreckenkommunikation sind die Glasfaserkabel den Koaxialkabeln aus Kupfer in allen Belangen überlegen.

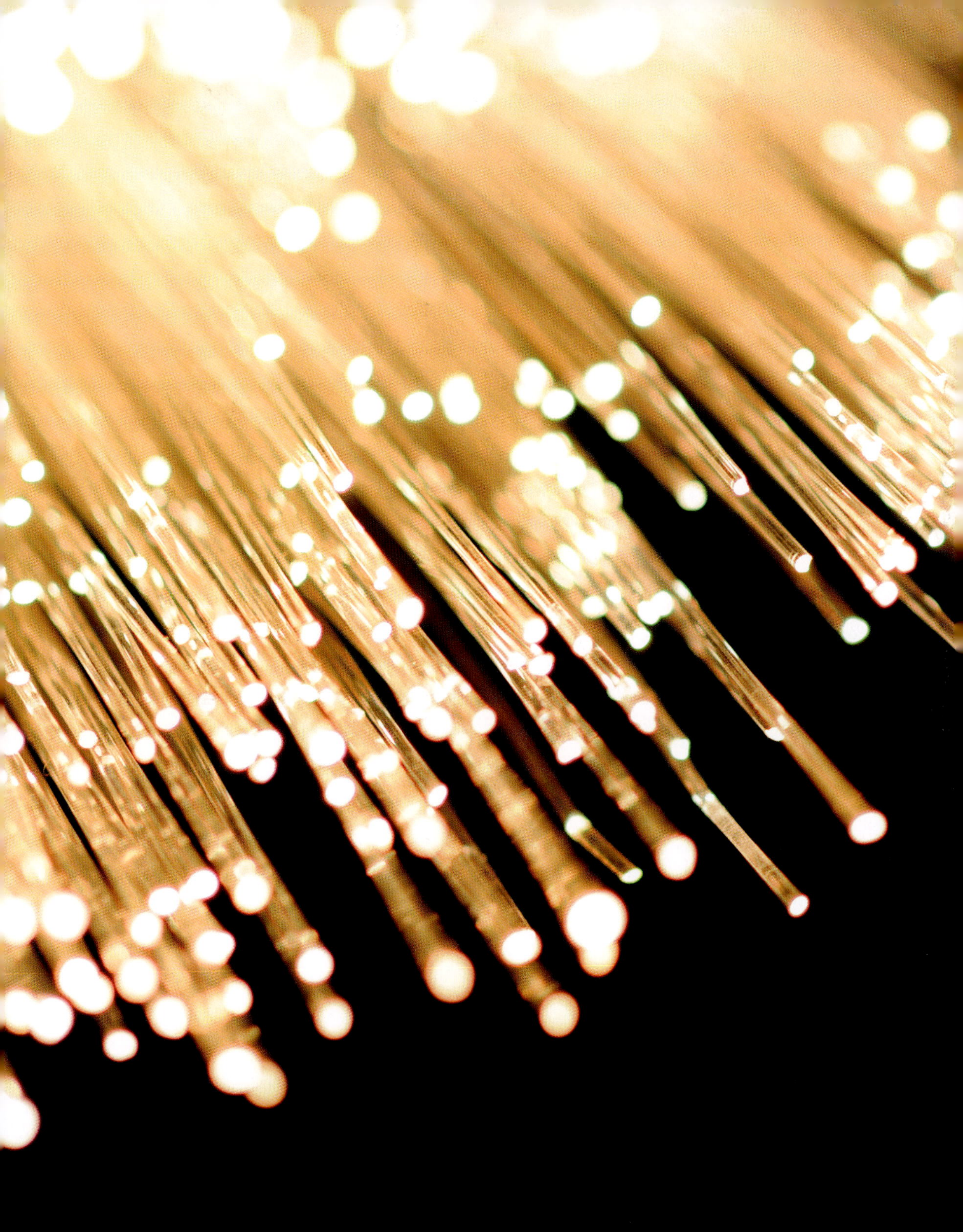

Antiblockiersystem

Hören wir Reifen quietschen, ist die Ursache häufig eine Blockierbremsung mit Verlust der Kontrolle über das Fahrzeug. Die Reifen rollen nicht mehr, sondern rutschen. Lenkbewegungen bewirken nichts mehr und das Auto folgt einem ballistischen, von seinem Schwung bestimmten Weg.

Und wenn man die Reifen während einer Blockierbremsung rollen ließe? Das kreischende Geräusch würde verschwinden und der Fahrer einen Teil der Kontrolle bewahren. Zudem wäre der Bremsweg kürzer. Die Ingenieure machten sich an die Arbeit und in den 1970er Jahren wurde das Antiblockiersystem geboren und populär gemacht. Anfang 1971 kamen die ersten Autos mit Antiblockiersystem in den Handel.

Der Grundgedanke hinter dem Antiblockiersystem ist sehr einfach. Rotationssensoren überwachen alle vier Räder. Wenn der Fahrer auf das Bremspedal tritt, prüft ein Computer die Drehrate. Blockiert ein Rad, sendet er einen Impuls an die Bremse dieses Reifens. Der Fahrer spürt ein Vibrieren im Bremspedal, während der Computer den hydraulischen Druck in der Bremsleitung schnell senkt, damit sich das Rad weiter dreht.

Ingenieure streben nach Effizienz und Wiederverwendung. Ist ein Computer zur Überprüfung der Drehung der Räder und der Bremskontrolle an Bord, stellt sich die Frage nach dessen weiteren Verwendungsmöglichkeiten. Er kann zum Beispiel aufgrund der im Vergleich zu den anderen Reifen unterschiedlichen Drehrate den Verlust von Luft in einem Reifen entdecken. Eine weitere nützliche Fähigkeit ist Traktionskontrolle. Dreht ein Reifen unkontrolliert, kann das ABS bei diesem Rad die Bremse auslösen. Auf das Rad mit mehr Haftung wird mehr Antriebskraft übertragen. Ein Sensor an der Lenkeinheit und Gyroskope ermöglichen die Stabilitätskontrolle. Wenn der Fahrer am Lenkrad dreht und das Auto nicht reagiert, löst der Computer die Bremsen auf der Innenseite der Lenkrichtung aus.

Zwischen Antiblockiersystem, Traktionskontrolle und Stabilitätskontrolle haben die Ingenieure die Sicherheit der Autos stark verbessert.

Die Ingenieure können den Fahrer jedoch nicht davon abhalten, sich wie ein Schwachkopf zu verhalten. Wenn jemand auf einer vereisten Straße zu schnell fährt, wird er wahrscheinlich verunglücken. Die Ingenieure „kompensieren" die Schwachköpfe mit **Airbags**.

SIEHE AUCH: Fahrzeug-Airbag (1953).

Nahaufnahme eines Antiblockiersystems.

AUK 127 99 677 B

1971

Mondfahrzeug

Die Mondmissionen stellten einen Triumph der Technik dar und die Milliarden von Zuschauern des Spektakels waren begeistert. Nie zuvor waren Menschen so weit, so schnell, so lange und in eine so unwirtliche Umgebung gereist. 1971 gingen die Ingenieure mit der Apollo 15-Mission noch einen Schritt weiter. Die Astronauten holten einen spindeldürren elektrischen Mondbuggy aus ihrem Mondlandefahrzeug, entfalteten ihn und fuhren bis zu fünf Kilometer weit von ihrem Raumschiff weg. Der blanke Mut dieser Aktion war atemberaubend.

Das Mondfahrzeug bestand aus einem faltbaren, dreiteiligen Aluminiumrahmen, vier elektrischen Reifenmotoren (jeder mit 0,25 PS) und Bremsen, zwei **Batterien** und einem Leistungssteller, einer einfachen Federung und einem elektrischem Vierradantrieb und wog nur 209 Kilogramm. Ein PS erscheint nicht viel, aber die Höchstgeschwindigkeit betrug 13 Stundenkilometer und die niedrige Anziehungskraft des Mondes machte alles leichter.

Eine Parabolantenne erlaubte Fernsehübertragungen zur Erde. Die Astronauten hielten an und richteten die Antenne zur Erde aus – so konnte die Einsatzleitung die Kamera führen, während sie selbst auf Erkundung gingen.

Und wenn etwas schiefgegangen wäre? Jeder Reifenmotor hätte individuell blockiert. Fiel einer aus, gab es zwei Batterien und auch zwei Lenksysteme. Und wenn das Fahrzeug komplett ausgefallen wäre? Die Ausflüge waren so konzipiert, dass die Astronauten stets zur Mondlandefähre zurückkehren konnten, bevor den lebenserhaltenden Systemen in ihren Rucksäcken die Betriebsstoffe ausgingen. Aber wenn einer dieser Rucksäcke ausgefallen wäre? In jedem gab es ein Sauerstoff-Backup und eine Schlauchleitung zur Verbindung der Astronauten und zum Teilen des Kühlsystems in den funktionierenden Rucksäcken.

Die Ingenieure hatten alle Störfälle bedacht und für alles eine Lösung bereit. Daher waren die Astronauten auf der scheinbar waghalsigen Fahrt weg von ihrem einzigen Nachhauseweg sicher. Die Ingenieure hatten eine gute Ausrüstung geschaffen und für den Fall der Fälle gab es einen Plan B.

SIEHE AUCH: *Apollo 1* (1967), Mondlandung (1969), Raumanzug (1969), *Apollo 13* (1970), Lithium-Ionen-Batterie (1991).

Das erstmals bei der Apollo 15-Mission verwendete, batteriebetriebene, leichtgewichtige Mondfahrzeug vergrößerte den Bewegungsradius und die Produktivität der Astronauten auf den wissenschaftlichen Geländefahrten.

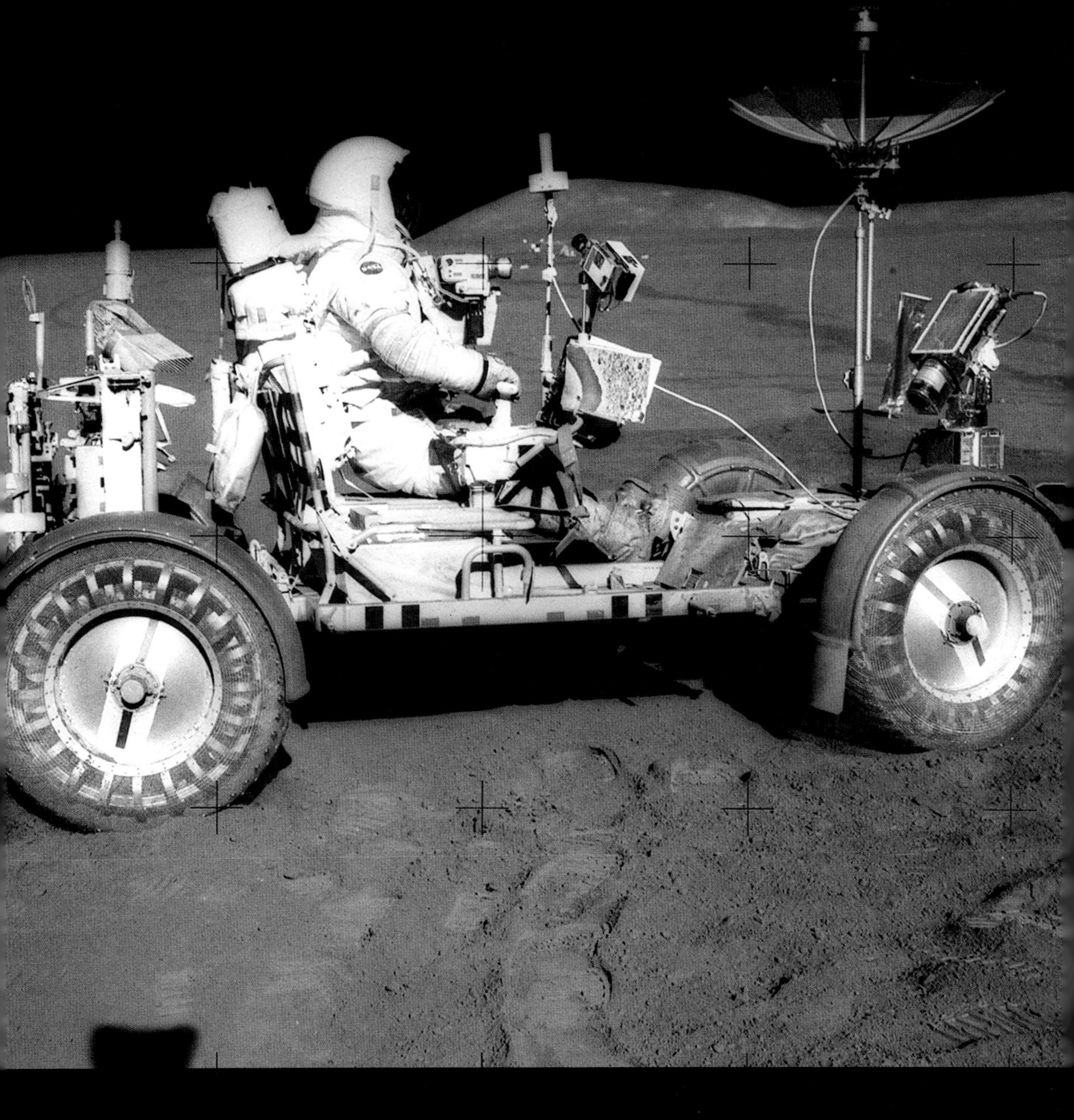

1971

Mikroprozessor

Marcian Hoff (geb. 1937), **Federico Faggin** (geb. 1941), **Stanley Mazor** (geb. 1941), **Masatoshi Shima** (geb. 1943)

Ohne Mikroprozessoren gäbe es keines der Dinge, die wir heute als selbstverständlich betrachten: Taschenrechner, Digital-Uhr, Fernbedienung, PC, Laptop, **Tablet-PC**, **Smartphone**, **HDTV**, Digitalanzeigen und Tastenfelder in **Mikrowellengeräten**, DVD-Player, Instrumententafeln, **Radio**, Thermostat, Drucker, **Digitalkamera**, MP3-Player, elektronische Steuergeräte und vieles andere. 1969 waren sämtliche technischen Geräte für Normalverbraucher mechanisch gesteuert. Die Saturn-V-Rakete war natürlich mit einem Computer ausgestattet. Er war riesig und kostete Millionen.

Die Einführung des Intel 4004 Chip setzte 1971 grundlegende Veränderungen in Gang. Er war der erste Mikroprozessor – ein einziger Silikonchip enthielt alle Schaltkreise: arithmetisch-logische Einheit, Register, Direktzugriffspeicher, Befehlsdekoder. Gemessen an den heutigen Standards war er mickrig bestückt: etwa 2000 Transistoren, 10 µm Kenngröße, pMOS-Technik. Er konnte weniger als 100 000 Anweisungen pro Sekunde auf 4-Bitnummern ausführen.

Für seine Herstellung legten die Ingenieure bei Intel – darunter Marcian Hoff, Stanley Mazor, Masatoshi Shima und später Federico Faggin – die Masken für die 2300 Transistoren unter Verwendung von Streifen und Vierecken aus Plastik von Hand an.

Seitdem haben die Ingenieure unzählige Fortschritte gemacht. Aus 4-Bit-Registern wurden 64 Bit. Die Kenngröße schrumpfte von Mikrometern auf beinahe Nanometer. Aus Taktraten von 740 000 Hertz wurden 3 000 000 000 Hertz. Die Transistorenzahlen stiegen von etwa 2000 auf Billionen. Dazu kamen konzeptionelle Verbesserungen wie Gleitkommaprozessoren, Befehlsverknüpfung, mehrstufige Pufferspeicher, mehrere Prozessorkerne, superskalare Hauptprozessoren und Hyper-Threading. Die heutigen kleinen Mikroprozessoren kosten ein paar Cent und verbrauchen fast keine Energie.

Heute kommen wir auf Schritt und Tritt mit Mikroprozessoren in Kontakt. In einem typischen Auto können zwei Dutzend davon verbaut sein. Der Tag wird kommen, an dem ein Mikroprozessor die Energie und Komplexität des menschlichen Gehirns übersteigt. Die Ingenieure werden ihre Ablösung konstruiert haben.

SIEHE AUCH: Radiosender (1920), Mikrowellengerät (1946), Saturn-V-Rakete (1967), Digitalkamera (1994), HDTV – hochauflösendes Fernsehen (1996), Tabletcomputer(2010).

Auf einem vergrößerten Plan zeigt der Entwickler Federico Faggin die Feinheiten des von ihm mitentwickelten Intel 4004. 1971 wurde er zum ersten Mikroprozessor der Welt.

4004
F.F.

1971

CANDU-Reaktor

Den in den 1960er Jahren in den USA und anderswo in Betrieb genommenen **Leichtwasserreaktoren** hafteten mehrere Probleme an. Erstens benötigten die Reaktoren von natürlichen 0,7 Prozent auf 3 Prozent U-235 angereichertes Uran. Zweitens musste für einen Brennelementwechsel der Reaktordruckbehälter drucklos gemacht und geöffnet werden, was nur bei abgeschaltetem Reaktor geschehen konnte.

Und wenn die Ingenieure die **Urananreicherung** überflüssig machen würden? Die Umgehung dieses komplizierten und teuren Schritts könnte viel Geld einsparen. Und wie steht es mit der Vermeidung des Herunterfahrens? Der Reaktor würde länger am Netz bleiben und Strom und Geld erzeugen. Diese zwei Kernfragen bedachten Ingenieure beim Konzipieren des CANDU (CANada Deuterium Uranium)-Entwurfs. Auch die Tatsache, dass Kanada nicht die industrielle Leistungsfähigkeit zur Herstellung der riesigen Druckbehälter für Leichtwasserreaktoren besaß, spielte eine Rolle.

Ein Schlüsselelement des erstmals 1971 bei der *Pickering Nuclear Generation Station* in Ontario eingesetzten CANDU-Reaktors ist die Verwendung von schwerem Wasser. Leichtes Wasser besteht aus zwei normalen Wasserstoffatomen und einem Sauerstoffatom, schweres Wasser besitzt zwei Deuteriumatome an Stelle der beiden Wasserstoffatome. Während ein Wasserstoffatom (auch Protium genannt) ein Proton und ein Elektron besitzt, hat Deuterium ein Proton, ein Neutron und ein Elektron. Schweres Wasser aus normalem Wasser zu extrahieren oder chemisch herzustellen ist zwar ein teurer Prozess, aber preiswerter als die Urananreicherung. Aus schwerem Wasser kann man auch unmöglich eine **Bombe** herstellen.

Mit einem entsprechenden Reaktorentwurf und schwerem Wasser kann man natürliches Uran in einem Reaktor „verbrennen". Das schwere Wasser verlangsamt Neutronen ohne sie einzufangen, somit reicht die niedrige Konzentration von U-235 in natürlichem Uran für die Energieerzeugung. Außerdem ist die Energieerzeugung effizienter (weniger Uranverbrauch pro Energieeinheit) als bei Leichtwasserreaktoren.

CANDU steht für ein Technikkonzept mit dem Ziel einer sichereren und günstigeren Bedienung.

SIEHE AUCH: Stromnetz (1878), Urananreicherung (1945), Trinity-Atombombe (1945), Leichtwasserreaktor (1946), Ivy Mike-Wasserstoffbombe (1952).

Atomkraftwerk in der Nähe des Ontariosees, Pickering, Ontario, Kanada, das 20 Prozent der Energie von Ontario liefert.

1971

CT-Scan

Godfrey Hounsfield (1919–2004)

Die heutigen CT-Scanner (Computertomographen) vereinigen die Fähigkeiten von mehreren Technikdisziplinen zur Erstellung komplexer medizinischer Abbildungen vom Inneren des menschlichen Körpers und sind Wegbereiter für kompliziertere Systeme wie das **MRI**.

Stellen Sie sich ein typisches Röntgengerät vor, das auf der einen Seite eines Körperteils, zum Beispiel einer Hand, aufliegt. Auf der anderen Seite befindet sich ein Stück fotografischer Film (oder ein digitaler Sensor). Energiegeladene Röntgenstrahlen durchdringen den Körperteil und treffen auf den Film. Verschiedene Gewebe im Körperinneren behindern die Röntgenstrahlen in unterschiedlichem Ausmaß: Knochen blockieren die Röntgenstrahlen größtenteils, während Weichgewebe weit durchlässiger ist. Ein Röntgengerät kann ein Abbild von Knochen und einigen weicheren Strukturen generieren, aber das Bild ist zweidimensional und manchmal schwierig zu deuten.

Jetzt stellen Sie sich eine Quelle vor, die einen gebündelten Röntgenstrahl erzeugt, und einen etwa 1,85 Meter entfernten Sensor zur Ermittlung der Strahlenstärke nach dem Durchleuchten des Körpers. Befestigen Sie diese zwei Teile auf einen Ring. Legen Sie eine Person rücklings in den Ring und drehen Sie diesen. Aus Hunderten von unterschiedlichen Winkeln schießen die Röntgenstrahlen durch den Körper. Jetzt schieben Sie den Ring den Körper hinab und nehmen dabei laufend Daten auf.

Ein Computer, der für die 180 Grad eines Halbkreises 180 Aufnahmen empfängt, verarbeitet die vom Sensor übermittelten Daten. Durch Anwendung komplizierter Algorithmen kann der Computer aus den Sensorendaten einen Schnitt des Patientenkörpers mit den unterschiedlichen Geweben und deren Positionen im Körperinneren rekonstruieren. Das Übereinanderstapeln der Schnitte ergibt dann ein detailliertes 3D-Modell vom Körperinneren des Patienten. Dieser 1967 vom britischen Elektroingenieur Godfrey Hounsfield erfundene, CT-Scan genannte Vorgang stand den Ärzten erstmalig 1971 zur Verfügung. 1979 brachte er seinem Erfinder den Nobelpreis für Physiologie und Medizin ein.

SIEHE AUCH: Magnetresonanztomografie (MRI) (1977), Operationsroboter (1984).

Ein hochauflösender CT-Scanner.

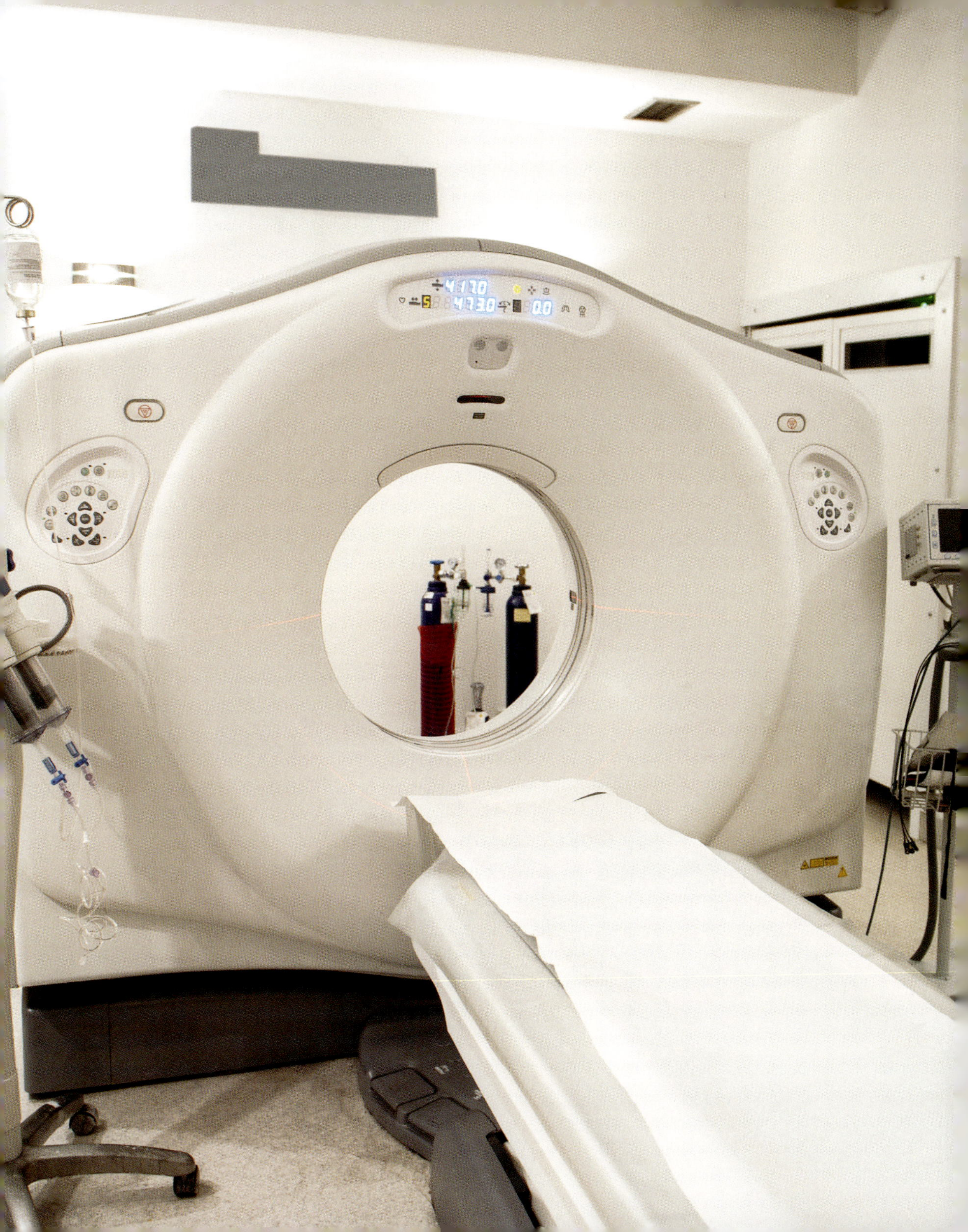

1971

Gaswäscher für Kraftwerke

Die heutige Gesellschaft braucht Strom. Wie bei jedem anderen Produkt gilt auch für die Elektrizität: je günstiger, desto besser. Eine billige Methode der Stromerzeugung ist die Verbrennung von Steinkohle.

Im Idealfall enthält Steinkohle nichts anderes als Kohlenstoff und Wasserstoff. Häufig enthält Steinkohle jedoch auch Quecksilber und Schwefel. Das Quecksilber landet direkt in der Atmosphäre und später als Regen in Seen und Flüssen. Der Schwefel verbindet sich mit Sauerstoff zu Schwefeldioxid, aus dem bei Vermischung mit der Luftfeuchtigkeit Schwefelsäure entsteht. Daher kommt der Begriff „saurer Regen“, dessen Hauptursache der Schwefel aus den Kohlekraftwerken ist.

Also wurden die Ingenieure darum gebeten, Schwefel und Quecksilber aus den Rauchgasen der Kraftwerke zu entfernen. Sie lösten das Problem mit Gaswäschern – aber erst, als die Umweltbehörde sie mit Schwefeldioxidgesetzen 1971 dazu zwang.

Zur Beseitigung des Quecksilbers sprühen die Ingenieure gepulverte Aktivkohle in den Abgasstrom. Der Kohlenstoff bindet die Quecksilberatome und diese können herausgefiltert werden.

Das Verfahren der Schwefelentfernung ist interessanter. Durch das Einsprühen von mit Wasser gemischtem Kalk – $Ca(OH)_2$ – in den Abgasstrom verbindet sich der Schwefel mit dem Kalk zu $CaSO_3$. Die Zugabe von Sauerstoff und Wasser erzeugt dann Gips. Das Kraftwerk kann den zum Beispiel für die Herstellung von Wandbauplatten verwendeten Gips verkaufen.

Noch nicht erfunden haben die Ingenieure eine billige und einfache Methode, mit der das ganze Kohlendioxid dem Abgasstrom entzogen und irgendwo sicher gelagert werden kann. Sobald ihnen das gelingt, werden unsere Kraftwerke wirklich sauber sein.

SIEHE AUCH: Stromnetz (1878), Leichtwasserreaktor (1946), Kohlenstoff-Sequestration (2008).

Umweltschäden wie saurer Regen führten zur Entwicklung von Gaswäschern für Kraftwerke.

1971

Kevlar

Stephanie Kwolek (1923–2014)

Sie möchten eine kugelsichere Weste entwickeln, doch alle verfügbaren Materialien haben Nachteile. Stahl in der zum Aufhalten der Kugel benötigten Dicke ist zu schwer. Ebenso Aluminium. Keramikplatten wiegen etwa halb so viel wie Stahl, sind aber immer noch ziemlich schwer und dazu teuer. Die Platte zum Bedecken des Torsos (25 x 30 Zentimeter) wöge 2,5 Kilogramm. Noch leichter, aber leider auch noch teurer als Keramik ist verdichtetes Polyethylen. Und alle genannten Materialien sind unflexibel.

Deswegen sorgte die Kunststofffaser Kevlar bei ihrer Einführung 1971 für große Aufregung. Stephanie Kwolek, Mitarbeiterin bei DuPont, hatte es 1965 zufällig entdeckt.

Kevlar ist gemessen am Gewicht etwa fünfmal stärker als Stahl. Es kann wie Nylon zu einem Stoff gewoben werden und das in mehreren Lagen – das Ergebnis ist extrem stabil. Kevlar ermöglicht leichte, dünne und flexible Körperpanzerungen – so leicht, dass zum Beispiel Polizisten sie täglich tragen können. Trotzdem sind sie extrem effektiv. Tausende von Polizisten haben wegen ihrer Körperpanzerungen aus Kevlar Schießereien überlebt. Es wird auch in Helmen anstelle von Stahl verwendet.

Aufgrund von Stabilität und leichtem Gewicht hat Kevlar viele andere Anwendungen gefunden. Stahl in Seilen lässt sich in manchen Fällen durch Kevlar ersetzen und macht diese unglaublich leicht. Auch für die Vertäuung großer Schiffe ist Kevlar nützlich. Kleine Anwendungen wie Paracord in Hochleistungsfallschirmen sind ein weiteres Beispiel. Der Ersatz von Nylon durch Kevlar ergibt unglaublich stabile Segel. In Fiberglasverbundstoffen wird Kevlargewebe manchmal für deutlich höhere Stabilität in Verbindung mit Glasfasergewebe verwendet.

Warum ersetzte Kevlar Nylon nicht vollständig? Erstens ist Kevlar schwieriger herzustellen und damit teurer als Nylon. Und zweitens ist es nicht so abriebfest wie Nylon. Dennoch ist Kevlar für Ingenieure ein extrem nützliches Material.

SIEHE AUCH: Segelschiff mit Rahsegeln (1492), Kunststoff (1856), Kohlefasern (1879), Gleitschirm (1966), Containerverschiffung (1984).

Diese kugelsichere Weste ist aus Kevlar hergestellt.

1972

Gentechnik

Paul Berg (geb. 1926)

Beim Gedanken an Technik kommt einem meist das Erschaffen neuer Objekte in den Sinn: ein neues Gebäude, ein neues Gerät, ein neuer Mechanismus. Bei der Gentechnik dagegen nimmt man ein bestehendes, recht kompliziertes und noch nicht ganz begriffenes System – ein Genom – und flickt daran herum. Gentechniker fügen einem Genom zur Erzeugung neuer Verhaltensweisen neue Gene hinzu.

Der Vorgänger der Gentechnik ist die Auslesezüchtung. Züchter selektieren gewünschte Merkmale. Sämtliche Hunderassen beruhen auf Auslesezüchtung.

Aber die 1972 mit der Erzeugung der ersten rekombinanten DNA-Moleküle durch den amerikanischen Biochemiker Paul Berg beginnende Gentechnik ist etwas völlig anderes: Die Ingenieure fügen auf eine in der Natur nicht vorkommende Weise neue Gene in Genome ein. Zum Beispiel kombinierte Berg zwei Viren. Ein Beispiel neueren Datums ist ein Gen aus einer Qualle, das ein grün fluoreszierendes Protein auf einen Fisch oder eine Maus überträgt und fluoreszierende Mäuse erzeugt. Oder ein Gen, das Pflanzen gegen ein Unkrautbekämpfungsmittel unempfindlich macht, wird auf Sojapflanzen übertragen.

In einem der bizarrsten Beispiele übertrugen Gentechniker Gene zur Erzeugung von Spinnenseide auf Ziegen. Die Proteine der Spinnenseide erschienen in der Milch der weiblichen Ziege. Das Ziel bestand in der Extraktion des Proteins und der anschließenden Entwicklung superstabiler, hochelastischer Materialien.

Ein beliebtes Werkzeug zur Übertragung von Genen von einem Organismus in einen anderen ist die Genpistole. Dabei wird das zu übertragende Gen in flüssiger Form winzigen Partikeln aus Wolfram oder Gold beigegeben. Wie mit einem **Schrotgewehr** werden die Partikel auf eine mit Zielzellen gefüllte Petrischale geschossen. Einige der Zellen werden nicht getötet und nehmen das neue Gen auf.

Durch das Übertragen von Genen von einem Organismus auf einen anderen sind die Gentechniker zur Erzeugung neuer Organismen in der Lage. Eines der erfreulichsten Beispiele ist das von E. Coli-Bakterien hergestellte humane Insulin. Das in den 1980er Jahren entwickelte, gentechnisch manipulierte Insulin wird heutzutage von Millionen Menschen verwendet.

SIEHE AUCH: AK-47 „Kalaschnikow" (1947), Grüne Revolution (1961).

Glofish, das erste genetisch modifizierte Haustier, wurde in den Vereinigten Staaten erstmals im Dezember 2003 verkauft.

1973

World Trade Center

Minoru Yamasaki (1912–1986)

Seit 2001 gehören die Zwillingstürme des World Trade Centers in New York wegen ihrer Zerstörung zu den berühmtesten Gebäuden der Welt. Zuvor jedoch genossen sie diesen Status aufgrund der Bautechnik und ihrer berühmten Architektur. Sie waren wahrhaftige Kunstwerke.

Geplant wurden sie vom leitenden Architekten Minoru Yamasaki mit Unterstützung anderer Architekten und eines Unternehmens für Baustatik. Die Baustatik der Türme vermochte aus mehreren Gründen zu beeindrucken. Die Gebäude hatten einen dichten Kernbereich mit der tragenden stählernen Stützstruktur und der gesamten Haustechnik. In diesem 41 x 26 Meter großen Kernbereich verliefen vier Dutzend Stahlkastensäulen vom Fundament zum Dach. Auch Treppenhaus, Aufzüge, Toiletten, HLK, Rohrleitungen, Elektrik und Telefonleitungen waren alle im Kernbereich untergebracht. Die Außenwand des Gebäudes bestand aus leichteren Stahlsäulen (60 auf jeder Seite). Dazu verbanden Fachwerkträger aus Stahl ganz ohne Innensäulen den Kernbereich mit der 20 Meter entfernten Außenwand. Die Fachwerkträger trugen die gegossenen, verstärkten **Betonböden**.

Die Eleganz des Entwurfs lag in seiner Wiederholbarkeit. Darüber hinaus war die Geschossfläche zwischen dem Kernbereich und der äußeren Wand komplett frei – ganz ohne Tragsäulen im Innenbereich. Jedes Stockwerk war fast genau 0,25 Hektar groß, davon drei Viertel offene, verwendbare und uneingeschränkt konfigurierbare Fläche. Das Gebäude war gemessen an seinem Volumen recht leicht – vielleicht ein Viertel des Gewichts pro Volumen eines älteren Gebäudes wie des **Empire State Building**. Dieses niedrigere Gewicht bedeutete niedrigere Kosten.

Die meisten Wolkenkratzer haben zahlreiche zurückgesetzte Fassaden, denn mit den Bauordnungsbestimmungen wurde in New York die Vermeidung eines schluchtähnlichen Effekts angestrebt. Durch ihre zurückgesetzten Fassaden stehen die Wolkenkratzer auch Wind und Sonnenlicht nicht zu sehr im Weg. Die Zwillingstürme durften jedoch aufgrund der großen Freifläche rundherum ohne zurückgesetzte Fassaden gebaut werden – eine weitere wahrhaft einzigartige Besonderheit.

SIEHE AUCH: Fachwerkbrücke (1823), Woolworth Building (1913), Empire State Building (1931).

Die Türme des World Trade Centers waren gemessen an ihrem Volumen erstaunlich leicht.

1975

Router

Virginia Strazisar (Lebensdaten nicht verfügbar)

Für Ingenieure ist ein Paradigmenwechsel oder eine Neukonzeption nichts Ungewöhnliches – ein Wechsel im konventionellen Denken bietet wichtige Vorteile. Ein Beispiel für eine größere Neukonzeption ist die Umstellung von analoger auf digitale Musik. Die Umstellung auf HDTV war ein bahnbrechender Paradigmenwechsel.

Eine andere große Neukonzeption war die für das Internet vorgeschlagene Grundstruktur. Das bestehende Paradigma für Kommunikationsnetzwerke basierte auf der Durchschaltetechnik. Für einen Telefonanruf von New York nach San Francisco würde das Telefonsystem eine geschlossene, definierte Schaltung über 4800 Kilometer erstellen.

Die Struktur des Internets verwendet stattdessen Datenpaketvermittlung. Ein in Rom gesprochener Satz wird in Hunderte von Pakete aufgegliedert und zum Internet gesendet. Es ist durchaus vorstellbar, dass jedes Paket einen anderen Weg nach Paris nimmt. Die Internetprotokolladresse oder IP-Adresse gibt das Ziel des Pakets an. In San Francisco wird die IP-Adresse von einer speziellen Maschine identifiziert. Am Zielort werden die Pakete geordnet, wieder zusammengefügt und an die Person am anderen Ende der Leitung ausgeliefert.

Über eine Reihe von Netzwerksegmenten hinweg muss jedes Paket eine Route von New York nach San Franciso finden. Für deren dynamische Festlegung zuständig ist ein Router, entwickelt 1975 von Virginia Strazisar in Zusammenarbeit mit einem BBN-Technologies-Team im Rahmen einer DARPA (Defense Advanced Research Projects Agency)-Initiative. Ein Router ist ein mit mehreren Netzwerksegmenten verbundener Computer. Der Router akzeptiert Pakete, schaut sich an, wo sie hingehören (die IP-Adresse), konsultiert zum Eruieren der im Moment besten Route eine interne Tabelle und sendet jedes Paket über ein Netzwerksegment zum nächsten Router. Zwischen New York und San Francisco kann ein Paket zehn oder mehr Router passieren.

Router haben viele verschiedene Größen. In Ihrem Haus haben Sie wahrscheinlich einen kleinen. Große Router, sogenannte Kernrouter, liegen auf wichtigen **Internet**-Backbone-Segmenten und können jede Sekunde Millionen von Paketen bearbeiten.

SIEHE AUCH: Telefon (1876), ENIAC – der erste digitale Computer (1946), ARPANET (1969), HDTV – hochauflösendes Fernsehen (1996).

Ein frühes Beispiel eines Routers.

OFF
WPS
RESET
WiFi

1976

Die Concorde

Die mittleren 1960er Jahre waren eine goldene Zeit der Luftfahrt. Das **SR-71-Aufklärungsflugzeug** flog mit Mach 3, Reisen mit Düsenjets gehörten zur Routine und der Mensch würde bald **auf dem Mond landen**. Da erschien das Überschallflugzeug am Horizont.

Dank des enormen Vorsprungs der Europäer bei der Entwicklung ist die Concorde ein europäisches Flugzeug. Doch der Überschallflug bringt viele spezifische Schwierigkeiten mit sich.

Problem Nr. 1: Start und Landung. Zur Verringerung des Luftwiderstands bevorzugt Überschall kurze Flügelspannweiten. Bei Start und Landung sind jedoch kurze Flügel schlecht zu handhaben. Die Lösung: extreme Deltaflügel mit guter Auftriebskraft bei steilem Winkel und niedriger Geschwindigkeit. Und die spitze Nase der Concorde gibt den Piloten die Sicht auf die Startbahn frei.

Problem Nr. 2: Die Schubkraft. Zum Flug über den Ozean mit Mach 2 müssen die Triebwerke supercruisefähig sein (also dauerhaft schneller als der Schall fliegen). Zum anderen müssen sie zur Verringerung des Luftwiderstands kompakt sein. Lösung: reine **Turbinen-Luftstrahl-Triebwerke** ohne Bypass-Lüfter. Mechanische Klappen an der Ansaugöffnung verlangsamen den Überschall-Luftstrom beim Eintritt in das Triebwerk. Nachbrenner verleihen den Triebwerken zusätzlichen Schub beim Start und beim Sprung in die Überschallgeschwindigkeit.

Problem Nr. 3: Die Hitze. Bei Mach 2 erhitzt die umströmende Luft die Flugzeugoberfläche. Die Temperatur der Nase erreicht 127 °C, das Flugzeuginnere ist handwarm. Die Flughöhe von 18 300 Metern verringert den Effekt. Spezielle Aluminiumlegierungen hielten der Hitze stand, bestimmten wegen der Temperatureinschränkung des Metalls aber auch die Höchstgeschwindigkeit.

Ein Problem, das die Ingenieure nicht lösen konnten, war die Wirtschaftlichkeit. Der Luftwiderstand begrenzt die Flugzeugbreite, wodurch für weniger Passagiere Platz wäre. Mehr Geschwindigkeit bedeutet aber mehr Energie. Für gerade mal 110 Passagiere hatte die Concorde 117 350 Liter Treibstoff an Bord. Eine vollbeladene 747 verbraucht pro Meile ein Zehntel des Treibstoffs. Die Ingenieure können Vieles, nicht aber die Gesetze der Physik und deren wirtschaftlichen Auswirkungen ändern. Das günstige Reisen mit Überschallgeschwindigkeit sieht einer Neukonzeption entgegen.

SIEHE AUCH: Hall-Héroult-Prozess (1889), SR-71-Aufklärungsflugzeug (1962), Mondlandung (1969).

Die Concorde bei der Landung auf dem Flughafen Amsterdam.

British

1976

CN Tower

Ihre Stadt braucht einen Turm zum Senden von **Radio-** und **Fernsehsignalen**. Die Ingenieure könnten ein langweiliges senkrechtes Metallbaugerippe mit Spanndrähten bauen, doch Sie möchten eine fabelhafte Touristenattraktion schaffen. Deshalb verlangen Sie nach etwas wie dem 1976 fertiggestellten *CN Tower* in Toronto.

Der Bau unter der Aufsicht der Firma NCK begann mit dem Freilegen des Felsuntergrunds und dem Verankern des Turms mit Stahl und Beton. Nach Fertigstellung des Fundaments wurde der Turm selbst im innovativen Gleitschalungsverfahren errichtet. Ingenieure verwenden die Gleitschalung beim Bau verschiedener **Betonstrukturen** wie Silos, Kühltürme und Brückenpfeiler. Deren Hauptelement sind Betonformen, die einen kleinen Ring der senkrechten Konstruktion bilden. Schnell aushärtender Beton fließt in diese Formen und erstarrt. Anschließend winden sich die Formen über dieses neue Betonteil hoch und die nächste Betonierung erfolgt. Die Arbeiter stehen auf Plattformen um diesen Ring herum und fügen Bewehrungsstäbe hinzu, führen den Beton und lassen ihn vibrieren. Der Vorteil der Gleitschalung: Das Gebäude ist im Wesentlichen ein durchgehendes, extrem stabiles Betonteil.

Im Falle des CN Towers besitzt das Gebäude einen sechskantigen Kern für Haustechnik, Treppenhaus und Fahrstühle sowie drei sich vom Grund in Richtung Turmspitze verjüngende Stützpfeiler. Auf dem 457 Meter hohen Betongefüge steht ein 96 Meter großer Turm aus Metall. Für den Zusammenbau brachte ein großer **Hubschrauber** die Metallturmsegmente eines nach dem anderen nach oben. An diesem Metallaufbau sind Radio-, Fernseh- und Mikrowellenantennen befestigt. Mit einer Gesamthöhe von 552 Metern war er zum Zeitpunkt seiner Erstellung das höchste freistehende Gebäude der Welt.

Warum so groß? Aus Angeberei, aber es gab auch einen praktischen Zweck für die Höhe. Bei den vielen Wolkenkratzern in der Gegend ermöglicht der hohe Turm störungsfreie Rundfunkübertragungen für die ganze Stadt. Mit dem Lookout und dem Skypod wurde der Turm eine beliebte Touristenattraktion mit mehr als zwei Millionen Besuchern pro Jahr.

SIEHE AUCH: Beton (1400 v. Chr.), Fachwerkbrücke (1823), Radiosender (1920), Farbfernsehen (1939), Hubschrauber (1944).

Kanadas CN Tower ist optisch beeindruckend und ermöglicht störungsfreie Rundfunkübertragungen.

1976

VHS Videokassette

In den Anfangszeiten des Fernsehens wurde das ganze Programm live ausgestrahlt, denn das Speichern eines **Fernsehsignals** war noch nicht möglich. Ein Fernsehsignal enthält bedeutend mehr Informationen als ein Audiosignal, nämlich die Audiospur plus alle Daten für die Zusammensetzung von 30 vollständigen Bildern pro Sekunde.

Die offensichtliche Lösung wäre die Speicherung des Videosignals auf Band. Aber wie? **Tonaufzeichungen** wurden einst durch lineare Aufnahme des Audiosignals über das ganze Band möglich. Zur Aufzeichnung eines Fernsehsignals auf diese Weise müsste das Band mit einer extremen Geschwindigkeit über den Schreib-Lesekopf laufen. Das war nicht praktikabel.

Der technische Durchbruch, der Videoaufnahmen ermöglichte, war die Methode der Schrägspurabtastung. Der Schreib-Lesekopf sitzt auf einem sich drehenden, leicht geneigten Zylinder. Die Bandführung wickelt das Band halb um diesen Zylinder. Während das Band langsam über den Kopf läuft, dreht sich der Kopf mit 1800 U/min. Jedes Einzelbild ist als Schrägstreifen auf das Band geschrieben, der Audiokanal linear auf die Unterseite des Bandes. Mit dieser Methode konnten die Ingenieure bei akzeptabler Bandgeschwindigkeit bewegte Bilder auf Band aufnehmen.

Dem Durchbruch folgte etwas Überraschendes: der Krieg der Videoformate. Zwei Varianten für die Ausführung der Schrägspurabtastung kamen auf den Markt. Ein Format war Betamax von Sony, das andere war VHS (Video Home System) von JVC. Den Kampf um die Marktvorherrschaft entschieden die Verbraucher. Zwei Faktoren scheinen VHS zum Sieg verholfen zu haben: der niedrigere Preis für die Gerätetechnik und die längere Aufnahmezeit. Das erste Endverbrauchergerät für das Abspielen von VHS-Kassetten kam 1976 auf den Markt.

Dank der Ingenieure erlangten die Verbraucher erstmals die Kontrolle über ihr Fernseherlebnis. Sie konnten nun zuvor bespielte Kassetten verleihen oder Fernsehsendungen aufnehmen und sie später abspielen. Beide Merkmale waren unglaublich attraktiv und nach dem Ende des Kriegs der Videoformate explodierten die Verkäufe von Videorekordern. Die Ingenieure hatten ein Gerät erschaffen, das fast so beliebt war wie der Fernseher.

SIEHE AUCH: Tonbandaufnahme (1935), Farbfernsehen (1939), HDTV – hochauflösendes Fernsehen (1996).

Das Innere eines VHS-Kassette.

1977

Muskelkraft-Flugzeug

Paul B. McCready (1925–2007)

Das Muskelkraft-Flugzeug ist eine scheinbar einfache Idee, stellt aber eine riesige technische Herausforderung dar. Das Problem liegt in der Verwendung des Menschen als Motor.

Am Boden beim Fahrrad funktioniert der menschliche Motor gut, denn das Gewicht des Motors spielt kaum eine Rolle. Ein topfitter Mensch (etwa ein Tour de France-Teilnehmer) kann über mehrere Stunden ein halbes PS generieren. Damit kann ein Fahrrad ganz schön schnell sein.

In einem Flugzeug dagegen ist das Gewicht des Motors sehr wohl von Bedeutung. Er bewegt das Verkehrsmittel nicht nur vorwärts, sondern hält es auch in der Luft. Die Gravitation zieht das Flugzeug ständig zu Boden und der Motor muss die entgegenwirkende Kraft liefern. So wird ein 72 Kilogramm schwerer Motor mit einem halben PS zum enormen Problem.

Das Muskelkraft-Flugzeug muss also möglichst leicht sein. Trotzdem braucht es große Flügel, denn mit der verfügbaren Leistung fliegt es sehr langsam.

Der 1959 von dem Industriellen Henry Kremer gestiftete Kremer-Preis in Höhe von 50 000 Britischen Pfund wurde an Wegbereiter des Fliegens mit Muskelkraft verliehen. Der von dem amerikanischen Luftfahrtingenieur Paul McCready entworfene Gossamer Condor gewann als erstes Muskelkraft-Flugzeug 1977 diesen Preis, denn es war die Form einer Acht um zwei 0,8 Kilometer weit voneinander entfernte Masten geflogen.

Die Ingenieurskunst ist verblüffend. Trotz seiner unglaublichen Flügelspannweite von 29 Metern, einem riesigen Propeller und dem an der Vorderseite angebrachten Entenflügel zur Kontrolle wiegt es nur 32 Kilogramm. Dazu kombinierten die Ingenieure dünne Aluminiumrohre mit superleichten Schaumrippen, einer Mylar-Verkleidung und dünnem Draht. Die „Kette“ besteht aus Stahlseil und Plastik.

Noch mehr zu verblüffen wusste das MIT-Daedalus-Muskelkraft-Flugzeug, das im Jahr 1988 in knapp unter vier Stunden die 115 Kilometer von Kreta nach Santorin flog. Es bestand aus **Carbonfasern**, Schaumstoff, Mylar und **Kevlar** und sah aus wie ein normales Flugzeug. Mit einer Flügelspannweite von 34 Metern ist es eine außergewöhnliche technische und athletische Leistung.

SIEHE AUCH: Kohlefaser (1879), Hall-Héroult-Prozess (1889), Kevlar (1971).

Das Daedalus-88-Muskelkraft-Flugzeug mit Glenn Tremml als Pilot auf seinem letzten Flug für das NASA Dryden Flight Research Center in Edwards, Kalifornien.

MIT
United Technologies
DAEDALUS

1977

Schwingungstilger

Manchmal entwickeln die Ingenieure spektakuläre Lösungen. Dann wiederum tun sie alles im Verborgenen und niemand bekommt ihr Ergebnis zu sehen. Der Schwingungstilger in vielen Wolkenkratzern wie dem World Trade Center ist ein Beispiel dafür.

Ein langer, flexibler, in den Boden versenkter Stab hilft uns, das Prinzip zu veranschaulichen. Bei Wind beginnt das Stabende sich zu neigen. Dasselbe passiert bei einem Wolkenkratzer – die Spitze des Gebäudes gerät bei starkem Wind ins Schwanken. Der Wind bläst gegen eine Gebäudeflanke und das Gebäude krümmt sich. Dann ändert er Geschwindigkeit oder Richtung und die Spitze des Gebäudes verlagert sich. Oder er bringt das Gebäude in Schwingung. Das geschieht, wie steif auch immer die Ingenieure das Gebäude machen. Aber die Bewegung kann unangenehm sein, speziell in den oberen Etagen. Wie also kann man sie verringern oder beseitigen?

Hier kommt der Schwingungstilger ins Spiel. 1977 war das John Hancock Center in Boston das erste Gebäude mit einem Schwingungstilger. Es brauchte ihn, weil die obersten Etagen des 60-stöckigen Gebäudes so stark schwankten, dass sie die Bewegungskrankheit verursachten. Der Schwingungstilger ist ein über Federn und/oder hydraulische Zylinder mit dem Tragwerk des Gebäudes verbundenes riesiges Gewicht von meist mehreren hundert Tonnen, das sich gleich einem Pendel frei bewegt. Beginnt die Spitze des Gebäudes zu schwanken, will das Gewicht weiterhin seine Ruheposition erhalten. Mit seinen Federn und Stoßdämpfern wirkt es so dem Schwingen entgegen und reduziert es erheblich.

Nehmen Sie als Beispiel Sie den Schwingungstilger des Taipei 101 in Taiwan. Während eines Erdbebens filmte ein Tourist den Schwingungstilger und lud das Video auf YouTube hoch. Den fast 660 000 Kilogramm schweren Schwingungstilger in so freier Bewegung zu sehen ist schon faszinierend.

Auch Wasser kann als Gewicht verwendet werden. In einem Gebäude strömen 380 000 Liter Wasser durch Ableiter, um einem Schwingen entgegenzuwirken.

SIEHE AUCH: Woolworth Building (1913), World Trade Center (1973), Burj Khalifa (2010).

Ein Schwingungsdämpfer in Taipei.

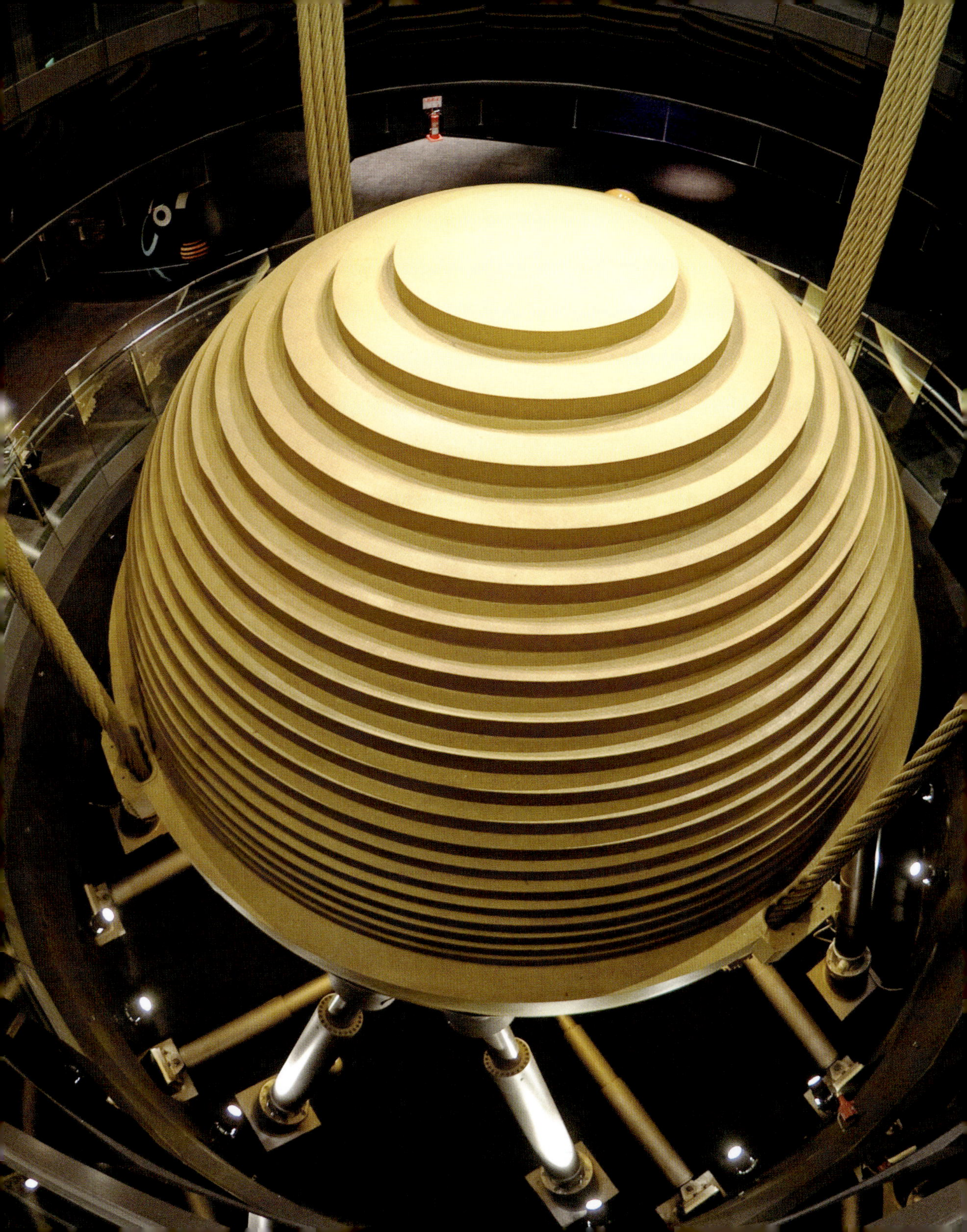

1977

Voyager-Raumsonde

Die zwei Voyager-Raumsonden sind eindrucksvolle Teile einer wissenschaftlichen Ausrüstung, die bereits seit Jahrzehnten für sich allein funktioniert. Das Überraschendste: Die am 5. September 1977 gestartete Voyager-1-Raumsonde hat als erstes von Menschenhand gefertigtes Objekt unser Sonnensystem verlassen. Und wir können noch immer mit ihr kommunizieren.

Wie kommt ein Ingenieur auf die Idee zu einem Objekt, das ohne die Chance auf Reparatur oder Betankung mehrere Jahrzehnte lang fortdauern und selbst aus einer Entfernung von mehr als zehn Milliarden Kilometern mit der Erde kommunizieren muss?

Eine grundlegende Sache ist die Stromversorgung. Ohne Strom für Elektronik, Computer, Radios und Heizgeräte ist die Raumsonde tot. Mit der Sonne als winziger Nadelspitze am Horizont fällt die Solarenergie aus. Mit einem Radioisotopengenerator setzten die Ingenieure auf Atomenergie. Der Generator enthält Kugeln aus Plutonium-238 (mit einer Halbwertszeit von 87 Jahren), die bei ihrem Zerfall viel Wärme erzeugen. Die Thermoelemente um die Kugeln herum wandeln die Wärme direkt in Elektrizität um. Die anfängliche Leistung des Radioisotopengenerators lag bei ca. 480 Watt. 2025 wird die Raumsonde aufgrund des Zerfalls des Plutoniums keinen Strom mehr haben.

Zur Kommunikation verfügt die Raumsonde über eine 23-Watt Funkanlage mit einer Richtparabolantenne von 3,7 Meter Durchmesser. Beim Erreichen der Erde ist das Signal unglaublich schwach, aber die dortige Empfangsantenne hat einen Durchmesser von 30,5 Metern. Da es nur selten von Menschen verwendete Frequenzen verwendet, kommt das schwache Signal durch.

Ausgestattet mit Strom und einem Funksystem, ist die Raumsonde in der Lage zu kommunizieren. Der Computer sammelt die Daten von elf Instrumenten und übernimmt die Kommunikation. Wie kann ein Computer so lang laufen? Der erste Schritt dazu besteht in der Entwicklung eines Systems aus strahlungsgeschützten Bauteilen. Der zweite Schritt ist die Entwicklung redundanter Systeme. Es gibt eigentlich drei separate Computer und von jedem noch zwei Kopien an Bord. Im dritten Schritt müssen die Programmierer den Code schreiben. Zusätzlich haben sie die Voyager-Raumsonden während der Mission mehrere Male neu programmiert.

SIEHE AUCH: Funkstation (1920), ENIAC—der erste digitale Computer (1946), Space-Shuttle (1981).

Künstlerisches Konzept der Voyager-Raumsonde.

1977

Trans-Alaska-Pipeline

Sie haben eine bedeutende neue Ölquelle erfunden. Das Öl sprudelt reichlich (bis zu zwei Millionen Barrel pro Tag), nur liegt das Bohrloch weit jenseits des Polarkreises.

Für Ingenieure stellt sich die Frage nach der sichersten und effizientesten Methode für den Öltransport vom Bohrloch zum Markt?“ Die Ingenieure entschieden sich für eine gemischte Vorgehensweise: eine 1300 Kilometer lange Pipeline transportiert das Öl über eine Nord-Süd-Traverse auf dem Landweg durch Alaska, dann bringen es **Supertanker** vom Hafen in Valdez (Alaska) zu den Raffinerien.

Eine Pipeline ist doch nur ein großes Rohr? Erstens ist das nicht ganz so einfach und zweitens mussten die Ingenieure in Alaska das Schmelzen von Permafrost in der Nähe der Pipeline verhindern, mit der Erdbebenaktivität fertigwerden und den Ölfluss bei extrem kalten Temperaturen aufrechterhalten.

Der Ölfluss wird mit elf gewaltigen Pumpstationen gewährleistet, die täglich mehr als 220 Millionen Liter Öl pumpen können. Die Pumpen halten das Öl warm, unter Druck und sorgen für ihr Fließen durch die Pipeline mit einem Durchmesser von 1,22 m.

Eine unisolierte Pipeline mit heißem Öl würde unter der Erde zum Schmelzen des Permafrosts und damit verbundener Erosion sowie Problemen in der Tier- und Pflanzenwelt führen. Deshalb wird die Pipeline mit Auskleidungen aus Schaumstoff, Kies und Kühlaggregaten vergraben. Da dies teuer ist, verlaufen die allermeisten Pipelines überirdisch. Das Rohr ruht auf waagrechten, an senkrechten Pfosten festgemachten Trägern. Die Pfosten enthalten Wärmerohre zur Abführung der Wärme in die Luft.

Die 1977 von der Alyeska in Auftrag gegebene Pipeline kann sich auf den waagrechten Trägern seitwärts bewegen. Deshalb und wegen ihres gewundenen Verlaufs kann sich die Pipeline während einer Expansion oder Kontraktion verlagern. Zudem bietet dies auch Schutz bei Erdbeben.

Entlang der Denali-Verwerfung ruht die Pipeline auf etwa 15 Meter langen Trägern. Im Jahr 2002 bewies ein Erdbeben der Stärke 7,9 mit einer Verschiebung des Erdbodens entlang der Verwerfung um 4,26 m die Funktionstüchtigkeit des Systems.

Die Ingenieure lösten 1300 Kilometer an Problemen und brachten eine praktikable Lösung hervor.

SIEHE AUCH: Erdölbohrung (1859), Supertanker Jahre Viking (1979), Erdbebensichere Gebäude (2009).

Die Trans-Alaska-Ölpipeline während eines Schneeschauers im Juli.

562

1977

Magnetresonanztomografie (MRT)

Raymond Vahan Damadian (geb. 1936)

Ein Arzt kann in den menschlichen Körper nicht hineinsehen, ohne ihn zu öffnen, und folglich weder Knochenbrüche noch Tumore oder innere Blutungen diagnostizieren.

Kontrastarme Röntgenaufnahmen waren das erste Fenster ins Innere. Sie eignen sich bei Knochenproblemen. CT-Scanner gingen einen Schritt weiter und erzeugen eine 3D-Ansicht. Röntgenstrahlen sind jedoch wegen der ionisierenden Strahlung und dem damit verbundenen Krebsrisiko problematisch.

1977 entdeckte dann der amerikanische Arzt Raymond Vahan Damadian eine neue Methode. Setzt man den Körper einem starken magnetischen Feld aus, lassen sich ein spezifischer Ort im Körperinneren lokalisieren (stellen Sie sich einen Würfel mit einer Kantenlänge von einem Millimeter vor) und die darin enthaltenen Wasserstoffatome auslesen. Signalunterschiede kennzeichnen unterschiedliche Gewebearten. Mithilfe von Millionen dieser winzigen Würfelchen im Inneren des Körpers kann der Computer ein sehr präzises 3D-Bild erstellen.

Nach Bekanntwerden der wissenschaftlichen Grundlagen waren die Ingenieure an der Reihe mit dem Entwurf von möglichst präzisen, zuverlässigen, günstigen und sicheren MRT-Scannern. Ein großes Problem ist das vom MRT-Scanner benötigte gleichmäßige Magnetfeld mit einer Stärke von mindestens zwei Tesla. Normalerweise wird dieses von einer Reihe ringförmiger Elektromagneten erzeugt, während der Patient in der Mitte der Ringe liegt. Damit sich Größe und Stromverbrauch der Magneten in einem akzeptablen Bereich bewegen, werden sie mit flüssigem Helium gekühlt und supraleitend gemacht. Die Verwendung von flüssigem Helium führt wieder zu eigenen technischen Problemen.

Fortschritt ist ein Ziel der Ingenieurskunst. Bei den MRT-Scannern wurden die Geschwindigkeit und die abfragbare Größe der Würfel verbessert. Hochtemperatur-supraleiter würden kein flüssiges Helium mehr benötigen. Es gab auch Fortschritte beim Bau von offeneren MRT-Scannern für Menschen mit Klaustrophobie. Wird es den MRT-Scanner einst für zu Hause geben? Vielleicht nicht, aber Ingenieure dürfen davon träumen.

SIEHE AUCH: CT-Scan (1971), Neodym-Magnet (1982).

MRT-Scan einer menschlichen Wirbelsäule.

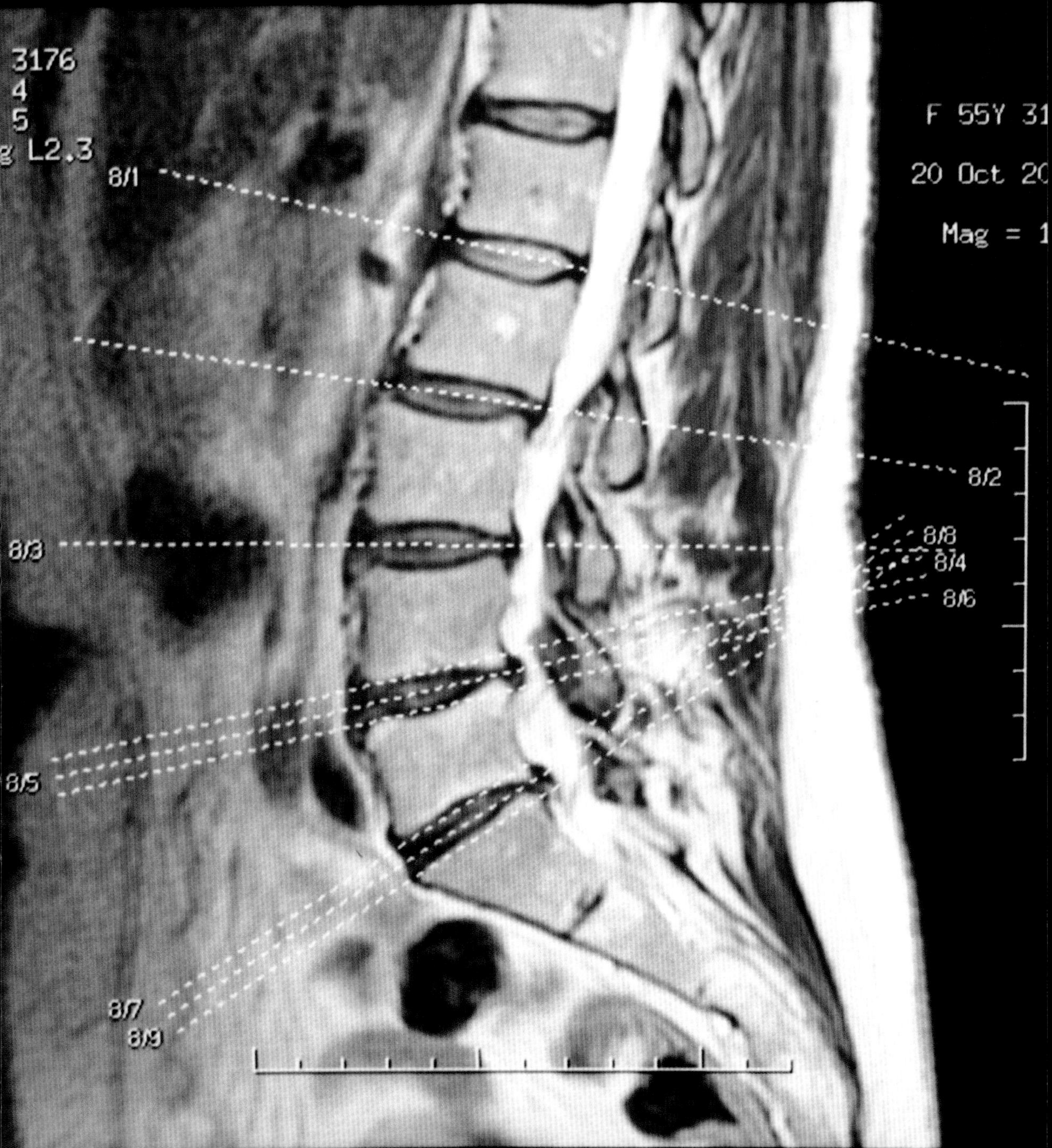

3176
4
5
g L2.3
F 55Y 31
20 Oct 20
Mag = 1
8/1
8/2
8/3
8/8
8/4
8/6
8/5
8/7
8/9

1978

Lachgaseinspritzung

Sie sind ein Ingenieur, der die Leistung eines bestehenden Motors ohne große Gewichtssteigerung verbessern will. Eine Möglichkeit ist die Erhöhung der Sauerstoffmenge im Zylinder. Ein **Lader** oder ein Turbolader würden das ermöglichen, aber das sind komplizierte schwere Geräte mit großem Verbrauch von Motorleistung.

Da Luft zu 80 Prozent aus Stickstoff und nur zu 20 Prozent aus Sauerstoff besteht, könnte man die Motorleistung durch eine höhere Sauerstoffkonzentration ohne Veränderung der Motorgröße steigern. Mit mehr Sauerstoff im Zylinder kann der Motor mehr Treibstoff verbrennen und seine Leistung steigt. Eine Methode zur Erhöhung der Sauerstoffkonzentration ist ein Hochdrucksauerstofftank, wie man ihn bei einer Schweißerausrüstung finden kann. Aber diese Tanks sind extrem schwer und enthalten nicht gerade viel Sauerstoff.

Gibt es noch andere Möglichkeiten? Lachgassysteme sind eine technische Alternative. Lachgas ist N_2O, enthält also mehr Sauerstoff als atmosphärische Luft. Besser noch, N_2O lässt sich in flüssiger Form gut lagern. Ein Liter flüssiges N_2O dehnt sich beim Übergang in den gasförmigen Zustand auf das 400-Fache aus und das bei -88 °C. So wird die in den Motor einströmende Ansaugluft gekühlt und verdichtet und führt deshalb dem Zylinder noch mehr Sauerstoff zu.

Mit einem sehr einfachen Geräteaufbau kann so der Motor seine Nennleistung um eindrucksvolle 20 Prozent oder mehr steigern. Im Grunde genommen kann man das N_2O einfach kontrolliert in den Ansaugstutzen einsprühen und die Treibstoffmenge entsprechend erhöhen.

Aus diesen Gründen sind die seit 1978 produzierten N_2O-Systeme auf Rennstrecken zur Steigerung der Leistung üblich. Dagegen sind N_2O-Systeme bei Autos im Straßenverkehr in vielen Ländern verboten. Und auf der Rennstrecke muss man bei der Anwendung von N_2O gut aufpassen. Ein Motor kann explodieren, wenn er mit den Effekten des N_2O nicht zurechtkommt.

SIEHE AUCH: Kompressor und Turbolader (1885), Verbrennungsmotor (1908).

Motor bei einem Dragsterrennen mit Lader und Lachgaseinspritzung.

NOS
NITROUS OXIDE SYSTEMS
Holley

Bagger 288

Es gibt zwei Arten von Kohleminen: unterirdische und oberirdische. Im Tagebau ist die Denkweise ziemlich einfach: Schaufle Kohle und liefere sie per Bahn oder Frachtkahn an den Kunden.

Und wenn die Ingenieure den größt- und schnellstmöglichen Schaufelbagger erschaffen wollten? Heraus käme der Anfang 1978 von Krupp gebaute Bagger 288, auch bekannt als Schaufelradbagger.

Die Maschine ist von kaum vorstellbarer Größe. Das grabende Ende ist ein Rad mit einem Durchmesser von 21 Meter und mit 20 Grabschaufeln. Zum Graben dreht sich dieses Rad. Die Gefäße am vorderen Ende nehmen die Kohle auf. Kommt eine Schaufel ans obere Ende des Rads, fällt die Kohle aus der offenen Rückseite der Schaufel und landet auf einem Förderband. Da jede Schaufel etwa 15 Kubikmeter Material enthält und sich alle paar Sekunden entlädt, kann die Maschine an einem Tag leicht über 100 000 Kubikmeter Kohle bewegen.

Die Maschine hat drei Bestandteile. Das obere Teil besteht aus einem Schaufelrad, seinem Motor, einem Teil des Förderbands, der Führerkabine und einem kranartigen Oberbau zur Stützung. Der Oberbau bewegt das Schaufelrad vor und zurück und für die Drehung nach links und rechts ist es auf einer Drehscheibe angebracht. Die Konstruktion ist 95 Meter hoch und ähnelt einer Schrägseilbrücke wie der *Golden Gate Bridge*. Der zweite Teil ist das hintere Förderband und das tragende Auslegergebilde. Zusammen mit der Schaufelradverlängerung ergibt das ein Fahrzeug von über 210 Metern Länge. Der dritte Teil ist eine Reihe von zwölf sehr weiten Raupenbändern, damit die Maschine sich bewegen kann.

Diese Maschine braucht zum Arbeiten etwas mehr als 16 Megawatt. Diese Energie liefern Elektromotoren, deshalb kommt bei ihrem Betrieb das größte Verlängerungskabel der Welt zum Einsatz.

Könnten die Ingenieure etwas Größeres erschaffen? Kaum vorzustellen, denn man könnte es nicht mehr bewegen. Und in einer Mine muss sich die Maschine beim Graben vorwärtsbewegen.

SIEHE AUCH: Transkontinentale Eisenbahn (1869), Golden Gate Bridge (1937), Leichtwasserreaktor (1946), Supertanker Jahre Viking (1979).

Die Schaufelradbagger 288 und 258 im Tagebau Garzweiler.

RWE
288
KRUPP
SIEMENS

1979

Supertanker Jahre Viking

Die moderne Welt hat einen unglaublichen Hunger nach Öl und **Raffinierieprodukten**. Jeden Tag werden nahezu 100 Millionen Barrel Öl verbraucht. Wie kann man das ganze Öl bewegen? Zur Überquerung eines Ozeans ist ein Supertanker das Richtige. Die größten davon transportieren mit unglaublicher Effizienz mehr als drei Millionen Barrel Öl.

Ein großer Supertanker ist eine gewaltige technische Konstruktion. Voll beladen wiegt das größte Schiff bei 450 Meter Länge 600 000 Tonnen. Das längste jemals gebaute Schiff war die 1979 vom japanischen Unternehmen Sumitomo Heavy Industries gebaute Jahre Viking. Die Schiffbau-Ingenieure erschaffen ein Objekt von der Größe des **Empire State Building**, das sich übers Wasser bewegt, Stürmen und Wellen standhält, auf Hindernisse stoßen kann und ähnliches. Aufgrund der Giftigkeit von Rohöl ist die Sicherheit ein besonderes Anliegen.

Heutzutage beruht die marktbeherrschende Bauweise von Supertankern auf zwei innenliegenden Stahlträgern über die ganze Länge des Schiffs. Diese Träger verleihen dem Schiff Stabilität und schaffen drei Bereiche (Mitte, Backbord und Steuerbord) für die Öltanks. Anstelle eines langen Tanks gibt es Dutzende kleinerer Tanks, die ein Schwappen verringern. Die Tanks ermöglichen auch eine Doppelhülle. Sie selbst bilden eine Hülle, der mit größerem Abstand die äußere Schiffshaut folgt. Bei einem Zusammenstoß besteht so die Hoffnung, dass nur die äußere Hülle beschädigt wird und der Zwischenraum als schützender Puffer für die Tanks wirkt.

Die größten Supertanker werden von den größten **Zweitakt-Dieselmotoren** der Welt angetrieben. Stellen Sie sich einen Motorenzylinder mit dem Kolben am unteren Umkehrpunkt vor. Wenn sie oben auf dem Kolben stehen, erhebt sich die Zylinderwand mehr als 2,4 Meter und der Kolbendurchmesser beträgt mehr als einen Meter. Der Motor hat 14 dieser Zylinder, wiegt 2300 t und produziert mehr als 100 000 PS. Er ist bereits für sich genommen ein Wunderwerk der Technik und läuft im Inneren eines weiteren Wunderwerks der Technik.

SIEHE AUCH: Ölraffinerie Wamsutta (1861), Zweitakt-Dieselmotor (1893), Empire State Building (1931), Containerschifffahrt (1984).

Luftansicht eines Rohöltankers und Lagertanks im Hafen von A Coruña, Galizien, Spanien.

1980

Flash-Speicher

Fujio Masuoka (geb. 1943)

In den 1990er Jahren hatten die Benutzer von Computern ein Problem. Die in den Computern verwendeten RAM (Random Access Memory)-Chips vergessen alles beim Ausschalten des Stroms. Und sie sind teuer. Zur Lösung dieser beiden Probleme besaßen alle Computer Festplatten. Auch in ausgeschaltetem Zustand speichern diese jahrelang Daten und haben verglichen mit dem RAM eine enorme Kapazität.

Aber Festplatten sind als mechanische Geräte langsam, groß und zerbrechlich. Die Welt brauchte eine Art elektronischen Speicher, der bei ausgeschaltetem Strom Dinge erinnern kann.

Auf dem Weg dahin standen eine Reihe von Weiterentwicklungen. Es begann mit dem 1980 von Fujio Masuoka während seiner Tätigkeit bei Toshiba entwickelten ROM, „Read-Only Memory"-Chips mit permanent codierten Bitmustern. Es folgte PROM, „Programmable Read-Only Memory". Der Benutzer konnte nun einmalig ein Bitmuster auf den Chip brennen. Dann kam EPROM, „Erasable Programmable Read-Only Memory". Der Benutzer konnte ein Bitmuster auf den Chip brennen und den Chip dann zum Löschen ultraviolettem Licht aussetzen. Und schließlich EEPROM, „Electrically Eraseable Programmable Read-Only Memory". Der ganze Chip konnte mit einem elektronischen Signal gelöscht werden. 1980 ging ein Ingenieur einen Schritt weiter, um das elektronische Löschen individueller Blöcke oder Zellen zu ermöglichen. So wurde der Flash-Speicher geboren, bis zu dessen Markteinführung es noch mehr als ein Jahrzehnt dauerte.

Zwei der ersten Anwendungen des Flash-Speichers waren die neuen MP3-Player und Digitalkameras. Die kleine Größe, der niedrige Leistungsbedarf und die Unempfindlichkeit des Flash-Speichers passten perfekt zu diesen tragbaren Geräten. Als nächstes kamen die kleinen USB-Memorysticks. Smartphones und Tablet-PCs verwenden ausschließlich Flash-Speicher. Und aufgrund der verbesserten Kapazität und der rasanten Geschwindigkeit konkurrieren Flash-Speicher heutzutage trotz ihres höheren Preises mit traditionellen Festplatten in Laptops und PCs.

Um einen rein elektronischen Speicher zu schaffen haben die Ingenieure viele andere Systeme getestet. Der Flash-Speicher ist das erste, das auf dem Markt besteht.

SIEHE AUCH: Festplatte (1956), Dynamisches RAM (1966), RFID-Etikett (1983), Digitalkamera (1994).

Das Aufkommen von Flash-Speichern verbesserte die Leistungsfähigkeit von Digitalkameras deutlich.

CF
SanDisk
Code 8477

1980

Panzer M1 Abrams

Die Idee hinter einem Panzer ist ziemlich einfach: Packe eine Kanone auf ein Fahrzeug. Nur wird der Gegner auf die Idee kommen, dass auch er Kanonenwagen braucht, und diese fangen an sich gegenseitig zu beschießen.

Die Besatzung des Kanonenwagens muss geschützt werden. Deshalb versehen Ingenieure das Fahrzeug mit einer Hülle aus dickem Stahl, doch das führt zu einem extrem schweren Gefährt. Die Ingenieure bauen einen großen Motor ein und stellen es auf Ketten. Der moderne Panzer ist geboren.

Im 1980 von Chrysler Defense für die US-Armee gebauten M1-Panzer trieben die Ingenieure dies auf die damals technisch mögliche Spitze. Die äußere Panzerung ist nicht mehr aus Stahl, sondern aus einem manchmal als Chobham bezeichneten Verbund aus Keramik, Stahl, **Plastik** und **Kevlar**. Das Ziel der Panzerung ist das Aufhalten sowohl kinetischer Eindringkörper als auch solcher aus geschmolzenem Metall. Sie kann mit einer zusätzlichen Lage aus reagierender Panzerung oder Lamellen-Panzerung verstärkt werden, die bei Körpern aus geschmolzenem Metall eine vorzeitige Entladung auslöst.

Die 1500-PS-**Gasturbine** und der 1900 Liter fassende Treibstofftank verleihen dem Panzer eine Reichweite von etwa 400 Kilometern. Den scheinbar unwirtschaftlichen Treibstoffverbrauch rechtfertigt das Gewicht des voll beladenen Panzers von rund 63,5 Tonnen.

Die Kanone ist das Kernstück des Panzers. Sie misst 120 Millimeter im Durchmesser und kann kinetische und Flüssigmetall-Munition schießen, sowie gegen Personen gerichtete Patronen. Dazu hat der Panzer ein 0,50-Kaliber Maschinengewehr und zwei kleinere Maschinengewehre.

Zum Schutz der Vier-Mann-Besatzung besitzt der Panzer ein ABC System, mit dem atomare, biologische und chemische Gefahrenstoffe ausgefiltert werden. Der Besatzungsraum steht wie ein Reinraum unter Überdruck. Um die Besatzung zu schützen ist das Innere des Panzers mit Kevlarmatten und einem Feuerschutzsystem ausgekleidet.

Die Ingenieure haben mit dem M1 Abrams einen Panzer erschaffen, der als der modernste gilt. Er ist das beste Kanonengefährt, das für Geld zu haben ist.

SIEHE AUCH: Kunststoff (1856), Dampfturbine (1890), Reinraum (1960), Kevlar (1971).

Die Marineinfanterie der Alpha Company, 1. Panzerbatallion, bringt ihren M1A1-Abrams-Panzer in eine Verteidigungsposition, 11. Mai 2014.

1980

Stadion-Großbildschirm

Stadien und Sporthallen verfügen meist über einen riesigen Bildschirm, der den Besuchern Wiederholungen zeigt und eine bessere Sicht auf das Geschehen auf dem Platz gewährt. Diese gigantischen Anzeigen sind ein anschauliches Beispiel für ein Gerät, das erst bei Vorhandensein der richtigen Technologie eingeführt werden konnte.

Wie gehen Sie als Ingenieur bei der Entwicklung eines riesigen Außenbildschirms vor? Bei Tageslicht können Sie die Standardlösung für eine großflächige Anzeige, den Projektor, nicht verwenden. Sie könnten einen Schwarzweißbildschirm aus Glühbirnen bauen, doch diese Lösung beinhaltet Probleme wie die benötigte Strommenge und die von den Glühbirnen erzeugte Hitze, die leichte Verzögerung beim Anschalten der Glühbirnen, die hohe Ausfallrate der Glühbirnen.

Eine Zeitlang produzierten die Hersteller kleine Kathodenstrahlröhren, die zum Bau einer Anzeige verwendet werden konnten. Doch diese waren nicht hell genug, sperrig und hatten eine kurze Haltbarkeit. Die Anzeigen waren einfach zu teuer.

Dann tauchten die günstigen LEDs (Leuchtdioden) auf. Sie sind klein, hell, effizient, ausdauernd. Rote LEDs waren die ersten, gefolgt von grünen und nach langem Unterbruch gab es schließlich auch blaue LEDs zu einem vernünftigen Preis. Zu diesem Zeitpunkt war auch der Preis für die **Mikroprozessoren** für die Steuerung der LEDs gesunken. Alles von den Ingenieuren Benötigte stand zur Verfügung und Großbildschirme wurden allmählich normal. Die Ingenieure konnten einen „Pixel" durch Kombination von beispielsweise drei roten, drei grünen und drei blauen LEDs in einer einzelnen Einheit bündeln. Zehn mal zehn von diesen Pixeln konnten zu einem 1000 Quadratzentimeter großen Modul zusammengesetzt und diese Module wiederum zu einem Bildschirm verfliest werden.

1980 ermöglichte das von Sony angefertigte Diamond Vision Board den Fans im Dodgers-Stadium das Mitverfolgen des Spiels auf einem Großbildschirm. Heutzutage findet man einen Großbildschirm in jedem Stadion, das größer als ein Basketballfeld ist, denn den Ingenieuren steht endlich eine zuverlässige RGB-Lichtquelle zu einem vernünftigen Preis zur Verfügung.

SIEHE AUCH: Farbfernsehen (1939), Mikroprozessor (1971).

Eine Frau gewinnt auf einem Großbildschirm ein Haus, während Barry Zito von den Giants sich vor dem Spiel aufwärmt, AT&T Stadium, San Franciso, Kalifornien.

DIAMOND
OF CALIFORNIA
Culinary Walnuts
SAFEWAY
Ingredients for life.
Coors LIGHT
PG&E
wecandothis.com
PlayStation
IT ONLY DOES EVERYTHING.
PS3
MITSUBISHI ELECTRIC
YAHOO!
KETTLE

1981

Bigfoot-Monstertruck

Bob Chandler (geb. 1941)

Manchmal kann die Ingenieurskunst verblüffende Wendungen nehmen wie beim Monstertruck. Die Entwicklung beginnt ganz harmlos. Ein Pick-Up-Besitzer erwirbt ein paar neue Felgen, die größere Reifen ermöglichen. Zu große Reifen scheuern jedoch an der Karosserie. Die einfache Lösung dafür ist ein Bausatz zur Anhebung der Karosserie – ein paar Karosserie und Tragwerk trennende Abstandshalter. Oder ein Bausatz zur Anhebung der Aufhängung, die sowohl Tragwerk als auch Karosserie anheben.

Der erste Monstertruck war Bigfoot. Bigfoots Besitzer Bob Chandler montierte die 1,2 Meter großen Räder seines Traktors an seinen Pick-Up. Größere, kompliziertere Achsen waren nötig. Eine hydraulisch geregelte Lenkung sowohl für die Vorder-, als auch für die Hinterreifen sorgte für eine stabile Fahrt. Das zusätzliche Gewicht machte einen größeren Motor nötig. Dann wurden die Reifen nochmal vergrößert, auf 1,7 Meter – warum auch nicht?

Monstertrucks haben mit dem ursprünglichen Pick-Up nichts mehr gemein. Röhrenförmige, **Fachwerkträgern** nicht unähnliche Stahlrahmen halten alle Bauteile zusammen und angeschraubte Karosseriepaneele aus Glasfasern erwecken den Anschein eines Pick-Ups.

Oberflächlich betrachtet lief die von einer Kombination aus Missgunst, Streben nach Überlegenheit, Fan-Anerkennung, Sponsorengeldern sowie dem Bau einer Monstertruck-Rennstrecke angetriebene technische Evolution verblüffend schnell ab. Auslöser des ganzen Trends war 1981 das Zerquetschen mehrerer Autos durch Bigfoot. Die große Resonanz führte zum öffentlichen Autozerquetschen in Stadien und zu Monstertruckrennen, die Zehntausende Fans anlockten.

Die Monster-Trucks sind ein tolles Beispiel dafür, wie schnell sich die Technik bei viel Geld und großem öffentlichem Interesse bewegen kann. Denken wir an die rasante Entwicklung der Flugzeuge nach der Aufdeckung der Grundprinzipien durch die **Brüder Wright**. Oder an den Fortschritt der Raumfahrt vom ersten Weltraumsatelliten 1957 zu Männern auf dem Mond 1969. Ingenieure können erstaunliche Dinge verwirklichen – vorausgesetzt, sie haben genug Ansporn und Geld.

SIEHE AUCH: Fachwerkbrücke (1823), Flugzeug der Gebrüder Wright (1903), Mondlandung (1969).

Bei einer Show in Uppsala, Schweden, springt ein Monstertruck über Autos hinweg.

Media Markt
THOR
STARTA
Kendall
MOTOR OIL

1981

Space-Shuttle

Das 1981 eingeführte US-amerikanische Spaceshuttle erinnert an etwas aus dem Weltraum. Am hinteren Ende ragen die Raketentriebwerke heraus, riesige Türen im Mittelteil führen zum immensen Laderaum und das ganze Gefährt ist mit äußerst merkwürdigen Keramikfliesen bedeckt.

Doch in seinem Kern ist das Space-Shuttle ein **Flugzeug, denn es** besteht aus Aluminium und verwendet dieselbe Technik wie ein gewöhnlicher **Passagierjet**. Dank vieler von Ingenieuren entwickelter Erweiterungen kann dieses Flugzeug im Vakuum des Weltraums die Erde umkreisen.

Einzigartig am Shuttle ist erstens das wie eine Raumkapsel dicht verschlossene Besatzungsraum mit Lebenserhaltungssystem zur Ergänzung von Sauerstoff, Entfernung von Kohlendioxid und Feuchtigkeit sowie Aufrechterhaltung des richtigen Drucks.

Zweitens die Bewältigung der Hitze beim Wiedereintritt in die Atmosphäre. Ein normales Flugzeug aus Aluminium würde infolge der Temperaturen an einigen Bauteilen des Shuttles von bis zu 3000 °C schnell schmelzen. Daher besitzt das Shuttle für die verschiedenen Temperaturbereiche unterschiedliche Arten von Hitzeschutz. Die höchsten Temperaturen herrschen an der Nase des Shuttles, also hat sie einen Schutz aus verstärktem Carbon. Die Unterseite wird am annähernd genauso heiß, also werden hier Quarz-Fliesen verwendet. Bei den anderen Shuttlebauteilen kommen andere Arten von Fliesen oder biegsame Isoliermatten zur Anwendung.

Drittens die Raketentriebwerke. Die drei großen am Heck dienen einzig dem Schub beim Start und sind der einfacheren Wiederverwendbarkeit halber dort angebracht. Kleinere Triebwerke liefern Schub zur Beschleunigung und Verlangsamung des Shuttles sowie zur Änderung von dessen Ausrichtung im Weltraum.

Zu den anderen einzigartigen Systemen gehören ein fünffach redundantes **Computersystem**, eine **Weltraumtoilette**, der gewaltige Laderaum samt seinen riesigen Türen, die den Transport großer Güter in den Orbit erlauben, ein in die Frachttüren eingebautes Kühlsystem zur Wärmeableitung im Vakuum und ein Roboterarm.

SIEHE AUCH: Hall-Héroult-Prozess (1889), Flugzeug der Gebrüder Wright (1903), ENIAC – der erste digitale Computer (1946), Die Concorde (1976), Wassersparende Toilette (1992).

Beim Start des STS-1, des ersten aus einer Reihe von Shuttles, die für das Space Transportation System geplant sind, werden wiederverwendbare Start- und Landekomponenten verwendet.

USA

V-22 Osprey

Die V-22 Osprey ist eines der Projekte, bei denen man sich fragt, ob sich die Ingenieure nicht übernommen haben.

Als das US-amerikanische Verteidigungsministerium 1981 bei Bell Helicopters und Boeing ein Flugzeug in Auftrag gab, das bei Start und Landung wie ein Hubschrauber agiert und sich dann in ein normales Turbopropflugzeug verwandelt, klang das ganz einfach. Ein Hubschrauber braucht keine Rollbahn. Turbopropflugzeuge verbrauchen bei horizontalem Flug weniger Treibstoff als **Hubschrauber** und haben eine größere Höchstgeschwindigkeit als diese.

Die Ingenieure machten sich an den Entwurf des Flugzeugs. Der Haken dabei: In einem normalen zweimotorigen Flugzeug ist der Ausfall eines Motors kein großes Problem, im V-22 Hubschrauber-Betrieb dagegen katastrophal. Deshalb muss beim V22 eine Antriebswelle durch den Flügel verlaufen und die beiden Motoren verbinden. Diese muss zudem über dem Flugzeugrumpf gebogen sein und mit sich biegenden Flügeln zurechtkommen und besteht daher aus vierzehn Segmenten.

Die Marine stellten noch weitere Anforderungen: Die Flügel müssen sich in eine Stellung parallel zum Rumpf bringen und die Propellerblätter zusammenfalten lassen. Eine komplexe Aufgabe. Die Maschinenbauer mussten leistungsfähige Hydraulikmechanismen zur Drehung der Motoren und Propeller während des Flugs einbauen – aus diesem Grund ist die Hydraulikanlage dreifach redundant und arbeitet unter sehr hohem Druck.

Flügelspitzen sind normalerweise leicht. In diesem Flugzeug aber ist ihr Gewicht enorm. Daher müssen die Flügel besonders kräftig sein. Nimmt man das Gewicht der Antriebswelle und des Getriebes, der zusammenfaltbaren Flügel und Propeller, der kräftigen Flügel und der Hydraulikanlage zusammen, so trägt dieses Flugzeug eine Menge zusätzliches Gewicht. Zur Einsparung von Gewicht besteht das Flugzeug fast zur Hälfte aus leichten **Carbon-Verbundwerkstoffen**. All dies macht die V-22 teuer. Infolge mehrerer Abstürze und Revisionen konnte das Flugzeug erst nach über zwei Jahrzehnten in Betrieb genommen werden.

Ist es das wert? Es gibt viele Kritiker. Das Flugzeug ist extrem teuer. Aber die Ingenieure haben ihr Ziel erreicht.

SIEHE AUCH: Kohlefaser (1879), Hubschrauber (1944).

Das Bordpersonal der USS Kearsarge salutiert den Piloten der MV-22 Osprey beim Start.

05
LSE
LSE
V-1

1982

Kunstherz

Robert Jarvik (geb. 1946)

Das Herz eines Gesunden schlägt pausenlos und pumpt während der 70 oder 80 Jahre Lebenszeit über 20 Millionen Liter Blut. Muss das Herz jedoch ersetzt werden, führt der Mangel an natürlichen Austauschherzen zu großen Problemen. Deshalb machten sich die Ingenieure an den Entwurf und Bau von künstlichen, mechanischen Herzen.

Die Ärzte und Ingenieure mussten auf dem Weg zu einem funktionierenden Kunstherzen vier Probleme lösen: Die verwendeten Materialien durften beim Patienten keine Immunreaktion oder innere Blutgerinnung auslösen; der Pumpmechanismus durfte die Blutzellen nicht beschädigen; ein Antrieb für das Gerät musste entwickelt werden; das Gerät musste in die Brusthöhle passen.

Das 1982 vom amerikanischen Wissenschaftler Robert Jarvik und seinem Team entworfene Jarvik-7 Herz war der erste Apparat, der diesen Anforderungen entsprach. Wie ein natürliches Herz besaß es zwei Herzkammern. Seine Materialien verhinderten eine Abstoßung und waren ausreichend glatt und nahtlos zur Vermeidung einer Blutgerinnung. Der Pumpmechanismus in jeder Herzkammer verwendete ein ballonähnliches Diaphragma, das sich aufblähte und das Blut ohne Beschädigung der Blutzellen durch das Einwegventil drückte. Als einziger Kompromiss blieb der Luftkompressor außerhalb des Körpers und übertrug mit durch die Bauchdecke verlaufenden Schläuchen Luftimpulse zum Herz. Die Grundkonstruktion war erfolgreich und wurde später als Syncardia-Kunstherz bei mehr als 1000 Patienten verwendet. Ein Patient lebte fast vier Jahre lang mit dem Kunstherz, bevor er ein Transplantat erhielt. Beim Abiocor-Kunstherz werden Batterien und ein induktives Ladeaggregat vollständig in den Körper implantiert. Statt mit Luft werden die Diaphragmen mit einer Flüssigkeit befüllt. Der Flüssigkeitsstrom kommt von einem kleinen, im Herzen eingebetteten Elektromotor.

Zwei unterschiedliche technische Ansätze: Einer setzt auf die vollständige Einbettung. Geht etwas schief, bedeutet das wahrscheinlich den Tod. Im anderen befindet sich für den leichten Zugang und die Reparatur ein erheblicher Teil des Systems außerhalb des Körpers und Schläuche führen in den Körper.

SIEHE AUCH: Defibrillator (1899), Herz-Lungen-Maschine (1926), Lithium-Ionen-Batterie (1991).

Das abgebildete CardioWest TAH-t ist das erste und einzige von der FDA, Health Canada und der CE zugelassene vollständig künstliche Herz der Welt.

1982

Neodym-Magnet

Manchmal kommt eine Innovation den Ingenieuren äußerst gelegen. Die Veränderung vieler bestehender Produkte und die Entwicklung neuer Produkte werden möglich. Neodym-Magneten sind ein Beispiel für dieses Phänomen. Hier betraf die Innovation die 1982 von General Motors und Sumitomo Special Metals entwickelte $Nd_2Fe_{14}B$-Legierung sowie die Arbeitsverfahren zur Herstellung von Magneten aus der Legierung. Die den Neodym-Magneten vorausgehende Technologie erzeugte wesentlich teurere Samarium-Cobalt-Magneten. Die Neodym-Magneten ersetzen preisgünstige Eisenoxid (Fe_2O_3)- und AlNiCo-Magneten aus den 1930er Jahren.

Mit den Neodym-Magneten besaßen die Ingenieure auf einmal einen neuen, günstigen Magnettyp, der viel stärker ist als die vorhandenen. Um wie viel stärker? Vergleichen Sie die Haftung eines Kühlschrankmagneten aus Neodym mit einem aus Eisenoxid. Ersteren bekommen Sie manchmal nur schwer wieder von dem Kühlschrank. Aufgrund dieser Haftkraft können die Ingenieure Dinge, die Magneten verwenden, leichter und kleiner machen.

Einer der ersten Anwendungsbereiche für die neuen Magneten waren die Bedienteile von **Festplattenköpfen**. Heute bewegt in allen Festplatten ein linearer Motor den Arm mit dem Lese-/Schreibkopf über die Festplatte. Mit Neodym-Magneten ist dieser Motor klein, kompakt und sehr schnell. Oder denken Sie an die berühmten Ohrhörer von Apple. So kleine und kraftvolle Kopfhörer wären ohne Neodym-Magneten nicht möglich. Oder an ferngesteuerte elektrische **Hubschrauber**, Flugzeuge und **Quadrocopter** im Spielzeugladen. Sie verwenden alle kleine, leichte Elektromotoren – ohne Neodynum-Magneten unmöglich. Elektrofahrräder und sogar einige Elektroautos verwenden Radnabenmotoren – leistungsstarke, in eine Radnabe passende Elektromotoren – auch nur dank Neodym-Magneten möglich. Spielzeuge schnappen mit diesen Magneten zusammen. Die Abdeckungen von Tablet-PCs verwenden sie und auch die Netzstecker von Laptops. Und viele Deckel und Verschlüsse. Die meisten Magnetresonanztomographie-Scanner machen Gebrauch von mit flüssigem Helium gekühlten supraleitenden Elektromagneten. Dank Neodym-Magneten ist eine neue Lösung mit einem Dauermagneten in Aussicht.

SIEHE AUCH: Hubschrauber (1944), Magnetresonanztomografie (MRT) (1977), Prius Hybrid (1997), Quadrocopter (2008), Tabletcomputer (2010).

Vernickelte Magneten aus seltenen Erden.

1983

RFID-Etikett

Charles Walton (1921–2011)

Sie möchten, dass ein lebloses Objekt, etwa eine Packung Frühstücksflocken, etwas über sich selbst erzählt. Sie könnten ein Etikett daran heften. Das Etikett enthält Wörter, die uns den Inhalt der Packung mitteilen. Soll eine Maschine zum Lesen des Etiketts imstande sein, können Sie einen Barcode oder QR (Quick Response) Code hinzufügen. Beim Barcode muss aber noch immer jemand oder etwas den Code am Barcode-Scanner vorbeiführen. Und wenn sie möchten, dass das leblose Objekt ohne visuellen Scan und Ausrichtungsprobleme einer Maschine etwas über sich selbst zu erzählen vermag?

Die gegenwärtige technische Lösung für dieses Problem ist das aktive oder passive RFID (Radio-frequency identification)-Etikett, wobei die passiven Etiketten infolge ihres deutlich günstigeren Preises häufiger sind. Das erste Patent für das moderne RFID-Etikett wurde 1983 an den Elektroingenieur Charles Walton erteilt.

Die Methode ist beeindruckend und clever. Ein passives RFID-Etikett besteht aus einem kleinen Computer-Chip und einem Radio. Aber Computer und Radios benötigen Strom. Diesen erzeugt eine Antenne per Induktion aus einem starken Magnetfeld. Wird das Etikett in so ein Feld gelegt, lädt es sich auf. Die einfachsten Etiketten von 1983 übertragen eine besondere, fest programmierte Kennnummer mit einer Länge von 96 Bits. Kompliziertere Etiketten können viel mehr Daten senden. Das RFID-Etikett in einem US-amerikanischen Pass enthält alle persönlichen Informationen sowie ein verschlüsseltes Foto.

Da die Ingenieure den Preis der Etiketten und Lesegeräte gedrückt haben, sehen wir RFID-Etiketten heute überall: auf Kreditkarten, in Büchern aus der Bücherei und im Einsatz gegen Ladendiebstahl, bei der Mauterfassung oder auf dem Angestelltenausweise. Beim Haustier wird ein eingekapseltes RFID-Etikett unter die Haut injiziert.

Einer der frühen Träume für RFID-Anwendungen ist das sofortige Abkassieren in einem Lebensmittelladen. Sie stehen nicht mehr Schlange, sondern gehen einfach mit Ihrem Einkaufswagen durch ein Tor, und sofort wird der Gesamtkaufpreis berechnet. Senken die Ingenieure die Etikettpreise noch weiter, wird dieser Traum Realität.

SIEHE AUCH: Radiosender (1920), NCSU BookBot der NCSU (2013).

Nahaufnahme eines RFID-Etiketts mit dem Chip und den Antennen.

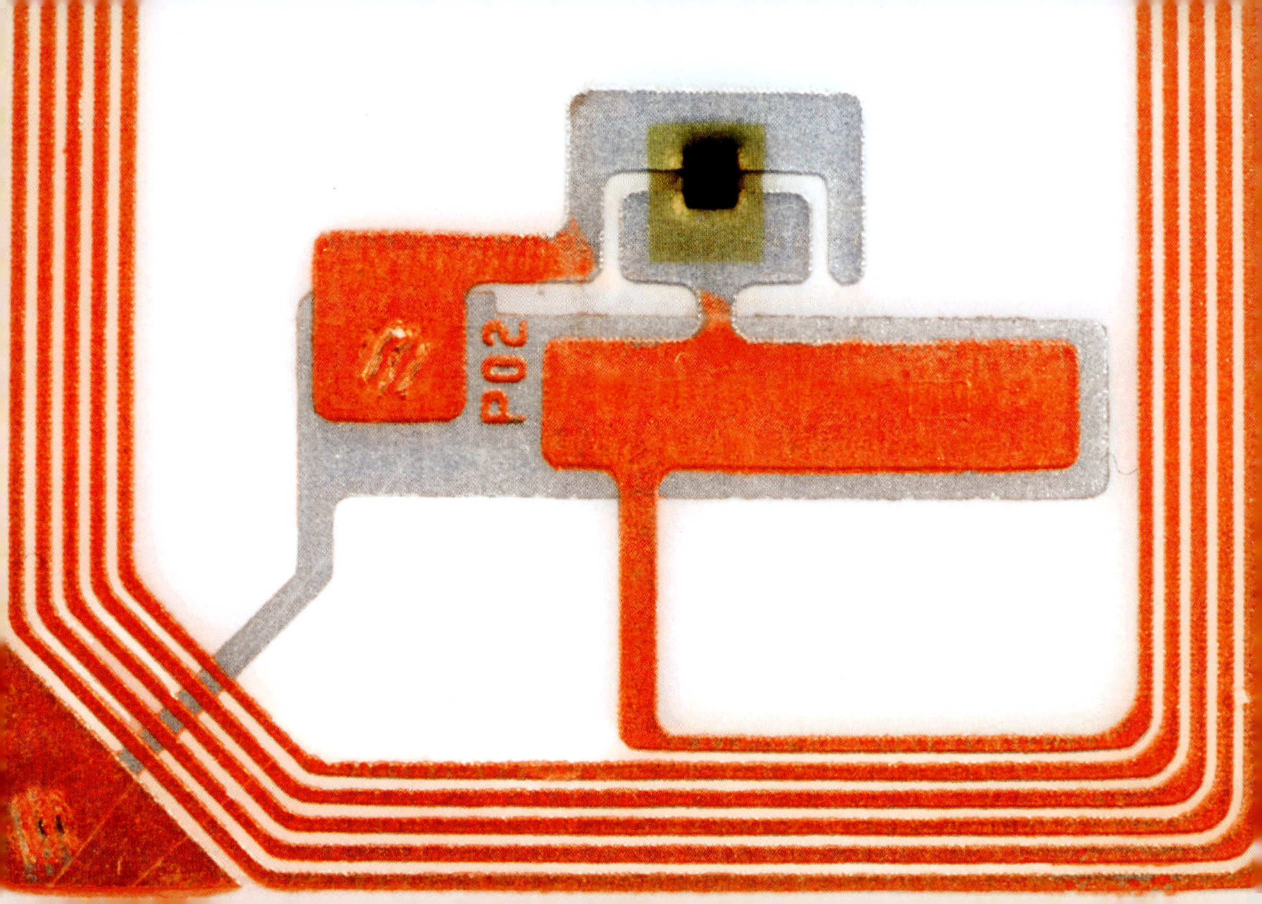
P02

1983

F-117-Tarnkappenjäger

Das alles sehende Radar entstand während des Zweiten Weltkriegs. Ist der Bau eines für dieses Auge unsichtbaren Militärflugzeugs möglich?

Welche Optionen gibt es? Zur Reduzierung des Radarquerschnitts können die Ingenieure das Flugzeug kleiner machen. In den meisten Fällen macht ein Tiefflug das Bodenradar nutzlos. Durch die Kombination beider Methoden erzeugten die Ingenieure den Marschflugkörper. Aber was ist mit größeren Flugzeugen, die hoch fliegen müssen?

Es folgte ein Zwei-Stufen-Prozess. Denken Sie zum Verständnis des ersten Teils an ein Flugzeug in der Form eines spiegelumhüllten, zigarrenförmigen Zylinders. Und jetzt schießen Sie einen Laser darauf ab. Wegen der Form wird ein Teil des Laserlichts auf die **Laserstrahlquelle** reflektiert. An Stelle eines Lasers verwendet ein Radar einen Strahl aus Radiowellen, aber das Konzept ist fast identisch. Die Verwundbarkeit des Flugzeugs beruht darauf, dass es den Radarstrahls zurück auf die Quelle reflektiert.

Und wenn das Flugzeug stattdessen wie eine spiegelumhüllte Kiste aussähe – nichts als ebene Oberflächen? Der auftreffende Strahl wird nun an einen von der Quelle entfernten Ort reflektiert. Darauf beruht die Tarnkappentechnik – die Radarenergie trifft auf das Flugzeug, wird aber nicht zurück zur Empfangsantenne reflektiert.

Nach dieser Erkenntnis stellte sich den Ingenieuren ein anderes Problem: Wie baut man ein Flugzeug nur mit ebenen Oberflächen? Und wie lässt sich so ein Flugzeug steuern? Die Antworten brachten eines der merkwürdigsten Flugzeuge hervor – den 1983 von der US-Luftwaffe eingeführten F-117-Tarnkappenjäger.

Da wir bei aerodynamischen Formen von geschmeidigen Kurven ausgehen, sieht der F117 nicht sehr aerodynamisch aus. Mit seiner Kastenform und seinen Kanten scheint er gar nicht fliegen zu können. Aber eine Kombination aus computerisierter Kontrolle und winkeliger Aerodynamik erzeugt ein für das Radar nahezu unsichtbares Flugwerk, das tatsächlich fliegen kann.

Zur Entwicklung der Tarnkappentechnik brauchten die Ingenieure neben einer grundsätzlichen Erkenntnis eine Überarbeitung des Flugzeugäußeren sowie einen **Computer**, der die Kommunikation zwischen Pilot und Leitflächen gewährleistet.

SIEHE AUCH: Radar (1940), ENIAC – der erste digitale Computer (1946).

Der abgebildete B-2 Tarnkappenbomber absolvierte seinen Erstflug an der Edwards Air Force Base, 17. Juli 1989.

1983

Mobiltelefon

Martin Cooper (geb. 1928)

Das Mobiltelefon ist wie der **Hoover-Talsperre** und die **Golden Gate Bridge** eine der kühnsten technischen Errungenschaften des zwanzigsten Jahrhunderts. 1980 existierte als Vorgänger des Mobiltelefons ein nur von wenigen tausend Personen benutztes Gerät namens Funktelefon. Es empfing Übertragungen von einer großen Antennenbasisstation aus einem Stadtzentrum und benötigte ein ziemlich schweres, im Auto eines Benutzers eingebautes **Funksystem**. Seine Feldstärke betrug um die 25 Watt und seine Reichweite gegen 50 Kilometer. Für die ganze Stadt gab es eine Handvoll Funktelefonleitungen und der Anrufer wählte eine ihrer Frequenzen aus.

Eine Gruppe von Ingenieuren bei Motorola unter Elektroingenieur Martin Cooper entschied sich für eine völlige Neukonzeption der Technologie. Sie sahen eine Welt vor sich, in der jeder ein Telefon in der Hosentasche mit sich trägt. Bis dahin mussten sie allerdings das System vielfach verändern. Erstens würden sich Hunderte von Sendetürmen in Abständen von einigen Kilometern über die ganze Stadt ausbreiten. Dann würde die *Federal Communications Commission* fast 2000 separate Radiofrequenzen zuweisen – genug, damit jeder Sendeturm zu Dutzenden von Telefonen gleichzeitig sprechen könnte. So muss das Telefon in unserer Hosentasche nur etwa 1,5 Kilometer weit senden können, was zu einer drastischen Reduktion von Sendeleistung, Größe und **Batterieverbrauch** des Telefons führt.

Eine weitere Ebene kommt hinzu. Im fahrenden Auto würde sich ein Computer im Telefon mit zwei Sendemasten abstimmen – dem allmählich in der Ferne entschwindenden und dem, auf den wir zufahren. Auf der Fahrt durch die Stadt reichen Telefon und Sendemasten das Signal nahtlos und automatisch von Sendemast zu Sendemast weiter.

Ein Sendemast kostete damals über eine Million Dollar und eine große Stadt braucht Hunderte davon. Die Vision kann nur bei der Benutzung von Mobiltelefonen durch Millionen von Menschen Realität werden. Zum Glück hatten die Ingenieure Recht. Mehrere Unternehmen begannen 1983 mit dem Bau von Sendemasten und der Andrang war unglaublich. Jeder wollte ein Mobiltelefon und die Preise fielen rasant. Der Rest ist Geschichte.

SIEHE AUCH: Hoover-Talsperre (1936), Golden Gate Bridge (1937), Lithium-Ionen-Batterie (1991), Smartphone (2007).

Michael Douglas (als Gordon Gekko) mit einem frühen Modell eines Mobiltelefons.

1983

Air-Canada-Flug 143

Sie sind Pilot einer hochmodernen **Boeing 767** und fliegen gerade mit Reisegeschwindigkeit in 12 500 m Höhe über Kanada. Es sollte ein Routineflug sein, aber auf einmal verkünden Warntöne und Lämpchen das Fehlen von Kraftstoff in mehreren Flugzeugteilen. Mitten im Flug ist dem **Flugzeug** der Treibstoff ausgegangen.

Beide Düsentriebwerke sind ausgefallen und die 767 ist jetzt ein Segelflugzeug.

Die 767 ist allerdings ein hydraulisch gesteuertes Flugzeug. Der Steuerknüppel und die Pedale lenken hydraulische Zylinder, die ihrerseits die Steuerflächen wie das Seitenruder und die Querruder bewegen. Ohne Maschinen zum Pumpen der Hydraulikflüssigkeit ist das ein Problem.

Dieser nach dem Flughafen, auf dem das Flugzeug letztendlich landete, unter dem Namen „Segelflugzeug von Gimli" bekannte Vorfall von 1983 zeigt eines der Markenzeichen guter Ingenieurskunst auf. Die Ingenieure lösen nicht nur Probleme, sie können sie auch antizipieren und eine Redundanz als Ausfallsicherung in ihren Entwurf einfließen lassen.

Im Fall dieser 767 bestand eine Redundanz darin, dass beide Triebwerke zum Pumpen von Hydraulikflüssigkeit in der Lage waren. Setzt ein Triebwerk aus, kann das andere übernehmen. Nun fielen aber beide Triebwerke aus. Was jetzt? Eine weitere Stufe von Redundanz: die elektrische Backup-Hydraulikpumpe für den Fall, dass beide Triebwerkspumpen aussetzen. Diese wird allerdings von einem Generator auf einem der Triebwerke betrieben und bei Ausfall beider Triebwerke gibt es keinen Strom.

In diesem Fall liefert ein kleines Backup-Batteriesystem minimal Strom. Es versorgt ein paar Instrumente und den Funk mit Strom, reicht jedoch nicht einmal ansatzweise aus für den Betrieb einer Hydraulikpumpe. Die Batterien können aber eine kleine Tür auf der Unterseite des Flugzeugrumpfs öffnen, die etwas Erstaunliches freigibt: die Staudruckturbine. Die Ingenieure entwickelten sie speziell für den doppelten Triebwerksausfall. Sie verwendet den am Rumpf vorbeiziehenden Wind für die schnelle Drehung einer Turbine, die im Hydrauliksystem Druck aufbaut. Dank der Staudruckturbine konnte das Flugzeug landen, ohne dass Menschen zu Schaden kamen.

Ein tolles Beispiel, dass die Voraussicht der Ingenieure Menschenleben zu retten vermag.

SIEHE AUCH: Flugzeug der Gebrüder Wright (1903), Turbinen-Luftstrahl-Triebwerk (1937), Boeing 747 Jumbo-Jet (1968).

Das „Segelflugzeug von Gimli".

AIR CANADA

1983

Ethernet

Chuck Thacker (geb. 1943), **Butler Lampson** (geb. 1943), **Robert Metcalfe** (geb. 1946), **David Boggs** (geb. 1950)

Zur Vernetzung von **Computern** braucht man ein LAN (Local Area Network). Aber wie sollen sich die Computer miteinander verbinden? Die Ingenieure probierten etliche verfügbare Netztopologien wie Stern-Netzwerke, Ring-Netzwerke und Bus-Netzwerke aus. Als Sieger ging die von Ingenieuren bei Xerox PARC, darunter Chuck Thacker, Butler Lampson, Robert Metcalfe und David Boggs, entwickelte, 1975 patentierte und 1983 vereinheitlichte Technologie namens Ethernet hervor. Die preisgünstige Bus-Topologie der 1980er Jahre verwendete Koaxialkabel.

Bei der Bus-Topologie kommunizieren alle vernetzten Computer über dieselbe Leitung. Eine Frage bei dieser Anordnung: „Wer darf jetzt sprechen?" Beim Ethernet-Ansatz überprüft der Pakete sendende Computer zuvor, ob der Bus frei ist. Falls ja, beginnt er mit dem Senden des Pakets. Während des Sendevorgangs hört er genau hin. Die Beschädigung eines Pakets weist ihn auf einen Zusammenstoß hin – zwei Computer begannen zeitgleich mit dem Versenden ihrer Pakete. Er stoppt das Versenden, wartet eine zufällige Zeitspanne und startet dann einen neuen Versuch. Warum zufällig? Bei einem sofortigen Neuversuch würden die Pakete der beiden Computer vermutlich wieder kollidieren.

Das hört sich nach ständigen Zusammenstößen an, besonders, wenn viele Computer sich denselben Bus teilen. Aber das System funktioniert erstaunlich gut, sogar ohne zentrale Steuerung.

Der günstige Preis, die leichte Installation und das breite Angebot der Ethernetkarten und -kabel ließen das Ethernet durchstarten. So verwendet heutzutage fast jedes LAN Ethernet und die meisten Laptops sind mit einem Ethernetanschluss ausgestattet.

Die ursprüngliche Ethernetspezifikation lief mit zehn Megabit pro Sekunde. Heute sind auch bei privaten Usern ein Gigabit pro Sekunde üblich.

Das Ethernet ist eine weitere Technologie, die wir stillschweigend voraussetzen, weil die Ingenieure sie so gut zum Funktionieren bringen. Jeder über ein Kabel mit einem LAN verbundene Computer verwendet es.

SIEHE AUCH: ENIAC – der erste digitale Computer (1946), ARPANET (1969).

Ein blauer Ethernet-Netzwerkstecker, verbunden mit der Rückseite eines Tischcomputers.

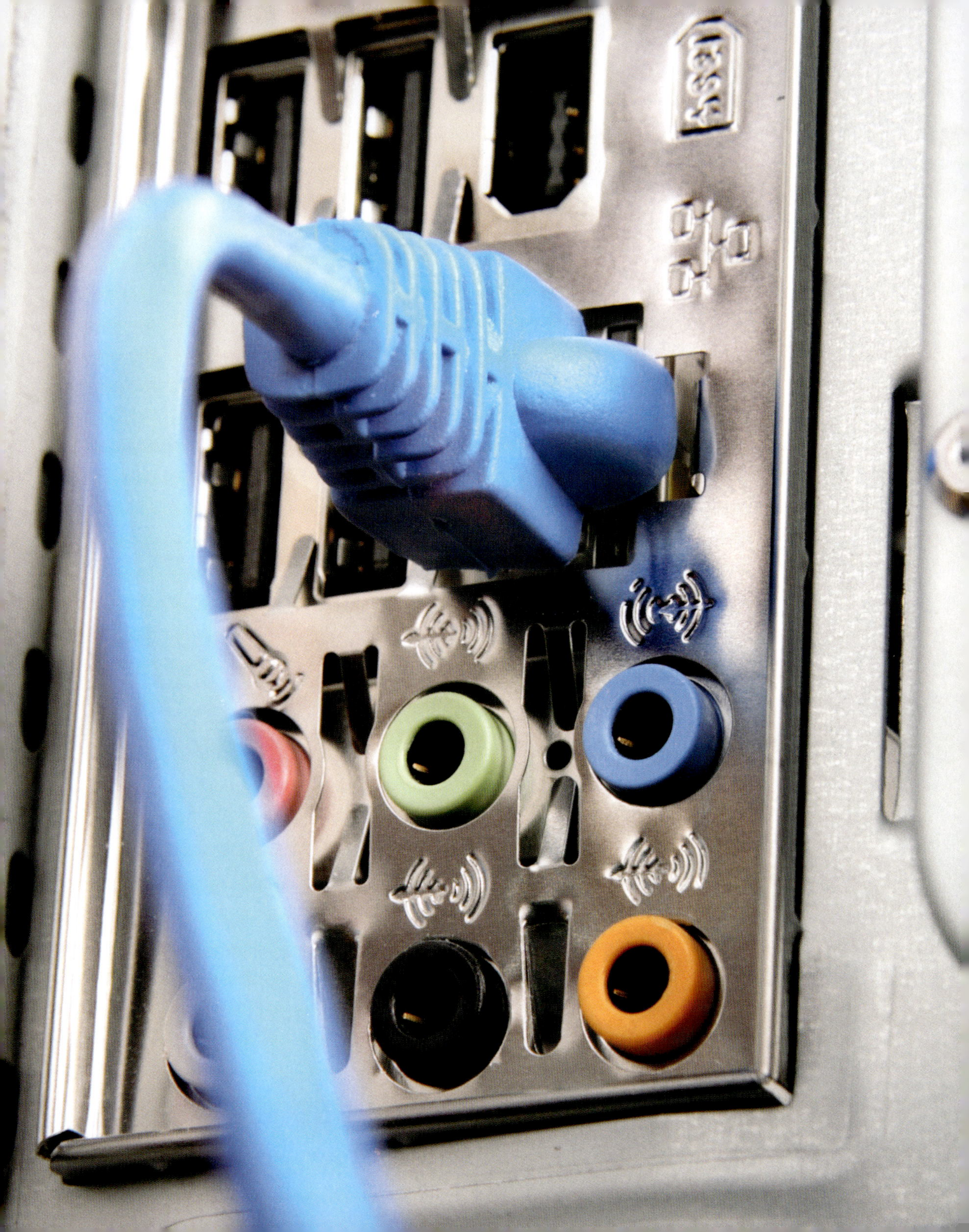

1984

3D-Drucker

Chuck Hull (geb. 1939)

Dank dreidimensionalem Drucken kann beinahe jeder auf dem Computer mit 3D-Modellier-Software einen Gegenstand entwerfen und ihn dann sofort drucken. Kein Abdruck und kein Hochdruckeinspritzvorgang – das Verfahren ist unmittelbar und preisgünstig.

Das Aufkommen von 3D-Druckverfahren resultierte in einem neuen Entwicklungsprozess – der schnellen Prototypenentwicklung. In nur ein oder zwei Tagen können die Ingenieure die Teile eines Produkts entwerfen und drucken, alles zusammensetzen und eine erste Beurteilung abgeben. Nach schnellen Änderungen kommen sie so in wesentlich kürzerer Zeit als früher beim fertigen Entwurf an. Auch die Konzepte der Sofortfertigung und Heimproduktion, bei denen ein Drucker ein einfaches Produkt auf Anfrage anfertigt, verdanken ihre Existenz 3D-Druckern. Sogar ein 3D-Drucker ist schon mit all seinen Plastikkomponenten auf einem 3D-Drucker gefertigt worden.

Der 3D-Druck wurde 1984 vom amerikanischen Ingenieur Chuck Hull erfunden und zwar mithilfe der Stereolithografie, bei der ein Laser einen lichtempfindlichen Flüssigkunststoff härtet. Dabei wird eine dünne Schicht Flüssigkunststoff auf einer Trägerplattform aufgetragen und vom **Laser** gehärtet. Die Plattform senkt sich um eine Stufe (etwa einen Viertelmillimeter), und der Laser zieht die nächste Schicht – bis das Objekt fertig ist. Dieses Verfahren funktioniert zwar hervorragend, aber die Maschinen und der Flüssigkunststoff sind teuer.

Mit der Entwicklung von 3D-Druckern um 1000 Euro startete der 3D-Druck durch, denn nun konnten ihn sich Kleinbetriebe und Privatpersonen leisten. Die Drucker beruhen auf Extrusion: ABS **Plastik** (der in Legosteinen verwendete Kunststoff) wird in Form eines dicken Strangs in den Extrusionskopf gegeben, dort geschmolzen und dann bis zur Fertigstellung des Produkts Schicht für Schicht aufgebracht. Kleine Teile werden in ein paar Minuten gedruckt, größere brauchen ein paar Stunden.

Der 3D-Druck hat der Kreativität neue Räume eröffnet. Millionen von Ingenieuren, Erfindern und Bastlern können heute aufregende Ideen aus Kunststoff verwirklichen.

SIEHE AUCH: Kunststoff (1856), Laser (1917).

Ein 3D-Drucker fertigt ein am Computerbildschirm entworfenes Plastikbauteil an.

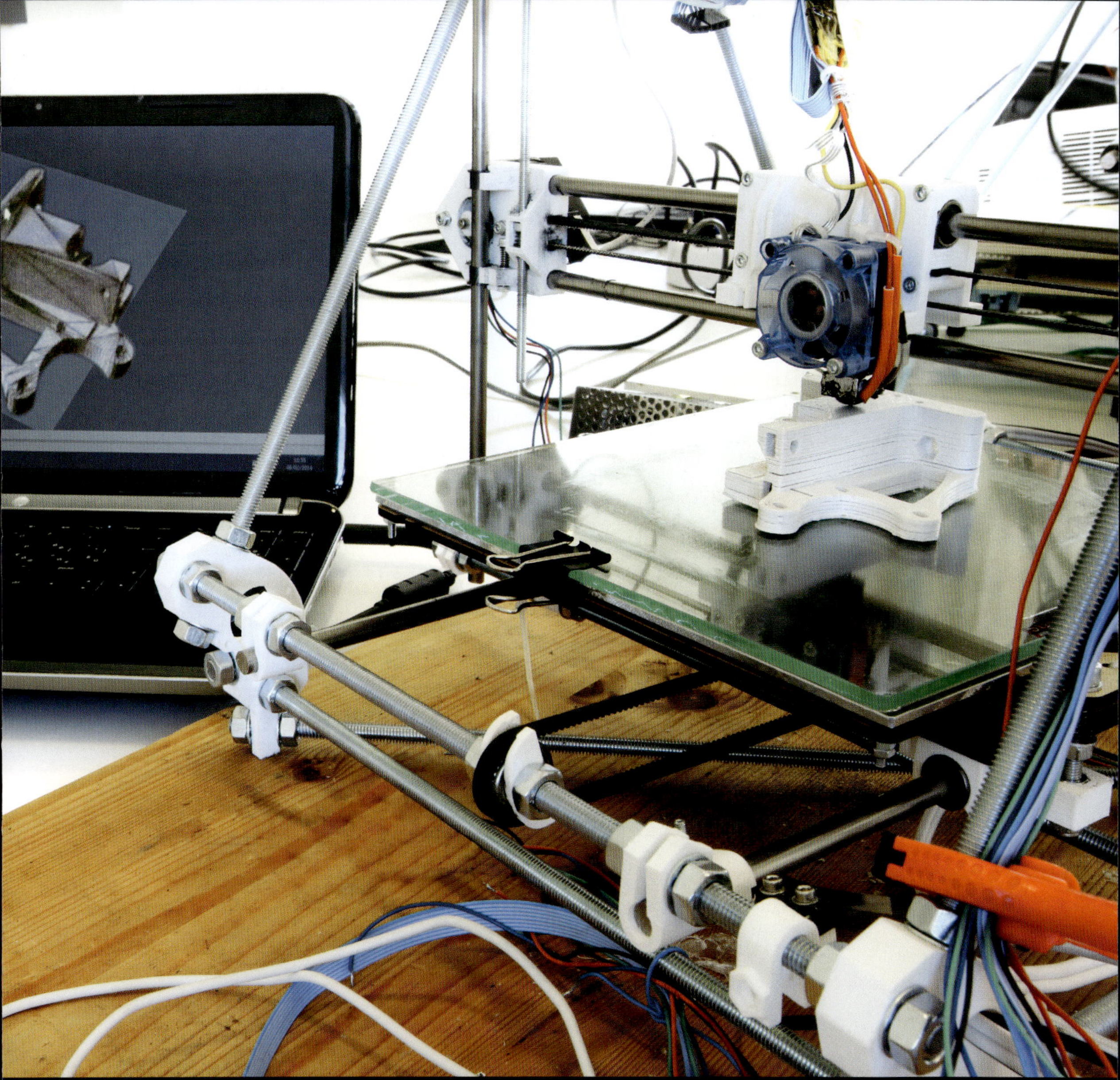

1984

Domain Name System (DNS)

Jon Postel (1943–1998), **Paul Mockapetris** (geb. 1948)

Das frühe Internet bestand aus miteinander verbundenen, durch ihre numerische IP (Internet Protocol)-Adresse eindeutig gekennzeichneten Hauptrechnern. Wegen der geringen Zahl von Computern funktionierte die Verwendung dieser 12-stelligen Nummern.

Mit zunehmender Anzahl Computer wurde dieses System sehr lästig. Die Menschen sind nicht gut im Merken von Zufallszahlen. 1984 kam mit dem von Jon Postel und Paul Mockapetris an der *University of California* in Irvine entwickelten Domain Name System, kurz DNS, die Lösung. Das für das Internet so enorm wichtige DNS ist so zuverlässig und unsichtbar, dass kaum jemand darüber Bescheid weiß.

Das DNS funktioniert folgendermaßen: Sie öffnen ihren Webbrowser und tippen eine URL ein, etwa http://www.marshallbrain.com. Der Browser reicht die URL weiter an einen Teil des Codes namens Resolver. Der Resolver extrahiert den obersten Domänennamen, in diesem Fall „.com." Eine Reihe von dedizierten Servern ist Ihrem Computer bekannt, denn er besitzt eine in regelmäßigen Zeitabständen von Ihrem Internetdienstanbieter aktualisierte Liste mit ihren IP-Adressen.Der Resolver geht zu einem dedizierten Server und sagt, „gib mir die IP-Adresse von einem „.com"-Server." Er erhält die IP Adresse. Dann geht er zu diesem „.com"-Server und sagt, „gib mir die IP-Adresse des Nameservers von „marshallBrain.com". Darauf verbindet er sich mit diesem Nameserver und fragt nach der IP-Adresse des Servers von www.marshallbrain.com. Diese Adresse gibt der Resolver an den Browser weiter, der eine Anfrage für die Seite www.marshallbrain.com an diese Adresse sendet.

Denken Sie an all die Webseiten, die Sie sich an einem Tag anschauen. Multiplizieren Sie das mit den Milliarden Menschen, die täglich das Internet nutzen. Und jetzt führen Sie sich vor Augen, dass das Internet bei einem Ausfall des DNS für die meisten von uns auf der Stelle nutzlos wäre. Aber es fällt nie aus und funktioniert trotz Milliarden täglicher Anfragen, weil es dezentralisiert und zugleich höchst effizient ist. Es repräsentiert eine der allerbesten Ingenieursarbeiten – die absolut unsichtbar ist.

SIEHE AUCH: World Wide Web (1990).

Eine schematische Darstellung des Domain Name Systems.

Domain Name System

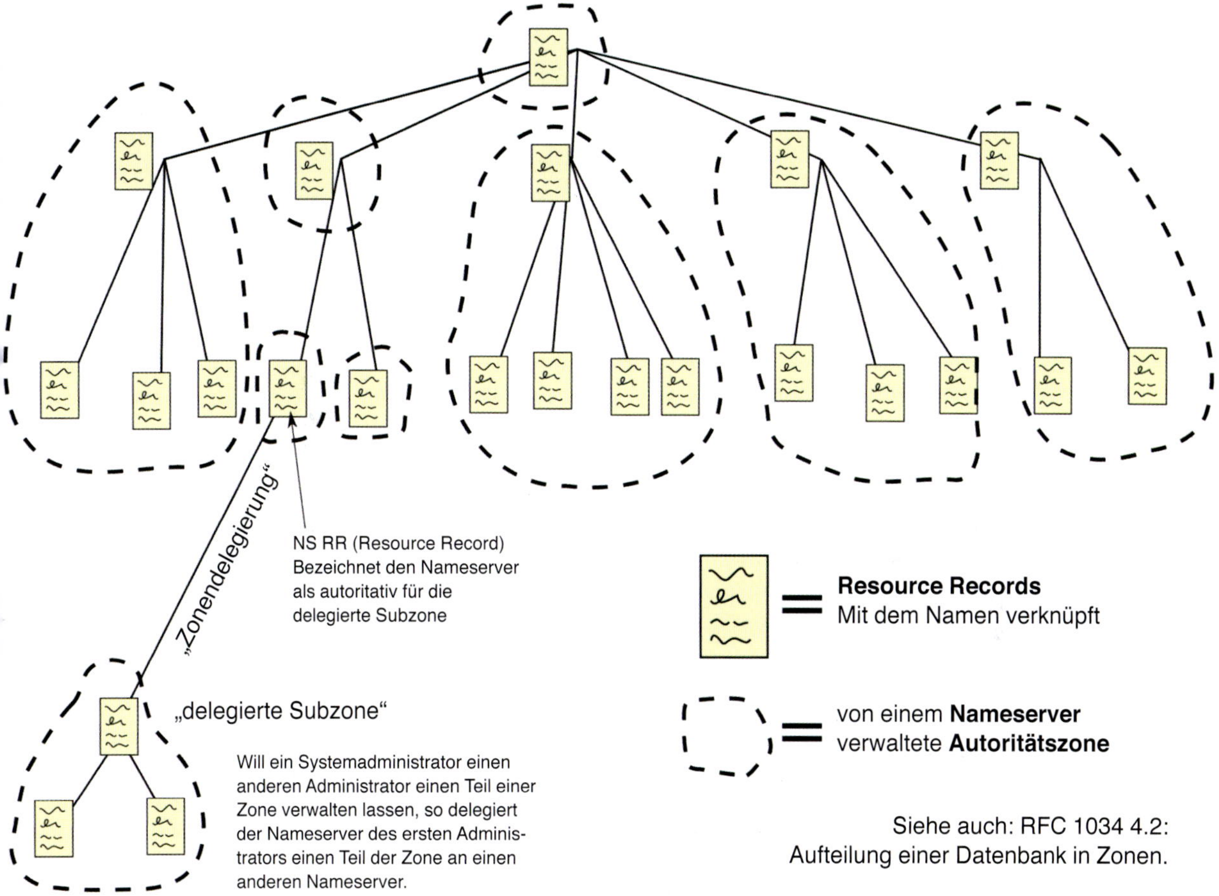

1984

Operationsroboter

Geof Auchinleck, Brian Day (geb. 1947), **James McEwan**

Die **laparoskopische Chirurgie** ist eine völlige Neukonzeption des chirurgischen Eingriffs und hat viele Vorteile für den Patienten. Für den Chirurgen aber ist sie ärgerlich, da er als Ausgleich für die Vorteile des Patienten seine visuelle Übersicht und einen Großteil seines natürlichen Geschicks aufgegeben hat.

Hier kommt „Heartthrob", der erste Operationsroboter der Welt, ins Spiel. Das von einem Team unter der Leitung von James McEwan, dem Studenten des Physikingenieurwesens im Aufbaustudium Geof Auchinleck und dem Mediziner Brian Day entwickelte System erleichtert dem Chirurgen seine Arbeit stark.

Der Roboter besitzt ein viel besseres Visualisierungssystem. Zwei vom Arzt gesteuerte binokular versetzte hochauflösende Kameras liefern Bilder vom Eingriffsraum. Damit der operierende Arzt beide Bildschirme und somit das Operationsfeld in 3D sieht, wird sein Kopf durch das Gerät fixiert. Schon diese Maßnahme reduziert Ermüdung und Nackenbelastung und verbessert zugleich die Sicht auf das Geschehen.

Der Chirurg steuert mit seinen Händen drei Roboterarme. Ein Arm ist normalerweise stationär eingespannt und hält etwas fest. Über eine komplizierte, direkte Handsteuerung, die sieben Mobilitätsstufen auf die Greifarme überträgt, betätigt der Chirurg die beiden anderen Arme. Da der Chirurg dabei die Roboterarme steuert und nicht unmittelbar mit chirurgischen Werkzeugen (etwa Skalpell und chirurgischer Nadel) arbeitet, kann der dazwischengeschaltete Computer unter anderem das Händezittern herausfiltern oder vor Unfällen schützen.

Das Interessanteste an diesem Ablauf ist die mögliche räumliche Trennung von Chirurg und Roboterarmen. Üblicherweise sitzt der Chirurg unmittelbar neben dem Patienten, aber die Trennung macht Szenarien mit einer Entfernung von vielen Kilometern zwischen Arzt und Patient denkbar. Mit einer guten Kommunikationsverbindung wird ferngesteuerte Chirurgie möglich. Ein Arzt in einer sicheren Umgebung könnte Verwundete in einem Lazarett operieren oder ein Chirurg in Indien einen Patienten in einem anderen Land.

SIEHE AUCH: Laparoskopische Chirurgie (1910), Roboter (1921).

Ein Chirurg (links unten) bei einem minimal invasiven chirurgischen Eingriff am Herzen eines Patienten. Dafür verwendet der Chirurg einen ferngesteuerten daVinci Si Operationsroboter (Mitte rechts).

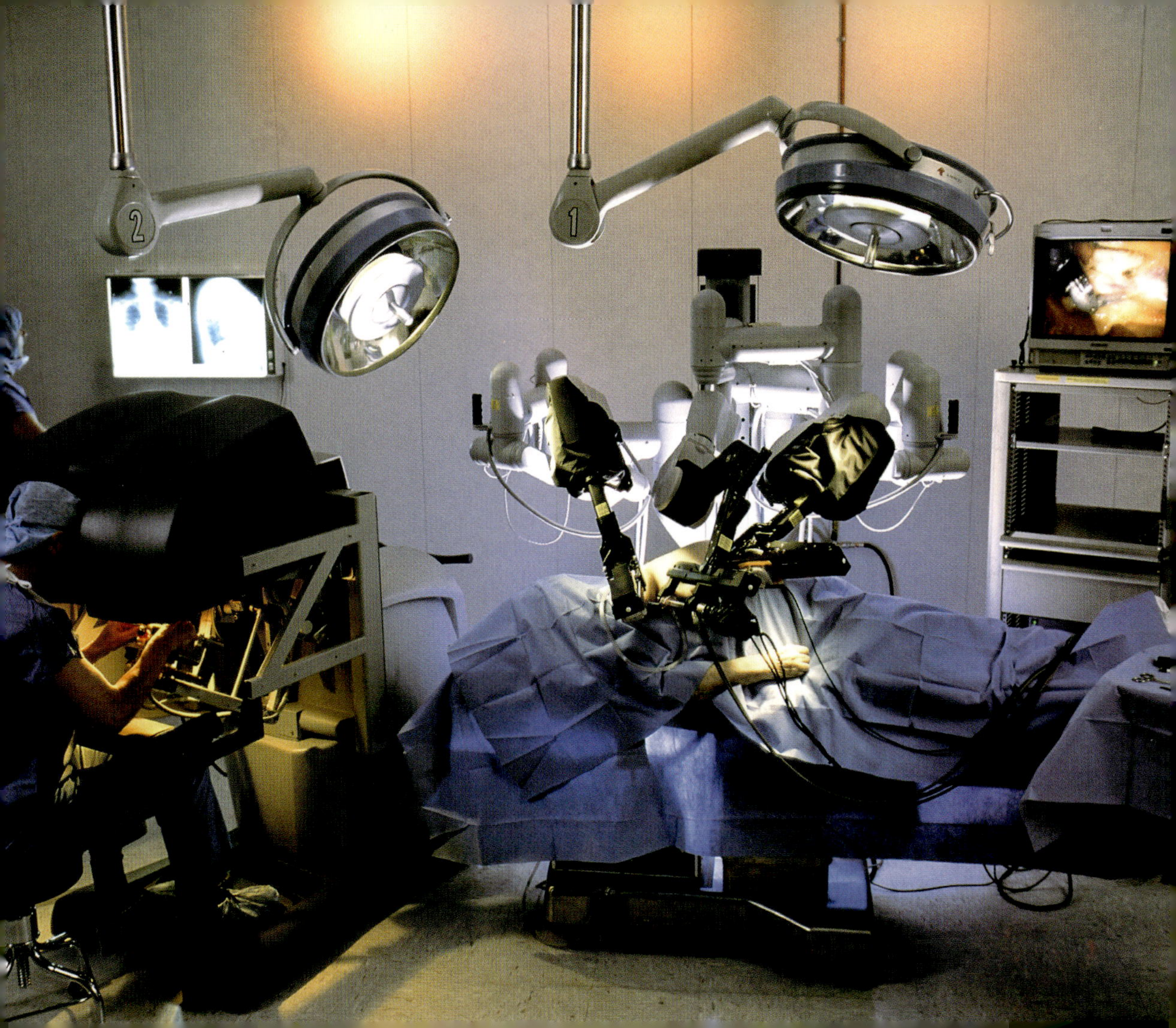
2
1

1984

Containerschifffahrt

Denken Sie zurück an die Schifffahrt im Zweiten Weltkrieg. Jeder über den Ozean zu transportierende Gebrauchsgegenstand musste auf Paletten mit einem Kran in den Frachtraum des Schiffs gehoben werden. Zwanzig, bei großen Schiffen auch mehr Hafenarbeiter überwachten und unterstützten diesen Vorgang. Sie brachten die Fracht an Bord, verpackten sie gut und zurrten sie fest. Das Entladen erfolgte in umgekehrter Reihenfolge.

Die 1984 eingeführte Containerschifffahrt zog eine Neukonzeption des gesamten internationalen Transportwesens nach sich. Bei dieser belädt und versiegelt der Absender große, standardisierte Stahlcontainer. Die versiegelten Container gelangen per LKW oder Zug zur Hafenanlage. Dort werden die Container von großen Kransystemen schnell auf speziell entworfene Containerschiffe geladen. Diese genormten ISO-Container lassen sich problemlos von Schiffen auf Züge und Lastkraftwagen umladen.

Moderne Containerschiffe sind gewaltig – einige gehören zu den größten Schiffen der Welt – und transportieren pro Fahrt Tausende von Containern. Ein typisches Schiff hat meist einen **Zweitakt-Dieselmotor** mit 80 Megawatt. Bei voller Leistung verbrennt das Schiff 13 600 Liter Treibstoff pro Stunde, aber meist fährt es etwa mit halber Kraft. Hochleistungsschiffe stoßen somit etwa drei Gramm CO_2 pro Tonne Fracht pro Kilometer aus und sind eine ökologische Art des Frachttransports.

Die Container selbst sind technische Kunstwerke. Ein typischer Container ist 259 Zentimeter hoch, 244 Zentimeter breit und 12 Meter lang. Er besteht aus gewelltem Stahl mit verstärkten Ecken und Eckpfosten. Die Ecken sind mit Löchern zum einfachen Festmachen der Kräne und mit Anschlussstücken zum Arretieren der Container auf dem Schiff versehen. Ein typischer Container dieser Größe wiegt etwa vier Tonnen und kann fast 26 Tonnen an Fracht aufnehmen.

Die Einführung der ISO-Container für den kombinierten Verkehr revolutionierte das Schifffahrtsgewerbe durch die Senkung der Kosten und das deutlich schnellere Be- und Entladen.

SIEHE AUCH: Zweitakt-Dieselmotor (1893).

Das mit Containern vollbeladene Frachtschiff Inception im Hafen von Istanbul, 30. Juli 2012.

YANG MING
seaco
NG MING
YM INCEPTION
MONROVIA

1984

Itaipu-Staudamm

Von den vielen Gründen für den Bau eines Staudamms überzeugt die Stromproduktion den Ingenieur wohl am meisten. Eine große Wasserkrafttalsperre produziert überraschend viel Strom und das sauber und zuverlässig. Auch die Regulierung fällt einfach – durch Verstellung eines Stauteils produziert ein Generator entsprechend mehr oder weniger Strom.

Der 1984 an der Grenze zwischen Brasilien und Paraguay eröffnete Itaipu-Staudamm ist nach Stromproduktion die derzeit größte Wasserkraftanlage der Welt – er erzeugt fast 100 Terawattstunden Strom pro Jahr. Ein durchschnittlicher amerikanischer Haushalt verbraucht etwa 11 000 Kilowattstunden Strom pro Jahr. Dieser Staudamm könnte somit etwa neun Millionen amerikanische Haushalte mit Strom versorgen. Da ein brasilianischer Haushalte nur etwa ein Sechstel des Stroms eines amerikanischen verbraucht, kann der Itaipu-Staudamm den Strom für mehr als 50 Millionen Haushalte liefern.

Wie lassen sich solche Mengen Strom nutzbar machen? Den Anfang bildet ein gewaltiger Fluss. Der Río Paraná ist der siebtgrößte Fluss der Welt. Einst konnte er auch mit dem wasserreichsten Wasserfall protzen, doch der Stausee hat diesen inzwischen überspült. Der durchschnittliche Wasserdurchfluss beträgt 17 000 Kubikmeter pro Sekunde.

Eine enorme Menge Wasser, die zum Großteil durch zwanzig mit Generatoren verbundene riesige Wasserturbinen fließt. Jeder der Generatoren generiert 700 Megawatt Leistung und dieser eine Staudamm produziert so viel Strom wie zwanzig herkömmliche **Kraftwerke**. Davon geht die Hälfte nach Paraguay, die andere nach Brasilien.

Der Staudamm aus **Beton** ist mit beinahe acht Kilometer Länge und 196 Meter Höhe gigantisch und staut einen riesigen See von 1350 Quadratkilometern auf. Letzterer dient als Trinkwasserreservoir und als wichtiger Mechanismus zur Flutkontrolle. Aus diesen Gründen wurde der Itaipu von der *American Society of Civil Engineers* zu einem der sieben Weltwunder der Neuzeit ernannt.

SIEHE AUCH: Leichtwasserreaktor (1946), Drei-Schluchten-Talsperre (2008).

Luftbildaufnahme eines Pumpspeicherkraftwerks in Deutschland.

1985

Pumpspeicherkraftwerk Bath County

Als Ingenieur, der ein **Stromnetz** entwirft, besäßen Sie etwas nur allzu gerne: eine große Batterie zur Stromspeicherung. Der naheliegendste Anwendungsbereich für die Batterie sind die täglichen Hauptnachfragezeiten. Andererseits könnte auch ein **Kraftwerk** um drei Uhr morgens, wenn die Nachfrage nach Strom niedrig ist, die Batterie aufladen.

Große chemische **Batterien** sind noch viel zu teuer. Die stattdessen verwendete Technologie heißt Pumpspeicherung. Der Grundgedanke ist unglaublich einfach – man verbindet zwei Seen in unterschiedlicher Höhenlage mit Rohren. Nachts, wenn die Stromnachfrage gering ist, pumpt man Wasser in den höher gelegenen See empor. Am Tag dreht man die Pumpen um, sie funktionieren als Generatoren und lassen das Wasser vom höher gelegenen in den tiefer gelegenen See hinunterstürzen.

Die eigentliche Umsetzung ist vor allem wegen der Baugröße komplizierter. Die 1985 eröffnete Pumpspeicherkraftwerksanlage *Bath County* in Virginia ist ein gutes Beispiel. Die Ingenieure bauten zwei Staudämme und erzeugten zwei große Seen. Der Höhenunterschied zwischen den Seen beträgt etwa 400 Meter und der obere See enthält etwa 45 Milliarden Liter Wasser. Sechs Pumpen/Turbinen werden von Rohren mit einem Durchmesser von 5 Meter mit Wasser versorgt. Jede Pumpe/Turbine erzeugt bei einer Durchflussmenge von 142 000 Litern pro Sekunde 500 Megawatt Strom. Bei maximalem Durchfluss erzeugen die sechs Turbinen zusammen somit drei Gigawatt Strom und es dauert etwa 14 Stunden, bis der obere See komplett leergelaufen ist. In der Nacht wird das Wasser wieder hochgepumpt und die Batterie aufgeladen.

Die Pumpspeicherung gehört derzeit mit zu den besten verfügbaren Verfahrenstechniken für „große Batterien" in Stromnetzen. Da sie jedoch zwei große Stauseen in unterschiedlicher Höhenlage und geringer Distanz zueinander voraussetzt, lässt sie nicht überall verwirklichen. Wo Geographie und Wasserquellen es erlauben, ist sie eine großartige Option.

SIEHE AUCH: Stromnetz (1878), Leichtwasserreaktor (1946), Lithium-Ionen-Batterie (1991).

Panoramablick über das Pumpspeicherkraftwerk Hohenwarte entlang der Saale in der Nähe von Saalfeld, Deutschland, 11. Juli 2003.

RWE
KOEPCHENWERK

1985

International Thermonuclear Experimental Reactor (ITER)

Jahrzehntelang wurde uns gesagt, die Fusionsenergie werde die Erde retten. Die Ingenieure müssten nur eine vernünftige, günstige und kontrollierte Methode der Fusion von Wasserstoffatomen zu Heliumatomen finden – so wie es die Sonne tut. So würde saubere Energie erzeugt und die Welt ohne das Risiko eines Reaktorunfalls, einer Ölpest oder von Treibhausgasen damit versorgt.

Eine Möglichkeit der Wasserstofffusion haben die Ingenieure gefunden: die **Wasserstoffbombe**. Diese Fusion kann jedoch nicht genau kontrolliert werden. Und zur Ingangsetzung des Fusionsprozesses braucht die Wasserstoffbombe eine **konventionelle Atombombe**.

Mit dem ITER versuchen die Ingenieure seit 1985 Aufbau und Betrieb eines geeigneten Fusionsreaktors zu erarbeiten.

Der Haupthohlraum des ITER-Reaktors hat die Form eines Donuts. Der Grundgedanke besteht darin, dass eine Wolke aus gasförmigem Wasserstoff sich in Plasma verwandelt, wenn sie in der Mitte des Donuts von einem starken Magnetfeld zu einem dünnen, dichten Ring zusammengedrängt wird. Ein Strom durch das Plasma erzeugt Temperaturen von über 100 Millionen Grad Celsius. Ist der Ring dicht und heiß genug, fusionieren die Wasserstoffkerne zu Heliumatomen. Die bestgeeigneten Arten von Wasserstoffatomen sind Deuterium (ein Proton und ein Neutrum im Kern) und Tritium (ein Proton und zwei Neutronen). Sie erzeugen am meisten Energie, hauptsächlich in Form von energiereichen Neutronen. Durch Einfangen der Energie dieser fliegenden Neutronen und Umwandlung derselben in Wärme produziert der Reaktor Elektrizität.

Trotz des einfachen Prinzips sind die am ITER arbeitenden Ingenieure mit einer großen Anzahl von Problemen konfrontiert. Im riesigen Ring muss ein fast totales Vakuum herrschen. Die Wände des Rings müssen der immensen Hitze standhalten. Magneten dieser Stärke sind schwierig herzustellen und benötigen eine Heliumkühlung. Die fliegenden Neutronen könnten den Reaktor mit der Zeit zerstören. Und so weiter. Es ist nicht klar, ob ITER je funktionieren wird.

SIEHE AUCH: Trinity-Atombombe (1945), Leichtwasserreaktor (1946), Ivy Mike-Wasserstoffbombe (1952), Großer Hadronen-Speicherring (1998).

Reaktormodell des International Thermonuclear Experimental Reactor (ITER).

Thermal Shield
PF1 Coil
PF2 Coil
Central Solenoid
TF Coil
Upper Port
Vacuum Vessel
PF3 Coil
Equatorial Port
PF4 Coil
Lower Port
PF5 Coil
PF6 Coil
Thermal Shield

1985

Virtuelle Realität

Jaron Lanier (geb. 1960)

Seit Jahrhunderten helfen uns die Ingenieure und das technische Denken dabei, in der realen Welt zurechtzukommen. Die virtuelle Realität jedoch verheißt uns die Erfahrung von künstlichen Welten, als wären sie wirklich.

Die für das Erzeugen einer virtuellen Realitätserfahrung benötigte Technologie besteht aus vier Teilen. Als erstes benötigt man ein Headset, das binokulare **dreidimensionale** Bilder darstellen kann. Zweitens braucht man ein Verfahren zur genauen und umgehenden Nachverfolgung von Kopfbewegungen. Drittens braucht man eine Software zur Erzeugung der künstlichen Welt. Und viertens möchte man in dieser Welt umherwandern – eine einfache Möglichkeit ist ein Gamecontroller, eine komplizierte ein mehrfach ausgerichtetes Laufband.

Bei der Entstehung der virtuellen Realität 1985 waren diese Komponenten alle recht simpel. Der Computerfachmann Jaron Lanier hatte den Begriff bekannt gemacht und seine Firma VPL Research arbeitete an der Entwicklung von kommerziellen Anwendungen. Laniers frühe Erfindungen sind seitdem durch eine Reihe von großen technischen Veränderungen verbessert worden. Die Headsets haben eine bessere Auflösung, ein breiteres Gesichtsfeld und ermöglichen peripheres Sehen mit Bildern über das gesamte Gesichtsfeld. Auch Genauigkeit und Geschwindigkeit beim Verfolgen der Kopfbewegungen sind verbessert worden. Und die Softwareentwickler in der Computerspielindustrie haben die immer leistungsfähigeren Mikroprozessoren und Grafikkarten zur Schaffung hyperrealistischer künstlicher Welten genutzt, die mit einer Geschwindigkeit von 60 Einzelbildern pro Sekunde in das Headset eingespeist werden. Außerdem sind die Kosten wesentlich gesunken.

Die virtuelle Realitätserfahrung verbessert sich somit unaufhörlich. Erscheint Ihnen ein Besuch in einem Einkaufszentrum, einem Museum, einem Ausstellungsraum oder einer Touristenattraktion viel gehaltvoller als ein Video darüber? Die neuen virtuellen Realitätssysteme werden die virtuellen Erlebnisse verbessern und dazu führen, dass sich diese Erfahrungen fast genauso anfühlen wie reale.

SIEHE AUCH: 3D-Brille (1953), Doom-Engine (1993), Computeranimationsfilm (1995).

Astronauten verwenden Geräte für die Erzeugung einer virtuellen Realität, um einige Aufgaben bei der anstehenden Mission auf der Internationalen Raumstation einzustudieren.

MotionStar

1986

Tschernobyl

Die Explosion von Tschernobyl gehört zu den spektakulärsten Technikversagen aller Zeiten.

Eigentlich lösten drei Fehler im Zusammenwirken die Explosion von Tschernobyl aus. Der erste Fehler bestand in der Verwendung von Wasser im Reaktor zur Dampferzeugung. Mit Dampf wird die Wärmeenergie des Reaktors extrahiert, um daraus mittels einer **Dampfturbine** Elektrizität zu erzeugen. Nur adsorbiert flüssiges Wasser die Neutronen viel besser als Dampf. Wird der Reaktor abgekühlt, enthält der Kern hauptsächlich flüssiges Wasser. Eine darauffolgende unsachgemäße erneute Erhitzung mit Verdampfen des Wassers kann zu einem Energieüberschuss führen. Die schnelle Verwandlung von Wasser zu Dampf erzeugt einen schnellen Anstieg der Neutronenzahl – eine positive Rückkopplungsschleife.

Der zweite Fehler lag im Entwurf der Steuerstäbe, die Neutronen adsorbieren. Die Enden der Steuerstäbe in Tschernobyl bestanden aus Graphit und verdrängten Wasser, als sie in den Reaktor gefahren wurden. Dies führte zu einem weiteren Energieüberschuss.

Und drittens besaß der Tschernobyl-Reaktor kein Sicherheitsgebäude um den Reaktor und nach der Explosion grenzte nichts die Kontamination ein.

Der Unfall lief folgendermaßen ab: Am 26. April 1986 kühlten Arbeiter den Kern unsachgemäß ab. Beim erneuten Erhitzen erzeugte das Verdampfen von Wasser eine Leistungsspitze. Die Kontrollstäbe wurden herabgelassen und die Graphitenden erzeugten einen katastrophalen Energieüberschuss. Einige Brennstäbe zerbrachen und blockierten dabei die Kontrollstäbe. Durch eine Dampfexplosion wurde der Reaktorkern aufgesprengt, Sauerstoff trat ein und ein Feuer brach aus, bei dem Kernmaterial in die Luft abgegeben wurde. Eine zweite Explosion, womöglich eine kleine Kernexplosion erfolgte, als sich ausreichend schmelzendes Brennmaterial verdichtet hatte, und verschlimmerte den Austritt von Kernmaterial.

Millionen Hektar Land wurden durch gefährliche Mengen Atomstaub verseucht und ein Großteil Europas war vom Fallout der Explosion betroffen. Die Entscheidungen einer Handvoll Ingenieure und die Bedienungsfehler einer Handvoll Arbeiter haben Millionen von Menschen in Mitleidenschaft gezogen.

SIEHE AUCH: Stromnetz (1878), Leichtwasserreaktor (1946), Kugelhaufenreaktor (1966), CANDU-Reaktor (1971), Katastrophe von Fukushima (2011).

Die Tschernobyl-Katastrophe war die Folge von menschlichem Versagen und Konstruktionsfehlern.

1986

Apache-Kampfhubschrauber

Wir stellen uns **Hubschrauber** gern als etwas eher Zerbrechliches vor. Und wenn die Ingenieure den tödlichsten Hubschrauber der Welt bauen wollen – mit gewaltiger Feuerkraft und sicher für die Besatzung? Genau das gelang den Ingenieuren mit dem 1986 eingeführten Apache-Kampfhubschrauber.

Ein Hauptmerkmal des Apache sind seine drei Waffensysteme: Hellfire-Panzerabwehrraketen (bis zu 16 Stück), Hydra-Raketen (bis zu 76) und ein 30-Millimeter-Maschinengewehr, das explosive Patronen (bis zu 1200 Stück bei 600 Umdrehungen pro Minute) verschießt.

Einzigartig ist die Verbindung zwischen dem Maschinengewehr und dem Helm des Richtschützen. Sensoren überwachen dessen Kopfbewegungen. Richtet der Schütze den Blick auf eine Bedrohung, folgt ihm das Gewehr automatisch und die Betätigung des Abzugs führt zur Zerstörung des Ziels. Ein weiteres ist das in einer Rundung über dem Hauptrotor angebrachte Longbow-**Radarsystem**. Es kann bis zu 128 Ziele gleichzeitig verfolgen.

Ein anderes herausragendes Merkmal des Apache ist die Überlebenswahrscheinlichkeit. Er fliegt zur Unterstützung der Bodentruppen oft in Bodennähe über das Schlachtfeld. Deshalb wird der Apache regelmäßig zum Ziel von Angriffen. **Titan**, **Kevlar** und kugelsicheres Glas schützen den Piloten und den Schützen. Auch die Triebwerke und Treibstofftanks sind ähnlich geschützt. Und die Rotorblätter halten einem Beschuss mit Kugeln bis Kaliber 23 Millimeter stand.

Auch eine Bruchlandung ist gründlich durchdacht worden. Als Erstes berührt das Landungsgestell den Boden. Es absorbiert den Erstschlag des Aufpralls. Dann zerknautscht der Bereich unter dem Piloten und dem Kopiloten. Dieser Ansatz verbessert die Überlebensrate der Besatzung außerordentlich.

Mit diesen ganzen Waffen und Schutzvorkehrungen ausgestattet wiegt der Hubschrauber bei voller Beladung fast 8200 Kilogramm. Diese schwere Masse wird von zwei Turbomotoren mit einer Gesamtantriebskraft von fast 4000 PS in die Luft gehoben.

Die Ingenieure haben den Apache-Kampfhubschrauber so schlagkräftig und nützlich für den Einsatz auf dem Schlachtfeld gestaltet, dass die US Army mehr als 1000 davon besitzt.

SIEHE AUCH: Radar (1940), Titan (1940), Hubschrauber (1944), Kevlar (1971).

Ein AH-64 Apache-Kampfhubschrauber der US-Armee bereitet sich auf den Abflug von der Bagram Air Base *vor, Afghanistan 2012.*

17E

1990

World Wide Web

Robert Cailliau (geb. 1947), **Tim Berners-Lee** (geb. 1955)

Mitte der 1980er Jahre existierte das Internet und wurde benutzt. 1987 waren etwa 10 000 Hauptcomputer mit dem Internet verbunden. Aber fast jeder damalige Internetnutzer war Angehöriger einer Universität, eines Unternehmens oder einer Forschungseinrichtung. Die Öffentlichkeit hatte keinen Zugang.

Damals benutzten die Menschen verschiedene Hilfsmittel zur Daten-Weiterleitung im **Internet**. E-Mail und FTP (File Transfer Protocol) waren zwei der verbreitetsten. Jemand konnte eine Datei auf einen FTP-Server hochladen und dann andere mit einer E-Mail informieren, dass sie die Datei herunterladen konnten. Über Telnet konnte man sich aus der Ferne mit Computern verbinden.

1990 setzte der Vorschlag der Computerspezialisten Tim Berners-Lee aus Großbritannien und Robert Cailliau aus Belgien zu einem „Hypertext-Projekt" für das „World Wide Web" tiefgreifende Änderungen in Gang. Das WWW war geboren und machte aus dem Internet eine unglaublich leicht zu verwendende Informationsquelle. Trotz seiner Einfachheit war es unglaublich leistungsfähig. In der Folge hat das Internet unzählige Vorgänge verändert, so den Kauf und Verkauf von Dingen, die Weitergabe von Nachrichten und Informationen, die Bildung und die Kommunikation der Menschen. Außerdem schuf es absolut gleiche Wettbewerbsbedingungen. Plötzlich konnte jeder Informationen für Millionen von Menschen veröffentlichen.

Damit das Web funktioniert, mussten vier Kerngedanken gleichzeitig technisch umgesetzt werden: 1. der Webserver mit den Webseiten, auf den man zugreifen konnte, 2. der Webbrowser, der Webseiten von den Servern erfasst und aufbaut, 3. die Web-Auszeichnungssprache HTML, die den Menschen die Erstellung von Webseiten ermöglicht und 4. das Webprotokoll, genannt HTTP, das die Kommunikation zwischen einem Server und einem Browser ermöglicht. Als ein Server mit einer Webseite in HTML darauf existierte und jemand einen Browser hatte, war das Web geboren. Und weil die Ingenieure den Zugang zum Internet ganz leicht machten, verbreitete es sich wie ein Lauffeuer.

SIEHE AUCH: ENIAC – der erste digitale Computer (1946), ARPANET (1969), Domain-Name-System (DNS) (1984).

Das World Wide Web verändert weiterhin die Gesellschaft, wie wir sie heute kennen.

http://www

1990

Hubble-Weltraumteleskop

Wir hätten gerne ein Teleskop, das nicht von der Erdatmosphäre beeinflusst wird? Warum sollten wir das? Der Hauptgrund für eine derartige Erfindung besteht in der Lufthülle der Erde, die bestimmte Lichtfrequenzen blockiert. Außerdem verzerren die von Wind- und Temperaturunterschieden hervorgerufenen Veränderungen in der Atmosphäre das einfallende Licht und erzeugen das Funkeln am Nachthimmel. Und nicht zuletzt wäre ein nicht der Lichtverschmutzung ausgesetztes Teleskop, das Teile des Himmels rund um die Uhr beobachten kann, von großem Nutzen.

Die simpelste Lösung wäre ein Teleskop im Weltall. Klingt einfach, doch sobald man sie umzusetzen versucht, wird es ein Projekt von ungeheurem technischem Aufwand.

Das erste Problem ist der Spiegel. Den Astronomen kann er nicht groß genug sein, aber die Trägerraketen setzen Größe und Gewicht Grenzen. Die Ingenieure entschieden sich für einen feingeschliffenen Glasspiegel, der mit einem Durchmesser von 2,4 Metern etwas kleiner als der des Hooker-Teleskops ist. Die Cassegrain-Konstruktion reflektiert das Licht des Hauptspiegels auf einen kleineren Sekundärspiegel, der es durch ein Loch in der Mitte des Hauptspiegels auf Hubbles Kameras zurückwirft. Die einzelnen Kameras fangen infrarotes, ultraviolettes beziehungsweise sichtbares Licht ein.

Dann mussten die Ingenieure das Teleskop wie jeden anderen **Satelliten** weltraumtauglich verpacken: die Sonnenkollektoren und **Batterien** der Elektrik, die Antennen und Radios des Kommunikationssystems sowie die Wendekreisel und Schubdüsen des besonders wichtigen Ausrichtungssystems, das für die präzise Ausrichtung des Teleskops auf Zielbereiche über längere Zeiträume sorgt.

Die fertige Anlage funktioniert in all ihren Teilen erstaunlich gut. Das Hubble-Teleskop der NASA wurde 1990 in Betrieb genommen. Zur Abbildung des berühmten *Hubble Deep Field* war es mehr als hundert Stunden auf einen kleinen Abschnitt des Weltraums ausgerichtet. Das Ergebnis ist atemberaubend und zeigt zum ersten Mal, dass sich in einem überaus winzigen Teil des Weltalls Tausende Galaxien zusammendrängen.

SIEHE AUCH: Hooker-Teleskop (1917), Weltraumsatellit (1957), Lithium-Ionen-Batterie (1991).

Ein STS-125-Besatzungsmitglied an Bord des Spaceshuttles Atlantis *schoss dieses Foto des Hubble-Weltraumteleskops während der fortgesetzten Abkopplung der beiden Raumflugkörper am 19. Mai 2009, nachdem sie mehr als eine Woche miteinander verbunden gewesen waren.*

1991

Lithium-Ionen-Batterie

Jeder würde sich über bessere Batterien freuen. Wäre ein **Smartphone** nicht toll, das wir nur einmal im Monat weniger als eine Minute aufzuladen brauchen? Oder ein **elektrisches Auto**, das in wenigen Minuten aufgeladen ist und dann 1500 Kilometer weit fährt? Oder eine Batterie von der Größe eines Brotlaibes, die bei Stromausfall ein ganzes Haus für bis zu zwei Tage mit Strom versorgt? Und wie wäre es mit einem elektrischen Jet, der mit einer einzigen Aufladung die Erde umrundet? In unserer Fantasie können wir uns solche Batterien leicht vorstellen, aber werden wir sie jemals zu Gesicht bekommen?

Bei einer Batterie denken wir normalerweise an einen Behälter voller Chemikalien. Chemische Reaktionen im Inneren des Behälters produzieren Elektronen. In einer Einwegbatterie läuft dieser Prozess einmal ab. In wiederaufladbaren Batterien ist er umkehrbar.

Wissenschaftler und Ingenieure zogen die verschiedensten chemischen Stoffe zur Herstellung von Batterien heran. Die erste breit anwendwendbare chemische Reaktion erfolgte jedoch im Daniell-Element, der galvanischen Zelle, bestehend aus Kupfer, Zinkelektroden und Kupfersulfatkristallen in Wasser. Diese Batterie versorgte das frühe **Fernschreibnetz** in den 1860ern mit Strom. Etwa zur selben Zeit tauchten die ersten Blei-Säure-Batterien auf, die heute in nahezu allen Autos anzutreffen ist. Es folgten der Nickel-Cadmium-Akkumulator, der Nickel-Metallhydrid-Akku und zuletzt der Lithium-Ionen-Akku. Die Lithium-Ionen-Verbindung ist zur Zeit die beste verfügbare Batterientechnologie in Bezug auf die Energiedichte.

Die heutige Lithium-Ionen-Batterie, 1991 erstmals von Sony und Asahi Kasei kommerziell produziert, übertrifft jedoch die Bleisäurebatterie in Bezug auf das Verhältnis von Leistung zu Gewicht und Größe nur um das Dreifache. Man vergleiche eine **Boeing 747** mit dem **Flugzeug der Gebrüder Wright** oder **ENIAC** mit einem Computer im Inneren eines Smartphones und man wird feststellen, wie wenig sich auf diesem Feld trotz über hundert Jahren intensiver Bemühungen von Wissenschaftlern und Ingenieuren getan hat.

SIEHE AUCH: Telegrafensystem (1837), Flugzeug der Gebrüder Wright (1903), ENIAC – Der erste digitale Computer (1946), Boeing 747 Jumbo-Jet (1968), Prius Hybrid (1997), Smartphone (2007).

Eine Reihe geladener Batterien in einem elektrischen Auto.

1991

Biosphäre 2

John P. Allen (geb.1929)

Angenommen, wir wollten eine sich über viele Jahre selbst versorgende Siedlung auf dem Mond oder **Mars** gründen. Oder mit einem heutigen Raumschiff zu einem entlegenen Stern fliegen. In diesem Fall müssten wir eine geschlossene, autarke Biosphäre entwickeln – ein abgeschlossenes Terrarium, groß genug für Menschen. Dort gäbe es alles zum Leben Erforderliche: Nahrung, Wasser und Sauerstoff. Zudem würden alle Abfälle wiederverwertet. Das System müsste in der Lage sein, diesen Kreislauf über Jahre hinweg aufrechtzuerhalten, sonst würden die Bewohner sterben.

Ist eine derart eigenständige Biosphäre überhaupt im Bereich des Machbaren? In einem der faszinierendsten Experimenten aller Zeiten schuf der Ingenieur John P. Allen eine vollständige Biosphäre und hielt sie zwei Jahre lang in Betrieb. Das groß angelegte Projekt, durchgeführt 1991 bis 1993 von der *University of Arizona* und dem Unternehmen Space Biosphere Ventures, trägt den Namen Biosphäre 2.

Als Erstes wurde ein versiegelter Container mit einem Grundriss von annähernd 1,3 Hektar und einer Glaskuppel konstruiert, hoch genug für einen kleinen Regenwald. Der Bau gleicht einem großen Schiff, dessen stählerner Rumpf in der Erde vergraben, ist, dessen gläserner Überbau dagegen zu sehen ist. Später kamen spezielle Systeme zur Regulierung des Wasser- und Luftkreislaufs hinzu.

Viele der bei diesem Experiment gewonnenen Erkenntnisse sind auf mögliche Szenarien übertragbar. So schwankte der Kohlenstoffdioxidgehalt aufgrund seiner Abhängigkeit von Tages- und Jahreszeit stark. Die Pflanzen absorbierten das CO^2 bei Tageslicht, nachts stieg der CO^2-Wert an. Einmal schossen die CO^2-Werte derart in die Höhe, dass die Besatzung zur Bindung von Kohlenstoff Pflanzenmaterial anbauen und lagern musste.

Im ersten Jahr bereitete der Anbau von ausreichend Nahrung der Mannschaft Probleme. Alle nahmen ab, wurden dabei aber auch gesünder.

Das größte Problem waren die Sauerstoffwerte – auf mysteriösem Wege verschwand Sauerstoff aus der Luft. Wie sich herausstellte, entzog eine Reaktion des Betons mit dem Kohlenstoffdioxid diesen dem Kreislauf. Letztendlich mussten zum Schutz der Mannschaft frische Sauerstoffreserven eingespeist werden.

SIEHE AUCH: Wasseraufbereitung (1854), Modernes Abwassersystem (1859), Tröpfchenbewässerung (1964), Internationale Raumstation (1998), Marskolonie (voraussichtlich 2030).

Die Bibliothek und Wohnräume der Biosphäre 2 in Arizona, USA.

1992

Wassersparende Toilette

Denken wir einmal über die Toilette nach, wie man sie in jedem Haushalt findet. Eine billige Vorrichtung, die von der Erdanziehung als einziger Energiequelle Gebrauch macht, zugleich nahezu unzerstörbar, leicht und billig zu warten. Überdies löst sie ein gewaltiges Hygieneproblem.

Nach der Benutzung einer herkömmlichen Haustoilette drücken wir den Spülknopf. Dieser zieht an einer Kette, die einen kleinen Verschluss aus **Gummi** am Boden des Tanks öffnet. Dieser Verschluss kostet ungefähr vier Euro und muss rund alle fünf Jahre ausgetauscht werden. Bei geöffnetem Verschluss braust das gesamte Wasser des Tanks in wenigen Sekunden in die Schüssel.

Auf Grund der Bauart von Schüssel und Abblussrohr erzeugt das einströmende Wasser einen Sog im Rohr, der alles aus der Schüssel zieht.

Unterdessen hat sich der Tank geleert und der Klappverschluss im Tank geschlossen. Ein Schwimmer stellt fest, dass der Spülkasten leer ist und lässt zur Befüllung der Schüssel und des Tanks Wasser einfließen. Sobald der Tank voll ist, blockiert der Schwimmer den Wasserstrom und die Toilette ist bereit für ihre nächste Benutzung.

Welche Alternativen gibt es? Da wäre das Plumpsklo im Freien. Oder ein Eimer im Haus, den man auf einen Komposthaufen für menschliche Abfälle im Hinterhof entleert. Letztere Variante ist umwelttechnisch gesehen nicht einmal die schlechteste, solange man ausreichend Land und Geduld besitzt. In einer boomenden Stadt jedoch sind beide Optionen fatal. Ingenieure bescherten uns mit der wassersparenden Toilette Komfort für die ganze Gesellschaft.

In den Vereinigten Staaten fand 1992 ein interessanter Wandel statt. Zur Senkung des Wasserverbrauchs wurde der Richtwert pro Toilettenspülung per Verordnung von mehr als 13 Litern auf sechs Liter gesenkt. Ingenieure mussten Schüsseln und Strömungsprofile entwerfen, die bei der Leerung der Schüssel mit viel weniger Wasser auskamen, ohne dabei zu verstopfen. Sie zeigten sich der Herausforderung gewachsen. Allein durch diese kleine Veränderung sparen die USA jeden Tag mehrere Milliarden Liter Wasser.

SIEHE AUCH: Pompeji (79), Kunststoff (1856), Modernes Kanalisationssystem (1859).

1992 verringerten die USA die Richtwerte von 13 Liter auf sechs Liter Wasser pro Spülung.

1992

Regenwassermanagement

Stellen Sie sich eine neu anzulegende Stadt oder Vorstadt vor. Das vor dem Eintreffen der ersten Bewohner höchstwahrscheinlich bewaldete Land absorbiert viel Regenwasser, das nur zu geringen Teilen durch das Laub, den mürben Erdboden darunter, die Senken im Gelände, meist aber über Bäche und Flüsse abfließt.

Dann lassen die Städteplaner die Bäume fällen und Häuser, Parkplätze, Gehsteige und Straßen bauen. Alle mit undurchlässigen Oberflächen aus **Asphalt** oder **Beton**. Auf eine wasserdichte Fläche treffender Niederschlag wird weder absorbiert noch verlangsamt – er fließt sofort ab.

In einem dicht besiedelten Stadtgebiet voller undurchlässiger Flächen können die Auswirkungen eines starken Regenfalls verheerend sein. Stellen wir uns eine Stadt mit einer Ausdehnung von 260 Quadratkilometern vor. Ein Zoll (2,54 Zentimeter) Regen bedeutet bei wasserdichtem Boden auf der gesamten Fläche 6,6 Millionen Liter Wasser. Ohne Gegenmaßnahmen der Ingenieure fließt das gesamte Wasser in ein oder zwei Stunden in einen nahen Fluss ab. Fallen dagegen wie bei einem Orkan um die 15 Zentimeter Regen, so muss der Fluss etwa 38 Milliarden Liter aufnehmen. Das übersteigt dessen Aufnahmefähigkeit bei weitem.

Daher wurde im Rahmen der Stadtentwicklung der Aspekt des Regenwassermanagements in den meisten Stadt- und Vorstadtgebieten zum wichtigen Bestandteil der technischen Planung. So besitzt heute wahrscheinlich jedes Wohnviertel sowie jedes Kaufhaus und Einkaufszentrum im Vorstadtgebiet ein Regenwasserauffangbecken. Darin sammelt sich das Wasser von Parkplätzen und Dächern und wird dann schrittweise an Wasserläufe und Flüsse abgegeben oder vom Erdreich aufgenommen. Diese Methode imitiert die im noch bewaldeten Gebiet ablaufenden Vorgänge.

In Städten wird ähnlich verfahren, nur wird hier das Regenwasser in riesigen unterirdischen Gewölben aufgefangen. Eines dieser Gewölbe in Saitama, Japan, 1992 gebaut, ist 78 Meter breit, 177 Meter lang und 25 Meter hoch.

Ohne Regenwassermanagement bilden die Regenwassermassen ein ernsthaftes Problem. Dank diesem haben die Ingenieure die Fluten auch bei Starkregen viel besser unter Kontrolle.

SIEHE AUCH: Beton (1400 v. Chr.), Asphalt (625 v. Chr.), Pompeji (79), Pumpspeicherkraftwerk von Bath County (1985), Venedigs Hochwasserschutzsystem (2016).

Die unterirdischen Regenwasserkanäle Japans sind überaus beeindruckend.

1993

Keck-Teleskop

Jerry Nelson (1944–2017)

Drei Jahrzehnte lang hielt das **Hooker-Teleskop** mit 2,5 Metern den Titel des größten Teleskops der Welt, bis es vom 5-Meter-Hale-Teleskop auf Mt. Palomar übertrumpft wurde. Auch das Hale-Teleskop war für nahezu drei Jahrzehnte das größte Fernrohr der Welt, bis es vom 1993 in Betrieb genommenen Keck-Teleskop abgelöst wurde. Um damit Beobachtungen durchzuführen, mussten Ingenieure eine komplett neue Konstruktion für den Spiegel im Zentrum des Teleskops entwerfen. Das Problem des Hale-Teleskops ist der Spiegel, der aus einem einzelnen Glasstück besteht. Trotz wabenförmiger Rückseite zur Gewichtseinsparung ist die Scheibe unheimlich groß und schwer und bringt viele Probleme mit sich. Dies wird wohl für immer der größte je aus einem einzelnen Glasstück hergestellte Spiegel bleiben.

Wie also haben Ingenieure den Bau von größeren, präziser gekrümmten Spiegeln umgesetzt? Das Keck-Teleskop löst das Größenproblem durch die Zusammensetzung von 36, vom Astrophysiker Jerry Nelson entworfenen, sechseckigen Spiegel zu einer gewaltigen Zehnmeterscheibe. Außerdem kann die Krümmung jedes Sechseckes mehrere Male pro Sekunde im Nanometerbereich verändert werden. Damit wird etwas erreicht, was man aktive Optik nennt. Diese lässt den Spiegel ungeachtet von Faktoren wie Schwerkraft, Temperaturwechsel und Spiegelbewegungen die gewünschte Form behalten. Vorrichtungen auf der Rückseite des Spiegelsegments verändern dessen Form.

Dieses bewegliche System bildet einen perfekt gekrümmten Spiegel und reagiert in Kombination mit einem adaptiven System auf Veränderungen in der Atmosphäre über dem Teleskop. Das adaptive System analysiert das Funkeln eines hellen Sterns und benutzt es zur Einstellung des Spiegels und Eliminierung des Funkelns. Falls sich kein hell leuchtender Stern im Blickfeld befindet, lässt sich mithilfe eines Lasers ein künstlicher Stern in der oberen Atmosphäre erzeugen.

1996 wurde ein zweites, nahezu baugleiches Keck-Teleskop gebaut. Beide können unabhängig voneinander arbeiten. Feinmechanik ermöglicht jedoch die Zusammenführung des Lichts der beiden Teleskope zur Bildung eines noch größeren Teleskops. Diese Verbindung gibt den Keck-Teleskopen ein ungeheuerliches Leistungsvermögen und hat als Vorlage für noch größere Teleskopbaupläne gedient.

SIEHE AUCH: Hooker-Teleskop (1917), Hubble-Weltraumteleskop (1990).

Das Keck-Teleskop auf dem Gipfel des Mauna Kea, Hawaii.

1993

Doom-Engine

John D. Carmack (geb. 1970)

1972 wurde mit *Pong* das erste Videospiel vorgestellt. 1978 folgte *Space Invaders* und 1980 *Pacman*. Nach heutigen Maßstäben sind diese Spiele unheimlich simpel: 2D-Sprite-Graphik mit ein paar Farben. 1993 änderte sich jedoch mit der Markteinführung von *Doom* die Lage dramatisch. *Doom* war der erste von Millionen Menschen gespielte Ego-Shooter oder FPS (First-Person-Shooter) und erhob eine möglichst realistische **3D**-Umgebung zum Maßstab. John D. Carmacks „*Doom*-Engine" hatte als erste 3D-Engine gewaltige Auswirkungen. Seitdem haben sich Videospiele in jeder Hinsicht verbessert. Sie sind heute realistischer, detaillierter, schneller denn je, mit riesigen, vom Spieler zu erkundenden Welten.

Aus technischer Sicht wurde all das durch schnellere Hauptprozessoren (CPU) und 1999 durch die Entwicklung des ersten Grafikprozessors (GPU) zur Beschleunigung des 3D-Renderings möglich. Inzwischen ist die Leistung der GPU explodiert.

Das Schlüsselkonzept der GPU ist der Shader: Kleine Programme, die Vertices oder Pixel bedienen. Die Leistung von Grafikprozessoren wird an deren Anzahl von gleichzeitig Shader ausführenden Kernen sowie der Taktfrequenz des für die Shader verfügbaren Speichers und der Speicherbandbreite abgemessen. Die ersten GPUs in Standardcomputern von 1999 starteten mit 20 Millionen **Transistoren** zur Unterstützung eines Vertex-Shader-Kerns. Heutzutage unterstützen Milliarden Transistoren Tausende Kerne und Speicher im Gigabytebereich.

All dies ist das Ergebnis der Zusammenarbeit mehrerer technischer Disziplinen. Die wachsende Transistorenzahl ist den in der Chipbranche tätigen Technikern zu verdanken. Zur besseren Ausnutzung der Transitoren optimierten die Hardwareingenieure der GPU-Firmen die Bauteile. Softwareentwickler schufen für einen einfacheren Zugriff auf die Grafikprozessoren Standards wie OpenGL, die von den Spieleentwicklern zur Kreation neuer Spiele verwendet wurden.

Die GPU-Power führte zu einer atemberaubenden Entwicklung. **Rennspiele** sind kaum mehr von der Wirklichkeit zu unterscheiden. Ego-Shooter besitzen realistische Welten, die grenzenlos scheinen. Ingenieure schaffen eine künstliche Realität.

SIEHE AUCH: Formel-1-Wagen (1938), Transistor (1947), 3D-Brille (1952), Computeranimationsfilm (1995).

Jugendliche spielen Doom auf der Spielekonsole Playstation von Sony.

WINS:00
55
WINS:00
CYRAX
SONY

1994

Eurotunnel

Vor der Eröffnung des Eurotunnels 1994 gelangte man nur mit Fähren von Großbritannien nach Frankreich. **Flugzeuge** als Alternative im letzten Jahrhundert konnten kaum Pluspunkte für sich verzeichnen. Ingenieure hätten eine **Brücke** bauen können, deren Länge an diesem Ort aber problematisch ist.

Daher entschieden sich die Ingenieure für einen Tunnel – mit 50 Kilometern der bis heute längste Unterwassertunnel. Eigentlich sind es gar drei, nämlich zwei Eisenbahntunnels, je einer in jede Richtung, sowie ein dazwischen verlaufender Wartungstunnel.

Den ersten ernstzunehmenden Entwurf legte schon 1802 der französische Bergbauingenieur Albert Mathieu vor, jedoch erfolgte bis 1964 keine genaue geologische Untersuchung. Dabei stießen die Ingenieure auf eine genügend feste und zugleich einfach zu durchgrabende Kalkschicht. Mit Tunnelbohrmaschinen wurde zuerst der kleinere Servicetunnel mit einem Durchmesser von 4,8 Metern gegraben. Die beiden Eisenbahntunnels besitzen einen Durchmesser von 7,6 Metern.

Zur Beschleunigung des Bohrvorgangs startete je eine **Tunnelbohrmaschine** an beiden Enden und steuerte zum Mittelpunkt hin. Dies wirft zwei Fragen auf: Wie bewerkstelligten die Ingenieure die exakte Ausrichtung der Maschinen und was passierte bei deren Aufeinandertreffen? Das erste Problem ist besonders kompliziert. Aufgrund der Geologie ändert der Tunnel entlang der Strecke seinen Winkel sowohl horizontal als auch vertikal. Die anfängliche Lösung war herkömmliche Vermessung unter Benutzung zusätzlicher lasergesteuerte Leitsysteme. Dabei wurde ein riesiger Laser im bereits vorhandenen Tunnel im Boden verankert und auf ein Ziel auf der Rückseite der Bohrmaschine ausgerichtet. Auf diese Weise blieb die Maschine genau auf ihrem Pfad. Nach einer Weile des Vorankommens wurde der Laser im Tunnel nach vorne versetzt.

Um eine Kollision der Bohrmaschinen zu verhindern, wurden die in England gestarteten Maschinen bei ihrer Annäherung an den Mittelpunkt nach unten zum Boden ausgerichtet und förmlich begraben. Die französischen Maschinen rückten heran, führten die Arbeit zu Ende und wurden danach demontiert.

Eine ausgezeichnete technische Planung löste ein großes Transportproblem. 20 Millionen Menschen und 20 Millionen Tonnen Güter passieren jedes Jahr den Tunnel.

SIEHE AUCH: Tunnelbohrmaschine (1845), Flugzeug der Gebrüder Wright (1903), Laser (1917), Kinsol Trestle Bridge (1920).

Eine der Bohrmaschinen, die Gestein zum Bau des Eurotunnels herausarbeitete.

1994

Digitalkamera

Eine herkömmliche Filmkamera kann ein ziemlich schlichtes Gerät sein. Die Lochkamera ist eine verschlossene Box mit einem Stück Film darin und einem winzigen Nadelloch zum Einlass des Lichts.

Eine Digitalkamera hingegen ist eine Mischung aus Elektrotechnik, Computertechnik und Softwareentwicklung.

Die erste markttaugliche Digitalkamera ist wohl die 1994 von Apple Computers vorgestellte QuickTake. Bei dieser Kamera nahm ein CCD-Sensor (*charge-coupled device*) ein farbiges Bild auf. Ein interner **Mikroprozessor** las das Bild vom Sensor aus und speicherte es auf dem gerade erst auf dem Markt erschienenen internen **Flash-Speicher** ab. Die Kamera schoss 640 x 480-Pixel-Farbbilder, von denen acht auf den Flash-Speicher passten. Der Computer der Kamera steuerte zudem einen kleinen Flüssigkristallbildschirm (**LCD**) und verwaltete eine serielle Schnittstelle zum Auslesen der Bilder.

Speicherkarten für Kameras wurden 1994 mit dem Compact Flash-Standard markttauglich und starteten 1999 mit der Einführung viel kleinerer Speicherkarten durch.

Das Wichtigste an der Digigalkamera ist der Bildsensor, entweder ein CCD- oder CMOS-Sensor (*complementary metal-oxide semiconductor*), bei denen jedes Pixel des Sensors die Lichtstärke misst. Zum Erfassen der Farbinformation verwenden Entwickler eins von zwei Systemen. Das billigere und daher weiter verbreitete ist ein Bayer-Filter-Mosaik über den Pixeln eines einzelnen Sensors. Auf jedem zweiten Pixel ist ein winziger Grünfilter angebracht, auf den übrigen Pixeln ein roter oder blauer Filter. Der eingebaute Computer berechnet dann einen RGB-Wert für jedes Pixel des Bildes. Die andere Option ist die Aufteilung des ankommenden Lichts in drei Strahlen. Ein Strahl passiert einen Grünfilter, der zweite einen Rotfilter und der dritte einen Blaufilter. Die drei Strahlen treffen auf drei getrennte Sensoren und von jenen berechnet der Computer die RGB-Werte.

Seit dem Erscheinen der ersten Digitalkamera haben Ingenieure jedes Bauteil grundlegend verbessert. Heutige Bildsensoren haben Zig-Millionen Pixel und auf Speicherkarten passen Gigabytes. Der interne Computer und die Software sind in der Lage, verblüffende Dinge zu tun.

SIEHE AUCH: Flüssigkristallanzeige (LCD) (1970), Mikroprozessor (1971), Flash-Speicher (1980), Smartphone (2007).

Eine Frau zeigt am Computer ein Foto der Golden Gate Bridge, aufgenommen mit der Apples QuickTake 100 Kamera.

1994

Globales Positionsbestimmungssystem (GPS)

Ivan A. Getting (1912–2003), **Roger L. Easton** (1921–2014), **Bradford Parkinson** (geb.1935)

Als einer der Entwickler des Globalen Positionsbestimmungssystems (GPS) hätten sie kaum Vorstellbares vollbracht: Sie hätten eine neuen, für jeden Bewohner dieses Planeten verfügbaren Sinn geschaffen. Menschen sind üblicherweise mit fünf Sinnen ausgestattet: Sehen, Hören, Schmecken, Riechen und Fühlen. Dagegen fehlt uns von Geburt her der Orientierungssinn, besonders nachts, auf dem offenen Meer oder bei schlechtem Wetter, wenn Wolken, Nebel und Regen jeden Orientierungspunkt vor unseren Augen verbergen. Die Entwickler des GPS, ein Team bestehend aus Ivan Getting, Roger Easton und Bradford Parkinson, alle Mitarbeiter des US-Verteidigungsministeriums, schickten sich an, dies zu ändern. 1994 hatten sie ein universelles, verzögerungsfreies und präzises System entwickelt, durch das jeder mit 10 Metern Genauigkeit seine exakte Position auf dem Planeten ermitteln konnte – jederzeit und überall.

Ziemlich anmaßend muteten die veranschlagten Projektkosten an: geschätzte 12 Milliarden Dollar für eine durch das US-Militär zu finanzierende Konstellation aus 24 **Satelliten**, die schließlich zwischen 1989 und 1994 in die Erdumlaufbahn gebracht wurden. Ein weiterer kühner Akt war die Technologie. Das neue GPS-System erforderte kleine, präzise **Atomuhren**, die über Jahre hinweg in der Umlaufbahn funktionieren sollten – zwei für jeden Satelliten. Diese Uhren sind keine Allerweltsgeräte. Hinzu kommt die von Ingenieuren erfundene Technik zur Bestimmung des Standorts. Ein GPS-Empfänger muss jederzeit mit mindestens vier Satelliten am Himmel in Verbindung stehen und deren Position sowie die jeweilige Entfernung präzise ermitteln können. Unter Verwendung der beiden letzteren Daten berechnet der Empfänger seine exakte Position und Höhenlage auf der Erde. Außerdem kann er so die Uhrzeit ohne eigene **Atomuhr** mit derselben Genauigkeit ableiten.

Die Markteinführung preisgünstiger GPS-Empfänger, verbunden mit der Ankunft der ersten markttauglichen **Mobiltelefone**, katapultierte uns gleichsam in die Zukunft. Für jeden von uns bedeutet der Besitz dieser Geräte verblüffend neue Fähigkeiten.

SIEHE AUCH: Atomuhr (1949), Weltraumsatellit (1957), Mobiltelefon (1983), Selbstfahrendes Auto (2011).

Das weiße iPhone 5 mit der Google Maps App auf dem Bildschirm.

Vodafone RO
14:03
Search
Golden Gate
Marina
Financial Distr
San Francisco
Sunset District
Noe Valley
Potrero Hill
Twin Peaks West
280
35
Crocker Amazon
Bayview
Daly City
Colma
101
South San Francisco
Pacifica

1994

Internationaler Flughafen Kansai

Nehmen wir an, eine dicht besiedelte Stadt in Japan benötigt einen neuen Flughafen. Das Problem hierbei ist der fehlende Platz. Ein möglicher Lösungsansatz ist der des Washington-Dulles-Airports: Der Flughafenbau erfolgt viele Kilometer außerhalb der Stadt. Das ist jedoch nicht gerade reisendenfreundlich.

In Japan schlugen die Ingenieure daher eine komplett andere Richtung ein. Sie lösten das Problem des mangelnden Platzes durch den Bau einer gewaltigen **künstlichen Insel** in der Bucht von Osaka.

Aufgrund ihrer Ausmaße von vier mal zweieinhalb Kilometer kann man kaum glauben, dass sie künstlich ist. Stellen Sie sich den riesigen Central Park in Manhattan vor. Verdreifachen Sie dessen Größe und Sie erhalten die Fläche der Insel. Und zur Senkung des Lärmpegels liegt die Insel drei Kilometer vor der Küste.

Wie legten die Ingenieure eine Insel wie diese im Erdbebengebiet des Pazifischen Feuerrings an? Der Bau begann mit der Errichtung eines Damms rund um die künftige Insel. Danach wurden zur Stabilisierung Pfähle in den Ton unter der Insel getrieben und zur Aufschüttung der Insel nahe Hügel abgetragen. Aus der Wassertiefe von rund 30 Metern lässt sich eine Füllmaterialmenge von 23 Millionen Kubikmetern ermitteln. Da die gesamte Füllung von Lastkähnen gebracht wurde, nahm die Verdrängung des Meeres Jahre in Anspruch.

Die Konstrukteure gingen noch weiter. Sie bauten die größte Flughafenhalle der Welt, ein Zugsystem sowie eine eindrucksvolle Brücke für Schiene und Schnellstraße von der Insel zum Festland. Eines der kniffligeren Probleme der Ingenieure war die Sackung. Wie baut man ein ellenlanges Gebäude auf einer neuen, in Zukunft noch absackenden Insel und hält dabei den Baugrund eben? Die Ingenieure lösten dieses Problem mit einem Hydraulikzylinder unter jedem Pfeiler, so dass diese einzeln hebbar waren.

Der am 4. September 1994 eröffnete internationale Flughafen Kansai ist ein Musterbeispiel für kühnes Konstruktionswesen und die Fähigkeit zur Vorausnahme, Entschärfung und Lösung der vielen, durch Waghalsigkeit hervorgerufenen Probleme. Das ist es, was die moderne Ingenieurskunst so spannend macht.

SIEHE AUCH: Schiefer Turm von Pisa (1372), Palm Islands (2006), Erdbebensichere Gebäude (2009)

Der Flughafen Kansai aus der Vogelperspektive.

1995

Computeranimationsfilm

Für die Ingenieure der Filmbranche war 1995 ein Schlüsseljahr. Im Film *Jumanji* rannte ein vollständig am Computer geschaffenes Rudel Tiere durch eine Stadt. Der Film *Casper* erhielt die erste computergenerierte Hauptfigur der Welt und *Babe* ließ Tiere mit realistischen Computereffekten um den Mund sprechen.

Und dann erschien der Film *Toy Story* – der erste komplett am Computer erzeugte Film der Geschichte in Spielfilmlänge. Jedes einzelne Bild im Film – Charaktere, Kulissen, Requisiten und die komplette Landschaft – wurde von **3D**-Künstlern und -Animatoren am Computer geschaffen.

An der Produktion von Pixars erstem Langfilm arbeiteten Hunderte Menschen. Softwareentwickler schrieben den Code, mit dem die Animatoren den Film erstellten. Hardware- und Netzwerkingenieure bauten die Serverfarm und Speichersysteme, die den Film Einzelbild für Einzelbild berechneten und diese zusammensetzten.

Die für einen derartigen Film benötigte Rechenleistung ist gigantisch und wächst stetig. Ein Musterbeispiel dafür ist die *Monster AG*, wo die Software die Bewegung des Fells der Hauptfigur für jedes Bild kalkulieren muss. Selbst bei *Toy Story* nahm trotz der Schlichtheit des Films die Berechnung eines jeden der 300 Megabyte-Bilder Stunden in Anspruch.

Wie entsteht nun ein Film wie *Toy Story*? Die Gestaltung der Charaktere zum Beispiel erfolgt mit *PhotoRealistic RenderMan*, einem von Pixar eigens zur Berechnung ihrer 3D-Animationsfilme geschriebenem Programm. Eine Figur wie Woody oder Buzz Lightyear besitzt ein inneres Skelett. Jedes Teil des Skeletts hat Schieber, welche die genaue Bewegung kontrollieren. Das Gesicht hat dutzende Schieber zur Kontrolle von Lippen, Augen und Augenbrauen. Der Animator bedient die Schieber für jedes Bild einzeln und der Charakter bewegt sich auf die passende Weise. Danach erscheint die Figur in einer digitalen Kulisse mit anderen Charakteren und Objekten. **Virtuelles** Licht und eine virtuelle Kamera verleihen dem Regisseur die vollständige Kontrolle.

Ingenieure erzeugen ein erfundenes Universum voller erfundener Charaktere, in dem Filmemacher wunderbare Geschichten lebendig werden lassen.

SIEHE AUCH: 3D-Brille (1952), Virtuelle Realität (1985), Doom-Engine (1993)

Toy Story stellte eine Reihe bedeutender Neuheiten der Softwareentwicklung vor.

SPACE RANGER
LIGHTYEAR

1966

Ariel Atom

Niki Smart (geb. 1973)

Jeremy Clarkson aus der Fernsehserie *Top Gear* beschreibt den Ariel Atom so: „Ich denke, er ist eines der schönsten Autos der Welt, da er sowohl elegant als auch ein wunderbares Stück Technik ist." Was bedeutet „ein wunderbares Stück Technik"? Vielleicht dass die Metall- und Plastikteile so zusammengesetzt sind, dass sie auf harmonische Weise ihre Aufgabe erfüllen? Oder dass die Ganzheit mehr ist als die Summe der Bauteile? Oder ist damit der Minimalismus gemeint, das Ziel so wirksam wie nur möglich zu erreichen? Oder ein Aufbau, der Menschen aufgrund seiner Kreativität und Raffinesse begeistert? Beim Ariel Atom treffen all diese Dinge zu.

Der Ariel Atom wird von TMI Autotech nach einem ursprünglich vom britischen Design-Studenten Niki Smart stammenden Entwurf gefertigt. Der Atom beinhaltet allein die Kernbestandteile eines Autos, nicht mehr. Der skelettartige Rahmen dient nicht nur als Kernstück zur Befestigung aller anderen Teile sowie als Verbindung zwischen Vorder- und Hinterrädern sondern auch als Käfig zur Absicherung des Fahrers. Diese Art von vielfältiger Verwendung kann beim Ingenieur Euphorie hervorrufen. Dieselbe Art von Euphorie, die wir beim Betrachten eines **Formel-1-Wagens** mit seinem Motorblock erleben, der gleichzeitig Teil des Motors und tragendes Element des Rahmens ist und dazu die Vorderräder mit dem Rest des Autos verbindet. Oder beim Untersuchen eines *Leatherman* Multifunktionswerkzeugs, bei dem der Griff, der die Klingen hält, aufgeklappt die Zangengriffe bildet.

Der Ariel Atom stellt seinen sinnlichen Skelett-Rahmen offen zur Schau, an dem alles andere hängt, was zusammen ein Auto ergibt: **Motor**, Getriebe, Differentialgetriebe, Federung, Räder, Steuerung, **Bremsen**, Tank, Sitze und Bedienungselemente. Deshalb wiegt das Auto nur 500 Kilogramm. Dennoch schlägt der Atom auf der Straße fast alle Superautos, da er seine einzige Mission so gut erfüllt: Er fährt schnell und gehorcht den Anweisungen des Fahrers aufs Wort.

SIEHE AUCH: Verbrennungsmotor (1908), Formel-1-Wagen (1938), Antiblockiersystem (1971), Bugatti Veyron (2005).

Der Ariel Atom ist eine elegante Maschine – zu gleichen Teilen schön anzuschauen und effizient entworfen.

03

1996

HDTV – hochauflösendes Fernsehen

Nach den olympischen Spielen in Tokio 1964 begann die japanische Rundfunkgesellschaft NHK an einem Fernsehsystem zu forschen, das alle „fünf menschlichen Sinne" in Beschlag nehmen würde. In einem langjährigen Prozess führte dies zum Übergang von analoger zu digitaler Übertragung. In den Vereinigten Staaten strahlten die Fernsehsender vor HDTV analoge Signale nach der NTSC-Norm aus. Solange sich Sender und Hersteller an dieselbe Norm hielten, wussten Erstere, dass jedes Fernsehgerät ihre Signale zu entschlüsseln vermag, und die Verbraucher, dass sie jeden Fernsehsender empfangen können. Die FCC (*Federal Communications Commission*, zu dt. Bundesbehörde für Kommunikationswesen) wies jedem Fernsehsender eine Normalfrequenz zu und alle waren zufrieden.

Das **Kabelfernsehen** übertrug dieselben NTSC-Signale auf gängigen FCC-Frequenzen per Kabel und jedermann konnte seinen Fernseher an ein beliebiges Kabelnetz anschließen. **Videorekorder** konnten NTSC-Signale aufnehmen und abspielen. Auf der Grundlage dieser Technikstandards entstand ein gewaltiges wirtschaftliches Ökosystem mit Milliarden von Fernsehern und anderen Geräten, Tausenden Sendern und Kabelnetzen. Alles arbeitete universell mit allem anderen zusammen.

Die Einführung des hochauflösenden Bildes brachte tiefgreifende Änderungen mit sich. Die analoge NTSC-Norm wurde zugunsten von digitalen Signalen mit zehnmal besserer Auflösung aufgegeben und Fernsehsender und Kabelnetze sendeten ab 1996 nach der neuen Norm. Die Verbraucher mussten sich hochauflösende Fernseher anschaffen, die sie mittels HDMI-Kabel mit ihren neuen HD-Geräten verbanden. Die gesamte neue Ausstattung (Kabelkästen, Blu-Ray Player, Spielekonsolen, usw.) verwendete HDMI.

Nie zuvor hatte die Welt eine derartige Wandlung gesehen. In den Vereinigten Staaten wurden am 12. Juni 2009 alle analogen Rundfunkübertragungen beendet. An diesem Tag schalteten Techniker die entsprechenden Übertragungen ab, während die Bevölkerung es aufgrund der zehnmal besseren Bildqualität ihres Fernsehers bereitwillig hinnahm. Dies zeigt wie viel Ingenieure erreichen können, wenn alle hinter einem neuen Standard stehen.

SIEHE AUCH: Farbfernsehen (1939), Kabelfernsehen (1948), VHS Videokassette (1976).

Ein moderner Audio/Video-Anschluss eines hochauflösenden Fernsehers.

HDMI IN
2
1
(DVI)
HDMI IN
PC / DVI
AUDIO IN
PC IN
ANT IN
DIGITAL
AUDIO OUT
(OPTICAL)
LAN
R – AUDIO – L
COMPONENT IN

1997

Prius Hybrid

Die in den 1990ern geforderte Reduzierung der **Fahrzeugemissionen** war beispielsweise mittels Ersetzung von **Benzinmotoren** durch reine Elektroautos zu erreichen. **Batterien** aber waren teuer, die Reichweite der Autos war gering und die Aufladezeit lang. Ingenieure suchten die Leistungsfähigkeit zu erhöhen und einen besseren Kraftstoffverbrauch zu erreichen. Steigen Sie in Toyotas Prius, das erste massentaugliche Hybridauto. Der Verbrauch der 1997 vorgestellten Limousine ist aufgrund ihres Hybridantriebs minimal. Sie wurde millionenfach verkauft.

Ein Hybridauto benutzt mehrere Triebkraftquellen. So kombiniert der Prius einen Benzinmotor mit einem Elektromotor. Drei technische Erkenntnisse verbessern den Verbrauch des Prius. Erstens haben die meisten Autos einen viel zu großen Motor. Diese Überdimensionierung des Motors liegt an den eher seltenen Phasen der Beschleunigung, in denen mehr Kraft benötigt wird. Bei Unterstützung durch einen Elektromotor kann der Benzinmotor kleiner und leichter ausfallen. Zweitens verschwenden Leerlauf und stockendes Fahren bei geringer Geschwindigkeit Benzin. Auch hier kann der Elektromotor einspringen. Dazu kann Autozubehör wie die Klimaanlage mit dem Strom betrieben werden. Drittens wird der Elektromotor beim Bremsen zum Stromerzeuger und lädt die Batterien auf. All dies ermöglicht dem Prius einen erheblich besseren Kraftstoffverbrauch, besonders im Stadtverkehr.

Aufgrund der Beliebtheit und Effizienz des Prius entwarfen Ingenieure weitere Hybridformen. Diese reichen von elektrischen Motoren und Batterien, die Autozubehör wie die **Klimaanlage** mit Strom versorgen und zur Vermeidung von Leerlauf den Benzinmotor auf Anhieb starten, bis zu Hybridautos, deren Batterien sich über Nacht in der Garage aufladen lassen. Dies erlaubt die Benutzung des Autos für 20 oder 40 Meilen als reines Elektrofahrzeug.

Der Markt für Hybridfahrzeuge ist ein gutes Beispiel für technische Kreativität, die vom Drang nach mehr Leistungsfähigkeit angespornt wird.

SIEHE AUCH: Klimaanlage (1902), Verbrennungsmotor (1908), Lithium-Ionen-Batterie (1991), Selbstfahrendes Auto (2011).

Nahaufnahme eines Toyota Prius mit Hybridmotor auf der Automesse in Brüssel 2012.

HYBRID
SYNERGY
DRIVE

1998

Internationale Raumstation

Wir hätten gern einen Außenposten der Menschheit im unwirtlichen Weltall. Womit fangen die Ingenieure an? Die Planung der Internationalen Raumstation ISS etwa verlief in Etappen. Eine Art versiegelter Container mit dem für Menschen erforderlichen Luftdruck, hergestellt von Maschinenbauern und Statikern, könnte den Anfang bilden. Stick- und Sauerstoff für die im Inneren benötigte Atmosphäre kann in Hochdruckbehältern herangeschafft, Sauerstoff auch aus Elektrolyse oder Sauerstoffkerzen gewonnen werden.

Das nächste Problem ist die Temperaturkontrolle. Im Vakuum treibend verwandelt sich die Raumstation in eine riesige Thermoskanne. Ein System von Kühlrippen wird benötigt.

Auch einen Zugang für die Besatzung müssen die Konstrukteure einbauen – einen abgedichteten Tunnel zum ankommenden Raumschiff oder eine Luftschleuse.

Ist die Besatzung an Bord, sind mehrere Dinge zu beachten: Das von den Menschen ausgeatmete Kohlenstoffdioxid und ihre ausgedünstete Feuchtigkeit sind aus der Luft zu filtern. Ein Sauerstoffwiederauffüllungssystem wird benötigt. Es bedarf einer Toilette für flüssige und feste Ausscheidungen – keine leichte Aufgabe in der Schwerelosigkeit. Diese braucht Licht und Strom. Solarkollektoren mit Batterien für dunkle Abschnitte sind der einfachste Weg der Stormerzeugung für Raumstationen im niedrigen Erdorbit.

Die Solarzellen müssen zur Sonne hin ausgerichtet sein, ohne dass die Station ins All abtreibt. Ein Haltungskontrollsystem erledigt dies. Ein dreiachsiges Reaktionsradsystem, auch Kontrollmoment-Gyroskop genannt, ist die gängige Lösung, da es im Gegensatz zu Schubdüsen keinen Kraftstoff benötigt.

Ein wichtiges Konstruktionsmerkmal der ISS ist ihre Fähigkeit, mit Bauteilen aus verschiedenen Staaten stufenweise zu wachsen. Von 1998 an wurden mit mehr als drei Dutzend Raumflügen die verschiedenen Bauteile in den niedrigen Erdorbit gebracht. Das vollendete Gefüge hat ungefähr die Größe eines Fußballfeldes und bietet den Bewohnern etwa 1000 Kubikmeter Raum. Stellen sie sich ein 200 Quadratmeter großes Landhaus mit 2,4 Meter hohen Decken vor. Die ISS ist gut doppelt so groß. Sie nährt Hoffnungen auf eine **Besiedlung des Weltraums**.

SIEHE AUCH: Mondlandung (1969), Space-Shuttle (1981), Biosphäre 2 (1991), Marskolonie (voraussichtlich 2030).

Die Internationale Raumstation am 20. August 2001.

1998

Großer Hadronen-Speicherring

Warum sollten Wissenschaftler zwei Protonenströme, die mit nahezu Lichtgeschwindigkeit unterwegs sind, aufeinanderprallen lassen wollen? Zur Entdeckung neuer subatomarer Teilchen. Zwischen 1998 und 2008 errichtete die Europäische Organisation für Kernforschung (CERN) den großen Hadronen-Speicherring LHC, den größten Protonenbeschleuniger der Welt, der sämtliche Maßstäbe hinsichtlich Größe, Komplexität, Kosten und Ingenieurleistung bricht. Er bewies die Existenz des Higgs Bosons – ein Meilenstein in der Wissenschaft.

Sehen wir uns zum Beispiel den riesigen Tunnel des LHC an, mit dessen Bohrung 1998 begonnen wurde. Der Tunnelring befindet sich 50 Meter unter der Erde, hat einen Umfang von 27,3 km und ist eine **Beton**röhre mit einem Durchmesser von 3,6 Metern. Schon dieser Tunnel stellt eine erstaunliche Leistung dar.

Im Inneren des Tunnels verläuft eine Metalröhre, die zwei kleinere Rohre beherbergt – die Kanäle für die Protonen. In diesen Rohren herrscht ein annähernd vollständiges Vakuum. Darin beschleunigen zwei sich gegenläufig drehende Protonenströme bis auf Beinahe-Lichtgeschwindigkeit. Mehr als 1200 mit Helium gekühlte supraleitende Magnete halten die Ströme auf einer Kurvenbahn durch den Ring. Die **Magnete** sind von enormer Größe und wiegen je ungefähr 27,2 Tonnen.

Dann sind da noch die Detektoren, in denen die eigentliche Wissenschaft stattfindet. In diesen Detektoren kreuzen sich die Protonenstrahlen und stoßen frontal zusammen. Der größte Detektor, genannt Atlas, hat ungefähr die Größe eines Fußballfeldes und ist 25 Meter hoch. Atlas wiegt 6800 Tonenn. Er gleicht einer gigantischen **3D**-Filmkamera für subatomare Teilchen und seine Aufgabe besteht in der Aufstöberung der Teilchen, die beim Zusammenstoß der Protonen entstehen. Die Kamera erzeugt fast 1000 Billionen Bytes (1 Petabyte) Daten in der Sekunde. Atlas allein wäre eine bedeutende technische Errungenschaft, aber Atlas ist nur einer von mehreren Detektoren.

All diese technischen Wunder vereinigen sich im LHC. Er ist wahrlich eine der großartigsten Konstruktionen, die jemals von Ingenieuren gebaut wurden.

SIEHE AUCH: Beton (1400 v. Chr.), Tunnelbohrmaschine (1845), 3D-Brille (1952), Neodym-Magnet (1982).

Ansicht des Tunnelabschnitts 3–4 des großen Hadronen-Speicherrings.

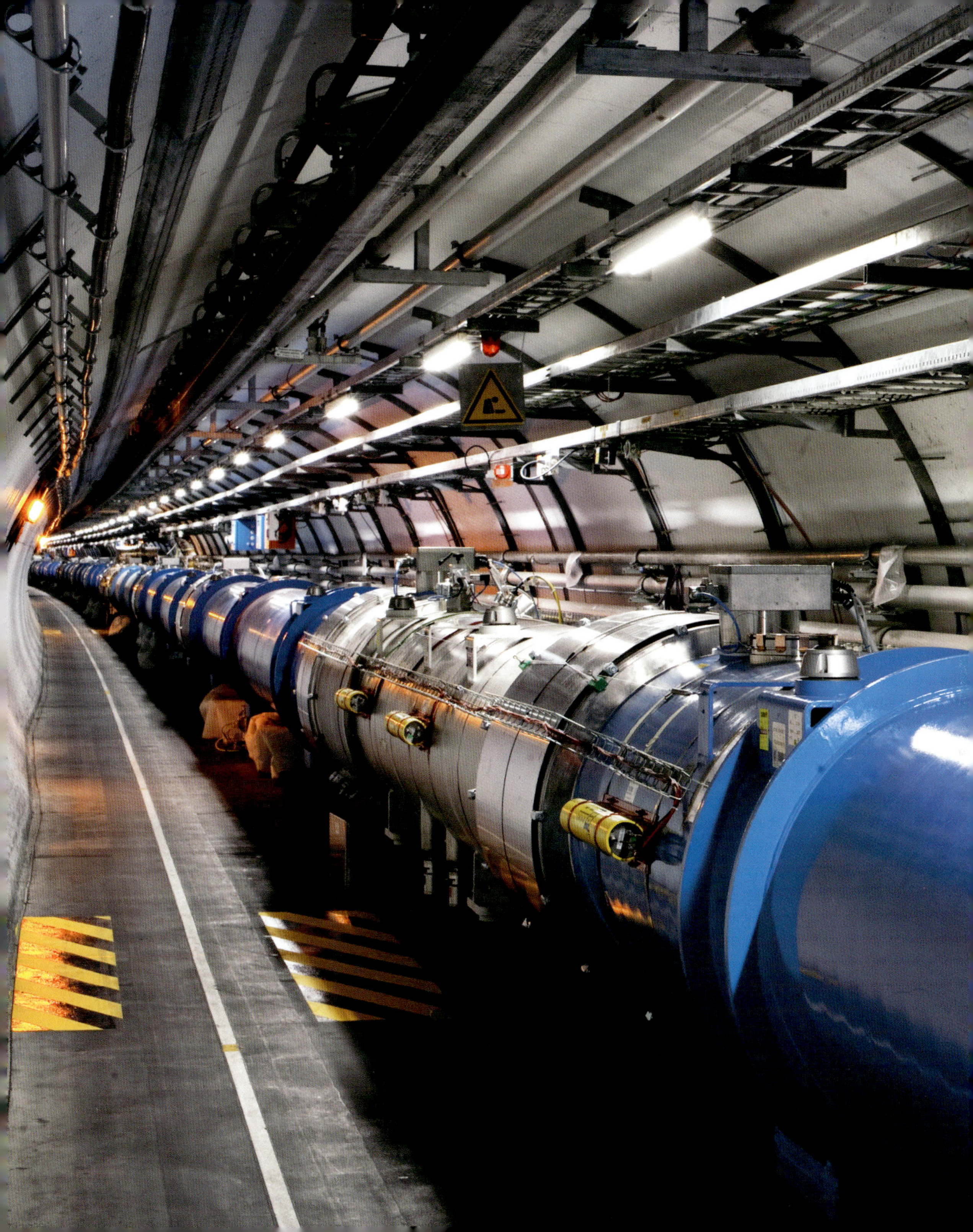

1998

Intelligentes Stromnetz

Massoud Amin (geb. 1961)

Eigentlich kann jeder sein eigenes Stromnetz betreiben. Man kaufe einen Stromgenerator, versorge damit sein Haus mit Energie und lege eine Leitung zu den Nachbarn. Mit einem größeren Generator könnte man die ganze Nachbarschaft mit Strom versorgen. Aufgrund der Übertragunsentfernungen bräuchte man dann aber einen Trafo, der den Strom des Generators auf eine höhere Spannung umwandelt, eine Leitung zum nächsten Viertel, dort einen weiteren Transformator, der die Spannung wieder auf ihren ursprünglichen Wert bringt, und schließlich Leitungen zu jedem Haus.

Das war im Wesentlichen die Funktionsweise von Stromnetzen. In altmodischen Stromnetzen gibt es jedoch keinen Datenverkehr. 128 Jahre lang bewegten Netze zum größten Teil Energie von großen Generatoren zu den Verbrauchern. Eingeführt hat den Begriff „intelligentes Stromnetz" 1998 Massoud Amin, damals für das *Electric Power Research Institute* (EPRI) in Palo Alto, Kalifornien, tätig. Amin leitete ein großes Forschungsprogramm, das 108 weitere Professoren und 240 Forscher von 28 amerikanischen Universitäten sowie 52 Unternehmen finanzierte, um die Forschung und Entwicklung hinsichtlich der Modernisierung und Belastbarkeit des Stromnetzes voranzutreiben. Das intelligente Stromnetz soll auch mannigfache und unbeständige Energiequellen sowie eine große Menge an Daten zur Optimierung der Energielieferung zulassen.

So bestücken Privatleute ihre Hausdächer mit **Solarzellen** und verkaufen deren Energie ans Netz zurück. Traditionelle **Stromnetze** sind hierfür nicht ausgelegt. Ein Viertel mit vielen Solarpanels kann mehr Strom erzeugen als es benötigt. Kurz darauf zieht vielleicht eine Wolke vorüber und halbiert augenblicklich die Solarstromproduktion.

Und wenn die Stromgesellschaft die Preise nach Netzbelastung staffeln möchte, um die Menschen zum Sparen während der Belastungsspitzen zu ermutigen? Oder wenn sich größere Geräte zur Zeit der Belastungsspitzen selbst ausschalten könnten? Oder wenn ein Teil des Netzes während eines Sturms ausfällt und das Netz ein Signal zur Ausschaltung aller nicht benötigten Geräte senden möchte? All diese Situationen können mit einem intelligenten Stromnetz gemeistert werden.

SIEHE AUCH: Stromnetz (1878), Leichtwasserreaktor (1946), Itaipu-Staudamm (1984).

In einem intelligenten Stromnetz überwachen intelligente Stromzähler die Energiequalität und liefern in Echtzeit Daten zum Energieverbrauch.

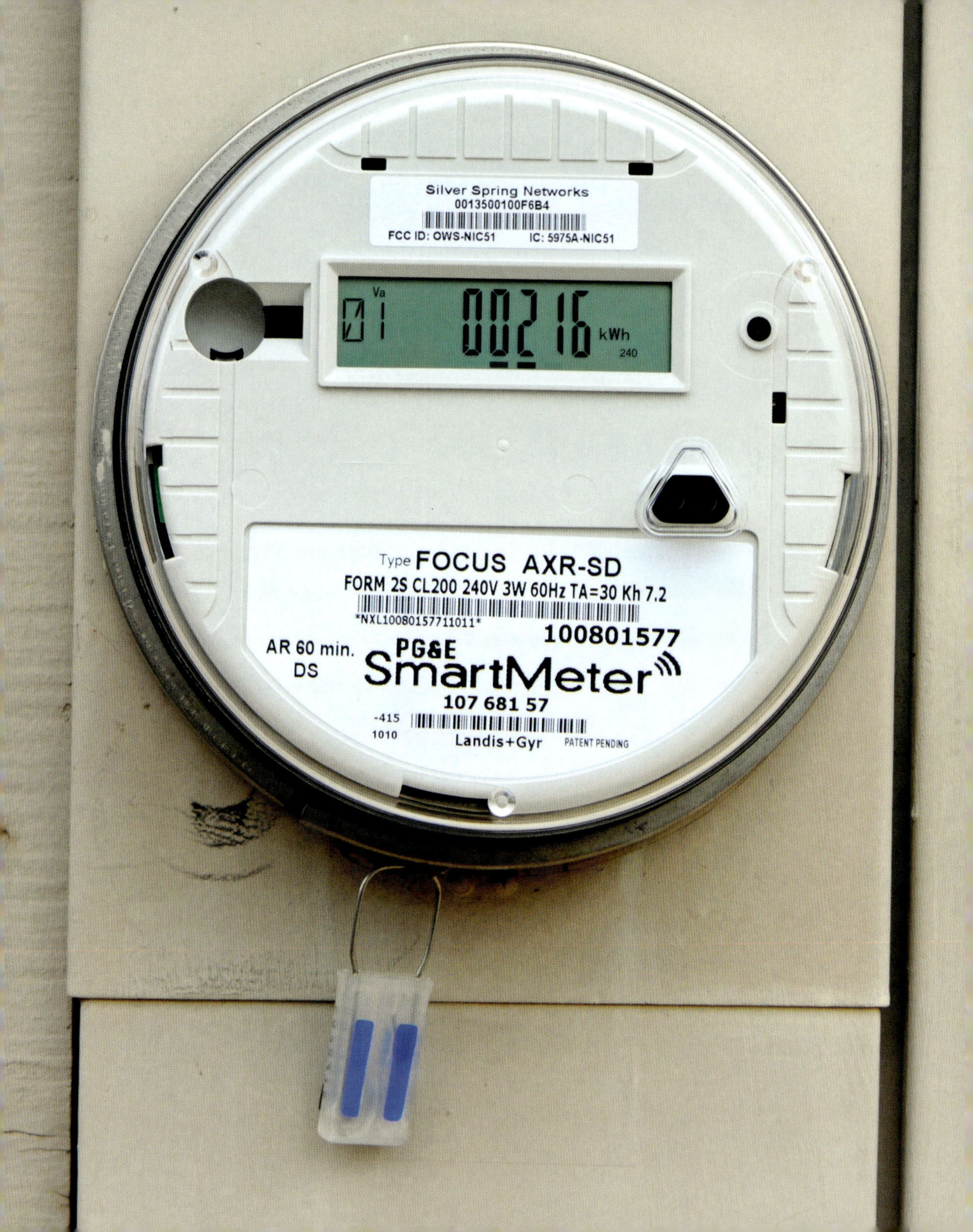
Silver Spring Networks
0013500100F6B4
FCC ID: OWS-NIC51
IC: 5975A-NIC51
01 00216 kWh
Type FOCUS AXR-SD
FORM 2S CL200 240V 3W 60Hz TA=30 Kh 7.2
NXL10080157711011
100801577
AR 60 min.
DS
PG&E
SmartMeter
107 681 57
-415
1010
Landis+Gyr
PATENT PENDING

1998

Satellitensystem Iridium

Barry Bertiger (Lebensdaten nicht verfügbar), **Ray Leopold** (Lebensdaten nicht verfügbar), **Ken Peterson** (Lebensdaten nicht verfügbar)

Die Architektur des heutigen **Mobiltelefon**netzes ist ein Beispiel für technische Genialität. Dank der Mobilfunkmasten im Abstand von wenigen Kilometern müssen Handys ihre Signale nie weit senden und kommen mit stromsparenden Sendern aus. Sender mit geringem Stromverbrauch bedeuten kleine Größe und geringen **Batterie**verbrauch, weshalb ein Handy in Ihre Tasche passt.

Das Gitternetz aus Masten hat jedoch einen Nachteil: An dünn besiedelten Orten ist es völlig unrentabel. Für das Satellitensystem der Iridium Communities Inc. in Virginia stellte sich deshalb folgende Frage: Wie machen wir in Regionen ohne Masten ein Handynetz verfügbar? Die Antwort, die sich die Motorolaingenieure Barry Bertiger, Ray Leopold und Ken Peterson einfallen ließen, beeindruckte durch ihr Ausmaß: Dutzende **Satelliten** für ein weltumspannendes Handynetz. Ihr 1987 konzipiertes System kam 1998 auf den Markt.

Ein Satellit in der geosynchronen Umlaufbahn benötigt eine feststehende Parabolantenne, da er ungefähr 38 000 Kilometer weit entfernt ist. Die Ingenieure von Iridium wollten etwas Ortsungebundenes und Mobileres. Daher ersannen sie eine Satellitenkonstellation im niedrigen Erdorbit in rund 800 Kilometern Höhe. Damit sich ein Telefon stets in Reichweite eines Satelliten befindet, sind bei dieser Höhe mindestens 66 Satelliten erforderlich. Diese kommunizieren untereinander, und Gespräche werden durch ein satellitengestütztes, feinmaschiges Netz zur Bodenstation geleitet.

Im Gegensatz zur spektakulären Konstruktion ist die Architektur nicht unproblematisch. Das Anfunken eines 800 Kilometer entfernten Satelliten benötigt erheblich mehr Strom, daher sind die Telefone größer, mit längeren Antennen ausgestattet und teuer. Auch wird eine Sichtverbindung vorausgesetzt, weshalb die Benutzung der Telefone in Gebäuden Probleme bereitet. Der Preis dieses System von fünf Milliarden Dollar führte zu teuren Telefonaten. Nur wenige Menschen waren interessiert und Iridium ging 1999 bankrott, wenngleich das System verkauft wurde und noch heute in Betrieb ist.

SIEHE AUCH: Telefon (1876), Weltraumsatellit (1957), ARPANET (1969), Mobiltelefon (1983), Lithium-Ionen-Batterie (1991), Smartphone (2007).

Ein Inuit-Jäger benutzt ein Iridium-Satellitentelefon auf der Melville-Halbinsel, Nunavut, Kanada.

1997

WLAN

Vic Hayes (geb. 1941)

Stellen Sie sich vor, Sie bräuchten zum Anschluss des **Tablets** ans Heimnetzwerk ein Kabel. Oder Sie möchten am Flughafen oder im Café Ihren Laptop mit dem Internet verbinden und müssten erst ein Netzwerkkabel suchen. Dank des weitverbreiteten WLANs, bekannt auch unter seiner IEEE-Spezifikationsnummer 802.11, ist dies unnötig. Während der **Ethernet**-Standard uns verkabelte lokale Netzwerke (LAN, *local area network*) brachte, können mit WLAN kabellose LANs erstellt werden. Zur Einrichtung eines drahtlosen lokalen Netzwerkes muss man nur eine Box mit Antennen anschließen und es entsteht ein WLAN-Hotspot mit einer Ausdehnung von ca. 30 Metern in alle Richtungen. Manche bezeichnen den niederländischen Ingenieur Vic Hayes als „Vater des WLANS", da er die Arbeitsgruppe IEEE-802.11 Standard ins Leben rief.

Im Interesse einer einwandfreien Funktion des WLAN berücksichtigten die Ingenieure einige wichtige Faktoren. So ermöglichten sie die gleichzeitige Anmeldung mehrerer Geräte (Laptops, Telefone, Tablets, …) am selben Hotspot. Des Weiteren ließen sie den gleichzeitigen Betrieb mehrerer Hotspots an Flughäfen und ähnlichen Orten zu. Daher können in einem Flughafen verschiedene Unternehmen WLAN-Zugänge anbieten und zudem die **Smartphones** der Reisenden ihren eigenen Hotspot erzeugen. Das **Wechselspektrum**verfahren ermöglicht die Überlappung dieser Hotspots bei tadelloser Funktion.

Die Einführung von Verschlüsselungsalgorithmen im WLAN erschwerte das Abfangen von Daten so gut wie nur möglich. Als Erstes erschien WEP, das jedoch nicht sicher genug war, sodass es durch WPA ersetzt wurde.

Unzählige Menschen verwenden WLAN auf den verschiedensten Geräten, deshalb wurde die Bandbreite im Laufe der Jahre erweitert. Heutzutage ist WLAN auf fast jedem tragbaren Gerät verfügbar. Viele Wohnhäuser haben WLAN-Hotspots, genauso wie zahlreiche Unternehmen, Flughäfen, Geschäfte, Sportarenen und Wohnanalagen. Selbst ganze Universitätsgelände und Städte sind mit WLAN-Signalen abgedeckt.

Dank des technischen Aufwands hinter den Kulissen macht WLAN uns die Einwahl ins Internet einfacher und senkt die Kosten durch den Wegfall der Verkabelung.

SIEHE AUCH: Spektrumspreizung (1942), Ethernet (1983), Smartphone (2007), Tabletcomputer (2010).

Ein Diagramm zur Funktionsweise eines WLANs.

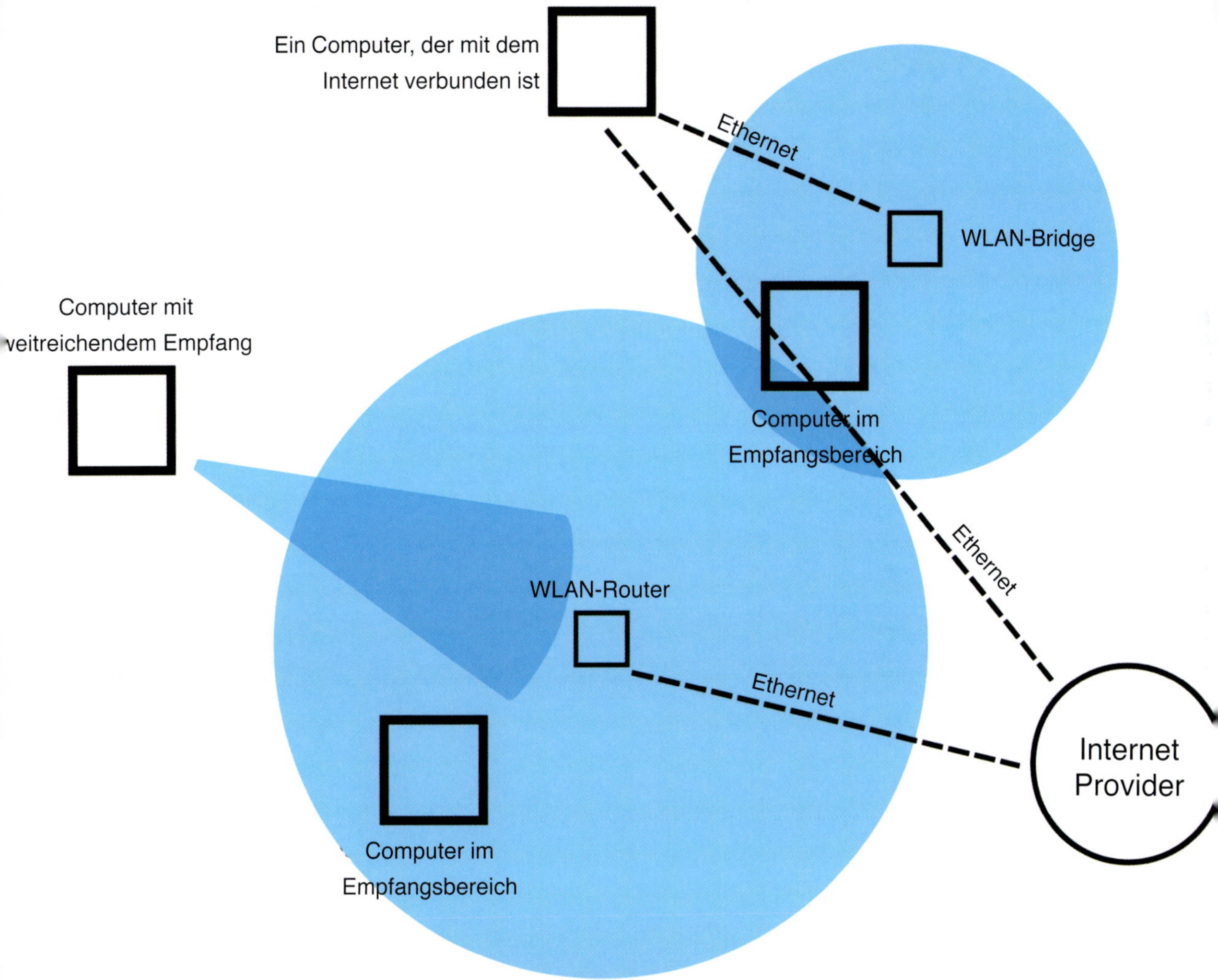
Ein Computer, der mit dem
Internet verbunden ist
Ethernet
WLAN-Bridge
Computer mit
weitreichendem Empfang
Computer im
Empfangsbereich
Ethernet
WLAN-Router
Ethernet
Internet
Provider
Computer im
Empfangsbereich

2001

Segway

Dean Kamen (geb. 1951), **Doug Field** (Lebensdaten nicht verfügbar)

Hin und wieder vermag eine Schöpfung der Ingenieure die Menschen auf den ersten Blick zu begeistern. Beispiele hierfür sind der erste Macintosh **Computer**, der **Mikrowellen**ofen oder die **Atombombe**.

Hierzu gehört auch der von Dean Kamen erfundene und unter der Leitung von Chefingenieur Doug Field entwickelte Segway. Dieser erzeugte bereits *vor* Markteinführung eine gigantische Spekulationswelle und einen Vorveröffentlichungshype. Dieser war so enorm, dass nur eine wirklich spektakuläre Erfindung wie Antischwerkraftstiefel oder echte Phaserwaffen ihm hätte gerecht werden können.

Der Ausgangspunkt des Hypes liegt im Dunkeln, der große Zuspruch ist kaum zu erklären. Doch kompetente Persönlichkeiten wie Steve Jobs hatten den Segway heimlich (vor der Markteinführung unter dem Decknamen „Ginger") zu Gesicht bekommen und sich sowohl begeistert als auch leicht schwammig geäußert. „Er wird größer als das Internet", „Bedeutender als der Computer", „Er wird die Städte von Grund auf revolutionieren" und Ähnliches bekam man damals zu hören.

Bei seiner Debütvorstellung 2001 erwies er sich als Riesenenttäuschung: ein kleiner, elektrischer Roller zu astronomischem Preis. Der Hype und die Realität waren nicht zu vereinen.

Dennoch war und ist der Segway ein außergewöhnliches Gerät. Die meisten hatten zuvor wohl noch kaum selbstausgleichende Technologie zu Gesicht bekommen. Kommt der Segway aus dem Gleichgewicht, so benachrichtigen Beschleunigungssensoren und Gyroskope einen Computer, der sofort mithilfe eines elektrischen Motors das Gleichgewicht wiederherstellt. Der Segway hat eine ausgesprochen einfache Bedieneroberfläche, wobei der Fahrer mit seiner Neigung die Geschwindigkeit kontrolliert. Außerdem besitzt er kleine, aber leistungsstarke **Batterien**, die ihn kompakt halten. Mit seiner Form kann er an allen zu Fuß begehbaren Orten fahren – Flughäfen, Einkaufszentren, Gehsteige, **Fahrstühle**. Doch das rief auch Empörung hervor, denn die Menschen fürchteten sich vor dem Überfahrenwerden.

Immerhin zeigt der Segway die Bedeutung von Werbung bei der Ankündigung einer neuen, bahnbrechenden Technik.

SIEHE AUCH: Fahrstuhl (1861), Trinity-Atombombe (1945), ENIAC – Der erste digitale Computer (1946), Mikrowellenofen (1946), Lithium-Ionen-Batterie (1991).

Auf Segways fahrende Touristen am 2. Juli 2014 in Kopenhagen.

Nyhavns Færgekro
www.stromma.dk
89

2003

Ein „Jahrhundert der Innovation“

Für das von Bob Somerville und George Constable geschriebene und 2003 veröffentlichte Buch A *Century of Innovation: Twenty Engineering Achievements that Changed Our Lives* (Ein Jahrhundert der Innovation: Zwanzig technische Meisterleistungen, die unser Leben veränderten) wählte die *National Academy of Engineering* die zwanzig bedeutendsten Ingenieurleistungen des zwanzigsten Jahrhunderts aus. Das Buch zeigt den gewaltigen positiven Einfluss der Ingenieure auf unsere moderne Gesellschaft auf. Hier die Liste der NAE:

- Elektrifizierung
- Automobil
- Flugzeug
- Wasserversorgung und -verteilung
- Elektronik
- **Radio** und **Fernsehen**
- Landwirtschaftliche Mechanisierung
- **Computer**
- **Telefon**
- **Klimaanlage** und **Kältetechnik**
- Autobahnen
- Raumschiff
- Internet
- Bildgebung
- Haushaltsgeräte
- Gesundheitstechniken
- Erdöl- und petrochemische Technologien
- **Laser**- und **Faseroptik**
- Nukleartechnik
- Hochleistungswerkstoffe

Beim Lesen dieser Liste erkennt man, wie wichtig das 20. Jahrhundert für die Entwicklung der modernen Gesellschaft war. Flugzeuge, Autos, Autobahnen, Raumschiffe, Erdölraffinierung, Radio, Fernsehen, Computer, elektrische Geräte und andere Errungenschaften waren zu Beginn des 20. Jahrhunderts noch nicht Wirklichkeit. Am Ende des Jahrhunderts jedoch sind sie für das moderne Leben unentbehrlich. Mit Sicherheit hat kein anderes Jahrhundert in der Geschichte der Menschheit einen derartigen Fortschritt erlebt. Und die Menschheit ist aufgrund der Arbeit der unzähligen, am Fortschritt dieser Technologien arbeitenden Ingenieure wesentlich besser dran.

SIEHE AUCH: Klimaanlage (1902), Laser (1917), Radiosender (1920), Elektrische Kältetechnik (1927), Farbfernsehen (1939), ENIAC- Der erste digitale Computer (1946), Glasfaserkommunikation (1970).

Der Computer wird als eine der bedeutendsten Errungenschaften des 20. Jahrhunderts bejubelt.

2004

Viadukt von Millau

Michel Virlogeux (geb. 1946)

Stellen Sie sich eine möglichst einfache Brücke vor. Sie könnten einen Baum so fällen, dass er eine Brücke über einen Fluss bildet. Das wäre jedoch keine sehr gute Brücke, mit ineffizienter Nutzung der Baumaterialien, und außerdem würde diese Herangehensweise bei einem sehr breiten Fluss nicht funktionieren. Je länger die Brücke desto größer Gewicht und Kosten, ein Ingenieur wird hinzugezogen. Dieser wird alle Möglichkeiten wie Balken-, **Pfeiler-**, Bogen- und Hängebrücke in Betracht ziehen.

Was, wenn Sie 2004 mit der kostengünstigen Überbrückung einer tiefen und breiten Schlucht betraut worden wären? Genau in dieser Lage sah sich der französische Baustatiker Michel Virlogeux, als er sich anschickte, die heute als Viadukt von Millau bekannte Brücke bei der gleichnamigen Ortschaft in Frankreich zu entwerfen. Die Schlucht ist 2460 Meter breit und an einer Stelle 345 Meter tief. Der Pfeiler an dieser Stelle würde Rekorde brechen. Virlogeuxs Konstruktion verwendet sieben Pfeiler und ein Schrägseilsystem auf jedem von ihnen. Neben den Kosten verringert diese Konstruktion auch die optische Beeinflussung der Landschaft.

Eine Schrägseilbrücke unterscheidet sich grundlegend von einer Hängebrücke im Umgang mit Belastungen. Bei einer Hängebrücke benötigen die Hauptseile wuchtige Befestigungen an beiden Enden, weshalb die Brückenköpfe meist gigantische Ausmaße haben. Das Brückendeck hängt unter den Kabeln an Trägern.

In Millau waren keine Befestigungsbohrungen notwendig. Das Deck muss jedoch mit horizontaler Drucklast zwischen jedem Seil und dessen Pylon umgehen. Ein einzelner Satz der Seile, die von einem Pylon ausgehen, ist an einem riesigen Stahlträger befestigt, der in der Mitte der Schnellstraße steht. Der Träger misst etwa vier mal vier Meter. Die Fahrbahn wird auf beiden Seiten vom Träger mit dreieckigen Sprengwerken ausgekragt. Eine ästhetische und baulich elegante Konstruktion.

Der Wind spielt eine große Rolle. Das Profil der Brücke gleicht einem umgedrehten Flügel. Die Idee hierbei ist, dass der Wind den Seilen zusätzliche Spannung verleiht und nicht das Deck anhebt, um Schwankungen zu vermeiden.

SIEHE AUCH: Fachwerkbrücke (1823), Golden Gate Bridge (1937).

Das Viadukt von Millau – eine atemberaubende Konstruktion und zugleich ein Kunstwerk.

2005

Bugatti Veyron

Hartmut Warkuss (geb. 1941), **Wolfgang Schreiber** (geb. 1959), **Jozef Kabaň** (geb. 1973)

Angenommen Sie sollen beim Entwurf den neuen Bugatti Veyron helfen. Das Team, bestehend aus den Designern Jozef Kabaň und Hartmut Warkuss sowie dem Entwicklungsteam unter Leitung von Chefingenieur Wolfgang Schreiber, will den schnellsten straßenzugelassenen Serienwagen der Welt herstellen. 2005 präsentierten sie ein Fahrzeug, das in der Lage ist, eine Geschwindigkeit von 341 Stundenkilometern zu halten.

Den Schlüssel zu dieser Geschwindigkeit bilden Pferdestärken, die zur Überwindung des Luftwiderstands erforderlich sind. Für die doppelte Geschwindigkeit ist das Achtfache an Energie notwendig. Falls ein Auto 20 PS benötigt, um 80 Stundenkilometer zu fahren, braucht es 160 PS um 160 Stundenkilometer zu fahren.

Seine 341 km/h erreicht der Veyron dank atemberaubender 1001 PS. Die Ingenieure des Veyron generierten diese PS-Zahl mit etwas Einzigartigem: Einem unechten W-16 **Motor** mit vier Reihen zu vier Zylindern. Ein derartiger Motor muss atmen, das garantieren die vier **Turbolader**. Sie pressen zusätzliche Luft in die Zylinder, sodass mehr Benzin pro Arbeitstakt verbrannt werden kann.

Schließlich muss die geballte Pferdestärke zu den Reifen und auf die Straße gebracht werden. Dafür sorgen ein Sieben-Gang-Direktschaltgetriebe und Allradantrieb. Weil der Veyron Geschwindigkeiten eines **Formel-1-Wagens** erreicht, ist der aerodynamische Auftrieb eine Angelegenheit für sich. Ab 225 km/h senkt die hydraulische Federung das Auto automatisch um zehn Zentimeter ab und ein Heckflügel liefert knappe 320 Kilogramm Abtrieb.

Bei voller Geschwindigkeit schluckt der Motor enorme Mengen an Benzin – bis zu 80 Liter auf 100 Kilometer. Mit 341 Stundenkilometern braucht man zum Zurücklegen eines Kilometers nur knappe elf Sekunden. Folglich verbrennt das Auto einen Liter Benzin in nur 13,4 Sekunden. Hier zeigt sich ein Problem: Was wird aus der bei der Verbrennung des Benzins entstehenden Hitze? Der Veyron hat drei Wasserkühler sowie drei Ölradiatoren, um nicht heiß zu laufen. Man kann also nicht wirklich lange mit Höchstgeschwindigkeit fahren, aber es macht großen Spaß.

SIEHE AUCH: Kompressor und Turbolader (1885), Verbrennungskraftmaschine (1908), Formel-1-Wagen (1938).

Der Bugatti Veyron Super Sport, das schnellste Auto der Welt, auf einer Fahrt auf den Gebirgsstraßen bei Jerez, Spanien, am 19. September 2010.

2005

Georgia Aquarium

Jeff Swanagan (1957–2009)

Atlanta möchte ein Aquarium bauen, groß genug für vier Walhaie und Tausende anderer Fische und Rochen. Man bedenke, dass der durchschnittliche Walhai zehn Meter lang ist und soviel wiegt wie mehrere afrikanische Elefanten zusammen. Das waren die Herausforderungen, denen die an dieser Konstruktion arbeitenden Ingenieure, darunter der für einen Großteil der Gestaltung und Herstellung des Aquariums verantwortliche Geschäftsführer und Gründungsvorsitzende Jeff Swanagan, gegenüberstanden.

Das typische olympische Badebecken (50 Meter lang, 10 Bahnen breit) fasst um die 2,5 Millionen Liter. Die Georgia Aquarium Ocean Voyager Anlage hat mit 24 Millionen Litern schätzungsweise die Größe von 10 olympischen Schwimmbecken. Dieses gewaltige, 2005 in Betrieb genommene Becken ist 80 Meter lang, 38 Meter breit und 10 Meter tief. Die Wände, einige bis zu einem Meter dick, sind aus Agilia**beton**, einer speziell angefertigte Mischung, die wie Wasser fließt und während des Erstarrens dem Schotter kein Absetzen erlaubt. Bei der Entfernung der Schalung entdeckten die Arbeiter daher keine Blasen oder Hohlräume im Beton.

Das größte Beobachtungsfenster misst 10 Meter in der Höhe und 18,6 Meter in der Breite. Das Wasser hinter diesem Fenster hat zusammengenommen ein Gewicht von 23 000 Tonnen. Wie verhindern die Ingenieure ein Durchbrechen des Wassers durch das Fenster? Indem sie es es aus einer 60 Zentimeter dicken Schicht Acryl anfertigen. Der Vorteil von Acrylglas gegenüber herkömmlichem ist seine 17 mal höhere Festigkeit. Und sein um die Häfte geringeres Gewicht.

Die nächste Herausforderung ist die Filtration. Das gesamte Georgia Aquarium fasst 38 Millionen Liter. Die Filtrierung einer solchen Menge Wassers bedarf einer gewaltigen Pumpkapazität. Die absolute Durchflussmenge des Filtersystems beträgt 1,1 Millionen Liter pro Minute, angetrieben durch über 500 Pumpen mit insgesamt 5500 Pferdestärken. Sandfilter entfernen alles, was größer als 20 Mikrometer ist. Zusätzlich gibt es Proteinabschöpfer, die feine Luftblasen zur Aussortierung von unerwünschten organischen Stoffen, von überschüssigem Futter oder Fischabfällen verwenden.

SIEHE AUCH: Beton (1400 v. Chr.), Wasseraufbereitung (1854).

Das größte Aquarium der Welt, Atlanta, Georgia, USA.

2006

Palm Islands

Mark Twain scherzte bekanntlich: „Kauf Land, es wird nicht mehr hergestellt." Inzwischen haben Ingenieure jedoch das Gegenteil bewiesen. Große Teile der Sumpfgebiete in der Bucht von San Francisco wurden aufgefüllt, um Platz für die wachsende Stadt zu schaffen. Battery Park City in New York besteht aus 23 Hektar neuen Festlands – Aushubmaterial der Grube für die Fundamente der **World Trade Center**-Türme. Ein Drittel der Niederlande ist vom Meer zurückerobertes Land.

Die Palm Islands-Inseln in Dubai sind eines der ehrgeizigsten Projekte dieser Art. Die Ingenieure legten hier neue Inseln für Tausende Bewohner und Touristen im Arabischen Meer an. Die erste wurde 2006 eröffnet.

Um die Anzahl der Immobilien mit Zugang zum Wasser zu erhöhen, haben sie die Form eines Palmwedels – lange, dünne Blätter zweigen von einem Stamm in der Mitte ab. Zudem ist die ganze Insel von einer eigenen Wellenbrecherinsel umgeben. So brachten Ingenieure Hunderte Kilometer Küstenstreifen mit sündhaft teuren Grundstücken hervor.

2001 begannen das belgische Hoch- und Tiefbauunternehmen Jan De Nul und die niederländische Firma Van Oord mit dem Aufschütten von sieben Metern Sand auf dem Meeresboden. Darauf kam eine zweite Schicht aus Schutt mit ähnlicher Höhe zu liegen. Eine Geröllschicht sichert den Schutt. Danach wurde Sand auf die Oberfläche gestreut, der lange, schmale Streifen neuer Strandimmobilien hervorbrachte.

Weitere Probleme für die Ingenieure: Wie vermeidet man den Stillstand des Wasser innerhalb des Wellenbrechers? Tiefe Kanäle sorgen für die Zirkulation des Wassers ohne Gefährdung der Sicherheit. Wie stellt man einen reibungslosen Autoverkehr sicher? Tunnel, Brücken und eine breite Schnellstraße am Stamm entlang bieten reichlich Kapazität. Wie verhindert man, dass der Wellenschlag die Inseln abträgt? Stetige Sandvorspülungsprogramme werden wohl wie bei vielen anderen Stränden rund um den Globus erforderlich sein.

Ist mehr Neuland bei ständig wachsender Weltbevölkerung eine technische Option? Möglicherweise, wie die Niederlande unter Beweis stellen. Schwimmende Städte, die sich beim Aufziehen eines Sturms in Sicherheit bringen können, sind eine weitere Möglichkeit.

SIEHE AUCH: World Trade Center (1973), Internationaler Flughafen von Kansai (1994).

Die Erschließung der Jumeirah Palm Island-Insel in Dubai.

AMOLED-Bildschirm

Erinnern Sie sich an die Bildschirmarten, die für Mobilgeräte im Laufe der Jahre verfügbar waren? In den 1980ern entwickelten die Ingenieure von Sony einen kleinen, tragbaren CRT-Bildschirm mit Elektronenschleudern unterhalb und nicht hinter dem Sichtbereich. Der ursprüngliche GriD Laptop verwendete einen roten Plasmabildschirm. Nachfolgende Laptops hatten, genauso wie Spielgeräte wie der Gameboy oder Nintendo DS, zuerst Schwarzweiß- und später farbige **LCD-Bildschirme**.

Mit dem Aufkommen von **Smartphones** dominierten zunächst hintergrundbeleuchtete LCD-Bildschirme. Ingenieure haben jedoch Fortschritte mit der OLED- (Organische Leuchtdiode) und AMOLED-Technologie (Aktivmatrix OLED) gemacht. Die grundlegende Idee hinter OLED-Bildschirmen ist die Zusammensetzung einer Reihe winziger LEDs zu einem einzelnen Blatt. Während LCD-Pixel als Klappen dienen, die sich öffnen oder schließen, um je nach Bedarf die Hintergrundbeleuchtung durchscheinen zu lassen, schalten OLED-Bildschirme ihre winzigen LEDs einzeln an oder aus, um Licht direkt zu liefern.

Die OLED-Bildschirme wiesen zwei Probleme auf, langfristige Ausfallsicherheit und Größe. Jahrelang haben Ingenieure an diesen Problemen gearbeitet. Zuerst hatten die OLED-Bildschirme die Größe von Briefmarken. Durch das Hinzufügen von Aktivmatrix**transistoren** zum Display wuchs das Format. Die Pixel wurden durch immer innovativere Herstellungsverfahren kleiner und verlässlicher. Daher sind heutzutage AMOLED-Bildschirme in Smartphones keine Seltenheit mehr.

AMOLED-Displays, die 2006 auf dem Markt kamen, veranschaulichen, wie Ingenieure Technologien mit der Zeit verbessern, um ältere durch neuere zu ersetzen. AMOLED-Bildschirme lösen LCD-Bildschirme ab, da sie leichter und dünner sind und sogar auf flexibles **Plastik** gedruckt werden können. Darüber hinaus waren Ingenieure in der Lage, das Touch-Overlay in das OLED-Sandwich einzubauen, wodurch alles noch dünner wird.

SIEHE AUCH: Plastik (1856), Transistor (1947), LCD-Bildschirm (1970), Smartphone (2007).

Detailaufnahme eines AMOLED-Bildschirms.

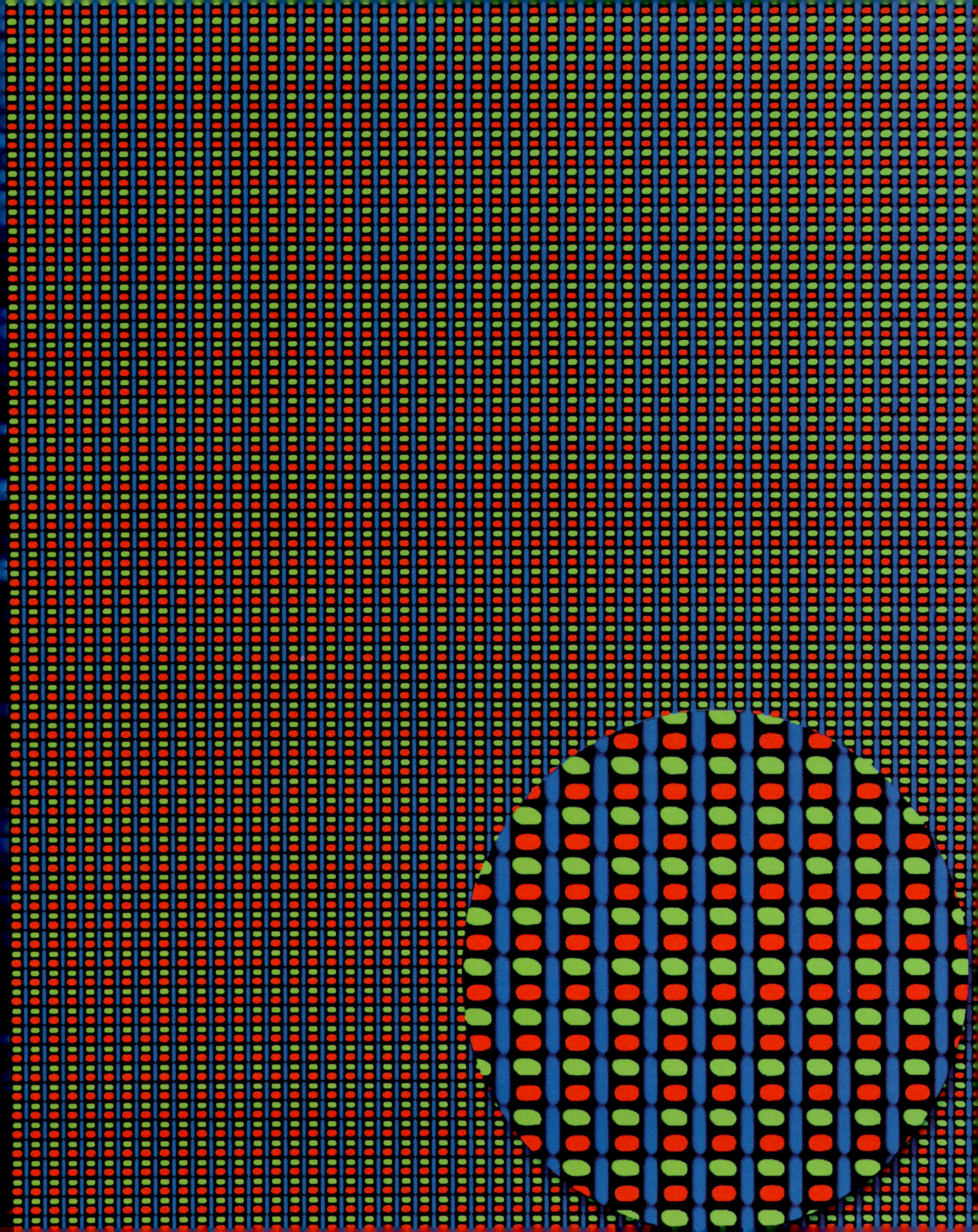

2007

Smartphone

Steve Jobs (1955–2011)

Als Geburtstag des Smartphone gilt der Tag, an dem Steve Jobs das iPhone ankündigte und es damit ins Bewusstsein der breiten Masse rückte – der 9. Januar 2007. Dieses Telefon leitete das Smartphonezeitalter ein wie Modell T die Ära des Automobils.

Das von zahlreichen Mitarbeitern Apples entwickelte iPhone ist ein technisches Meisterwerk. Sein winziges Gehäuse ist voll gepackt mit den Ergebnissen jahrzehntelangen technischen Fortschritts wie die stromsparende winzige **CPU** und **RAM** – ein Jahrzehnt früher hätte dies eine Lunchbox und ein weiteres Jahrzehnt zuvor einen Raum gefüllt. Der im Vergleich zur Festplatte verschwindend kleine **Flash-Speicher** fasst tausende Songs. Dann gibt es noch das **Mobiltelefon**, vollständig digitalisiert und mit einer Antenne versehen, die das Gehäuse zur Verbesserung des Empfangs nutzt und so auf eine minimale Größe reduziert. Der leistungsstarke Touchscreen ist leicht, dünn, hell und reagiert besser auf Berührung als jedes frühere Gerät. Das iPhone besaß eine Zwei-Megapixel-Kamera, einen Beschleunigungssensor sowie einen Näherungsdetektor, der ein Antippen des Bildschirms mit dem Gesicht verhinderte. Und die dünne, leichte **Batterie** stellte genügend Strom für 24 Stunden bereit.

Die Arbeit Tausender Ingenieure über mehrere Generationen machten das iPhone möglich. Techniker, die bei Apple Ausstattung und Fertigung verantwortlich waren, kreierten ein verblüffendes, handliches, leichtes Produkt.

Und dann schrieben die Softwareentwickler von Apple einen Code, der das komplizierte Gesamtpaket für jedermann intuitiv bedienbar machte.

Der Markt reagierte mit Begeisterung – Millionen Menschen hatten nur darauf gewartet, dass jemand den Code knacken würde, und Apples Ingenieure haben dies geschafft.

SIEHE AUCH: ENIAC – Der erste digitale Computer (1946), Dynamisches RAM (1966), Flash-Speicher (1980), Mobiltelefon (1983), Lithium-Ionen-Batterie (1991), Digitalkamera (1994).

Apples Geschäftsführer Steve Jobs präsentiert am 9. Januar 2007 ein iPhone auf der MacWorld Konferenz in San Francisco.

Quadrocopter

Die sprunghafte Steigerung der Suchanfragen zum „Quadrocopter“ bei Google Trends im Jahr 2008 dokumentiert das öffentliche Interesse an der Geburt des vierrotorigen Quadrocopters.

Möglich machten dies technische Fortschritte in der Modellflugzeugindustrie wie kleine, leistungsstarke **Neodym-Magnet**motoren, leichte, billige Lithium-Polymer-**Akkumulatoren**, exakte Motorsteuerungen zur Versorgung der Motoren mit Batteriestrom, das Computerkontrollsystem sowie neue Sensoren zur automatischen Stabilisierung der Vier-Propeller-Plattform.

Alle diese Bauteile kamen 2008 zusammen. Anschließend entwickelte die französische Firma Parrot Company 2010 ein rund 230 Euro teures Modell.

Der Quadrocopter stellt eine bedeutende technische Rekonzeptualisierung des seit den 1930ern nahezu unveränderten **Hubschraubers** dar. Statt eines einzelnen Motors und einer Taumelscheibe mit einem Heckausleger besitzt der Quadrocopter vier Motoren und vier statische Propeller. Die Geschwindigkeit der vier Motoren kontrolliert die Bewegung der Plattform.

Die Kontrollsysteme der Quadrocopter basieren auf preiswerten kontaktlosen Gyroskopen, dreiachsigen Beschleunigungssensoren und schlauer Software. Letztere lassen das Gefährt Drehung, Kippen oder Schwanken erkennen und die nötigen Rotorenkorrekturen für einen stabilen Flug vornehmen. Das Flugziel wird vom Menschen vorgegeben oder der Flug bei einem computergesteuerten Quadrocopter mithilfe seiner eigenen **GPS**-Einheit kontrolliert.

Sechs- oder achtrotorige Hubschrauber sind technisch machbar und ermöglichen das Befördern großer Nutzlasten wie Kameras mit Studioqualität. Ein Octocopter mit Kamera ersetzt einen Hubschrauber samt Kameramann und senkt die Kosten für Luftaufnahmen drastisch. Überdies sind diese Luftfahrzeuge von großem Nutzen bei der Luftüberwachung oder bei Katastrophen.

Quadrocopter sind ein hervorragendes Beispiel dafür, wie der Fortschritt in verschiedenen technischen Disziplinen zu einer Rekonzeptualisierung führt. Der nächste Schritt sind Fluggefährte in Menschengröße mit sechzehn oder mehr Rotoren.

SIEHE AUCH: Hubschrauber (1944), Neodym-Magnet (1982), Lithium-Ionen-Batterie (1991), Globales Positionsbestimmungssystem (GPS) (1994).

Foto eines fliegenden Dji Phantom mit GoPro-Kamera, der am 9. Februar 2014 in Miami, Florida, USA, Luftaufnahmen macht.

HERO3+

2008

Kohlenstoff-Sequestration

Ein heiterer Aspekt des Ingenieurswesens: Viele technische Lösungen haben ihre eigene Problematik, die wiederum einer technischen Lösung bedürfen. Nicht zuletzt garantiert dies Arbeitsplätze in der Ingenieurssparte.

Bei den Kohlendioxidemissionen tritt er offen zutage. Derzeit ist unsere Gesellschaft zur Energiegewinnung in hohem Maße von fossilen Brennstoffen abhängig. Autos, **Züge**, Schiffe und **Flugzeuge** verwenden flüssige fossile Brennstoffe. Die Elektrizitätsgewinnung ist aufs Höchste von Kohle und Erdgas abhängig. Ingenieure haben die massenhafte Förderung fossiler Brennstoffe zuverlässig und preiswert gemacht und so verbraucht die Menschheit 85 Millionen Barrel Öl pro Tag.

Dabei wird jedoch Kohlendioxid in die Umwelt ausgestoßen – jedes Jahr Gigatonnen von CO_2. Eine technische Lösung für dieses Problem ist das Einfangen und Vergraben von möglichst viel CO_2.

Die Ideen zur Kohlendioxid-Sequestration (CCS) können in drei Kategorien unterteilt werden, nämlich dem Verdichten des Kohlenstoffdioxids zu einer Flüssigkeit und dem Lagern im Boden oder im Meer; dem Anregen des Pflanzenwachstums, zum Beispiel dem der Algen im Meer; dem Hervorrufen chemischer Reaktionen, etwa dem Ausstreuen zerstoßenen Kalkgesteins über dem Meer.

Kohlenstoffbindung kommt meist bei großen, feststehenden Kohlenstoffproduzenten wie einem Kohlekraftwerk zur Anwendung. Ein von Ingenieuren entwickeltes Konzept ist das Verbrennen der Kohle in reinem Sauerstoff, das die Bindung des nach der Entfernung der Feuchtigkeit und dem **Waschen** anfallenden, nahezu unvermischten CO_2-Nebenprodukts ermöglicht. Das Kohlendioxid wird zu einer Flüssigkeit verdichtet und in tiefen unterirdischen Formationen eingeschlossen. Die „Schwarze Pumpe" in Deutschland war das erste Kohlekraftwerk der Welt, das diese Technologie bei seiner Eröffnung 2008 einführte.

Außerdem entwickeln die Ingenieure neue Technologien mit geringerem Treibstoffverbrauch. Die **Windkraft** ist seit kurzem preisgünstiger als die fossilen Brennstoffe. Und die **Sonnenenergie** ist auf dem Weg dahin. Noch fern am Horizont befindet sich die Fusionsenergie.

SIEHE AUCH: Tom Thumb Dampflokomotive (1830), Flugzeug der Gebrüder Wright (1903), Gaswäscher für Kraftwerke (1971), Alta Wind Energy Center (2010), Sonnenwärmekraftwerk Ivanpah (2014).

Die „Schwarze Pumpe" in Brandenburg, das erste Kohlekraftwerk der Welt mit CCS-Technologie.

2008

Technische Herausforderungen

2008 veröffentlichte die *National Academy of Engineering* (Nationale Ingenieurakademie) die *Engineering Grand Challenges* (Bedeutende technische Herausforderungen). Die NAE meinte, Ingenieure sollten sich auf vierzehn große Probleme der Welt konzentrieren. Hier sind einige der Punkte (siehe Literaturhinweise):

- Wirtschaftliche Sonnenenergie: Sänken die Kosten der Sonnenenergie unter die der fossilen Brennstoffe, würde die Branche einen Boom erleben.
- Energie aus Fusion: Jahrzehntelang hat die Menschheit von billiger Fusionsenergie geträumt. **ITER** und **NIF** (National Ignition Facility) sind zwei Versuche zur Verwirklichung dieses Traums:
- Verbesserung städtischer Infrastrukturen: Straßen, Trinkwassersysteme, **Kanalisationen** und **Brücken** altern. Finanzen müssen bereitgestellt werden, um diese Systeme auf dem aktuellen Stand der Technik zu halten.
- Kohlenstoff-Sequestration: Billige und einfache Sequestration hälfe, die Auswirkungen des CO_2 auf die Umwelt abzuschwächen.
- Sauberes Wasser: Eine gute Trinkwasserversorgung würde das Leben von Milliarden von Menschen umfänglich verbessern.
- Sicherheit im Cyberspace: Wie verhindern wir das Lahmlegen des **Internets** oder Infizieren von Banken oder **Stromnetzen** mit Viren durch Cyberterroristen?
- Medizinische Informatik: Können Ingenieure ein System zur digitalen und weltumfassenden Verfügbarkeit der Gesundheitsdaten entwickeln?
- Stickstoffkreislauf: Menschen binden eine Menge Stickstoff. Ähnlich wie CO_2, hat Stickstoff negative Auswirkungen auf die Umwelt.
- Nuklearterrorismus: Kernmaterial und Atom**bomben** in den Händen von Terroristen können zu Katastrophen führen. Dies zu verhindern hat Priorität.
- Forschungswerkzeuge: Ingenieure entwickelten die Werkzeuge für die Großforschung. Je mehr Hilfsmittel zur Verfügung stehen, desto mehr Entdeckungen können die Forscher machen.
- Virtuelle Realität: Die Geräte zur Erzeugung der virtuellen Realität sind zu teuer und die Technologie weist große Lücken auf.

SIEHE AUCH: Sonnenwärmekraftwerk Ivanpah (2014).

Viele Antworten auf bedeutende technische Herausforderungen wurden noch nicht gefunden.

2008

Martin-Raketenrucksack

Glenn Martin (Lebensdaten nicht verfügbar)

Ein Menschheitstraum ist seit Buck Rogers der Raketenrucksack, der jedem das Herumfliegen erlaubt. Ein einfacher Gedanke, dessen Umsetzung äußerst anspruchsvoll ist.

Das erste, in der Folge mehrfach überarbeitete, erfolgreiche Rucksacksystem zum Herumfliegen erschien in den 1960ern. Der Grundgedanke: Man nehme hoch angereichertes Wasserstoffperoxid, nicht das aus der Apotheke mit nur fünf Prozent H_2O_2. Gefordert ist mindestens neunzigprozentiges H_2O_2. Man fülle das Wasserstoffperoxid in Tanks auf dem Rücken und stelle ein Druckbeaufschlagungssystem bereit, das dieses aus den Tanks in zwei Düsen auf Höhe der Schultern des Piloten schießt. Wasserstoffperoxid hat eine nützliche Eigenschaft: Bei Kontakt mit einem Katalysator wie Silber zerfällt es augenblicklich zu Wasser (unter hohem Druck stehendem Dampf) und Sauerstoff und erzeugt einen Schub.

Das funktioniert zwar, doch der Treibstoff nimmt viel Platz in Beschlag. So dauert der längstmögliche Flug nur ungefähr eine Minute.

Der 2008 von der Martin Company in den Vereinigten Staaten vorgestellte Martin-Raketenrucksack ist ein viel neueres System, während 30 Jahren vom Erfinder Glenn Martin in seiner Garage entwickelt. Trotz des Namens „Raketenrucksack" wird er nicht von Raketen betrieben, sondern von zwei an einen 200-PS-Kolbenmotor (150 Kilowatt) angeschlossenen Mantelpropellern. Und bei fast 115 Kilogramm Gewicht kann man auch kaum von einem „Rucksack" sprechen. Er ähnelt vielmehr einer leichten fliegenden Plattform. Der Vorteil dieser Konstruktion: Sie stellt ausreichend Treibstoff für einen dreißigminütigen Flug zur Verfügung und ist sehr leistungsfähig.

Einen 200-PS-Motor samt Mantelpropeller, Gestell und Bedienungselementen in 115 Kilogramm zu packen ist eine erstaunliche, ohne ausgiebige Verwendung leichter Materialien wie **Kohlefaser** oder **Kevlar** unmögliche Leistung. Trotz der vielen öffentlichkeitswirksamen Vorführungen ist der Martin-Raketenrucksack zum Zeitpunkt der Veröffentlichung dieses Buches noch nicht erhältlich.

SIEHE AUCH: Kohlefaser (1879), Kevlar (1971).

Der Martin-Raketenrucksack im Einsatz.

MARTIN
MARTIN

2008

Drei-Schluchten-Talsperre

Warum bauen Ingenieure Dämme, obwohl diese für gewöhnlich riesig und teuer sind? Einer der besten Gründe ist der Hochwasserschutz. Ein ungezähmter Fluss kann eine starke zerstörerische Kraft für die Menschen an dessen Ufern sein. Eine Regenzeit verwandelt einen ruhigen Fluss in einen reißenden Strom und bei flachem Ufer kann sich das Flutwasser über viele Quadratkilometer ausbreiten. Der Stausee dagegen kann die Wassermassen aufnehmen und allmählich abfließen lassen oder beispielsweise wie in Indien für die Bewässerung zu einer anderen Jahreszeit speichern.

Ein weiterer Grund ist Trinkwasser. Eine große Talsperre mit einem großen See versorgt Millionen von Menschen zuverlässig mit Trinkwasser. Das ist einer der wichtigsten Nutzen der **Hoover-Talsperre**.

Noch ein Grund ist hydroelektrische Energie. Ein Damm in einem großen Fluss wie die **Itaipu-Talsperre** kann eine riesige Menge an Elektrizität erzeugen.

Oder die Schifffahrt. Ein bedeutender Teil des **Panamakanals** ist gar kein Kanal sondern verläuft durch einen gigantischen, von Menschen gemachten See.

Und wenn ein einziger Staudamm all diese Zwecke zu vereinen vermöchte? Die anfänglich 1944 vom amerikanischen Bauingenieur John L. Savage vermessene Drei-Schluchten-Talsperre in China ist dazu in der Lage. Mit der Planung des Damms wurde 1932 unter Chiang Kai-sheks nationalistischer Regierung begonnen, doch die Bauarbeiten starteten erst 1994.

Die Drei-Schluchten-Talsperre ist mit ihren 2335 Metern Länge und 181 Metern Höhe ein Koloss. Ihre zweiunddreißig 700-Megawatt-Generatoren erzeugen weit mehr Energie als alle anderen Talsperren der Welt. Mit einer geschätzten Stromproduktion von 100 Milliarden Kilowatt pro Jahr dürfte sich der Damm in nur zehn Jahren amortisiert haben.

Der Stausee ist mehr als 600 Kilometer lang und fasst 40 Kubikkilometer Wasser. Würden zum Beispiel eine Milliarde Menschen ein ganzes Jahr lang Tag für Tag 30 Liter Wasser aus dem See schöpfen, so verbrauchten sie damit nur gut ein Viertel des Stauseewassers.

SIEHE AUCH: Hoover-Talsperre (1936), Grüne Revolution (1961), Itaipu-Talsperre (1984).

Die Drei-Schluchten-Talsperre in China ist das größte Kraftwerk der Welt.

2009

National Ignition Facility

Eine Gruppe äußerst bedeutender wissenschaftlicher Forschungsprojekte mit Kosten von über einer Milliarde Dollar sind als „Großwissenschaft“ bekannt. Beispiele sind unter anderem der **International Thermonuclear Experimental Reaktor**, der **Große Hadronen-Speicherring**, die **Internationale Raumstation**, der **Rover Curiosity**, das **Hubble-Weltraumteleskop**. Sicherlich in diese Kategorie fällt auch die *National Ignition Facility* (NIF, auf dt.: Nationale Zündanlage) des *Lawrence Livermore National Laboratory* mit dem Ziel der Erzeugung von Energie produzierenden Fusionsreaktionen.

Jedes Detail der NIF, die 2009 als leuchtender Stern am Himmel erschien, erzeugt beim Betrachter Staunen.

Der Grundgedanke: Man nehme eine winzige, mit Deuterium und Tritium gefüllte Metallkapsel. Ingenieure sperren die Kapsel in eine gewaltige kugelförmige Kammer, wo sie aus 192 verschiedenen Winkeln mit **Lasern** beschossen wird. Dabei soll eine Temperatur und Dichte des Brennmaterials wie im Zentrum eines Sterns für eine ausreichend langen Zeitraum erzeugt und so die Voraussetzungen für Fusionen erfüllt werden. Unter optimalen Umständen wird es zu einer beträchtlichen Anzahl von Fusionen kommen und mehr Energie erzeugt, als die Laser ihrerseits benötigen.

Wie verdichtet das Laserlicht das Brennmaterial? Die winzige Kapsel verwandelt sich augenblicklich in Plasma und setzt eine auf das Brennmaterial gerichtete Implosion in Gang, das so verdichtet wird. Deshalb wird dieser Vorgang Trägheitsfusion genannt.

Den Großteil des gewaltigen NIF-Gebäudes nimmt die Apparatur zur Erzeugung, Verstärkung, Spaltung und Vereinigung der Laserstrahlen ein, während die kugelförmige Kammer, in welcher sich alle Laserstrahlen auf der Zielkapsel treffen, auf kleinem Raum an einem Ende Platz findet.

Mithilfe dieser Anlage hoffen Forscher mehr über den Fusionsvorgang zu erfahren und mit diesem Wissen zu rentablen Fusionskraftwerken zu finden.

SIEHE AUCH: Laser (1917), International Thermonuclear Experimental Reactor (ITER) (1985), Hubble-Weltraumteleskop (1990), Internationale Raumstation (1998), Großer Hadronen-Speicherring (1998), Rover Curiosity (2012).

Eine Zielkammer der National Ignition Facility in Kalifornien, des zukünftigen Testgeländes für lichtinduzierte Kernfusion, wird inspiziert.

2009

Erdbebensichere Gebäude

Die Errichtung eines schlichten Gebäudes ist einfach. Erst stapelt man ein paar Betonschalsteine zu einer Wand. Durch Hinzufügung von drei weiteren Wänden erhält man einen Raum. Legt man **Holzwerkstoffe** darüber, hat man ein Gebäude, das viele Jahre stehen würde. All das bedarf keiner technischen Planung. Am Tag des ersten Erdbebens aber wird dieses Bauwerk wie ein Kartenhaus zusammenfallen.

Während des Erdbebens auf Haiti 2010 stürzten massenweise Gebäude ein und Zehntausende Menschen starben. In einer Stadt blieben nur zehn Prozent aller Gebäude stehen. Der verwendete **Beton** enthielt zu wenig Zement, die Wände waren zu dünn, die Gebäude besaßen keine verstärkenden Stahlkonstruktionen und der Boden war nicht stabil. Das Wissen der Ingenieure um den Bau von erdbebensicheren Gebäuden ist in in Bauverordnungen enthalten, deren Nichteinhaltung unvermeidlich zu einer Tragödie führt.

Ingenieure haben äußerst große erdbebensichere Gebäude entworfen. Eines ihrer Verfahren nennt man seismische Isolation. Dabei wird das Fundament eines Bauwerkes von seinem Untergrund entkoppelt und bewegt sich dadurch bei einem Erdbeben nicht. Wie aber lässt sich ein Gebäude vom Boden trennen? Ein hervorragendes Beispiel ist der Flughafen von Istanbul – das 2009 fertiggestellte größte erdbebensichere Bauwerk der Welt. Jeder Pfeiler im Gebäude ruht auf einer Scheibe, die ihrerseits auf einem gigantischen Kugellager aufliegt. Nun kann sich der Erdboden vor und zurück bewegen, während das Gebäude auf dem Kugellager überwiegend unbewegt bleibt.

Ein anderes System nutzt Polster. Die Polster liegen auf der Erde, und das Gebäude ruht auf den Polstern. So kann sich der Erdboden 30 Zentimeter unter dem Bauwerk hin- und herbewegen, wobei das Gebäude bei einem Erdbeben deutlich weniger stark schwankt.

Zudem verstärken Ingenieure die Bausubstanz an sich. Selbst ein Holzrahmenhaus gewinnt mittels Verstärkung durch einfache Metallriemen und -abgänge enorm an Widerstandsfähigkeit. Ingenieure: Selbst bei Erdbeben halten sie dir das Dach über dem Kopf.

SIEHE AUCH: Beton (1400 v. Chr.), Ingenieurholz (1905), Schwingungstilger (1977).

Ein vom Erdbeben beschädigtes Gebäude, nach dem Erdbeben von Kobe in Japan 1995.

盲人用信号

2009

Limousine des US-Präsidenten

Das erste von einem Präsidenten der Vereinigten Staaten genutzte Auto war ein 1939 für Franklin D. Roosevelt entworfenes V12 Lincoln Cabrio. Der Angriff auf Pearl Harbor und spätere Ereignisse wie das Attentat auf John F. Kennedy 1963 spornten die Ingenieure zu immer mehr Sicherheitsmaßnahmen an. Die Krönung stellt 2009 die Cadillac Limousine von Präsident Barack Obama dar.

Und wenn jemand die Reifen zu zerschießen versucht? Das dürfte ihm schwer fallen, denn die Reifen sind durch **Kevlar** vestärkt und reißfest, mit Stahlreifen darunter. Sogar ganz ohne Gummi kann das Auto noch mit Höchstgeschwindigkeit fahren.

Und wenn jemand das Auto mit einer Panzerfaust beschießt? Die Tür- und Karosserieteile sind 24 Zentimeter dick und nach dem Vorbild von **Panzern** entwickelt. Die Tür gleicht in Bezug auf Dicke und Verriegelungsmechanismen eher der eines Passagierflugzeugs. Die Fenster aus kugelsicherem Glas, das selbst panzerbrechender Munition standhält, sind 12,5 cm dick.

Aber wenn das Auto über eine Mine fährt? 12,5 Zentimeter Stahl unter dem Wagen können die Druckwelle auffangen. Was ist mit chemischen oder biologischen Bedrohungen? Das Auto kann sich abschotten und verfügt über seinen eigenen Sauerstoffvorrat. Und wenn es sich mit einer großen Menschenmenge konfrontiert sieht? Es gibt Tränengaskanonen an Bord.

Ein weiterer Faktor bei der Sicherheit des Präsidenten ist der Konvoi. Dieser umfasst typischerweise ungefähr 45 Fahrzeuge – vom speziellen Krankenwagen mit Chirurg an Bord über Transporter mit Kommunikationstechnik, Fahrzeuge zur Beurteilung der Bedrohungslage, zahlreiche Personenschützer in eigenen Autos bis hin zu einer Ersatzlimousine für den Fall der Fälle.

Weitere Vorsichtsmaßnahmen ergänzen den Schutz. Auf der Route der Fahrzeugkolonne muss die Straße samt Brücken darüber geräumt sein. Diese Vorgehensweise kann in Großstädten zu ernsthaften Verkehrsproblemen führen. Die Leibwache des Präsidenten hat es so geschafft, den ihr Anvertrauten in Konvois während protokollarischer Verpflichtungen und in seiner Limousine über viele Jahre zu beschützen. Ein technisches System, das mit nahezu jeder Eventualität umgehen kann.

SIEHE AUCH: AK-47 „Kalaschnikow“ (1947), Panzer M1 Abrams (1980).

Präsident Obama und Vizepräsident Joe Biden fahren zusammen in einer Autokolonne in Washington, DC, um den Dodd-Frank Wall Street Reform and Consumer Protection Act am 21. Juli 2010 zu unterzeichnen.

SEAL OF THE PRESIDENT OF THE UNITED STATES

2010

Solar-Impulse-Flugzeug

Bertrand Piccard (geb. 1958)

Sie möchten ein komplett von der Sonne angetriebenes Flugzeug entwerfen. Dieses soll zwei Kriterien erfüllen: Es muss mehr als 24 Stunden fliegen und zwei Menschen und deren gesamte Ausrüstung befördern. Das waren 2010 die Vorgaben für das Solar-Impulse-Flugzeug, das 26 Stunden am Stück in der Luft war. Die vom Schweizer Luftfahrer Bertram Piccard in Zusammenarbeit mit der Eidgenössischen Technischen Hochschule Lausanne initiierte Konstruktion wurde von einem multidisziplinären Team mit über fünfzig Spezialisten aus sechs Ländern entwickelt.

Die technische Schwierigkeit bei diesem Flugzeug besteht darin, dass die Sonne nur wenig und instabile sowie eher zerstreute als konzentrierte Energie liefert. Die Nutzung dieser Art Energie bedarf einer Ausrüstung mit zusätzlichem Gewicht – der Feind aller **Flugzeuge**.

Die Sonne beliefert unseren Planeten mit einer Energiemenge von etwa einem Kilowatt pro Quadratkilometer. Dies tut sie jedoch nur für sechs Stunden am Tag in einem für das Flugzeug günstigen Winkel. Dünne, leichte Solarelemente machen dieses Unterfangen vorstellbar. Das Solar Impulse verwendet 135 Mikrometer dünne Zellen mit 22-prozentiger Leistungsfähigkeit, die den gesamten Flügel mit zirka 200 Quadratmeter Oberfläche bedecken.

Der Strom fließt in vier 10-PS-Motoren (7,5 Kilowatt). Was machen diese Motoren in der Nacht? **Lithium-Ionen-Batterien** wickeln einen Teil der Speicherkapazitäten ab. Aber diese Batterien sind zu schwer zur Speicherung von Strom für 18 Stunden.

Zur Aufnahme der restlichen Kraft nutzen Ingenieure die Lageenergie. Bei Sonnenschein steigt das Flugzeug auf bis zu 9150 Meter Höhe. Nachts verhält sich das Flugzeug anschließend wie ein Segelflugzeug und sinkt bis auf 915 Meter ab. Diese Art der Energielagerung fügt kein zusätzliches Gewicht hinzu.

Der nächste Schritt ist Version 2, die den Globus ausschließlich mit Sonnenenergie umrunden soll. Bei einer durchschnittlichen Reisegeschwindigkeit von 80 Stundenkilometern wird das eine lange Reise.

SIEHE AUCH: Das Flugzeug der Gebrüder Wright (1903), Muskelkraft-Flugzeug (1977), Lithium-Ionen-Batterie (1991).

Das fliegende Solar-Impulse-Versuchsflugzeug auf einer Vorführung in Le Bourget, Frankreich.

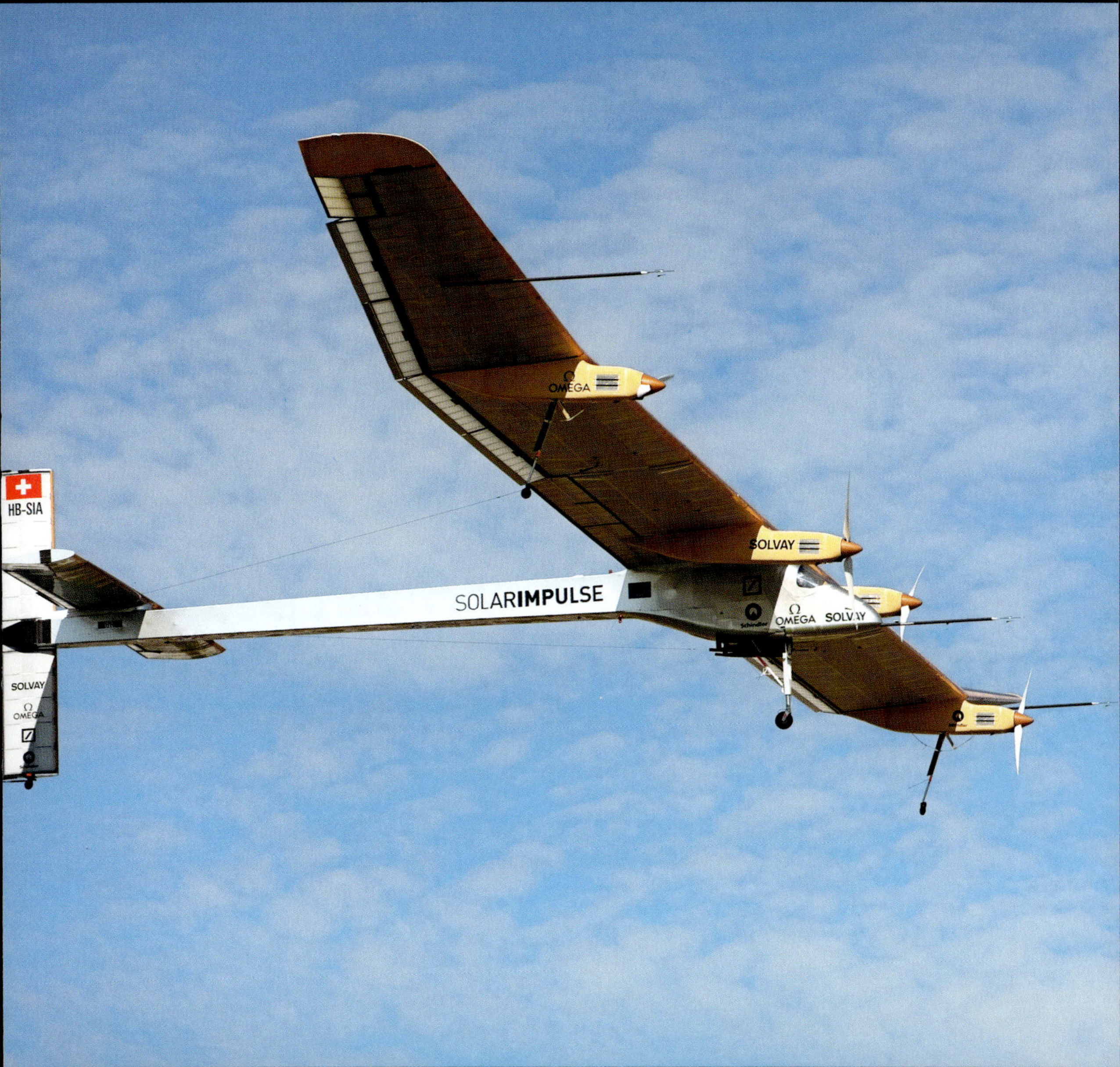
HB-SIA
SOLARIMPULSE
SOLVAY
OMEGA
SOLVAY
OMEGA
SOLVAY
OMEGA

2010

Versagen des BP-Blowout-Preventers

Aufgrund des häufigen Wiederauftretens gewisser Notfälle entwickeln die Ingenieure Sicherheitssysteme. Ein Beispiel: Sprinkleranlagen in öffentlichen Gebäuden gegen die nicht gerade seltenen Brände.

Ein üblicher Notfall in der Welt der **Ölbohrung** ist der Blow-out. Sobald ein Bohrloch die Erdöllagerstätte erreicht hat, werden Öl und Gas unter hohem Druck von dort durch das Loch nach oben geschickt. Angemessener und beständiger Druck ist kontrollierbar, ein Hochdruckstoß des Bohrlochs kann jedoch zu Kontrollverlust führen. Den Blowout-Preventer (BOP) haben Ingenieure zum Schutz vor plötzlichen Druckanstiegen geschaffen.

Die Idee hinter dem Blowout-Preventer: Mächtige hydraulische Rammen schieben sich von der Seite ein und schließen das Bohrloch. Bei einigen zerschneiden Schieber mit gehärteten Schneiden zudem alles, was sich ihnen in den Weg stellt. Ein ringförmiger BOP verwendet einen Gummidonut zur Abdichtung des Bohrgestänges. Ein Bohrloch hat normalerweise mehrere in Folge am Bohrlochkopf befestigte Blowout-Preventer. Sie können automatisch, manuell oder aus der Ferne aktiviert werden.

Und wenn die Sicherheitsausrüstung versagt? In einem der berühmtesten Fälle explodierte 2010 das Bohrloch am Standort der Deepwater Horizon Bohrinsel im Golf von Mexiko und gab letzten Endes fünf Millionen Barrel Öl ins Wasser ab.

Der Blowout-Preventer sollte in einem Fall wie diesem automatisch das Bohrloch versiegeln. Er hätte sich aktivieren und das Bohrloch abklemmen sollen, was er auch versuchte. Ein ringförmiger Blowout-Preventer und drei vom Rammtyp setzten sich in Betrieb. Aber die Ingenieure hatten falsche Berechnungen angestellt. Der Blowout-Preventer scheiterte an seiner Aufgabe.

Was passierte dann? Mit einer nachträglichen Analyse lernen Ingenieure aus Fehlern und verhindern Wiederholungen in der Zukunft. Ein unter hohem Druck stehender Strom scheint Gummi- und Metallstücke des BOP ausgewaschen zu haben. Außerdem misslang den Schiebern die Durchtrennung des Bohrgestänges und das Abdichten. Andere Bestandteile wurden nie aktiviert. Mit Hilfe der Analyseergebnisse verbessern Ingenieure ihre Baupläne, fügen Redundanzen hinzu und beseitigen Störungspunkte.

SIEHE AUCH: Erdölbohrung (1859), Ölraffinerie Wamsutta (1861), Supertanker Jahre Viking (1979).

Arbeiter gehen an Bord der Transocean Discoverer Inspiration im Golf von Mexiko.

vetco

2010

Burj Khalifa

Adrian Smith (geb.1944), **Bill Baker** (geb. 1953)

2010 öffnete der Burj Khalifa, das mit über 0,8 km mit Abstand höchste Gebäude der Welt, in Dubai seine Tore. Bei diesem Projekt gab es eine Reihe von Herausforderungen, denen der bei Skidmore, Owings and Merrill (die auch das **One World Trade Center** in New York planten) tätige Architekt Adrian Smith und der Baustatiker Bill Baker gegenüberstanden. Eine davon war die Steifigkeit eines derart hohen Bauwerks – wie verhindert man, dass es wie ein Grashalm im Wind hin und her schwankt?

Das Fundament, der Schlüssel zum Bau eines jeden Wolkenkratzers, muss bei einem Gebäude dieser Höhe sehr kräftig sein. Daher entwarfen die Ingenieure die Flachgründung. Zu Beginn versenkten sie nahezu 200 jeweils 47 Meter lange, mit Beton gefüllte Stahlpfeiler mit einem Durchmesser von anderthalb Metern im Boden. Die Ingenieure konstruierten darauf eine 3,7 Meter dicke Betonplatte. Darauf ragt das Gebäude empor.

Den Kern des Gebäudes bildet eine sechseckige Röhre mit den Aufzügen, Treppen und Medienanschlüssen. Um die Röhre herum ragen drei Stützpfeiler empor, die den Kern verstärken und die eigentliche von Mietern belegte Nutzfläche bereitstellen. Die Pfeiler nehmen zur Spitze des Turms hin ab, bis nur noch der zentrale Kern übrigbleibt.

Baulich stützt sich das gesamte Gebäude auf Beton und Stahl. Im Wesentlichen ist jeder Pfeiler ein gigantischer vertikaler I-Träger mit 0,6 Meter dicken, Bund und Steg des Trägers bildenden, stahlverstärkten Wänden. Der Stahl ist unkompliziert, der **Beton** aber erfordert eine gewisse Raffinesse. Das Bauen mit Beton ist in einem derart heißen Klima eine Herausforderung. Die Ingenieure gaben Eis in die Mischung und pumpten den Beton zur Vermeidung von Überhitzung und Rissen nachts.

Die Außenfläche ist eine herkömmliche Vorhangfassade aus Glas, Aluminium und Edelstahl. Überwältigend ist die Menge an Glas – es wird erzählt, dass die 26 000 Glasscheiben 25 American Footballfelder bedecken könnten. Das Endergebnis ist ein künstlerisch überwältigendes Bauwerk. Ein überraschend schönes Wunderwerk der Technik.

SIEHE AUCH: Cheops-Pyramide (2550 v. Chr.), Beton (1400 v. Chr.), Woolworth Gebäude (1913), World Trade Center (1973).

Die Skyline der Innenstadt von Dubai, VAE, mit Blick auf den Burj Khalifa und den Dubai Brunnen im Jahr 2010.

2010

Harry Potter und die verbotene Reise

Sie sollen das ultimative Fahrgeschäft eines Vergnügungsparkes entwerfen. Sie möchten es mit aufregenden Bewegungseffekten ähnlich denen einer **Achterbahn** ausstatten. Dazu auch mit den Kinoeffekten und -kulissen einer typischen Themenfahrt in Hallen wie Disneys Haunted Mansion (Das Spuk-Herrenhaus). Und die Indoorkulissen zu einem **3D**-Erlebnis verschmelzen und den Besuchern den Nervenkitzel eines virtuellen Flugs bieten. Zusätzlich zu den 3D-Effekten möchten Sie die Filmbilder so auf die Innenseite einer Kuppel projizieren, dass sie die ganze periphere Sicht füllen.

Zu viel verlangt? Diese Art vollintegrierter Fahrgeschäftstechnologie gibt es jedoch dank unglaublicher Technik wirklich. Das wahrscheinlich beste Beispiel ist die Harry Potter Themenfahrt, genannt *Forbidden Journey* (verbotene Reise), im 2010 in Orlando, Florida, eröffneten Universal Freizeitpark.

Die Fahrgäste besteigen einen Wagen mit vier Sitzplätzen. Könnten sie unter den Boden schauen, würden sie die ungewöhnliche Auflagefläche bemerken. Sie sitzt auf einem riesigen **Roboter**arm, mit einer maximalen Reichweite von bis zu 7,62 Metern auf. Der ganze Roboterarm, einer für jeden Wagen, rollt eine Spur entlang.

Wenn ein Roboterarm mit Passagieren die Spur hinunterrollt, passiert folgendes: Entweder fährt er durch eine Theaterkulisse oder er zieht an einer Kuppelleinwand vorbei. Die riesigen Kuppeln sind auf ein Karussell montiert, das sechs von ihnen hält.

Im Zentrum der Kuppel folgen der Wagen und die Kuppel zusammen der Spur und liefern eine viele Sekunden lange Filmerfahrung. Während der Filmvorführung kann der Roboterarm kippen, sich fallen lassen und schwanken, um das Erleben von mit dem Film übereinstimmenden Bewegungen zu simulieren. Während sich der Roboterarm in einer Theaterkulisse befindet, kann er den Wagen in jede beliebige Richtung drehen und die Aufmerksamkeit der Fahrgäste auf etwas lenken.

Das ist ein großartiges Beispiel für Ingenieure, die unglaubliche Technologie Millionen von Menschen näher bringen, um ein aufregendes, umfassendes Erlebnis zu schaffen.

SIEHE AUCH: Achterbahn mit Rückrollsicherung (1919), Roboter (1921), 3D-Brille (1952).

Expobesucher fahren eine „Roboterachterbahn" in Hannover, Deutschland.

16
ORGANIZED BY
MATRADE

2010

Alta Wind Energy Center

Das 2010 in Kalifornien eröffnete Alta Wind Energy Center (Windkraftcenter) ist der größte Windpark der Welt. Seine endgültige Kapazität wird mit Hunderten von Windrädern drei Gigawatt auf 2250 Hektar Land betragen.

Die in die Windturbinen mit einfließende Luftfahrttechnik ist beeindruckend. Derzeitig erzeugt der größte Windturbinengenerator dank drei massiven, 80 Meter langen Flügeln acht Megawatt. Zum Vergleich: Die volle Flügelspannweite einer **747** beträgt nur 68 Meter. Jeder Turm der Windanlange ist 140 Meter hoch.

Die drei hohlen Rotorblätter sind normalerweise aus Fiberglas – E-Glasfaser in einem Polyestergranulat. Sie sind an einem Drehkreuz angebracht. Dieses dreht eine Welle, die wiederum einen Generator antreibt. Dazu kommen ein Sensorenpaket zur Erkennung der Windrichtung und ein Motor zum Ausrichten der Flügel.

Das größte Problem der Ingenieure mit Windrädern ist die Selbstzerstörung bei starkem Wind. Drehen sich die Rotorblätter zu schnell, können Fliehkräfte die Windturbine auseinanderreißen. Ein Computer analysiert jedoch die Windgeschwindigkeit und klappt die Flügel bei steigender Windgeschwindigkeit weg, und ein an der Hauptwelle montiertes Hochleistungsbremsensystem kann das Windrad komplett anhalten. Die Bremse ist auch bei Wartungsarbeiten hilfreich.

Starke, konstante Winde sind das, wonach Ingenieure bei der Platzierung eines Windparks Ausschau halten. Hochseewindparks sind vor allem in Europa beliebt, da die Meereswinde oft gleichmäßig sind. Auch die flachen Gebiete der Vereinigten Staaten wie Iowa und die Dakotas haben gleichmäßige Winde.

Je größer die Windturbinen, desto wirtschaftlicher arbeiten sie – heute kostet die Windkraft weniger als von Kohle oder Gas erzeugter Strom. Es gibt jedoch eine Fliege in dieser technischen Wundersuppe: Manchmal hört der Wind auf zu wehen. Jahrzehntelang haben Ingenieure an neuen Energiespeichersystemen gearbeitet. Verschiedene Möglichkeiten beinhalten gewaltige chemische Batterien, Schwungräder oder verdichtete Luft und **Wasserpumpensysteme**. Sobald Ingenieure das Speicherproblem endgültig auf eine preiswerte Art gelöst haben, wird Windkraft die perfekte Energiequelle sein.

SIEHE AUCH: Stromnetz (1878), Boeing 747 Jumbo-Jet (1968), Bath County Pumpspeicherkraftwerk (1985), Sonnenwärmekraftwerk Ivanpah (2014).

Windkraft ist sauberer und billiger als von Kohle oder Gas erzeugte Energie.

2010

Tabletcomputer

Vor dem iPad gab es bereits Hunderte Tabletdesigns unterschiedlicher Hersteller. Microsoft ermutigte schon 2001 die Hersteller zur Entwicklung von Tablets für Windows XP. Aber nichts setzte sich wirklich durch.

Dann erschien 2010 das iPad-Tablet und startete wie eine Rakete durch. Manchmal ist die von den Ingenieuren entwickelte Form genauso wichtig wie die Funktion.

Im iPad verwirklichten die Apple-Ingenieure mehrere innovative und revolutionäre Ideen. Obwohl sich das Gerät robust anfühlte, war es unglaublich dünn und leicht. Zudem lag es gut in der Hand und war durch seine Größe perfekt zum Tragen. Es gab keinen Lüfter, denn die Kühlung stellte noch kein Problem dar. Die Akkulaufzeit betrug ganze zehn Stunden – zum ersten Mal mussten Benutzer nicht ständig ans Wiederaufladen denken.

Dazu tat der iPad viele der Dinge, die auch ein Laptop konnte – nur viel einfacher. Man musste sich niemals den Kopf über das „Betriebssystem“, einen „Blue Screen“, „Neubooten“ oder „Viren“ zerbrechen. Und wollte man neue Software installieren, so musste man nur einen Knopf drücken und sie war sekundenschnell installiert. Die Deinstallation war genauso einfach. Und zu keiner Zeit beschädigten sich verschiedene Apps gegenseitig oder „brachten das System zum Absturz“.

Endlich gab es ein schlichtes Gerät, mit dem jeder problemlos im **Internet** surfen, E-Mails lesen, Notizen machen, den Kalender führen und vieles mehr konnte. Ganz im Gegensatz zum Laptop konnte man mit einem iPad gemütlich im Bett oder auf dem Sofa lesen. Man musste es nicht aufklappen. Man zog es aus der Tasche oder nahm es vom Tisch in die Hand und drückte einen Knopf. Es war sofort betriebsbereit.

Ein technisches Meisterstück. Es beinhaltete unzählige Stufen sorgfältigen Designs und technischer Feinheiten. Die Technik war jedoch für den Benutzer komplett unsichtbar.

Heutzutage folgen viele Firmen dem von Apple bereiteten Weg.

SIEHE AUCH: Mobiltelefon (1983), World Wide Web (1990), Smartphone (2007).

Die dargestellten Tabletcomputer sind leicht und tragbar.

5:17 PM
23%
FaceTime
Photos
Camera
Clock
Photo Booth
Friday
22
Calendar
Notes
Reminders
Newsstand
App Store
Game Center
Settings
Facebook
Twitter
Mail
Videos
Music
iPad
17:17
%31
Messages
FaceTime
Photos
Camera
Maps
Clock
Photo Booth
Cuma
22
Calendar
Contacts
Notes
Reminders
Newsstand
iTunes
App Store
Game Center
Settings
Facebook
Google
Twitter
Instagram
Safari
Mail
Videos
Music

2010

X2- und X3-Hubschrauber

Herkömmliche Hubschrauber mit einem Hauptrotor und einem Heckrotor haben ein Problem: Die Höchstgeschwindigkeit ist bedeutend niedriger als die eines Turboprop- oder Düsenflugzeugs. Im Zivilflugverkehr bedeutet das längere Flugzeiten, beim Militär ist der Hubschrauber einfacher abzuschießen. So hat der **Apache-Kampfhubschrauber** (AH-64) eine Höchstgeschwindigkeit von 292 Stundenkilometern.

Diese Geschwindigkeitsbegrenzung ist ein altbekanntes technisches Problem. Im Schwebeflug durchschneidet die Spitze jedes der Hauptrotorblätter die Luft mit 800 km/h. Bewegt sich ein Blatt in Flugrichtung, legt die Spitze 960 Stundenkilometer zurück, bewegt sich die Spitze nach hinten, sind es 640 Stundenkilometer. Mit Erhöhung des Vorschubs passieren zwei Dinge: Die vorrückende Spitze nähert sich der den Rotor beschädigenden Schallgeschwindigkeit und das nach hinten laufende Blatt erzeugt keinen Auftrieb mehr – dies nennt man Strömungsabriss.

Im Jahre 2008 überwanden die Ingenieure des X2 (Sikorsky)-Hubschraubers dieses Problem auf kreative Weise. Erstens verwendeten sie zwei sich gegenläufig drehende Rotoren. Der Auftrieb bleibt somit bei steigender Geschwindigkeit auf beiden Seiten ausgeglichen. Zweitens verringerten sie die Drehzahl der Rotoren bei zunehmendem Vorwärtsschub. Drittens fügten sie einen großen Druckpropeller hinzu, um den Hubschbrauber schneller durch die Luft zu befördern.

Die Ingenieure des X3 (Eurocopter) Hubschraubers wählten zwei Jahre später eine ganz andere Herangehensweise: Der Hauptrotor folgt der Tradition eines normalen Hubschraubers; es gibt keinen Heckrotor; der Hubschrauber hat kurze Flügel; auf beiden Flügeln befinden sich Propeller. Zur Ersetzung des Heckrotors dreht sich einer der beiden Flügelpropeller schneller als der andere. Der Hauptrotor hat fünf Blätter und verlangsamt sich im Hochgeschwindigkeitsflug, während die kurzen Flügel einen Teil der Belastung übernehmen.

Der X2 und X3 erreichen mithilfe dieser technischen Innovationen fast 480 Stundenkilometer. Zwei Ingenieurteams und zwei grundverschiedene Lösungen, die jeweils eine bessere Leistung hervorbringen.

SIEHE AUCH: Hubschrauber (1944), Apache-Kampfhubschrauber (1986).

Ein X2-Hubschrauber im Flug in Deutschland.

X3
EUROCOPTER
X3
333
EUROCOPTER
F-ZXXX

2011

Katastrophe von Fukushima

Was passiert, wenn Ingenieure Vermutungen anstellen, die sich später als falsch erweisen? Manchmal nichts, denn sie werden rechtzeitig korrigiert. Oder der Fehler passiert in einem System, das ausreichend Spielraum zum Auffangen des Schadens hat. Oder ein Ausweichsystem übernimmt. Aber hin und wieder resultieren kleine technische Fehleinschätzungen in einer riesigen Katastrophe, so geschehen bei der **Atomreaktor**katastrophe von Fukushima im Jahr 2011.

Die Fukushimareaktoren konnten mit Erdbeben umgehen. Als sich 2011 das Erdbeben der Stärke neun vor Japans Küste ereignete, schalteten sich die Reaktoren durch das Einfahren der Steuerstäbe automatisch ab. Die Reaktorgebäude blieben unversehrt und alles schien in Ordnung. Obwohl das Erdbeben den Atommeiler vom **Stromnetz** trennte, gab es vor Ort mehrere Ausweichsysteme wie Stromspeicher, Dieselgeneratoren und Kühlsysteme für Notfälle, die gar keinen Strom benötigten.

Selbst Tsunamis hatten die Ingenieure vorausgesehen. Zum Fernhalten von Tsunamis war der Reaktor von einem Damm umgeben.

Was die Ingenieure nicht vorhersahen, war ein 15-Meter-Tsunami samt Begleiterscheinungen. Sie gingen von einem maximal zehn Meter hohen Tsunami aus. Die Dieselgeneratoren, die Stromspeicher, die Verteilungsapparate und die Treibstofftanks befanden sich alle im Untergeschoss des Atommeilers. Als der 15-Meter-Tsunami kam, zerstörte er jede Quelle von Absicherungsenergie – die Stromspeicher wurden kurzgeschlossen, die Dieselgeneratoren überflutet. Und die Verteiler waren unter Wasser, sodass der Anschluss einer Fremdstromquelle nur schwer möglich war. In Block 1 versagte das eigentlich ohne Strom auskommende Notfallkühlsystem, weil ein geschlossenes Ventil nicht zu öffnen war.

Hätten die Ingenieure die Möglichkeit eines 15-m-Tsunamis in Betracht gezogen, wären die Ereignisse in Fukushima ganz anders verlaufen. Aber auf Grund eines ungewöhnlichen Naturereignisses wurden die unzähligen Notfallsysteme der Welt nutzlos.

SIEHE AUCH: Leichtwasserreaktor (1946), CANDU-Reaktor (1971), Tschernobyl (1986).

Das 2011 von einer Drohne aufgenommene Foto zeigt den Fukushima Daiichi-Atommeiler in Okuma, Japan.

2011

Selbstfahrendes Auto

Obwohl bereits 1925 (wie im Falle des „Linriccan Wunders“, das durch einen Stau in New York fuhr) mit einer radiosenderbasierten Technologie für selbstfahrende Autos experimentiert wurde, verkündeten erst 2011 die Ingenieure von Google, sie hätten mehr als 100 000 Meilen mit einem selbstfahrenden Auto auf normalen öffentlichen Straßen zurückgelegt.

Wie stellten die Google-Ingenieure das an? LiDAR (Abstandsmessung, basierend auf Laserlicht statt auf Mikrowellen) verschafft dem Fahrzeug einen 360-Grad-3D-Überblick. LiDAR erkennt unbewegliche Objekte wie geparkte Autos, Pfosten, Bordsteine sowie sich bewegende Dinge wie andere Autos oder Fußgänger. Zudem gibt es ein nach vorne und nach hinten gerichteten **Radar**, der dem Auto hilft, im Weg befindliche Gegenstände auf längere Entfernung hin auszumachen. Eine optische Kamera hält nach Dingen wie umschaltenden Ampeln Ausschau.

Das **GPS** gibt dem Fahrzeug ein Gefühl für seine aktuelle Position. Ein Trägheitsnavigationssystem erhöht die Genauigkeit und Sensoren auf den Reifen teilen dem Auto die zurückgelegte Strecke mit.

Eine weitere von den Ingenieuren genutzte Technik ist die Voraussicht. Bevor ein selbstfahrendes Auto auf eine Straße gelassen wird, hat ein anderes Auto diese Straße bereits befahren, um genauestens abzustecken, wo sich die Fahrspuren befinden, wo man wegen Stoppschildern anhalten sollte, wo im Sichtfeld sich die Ampeln befinden, wie sich die Höhe verändert. Auf diese Weise weiß das Auto selbst bei Regen und kaum sichtbarer Fahrbahnmarkierung, wo sich der Fahrstreifen befindet.

Kombiniert man die Technik und Ausrüstung mit einer leistungsstarken Software, erhält man ein Fahrzeug, das zuverlässig von selbst fährt. Eigentlich ist ein selbstfahrendes Auto ein besserer Fahrer als die meisten Menschen, denn die Sensoren nehmen alles rund um das Fahrzeug herum wahr und der Computer lässt sich niemals ablenken.

SIEHE AUCH: Radar (1940), Globales Positionsbestimmungssystem (GPS) (1994), Watson (2011).

Ein Lexus RX450h Google führerloses Auto. Die Software hinter den Google Autos heißt Google Chauffeur und befindet sich derzeit in der Testphase.

Google
self-driving car

2011

Instant-Wolkenkratzer

Der Bau eines Wolkenkratzer kann eine ganze Weile dauern. Planung und Bau des *Freedom Towers* dauerten beispielsweise mehr als ein Jahrzehnt. Zwar flossen viele Emotionen mit in die Planungsphase ein und der Bauplatz war nicht gerade günstig, doch ein Jahrzehnt ist eine lange Zeit. Der Bau der meisten Wolkenkratzer dauert weit länger als ein Jahr.

2011 zeigte die chinesische Firma Broad den Weg zu einem komplett neuen Konstruktionsparadigma für Wolkenkratzer: Nahezu das gesamte Gebäude wird in einer Fabrik vorgefertigt, in Bauelementen zum Bauplatz gebracht und anschließend vor Ort in ein paar Tagen zusammengesetzt. Auf der Grundlage dieser Verfahren errichtete die Firma innerhalb von 15 Tagen ein Hotel mit 30 Stockwerken.

Aufgrund der Vorfertigung kann ein Großteil der Arbeit in einem Fabrikumfeld mit serienmäßigen Teilen ohne Wettereinfluss erfolgen. Die Stockwerkmodule zum Beispiel sind serienmäßige Stahlprofile mit verstärkten Trägern. Beton wird ausgeschüttet, Fliesen werden verlegt, Decken und festes Inventar zusammen mit allen Versorgungsanschlüssen wie Rohrleitungen, Heizung, Lüftung, Klimaanlage, Elektrik eingebaut.

Auf der Baustelle bleiben nur ein paar wenige Dinge zu tun. Die Säulen, auf denen das Bauwerk ruht, sind alle standardisiert und vorgefertigt. Daher werden sie installiert, dann Stockwerkteilstücke, dann erneut Säulen und immer so weiter. Genormte Fenster und Außenwandplatten werden angebracht. Schließlich ziehen die Arbeiter schnell alle Innenwände hoch.

Wegen der Standardisierung fällt der Bau solcher Gebäude leicht. Möglicherweise mit gleicher technischer Ausstattung wie höchste **Erdbebensicherheit**, Energieeffizienz und Luftfilterung. In maßgefertigten Bauwerken sind diese Funktionen teuer, in Gebäuden wie diesen drücken die Vorteile der Massenproduktion und Standardisierung die Preise.

Die Firma hat Pläne, mit denselben technischen Ideen in nur 90 Tagen das höchste Gebäude der Welt – höher als der **Burj Khalifa** – zu bauen. Man kann sich leicht vorstellen, dass Ingenieure rund um den Globus die Idee des modularen Bauens in Zukunft auf viele verschiedene Bauvorhaben übertragen werden.

SIEHE AUCH: Empire State Building (1931), Erdbebensichere Gebäude (2009), Burj Khalifa (2010).

Chinesische Arbeiter fertigen Stahlgerüste an, die zum Bau des 30 Stockwerke hohen Arche Hotels in der Stadt Changsha dienen.

1-9
安全第一

2011

Watson

David Ferrucci (geb.1962)

Hin und wieder fördern Ingenieure und Forscher absolut Unerwartetes zu Tage. So avancierten wir, als der **Wright-Flieger** abhob, von „kein Flugzeug“ zu „Flugzeug“. Und als Google die 100 000 unfallfreien Straßenmeilen der selbstfahrenden Technologie bekannt gab, von „**selbstfahrende Autos** sind Zukunftsmusik“ zu „selbstfahrende Autos gibt es bereits heute“.

Das Gleiche gilt für Watson – einer bei IBM unter David Ferrucci entwickelten Software aus dem Bereich künstlicher Intelligenz. Völlig unerwartet schlug Watson die besten menschlichen Spieler vernichtend beim Spiel Jeopardy.

Wie brachten die IBM-Ingenieure das zustande? Der Schlüssel zum Erfolg war die Entscheidung der Entwickler, mit unmarkierten Daten zu arbeiten. Watson würde also in nicht modifizierten Datenbanken wie Wikipedia, der Internet Movie Database und Wörterbüchern lesen. Watson würde Dinge wie natürliche Sprachprozesse, maschinelles Lernen und Bedeutungsanalysen einsetzen, um den Sinn hinter allem zu verstehen. Niemand müsste die Daten auf irgendeine Weise sortieren oder kennzeichnen. Zur Bildung einer Wissensdatenbank würden die Algorithmen unbearbeitete Textinformationen durchsehen und mit einem natürlichen linguistischen Präprozessor kombinieren, um die Jeopardy-Frage zu verstehen. Schließlich liefert eine künstliche Stimme die Antwort.

Und Watson ist schnell. Das erste System, das 2011 im US-Fernsehen spielte, ist ein raumfüllender Supercomputer. Das liegt daran, dass er beinahe 100 Server mit fast 3000 Kernprozessoren und rund 16 Terabyte RAM zur Ausführung der Software benötigt.

Watsons Fähigkeiten Jeopardy zu spielen sind nur der Anfang. Dieselbe Softwaretechnologie kann mit allen Arten von Textinformation – ärztliche, gesetzliche, wissenschaftliche, aus dem Internet – dieselbe Zauberei vollziehen. Stellen Sie sich zum Beispiel eine Suchmaschine vor, die Ihre Frage „versteht“. Oder ein System, das auf jede medizinische Anfrage eines Arztes mit der Auflistung aller verfügbaren Forschungsergebnisse antwortet. Watson ist ein hervorragendes Beispiel topaktueller Technik.

SIEHE AUCH: Flugzeug der Gebrüder Wright (1903), Schachcomputer (1950), Mikroprozessor (1971), Selbstfahrendes Auto (2011), Gehirnreplikation (voraussichtlich 2024).

Die Kandidaten Ken Jennings und Brad Rutter treten bei einer Pressekonferenz am 13. Januar 2011 in Yorktown Heights, New York, gegen Watson an.

PIENSE
THINK
$0
WATSON
$0
BRAD

2012

Rover Curiosity

Der Wunsch klingt einfach: „Lasst uns einen Rover zum Mars schicken!" Aber je spontaner der Wunsch, desto mehr technische Probleme. Die Ankunft mehrerer Rover und Roboter auf dem Mars und die stattlichen übermittelten Daten- und Bilder-Mengen zeugen von den technischen Fähigkeiten unserer modernen Gesellschaft.

Denken Sie nur an all die Probleme, denen die bei *Mars Science Laboratory* angestellten Ingenieure gegenüberstanden. Sie mussten einen Rover für eisige Temperaturen unter -73 °C entwerfen. Außerdem brauchte der Rover Strom. Daher ist „Curiosity" mit einem Radioisotopengenerator atombetrieben. Die Wärme aus fünf Kilogramm zerfallendem Plutonium wird in Elektrizität umgewandelt und hält zudem den Rover warm.

Der Rover benötigte ein Kommunikationssystem, obgleich der Mars sich wegen der Rotation beider Planeten in bis zu 401 Millionen Kilometern Entfernung befinden kann. Auf der Erde sieht stets eine der riesigen Antennen des Deep Space Netzwerks den Mars, an welchem Punkt ihrer Rotation die Erde sich auch immer befindet. Auf der erdzugewandten Seite des Mars kann der Rover direkt mit einer DSN-Antenne kommunizieren. Einfacher ist jedoch die Kommunikation mit einem der am Mars-Himmel vorbeiziehenden **Satelliten** und der Satellit korrespondiert mit der Erde.

Ein weiteres Problem ist die Selbstständigkeit. Der Rover muss in die Erdumlaufbahn gebracht werden, danach monatelang zum Mars fliegen, dann die Marsumlaufbahn erreichen und schließlich landen. Warum öffnet sich zur Landung nicht einfach ein großer Fallschirm? Weil die Marsatmosphäre zu dünn ist. Deshalb zünden im Sinkflug alle Bremsraketen selbstständig, um den Rover auf die Oberfläche zu bringen.

Alles ist hochkompliziert, bis hin zum kleinen Labor für die chemischen Analysen, der vom Rover gesammelten Bodenproben. Dennoch landete der Rover Curiosity 2012 erfolgreich, stationierte sich 2013 und betreibt nun Wissenschaft auf einem anderen Planeten.

SIEHE AUCH: Weltraumsatellit (1957), Mondfahrzeug (1971), Marskolonie (voraussichtlich 2030).

Diese Simulation zeigt den Rover Curiosity des NASA Mars Science Laboratory, einen mobilen Roboter zur Erforschung gegenwärtiger und früherer Möglichkeiten mikrobischen Lebens auf dem Mars

2012

Muskelkraft-Hubschrauber

Todd Reichert (Lebensdaten nicht verfügbar),
Cameron Robertson (Lebensdaten nicht verfügbar)

1980 gab es eine große Begeisterung für Muskelkraft-Flieger. 1977 erhob eine technische Sensation, die **Gossamer Condor**, Anspruch auf den Kremer-Preis (siehe „Muskelkraft-Flugzeug“) für das Fliegen einer liegenden Acht. 1979 ereignete sich das scheinbar Unmögliche – in 169 Minuten manövrierte Bryan Allen den „Gossamer Albatros“ über den Ärmelkanal. Und schließlich kündigte die Amerikanische Hubschraubergesellschaft 1980 den Sikorsky-Preis an. Der Gewinner muss allein durch Menschenkraft eine Höhe von drei Meter erreichen und das Gefährt dann für 60 Sekunden in der Luft halten. Um Windstille zu erzeugen, durfte der Flug auch in einer Halle stattfinden.

Ingenieure benötigten mehr als drei Jahrzehnte, um diesen scheinbar so simplen Preis zu ergattern. Das Problem besteht in der im Vergleich zum **Flugzeug** wesentlich höheren erforderlichen Leistung des **Hubschraubers** im Schwebeflug. Der Gossamer Albatros brauchte nur 0,4 PS (300 W), um gerade und waagrecht zu fliegen. Es wird erzählt, dass der Pilot des Muskelkraft-Hubschraubers so hart trainierte, dass er über mehrere Minuten mehr als ein PS (750 W) Leistung erbringen konnte. Mit Erreichen der Spitzenform von 1,5 PS (1100 W) konnte er erstmals vom Boden abheben. Dies wäre ausreichend Kraft, um abzuheben, 60 Sekunden lang zu schweben und zu landen.

Der Atlas-Hubschrauber nutzt vier Rotoren, mit dem Piloten im Zentrum. Jeder Rotor hat einen Durchmesser von 10 Metern. Das Gesamtgewicht der acht Flügel und vier Drehkreuze allein kommt schon teuer zu stehen. Dann müssen die Rotoren noch miteinander verbunden werden. Hierfür werden massive x-förmige Traversengerüste aus dünnen Kohlefaserrohren und Vectran-Verspannungsleinen zum Einsatz. Einmal zusammengebaut, misst der Hubschbrauber 47 Meter, wiegt aber nur 55 Kilogramm. Anstelle schwerer Ketten zum Antrieb der Rotoren sind die Drehkreuze mit dünnen Vectranleinen umwickelt. Sobald der Pilot in die Pedale tritt, wickelt er die vier Leinen von den vier Drehkreuzen auf. Daher ist die Flugzeit durch die Leinenlänge begrenzt.

Am 28. August 2012 starteten Todd Reichert und Cameron Robertson zusammen mit einem Team der *University of Toronto* den Atlas-Hubschrauber und gewannen den Sikorsky-Preis – nach 32 Jahren war das endlich möglich.

SIEHE AUCH: Hubschrauber (1944), Muskelkraft-Flugzeug (1977), Quadrocopter (2008).

Der AeroVelo-Atlas-Muskelkraft-Hubschrauber (HPH), der für den AHS Sikorsky-Preis entwickelt wurde. Aufgenommen aus dem „Ausguck“ des Ontario-Fußballzentrums.

ghan The City Above Toronto
UMBRO UMBRO
PFAFF
VAUGHAN
GO FOR THE CUP!
ONTARIO CUP
metro
Food at its best.
1390 Major
Mackenzie Drive
FIELD
B
DANGER
DO NOT HANG
ON GOALS
NO

BookBot der NCSU

Eine Bibliothek, besonders eine große Universitätsbibliothek, ist aus einer technischen Perspektive betrachtet keine besonders effiziente Art zur Raumnutzung. Es gibt Bücherregale und begehbare Gänge dazwischen, die dem Kunden das Zugreifen auf die Bücher ermöglichen. Diese Regale verschwenden enorm viel Platz. In großen Bibliotheken gibt es bis zu zehn oder zwanzig Stockwerke voller Bücher und Zeitschriften, doch den größten Platzbedarf haben die Gänge.

Einen weit effizienteren Weg zur Lagerung von Büchern und Zeitschriften bietet das Roboter-Bucharchivierungssystem.

Der 2013 in Betrieb genommene bookBot der *North Carolina State University* (NCSU) ist ein Beispiel für eine derartige Anlage. Er besteht aus fast 20 000 großen Schubladen, auf die vier **Roboter** zugreifen. Jede Schublade fasst annähernd 100 Bücher. Ein Computer führt ein genaues Bestandsverzeichnis darüber, in welcher Schublade sich welches Buch befindet. Der bookBot ermöglicht der NCSU die Lagerung von schätzungsweise zwei Millionen Büchern auf engem Raum.

Möchte ein Student oder eine Universitätslehrkraft ein Buch ausleihen, stellt er oder sie über eine Internetseite eine Anfrage. Der bookBot schickt daraufhin einen Roboter zum Herausholen der Schublade mit dem Buch los. Diese gelangt an einen zentralen Ort, wo ein Mensch das Buch findet und aus der Schublade nimmt. Anschließend bringt der Roboter die Schublade an ihren ursprünglichen Platz zurück. Bei der Rückgabe des Buches läuft dieser Vorgang rückwärts ab.

Zwei Millionen Bücher können leicht ein Gebäude mit zwanzig Stockwerken füllen. Durch das Platzieren der Bücher im bookBot beträgt der benötigte Gesamtraum 15 Meter in der Breite mal 50 Meter in der Länge mal 15 Meter in der Höhe. Die Lagerung der Bücher in herkömmlichen Regalen würde neun mal soviel Platz beanspruchen.

Die NCSU verwendet ihren bookBot in folgender Weise: Die Stockwerke in ihrer ursprünglichen Bibliothek wurden geleert. Alle Bücher wurden in den bookBot verlegt. Danach wurde jedem leeren Stockwerk ein neuer Zweck wie Arbeitszimmer, Tagungsraum und Ähnliches zugewiesen. Im Grunde erschufen Ingenieure durch das Zusammendrängen der Bücher im bookBot ein neues Gebäude.

SIEHE AUCH: Roboter (1921).

Das automatisierte Buchabfragesystem („bookBot") der James Hunt Jr. Bibliothek der North Carolina State University.

2014

Sonnenwärmekraftwerk Ivanpah

Sie wollen Sonnenlicht einfangen. *Viel* Sonnenlicht. So viel Sonnenlicht und so viel Wärme, dass sie eine Kleinstadt mit Strom versorgen könnten. Das ist genau das, was die 2014 in Betrieb gegangene riesige Heliostaten-Ansammlung in der Nähe von Las Vegas tut. Im Besitz von Google, NRG Energy und BrightSource Energy, ist es ein technisches Gebilde gigantischen Ausmaßes.

Der Leitgedanke ist simpel: Man nehme einen flachen Spiegel und spiegle damit die Sonnenstrahlen in Richtung eines Turms. Nun vergrößert man den flachen Spiegel bis auf sieben Quadratmeter. Danach platziert man zwei dieser Spiegel auf einer sich bewegenden Achse – diesen Zusammenbau nennt man Heliostat. Anschließend Installieren wir 173 000 dieser auf drei verschiedene Türme zeigenden Heliostaten. Das ist die Größenordnung des Sonnenwärmekraftwerks Ivanpah.

Der Heliostat soll der Sonne folgen und kann deshalb die Spiegel so neigen und drehen, dass sie stets Sonnenlicht zum Turm hin reflektieren. Ohne Wind wäre das eine denkbar einfache Aufgabe. Stellen Sie sich jetzt vor, dass sie bei fast 100 Stundenkilometern die Hand aus dem Autofenster strecken. Das erzeugt jede Menge Luftwiderstand. Und was passiert, wenn wir eine Sperrholzplatte aus dem Fenster halten? Die spürbare Windstärke wäre gewaltig. Der Heliostat besitzt zwei Spiegel, etwa so groß wie fünf Sperrholzplatten. Jeder Heliostat muss stark genug sein, um dieser Art von Windbelastung zu trotzen und den Spiegel an windigen Tagen genau auszurichten.

Im Inneren der drei Türme befinden sich maßgefertigte, die Sonnenwärme in Dampf umwandelnde Dampfkessel. Der Dampf treibt wie in einem herkömmlichen **Kraftwerk** eine **Dampfturbine** an.

Die Sonne liefert ein Kilowatt Energie pro Quadratmeter Erdoberfläche liefert. Und beachten Sie nun, dass diese Anlage über 2,5 Millionen Quadratmeter Spiegelfläche hat. Das sind 2,5 Millionen Kilowatt an aufgefangener Wärme. Ungefähr die Hälfte der Wärme geht durch die Spiegelung zum Turm verloren. Danach wird es mit einem Wirkungsgrad von etwa 30 Prozent in Elektrizität umgewandelt. Somit produziert die Anlage bei Sonnenschein circa 400 Megawatt – an nahezu sieben Stunden täglich. Wird der Strom für 10 Cent pro Kilowattstunde verkauft, ergibt das jährlich Elektrizität im Wert von 100 Millionen Dollar.

SIEHE AUCH: Dampfturbine (1890), Leichtwasserreaktor (1946), CANDU-Reaktor (1971).

Eine Luftaufnahme des Sonnenwärmekraftwerks in der Mojave-Wüste.

2016

Venedigs Hochwasserschutzsystem

Venedig ist eine Stadt, die mehr als 1,4 Meter hohe Überschwemmungen gewohnt ist. Und mit steigendem Meeresspiegel verschlimmert sich die Lage. Auf lange Sicht könnte die Stadt an das Hochwasser verlorengehen. Viele andere Küstenstädte könnten schon bald mit ähnlichen Problemen konfrontiert sein. Das Hochwasserrisiko in New York ist heute zehn Mal höher als noch vor einem Jahrhundert.

Aus der Sicht eines Ingenieurs ist die gesamte Stadt Venedig faszinierend. Die Stadt liegt auf einer Reihe lehmiger Inseln in der Mitte einer Lagune. Vor Hunderten von Jahren wurden zur Stabilisierung der Stadt Millionen von Baumstämmen gesammelt und in den Schlamm gerammt.

Das Problem ist, dass der Wasserpegel in der Lagune mit den Gezeiten steigt und abnimmt. Bei Sturm läuft die Lagune oft noch mehr voll. Selbst ein Tiefdruckgebiet kann den Luftdruck auf das Wasser verringern und die Lagune anschwellen lassen.

Um dem Hochwasser ein Ende zu bereiten, installiert Venedig ein System namens MOSE zur Abschottung der Lagune. Ein Damm mit nur drei Einbuchtungen als Zufahrten für Schiffe trennt die Lagune bereits von der Adria. Eine Reihe beweglicher Tore wurde in den Einbuchtungen auf dem Meeresboden platziert. Werden höhere Gezeiten als normal prognostiziert, füllen sich die Tore mit Druckluft, erheben sich und schneiden die Lagune vom Meer ab. Die Tore können mit Pegelunterschieden von bis zu drei Meter umgehen.

Das Instellungbringen der Tore auf dem Meeresboden war eine spezielle technische Herausforderung. Die Tore, deren Gelenke und der Druckluftvorrat ruhen in riesigen, bausteinförmigen, auf den Meeresboden versenkten **Beton**schalen. Die Ingenieure beschlossen, diese in ein für diesen Zweck gefertigtes Trockendock zu gießen. Dann wurden sie zu den passenden Positionen gebracht und versenkt.

Insgesamt gibt es 78 Tore mit einer Breite von jeweils 20 Metern. Das ganze System wird voraussichtlich 2016 funktionstüchtig sein, die Ingenieure sollen dann die volle Kontrolle über das Hochwasser haben und Venedig dürfte damit gerettet sein.

SIEHE AUCH: Beton (1400 v. Chr.), Schiefer Turm von Pisa (1372), Zuiderzeewerke (1891), Drei-Schluchten-Talsperre (2008).

Hochwasser in Venedig auf dem Markusplatz.

Vakuumtunnelzug

Es scheint eine Geschwindigkeitsbegrenzung im Transportwesen zu geben. Autos erreichen bis zu 320 Stundenkilometern. Züge in etwa auch. Düsenjets haben ihre Grenzen bei rund 800 Stundenkilometern. Warum stoßen Ingenieure an diese Grenzen?

Die Antwort ist der Luftwiderstand. Um mit einem Bugatti Veyron 320 Stundenkilometer zu erreichen, braucht man ungefähr 1000 PS (750 KW) und ca. 7,5 Liter Treibstoff pro Minute. Nahezu die gesamte Energie wird zur Verdrängung der Luft verwendet. Dasselbe gilt für Hochgeschwindigkeitszüge. Düsenflugzeuge haben es einfacher, da sie in 9000 Metern Höhe fliegen, wo die Luftdichte nur ein Viertel ihres Wertes auf Meereshöhe beträgt.

Gibt es eine Lösung für schnelleres Reisen? Ingenieure müssten die Luft entfernen. Auf dieser Idee baut der Vakuumtunnelzug auf. Zur Zeit an der Südwest-Jiaotong-Universität in China durchgeführte Forschungen ergeben, dass er schon 2020 realisierbar sein könnte. Ein Vakuumtunnelzug ist ein **magnetisch frei schwebendes** Fahrzeug, das sich im Inneren einer Röhre bewegt, aus welcher fast die gesamte Luft entfernt wurde. Bei genug gutem Vakuum kann der Zug theoretisch bis zu 4800 Kilometer pro Stunde oder gar noch schneller fahren. Bei solchen Geschwindigkeiten würde eine Reise quer durch die Vereinigten Staaten nur eine Stunde dauern, eine Reise von New York nach Peking vier Stunden. Vakuumtunnelzüge würden Fernreisen viel einfacher und unter Umständen auch preiswerter machen.

Allerdings sind einige technische Hindernisse zu überwinden. Eines ist der Wenderadius bei 4800 km/h. Ein derart schnelles Fahrzeug benötigt sehr weiche Kurven, um übermäßige Fliehkräfte für die Passagiere zu vermeiden. Der Wenderadius wird in Hunderten von Kilometern bemessen. Ähnlich sieht es mit Veränderungen in der Höhe aus.

Ein weiteres potentielles Problem ist das Meer. Wie kann eine Strecke große Wasserflächen überqueren? Eine innovative Lösung wäre es, die Röhre mit Ankerketten an den Boden zu binden und sie tief unter der Wasseroberfläche treiben zu lassen.

Der Vakuumtunnelzug ist eine der Ideen, die unser Leben revolutionieren können. Und schon heute besitzen wir die erforderlichen Technologien zu seiner Verwirklichung. Alles was wir brauchen ist Wille und Kapital.

SIEHE AUCH: Magnetschwebebahn (1937), Bugatti Veyron (2005).

Eine konzeptionelle Studie der Hyperloop-Passagiertransportkapsel, veröffentlicht von Tesla Motors.

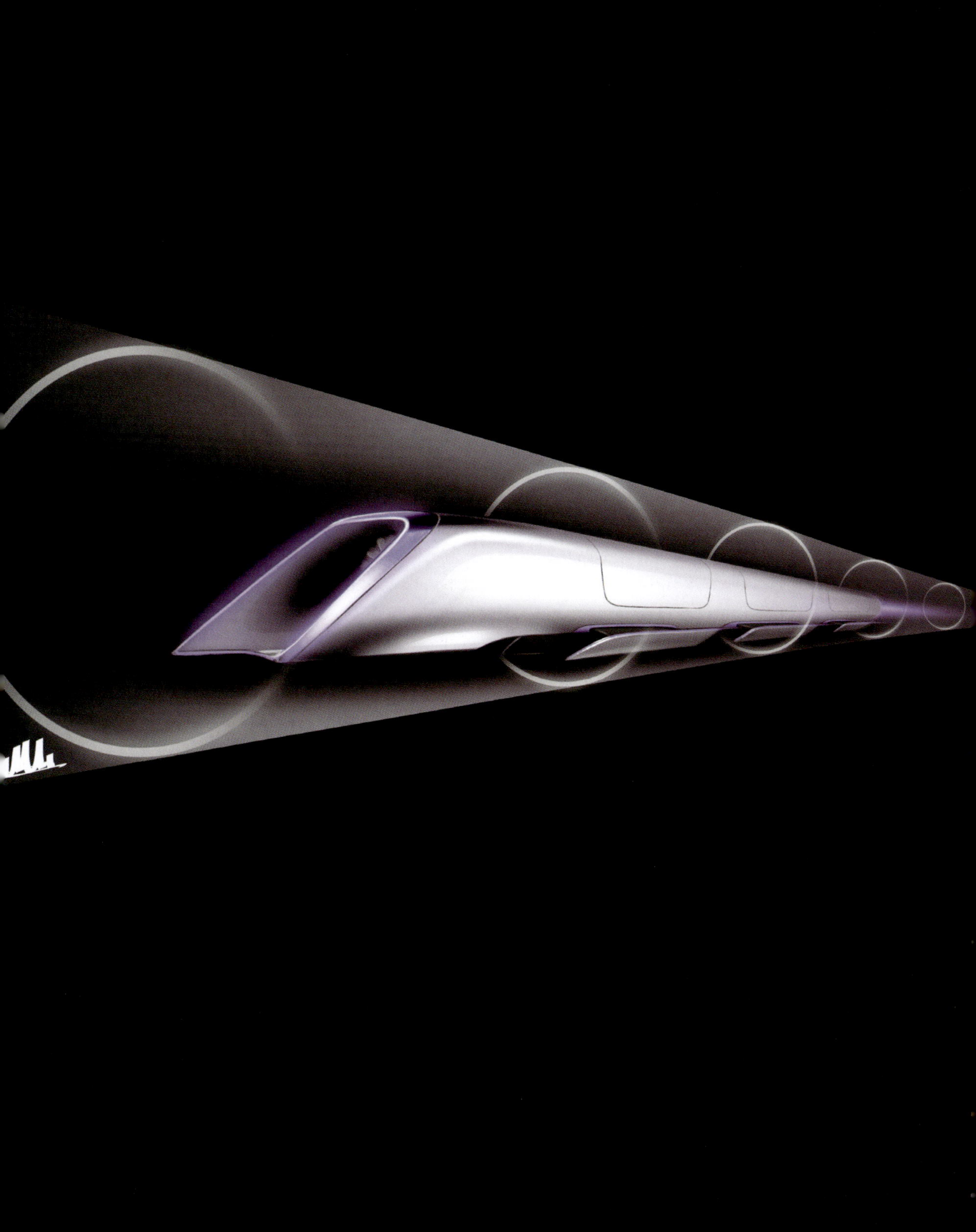

Gehirnreplikation

Verglichen mit den heutigen Computern arbeitet unser Gehirn atemberaubend. Da ein Siliziumcomputer und ein menschliches Gehirn auf zwei grundverschiedenen Technologien (Siliziumtransistoren auf der einen Seite, biologische Neuronen und Synapsen auf der anderen) beruhen, ist ein direkter Vergleich schwierig. Das menschliche Gehirn führt Wissenschaftlern zufolge umgerechnet zehn Petaoperationen (Peta = eine Billiarde) pro Sekunde aus und verfügt über eine Speicherkapazität von einem Petabyte und mehr.

Dabei verbraucht das menschliche Gehirn nur etwa 20 Watt und kommt mit wenig Platz aus. Vergleichen Sie das mit einem typischen Laptop von heute: es benötigt fast die gleiche Menge Energie, hat aber nur ein Millionstel an Rechenleistung und Speicher. Und ein Laptop kann keine menschliche Sprache erlernen, in die Welt hinausschauen und Dinge erkennen, sich selbst programmieren oder viele andere Dinge tun, die für Menschen alltäglich sind. Ihr Laptop wird auch nicht zu sich selbst sagen: „Ich denke, also bin ich."

Daher beschäftigen sich Ingenieure mit dem menschlichen Gehirn und fragen sich: „Gibt es einen Weg, diese Rechenstruktur nachzubilden?" Eine Replikation des menschlichen Gehirns wäre von großem Nutzen. Und bei einem ausreichend exakten Nachbau wären Wissenschaftler und Ingenieure theoretisch in der Lage, das Bewusstsein samt allen menschlichen Fähigkeiten zu replizieren.

Wie könnten sie das anstellen? Eine Möglichkeit ist eine komplette Softwaresimulation in einem Supercomputer. Das menschliche Gehirn beinhaltet 86 Milliarden Neuronen und 100 Billionen Synapsen – eine vergleichbare Leistung ist beim heutigem Stand der Technik kaum vorstellbar, wird aber mit jedem Jahr wahrscheinlicher.

Ausreichende Hardware ist nur ein Teil der Gleichung. Der andere besteht im Verständnis der Zusammenhänge zwischen allen simulierten Neuronen. Und am Ende muss alles auch noch funktionieren. Zunächst muss die Menschheit erst einmal die einfachen neuronalen Netzwerke von Insekten nachstellen.

Europa hat das *Human Brain-Projekt*. Die USA haben das *Brain Research Through Advancing Innovative Neurotechnologies*-Projekt. Die Hoffnung besteht, dass es Forschern und Ingenieuren gelingt, in etwa einem Jahrzehnt diese Nuss zu knacken.

SIEHE AUCH: Roboter (1921), ENIAC – Der erste digitale Computer (1946), Schachcomputer (1950), ARPANET (1969), Mikroprozessor (1971), Watson (2011).

Die Gehirnreplikation ist nur ein Thema, bei dem die Ingenieure an die Grenzen unserer Moral stoßen.

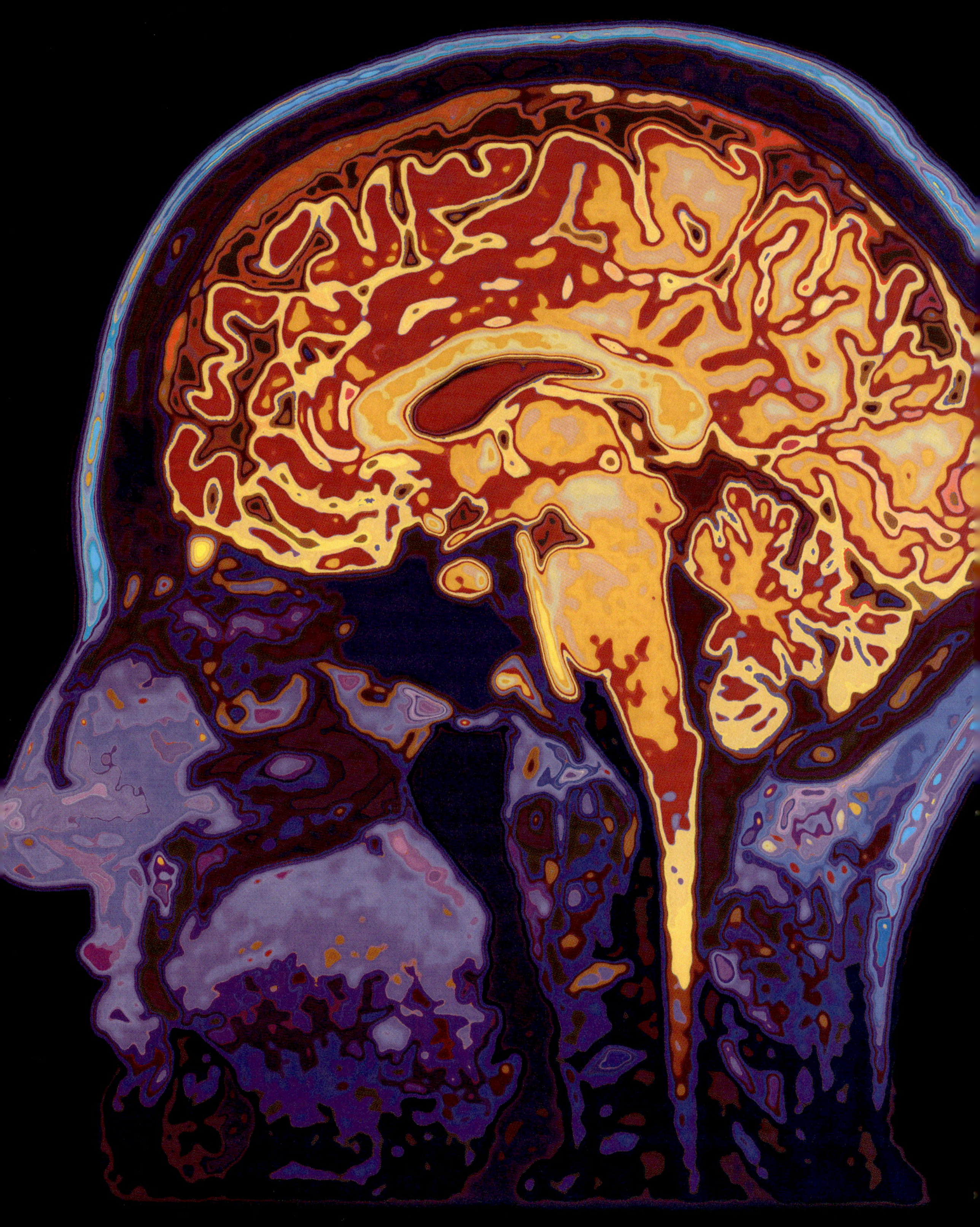

Marskolonie

Noch gibt es keine Marskolonie. Aus einer Vielzahl von Gründen wie Wirtschaflichkeit, Unwirtlichkeit und geringe Schwerkraft wird es vielleicht niemals eine Marskolonie geben. Dennoch haben Ingenieure oft und lange darüber nachgedacht. Und die Idee der Errichtung einer selbstversorgenden menschlichen Siedlung auf dem Mars fasziniert.

Die Gründung einer menschlichen Kolonie, zum Beispiel auf einer verlassenen Insel, ist eine Sache. Manche Dinge wie angemessenen Luftdruck, angemessene Lufttemperaturen und Sauerstoff können wir als gegeben ansehen. Regen wird frisches Wasser liefern. Die Tiere der Insel und die Fische im Meer bieten erste Nahrungsquellen. Auch Pflanzen sind essbar und auch als Fasern für Kleidung, Seile und Baumaterialien verwendbar. Eine Gruppe Menschen, die nackt auf einer verlassenen Insel ausgesetzt wird, hat somit große Überlebenschancen.

Auf dem Mars gilt nichts von alledem. Passable Temperatur, Luftdruck, Verfügbarkeit von Sauerstoff und Wasserzufuhr – alles Fehlanzeige. Keine Pflanzen und Tiere jeglicher Art. Die Schwerkraft ist nur halb so groß wie auf der Erde und es gibt keine Magnetosphäre sowie nur eine unzureichende Atmosphäre zum Schutz der Oberfläche vor ultravioletter oder anderer Strahlung. Die Atmosphäre enthält so viel CO_2, dass sie für Menschen und Pflanzen gleichermaßen giftig ist.

Daher müsste eine Marssiedlung komplett technisiert sein. Es wäre ein abgeschottetes System mit eigener künstlicher Atmosphäre, eigenem Strahlenschutz und eigener Wärme – wahrscheinlich eine unterirdische Anlage. Unterirdisches Wasser könnte eine Wasserquelle bieten, die Siedler müssten jedoch zunächst ihren eigenen Lebensmittelvorrat mitbringen und einen Weg zum Anbau und zur Herstellung von Nahrung finden.

Zwei Dinge wären hier hilfreich. Zur Vorbereitung könnten Ingenieure zuerst eine Robotermannschaft erstellen und losschicken. Und Terraforming könnte möglich sein, obwohl eine Reihe von Hindernissen bestehen und es Jahrhunderte dauert.

Falls die Menschen jemals den Mars besiedeln, ist eine Sache sicher – sie werden es nicht ohne eine Menge technisches Talent schaffen.

SIEHE AUCH: Mondlandung (1969), Biosphäre 2 (1991).

Studie zu einer möglichen Marssiedlung.

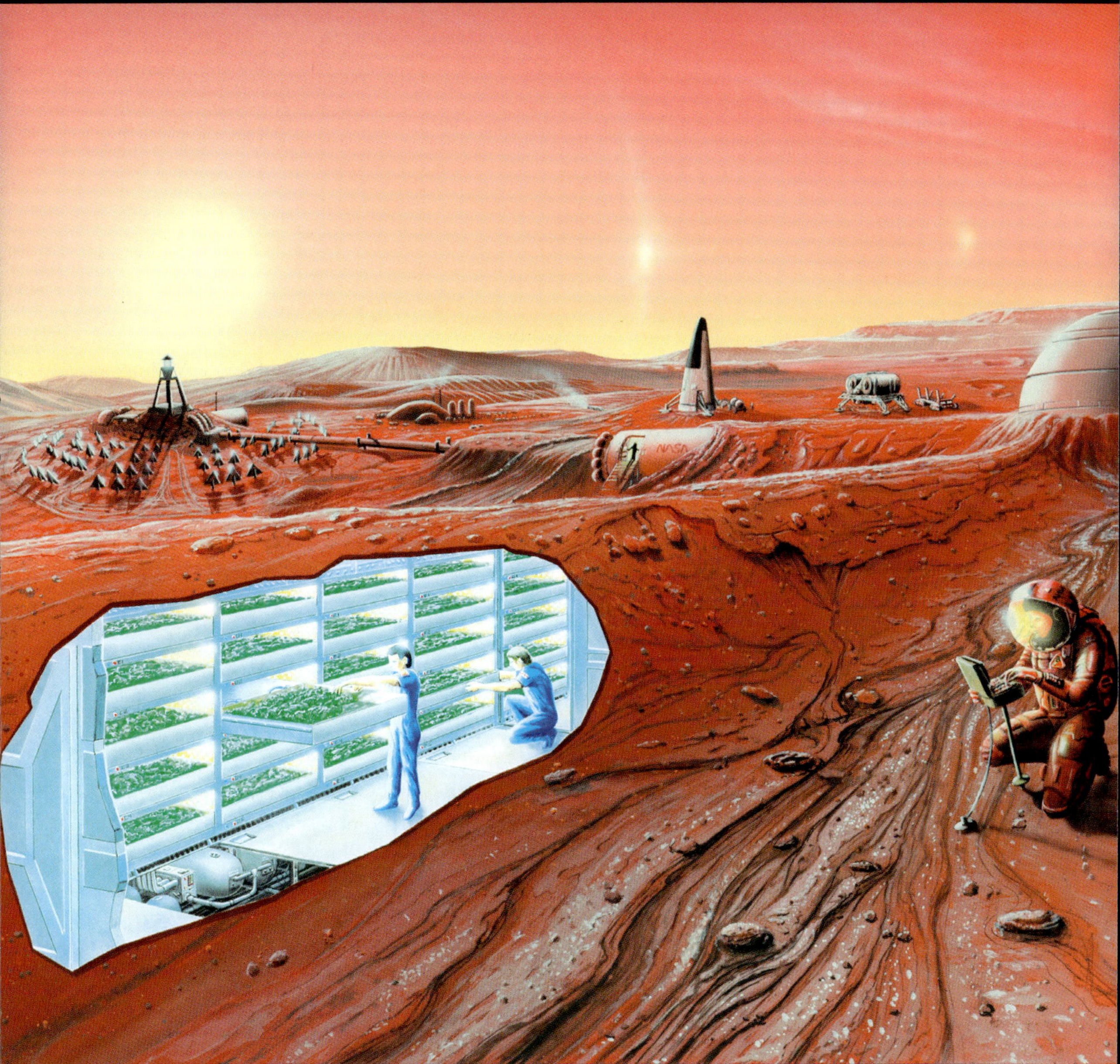
NASA

Erfindungen, die auf uns warten

Dieses Buch präsentierte ein breites Spektrum technischen Fortschritts. Einige dieser Fantasien galten als Science-Fiction und wurden doch verwirklicht. So erinnert das Handy stark an den Kommunikator aus der Fernsehserie *Star Trek* (1966). Allein zur Erfindung des Mobiltelefon vergingen seitdem gerade einmal 30 Jahre. – Unzählige andere Zukunftsideen warten auf ihre Verwirklichung:

- Fliegendes Auto: verzögert durch ökonomische, Stabilitäts- und Gewichtsbedenken
- Zeitmaschine: verzögert durch fehlendes grundlegendes Wissen (FGW)
- Unsterblichkeit: FGW
- Teleporter: vielleicht nicht zu entwickeln, in der **virtuellen Realität** bald möglich
- Sofortige Heilung: Liebling von Science-Fiction und Videospielen, FGW
- Hoverboard: benötigt Repulsor-Schubdrüsen
- Unterwasseratmung: **Drucklufttauchgeräte** und künstliche Kiemen sind in der Entwicklung
- Raumschiffe, Warp-Antrieb: verzögert durch Motortechnik, Ökonomie und Wissenschaft
- Scheintod: FGW
- Wirbelsäule: FGW
- Weltraumlift: verzögert durch Wirtschaft und Materialwissenschaft
- Wirklich gute Batterien: FGW
- Ende der Armut: verzögert durch Geiz und Tatenlosigkeit
- Lösung für die Erderwärmung: verzögert durch Tatenlosigkeit und Wirtschaft
- Nahrungsmaschine: FGW, künstliches Fleisch wird es jedoch schon bald geben
  Einfaches interplanetarisches Reisen: verzögert durch Motortechnik, Energiequellen, Wirtschaft, Schwerkraftprobleme, Strahlungsbedenken und mehr

Es gibt viele Innovationen, die Ingenieure nicht angehen können, weil das Wissen darüber noch nicht vorhanden ist. So verwendet das ausgedachte *Star Wars*-Universum Repulsor-Schubdrüsen in Düsenschlitten, Landgleiter, schwebende Roboter und Raumschiffe. Wenn es eine Repulsor-Schubdrüsentechnologie gäbe, könnten Ingenieure sie auf tausend verschiedene Arten ausschöpfen. Daher warten wir auf die Forschungsergebnisse der Wissenschaftler. Dann kommt die Stunde der Ingenieure.

SIEHE AUCH: Roboter (1921), Unterwasseratemgerät (1944), Mobiltelefon (1983), Virtuelle Realität (1985), Lithium-Ionen-Batterie (1991).

Konzeptionelle Darstellung eines futuristischen fliegenden Autos.

Weiterführende Literatur

Allgemeiner Lesestoff

Blockey, D., *Engineering: A very short Introduction*, London, Oxford, UP, 2012.

Constable, G. Und Somerville, B., *A Century of Innovation*, Washinton, DC: Joseph Baker, 2003.

Wikipedia Enzyklopädie, *www.wikipedia.org*.

Bücher von Marshall Brain

Brain, M., *How God Works*, New York: Sterling, 2015.

Brain, M., *How Stuff Works*, New York: Chartwell, 2010.

Brain, M., *More How Stuff Works*, Hoboken, NJ: Wiley, 2002.

Brain, M., *How Much Does the Earth Weigh?*, Hoboken, NJ: Wiley, 2007.

Brain, M., *The Teenager's Guide to the Real World*, Cary, NC: BYG, 1997.

Brain, M., *Manna*, Cary, NC: BYG, 2012.

Brain, M., *The Meaning of Life*, Cary, NC: BYG, 2012.

Einleitung

Merriam-Webster.com. http://tinyurl.com/q37olct.

30 000 v. Chr., Pfeil und Bogen

Dollinger, A. *http://tinyurl.com/3pbdqav*.

3300 v. Chr., Jäger- und Sammlerwerkzeuge

Fowler, B., *Iceman*, Chicago, IL: Chicag UP, 2001.

2500 v. Chr., Cheopspyramide

Brier, B., *The Secret of the Great Pyramid*, NY: Harper, 2009.

2000 v. Chr., Technologie der Inuit

Living Dictionary. *http://tinyurl.com/nvzjzqj*.

1400 v. Chr., Beton

Moorehead, C., *Lost and Found*, NY: Penguin, 1997.

625 v. Chr., Asphalt

Marozzi, J., The Way of Herodotus, NY: Da Capo, 2010.

438 v. Chr., Parthenon

Beard, M., *The Parthenon*, Cambridge, MA: Harvard UP, 2010.

312 v. Chr., Römisches Aquädukt-system

Rinne, K., *The Waters of Rome*, New Haven, CT: Yale UP, 2011.

100 v. Chr., Wasserrad

Wikander, Ö., *Handbook of Ancient Water Technology*, Leiden: Brill, 1992.

79, Pompeji

Beard, M., *Fires of Vesuvius*, Cambridge, MA: Belknap, 2010.

1040, Kompass

Vardalas, J., *http://tinyurl.com/oz3rrm3*.

1144, Kathedrale von Saint-Denis

Honour, H. and Fleming, J., *A World History of Art*, London: Laurence King, 2009.

1300, Katapult

Gurstelle, W., *The Art of the Catapult*, Chicago, IL: Chicago Review, 2004.

1372, Schiefer Turm von Pisa

McLain, B., *Do Fish Drink Water?*, NY: Morrow, 1999.

1492, Segelschiffe mit Rahsegeln

Ship Wiki, *http://tinyurl.com/kflx47n*.

1600, Chinesische Mauer

Bloomberg Nachrichten, http://tinyurl.com/pehjxd2.

1620, Gunter-'s ChainKette

Linklater, A., *Measuring America*, NY: Penguin, 2003.

1620, Mechanische Pendeluhr

Rawlings, A., *The Science of Clocks and Watches*, Upton, UK: British Horological Institute, 1993.

1750, Einfache Maschinen in Yates Mill

Anderson, W., *Physics for Technical Students*, NY: McGraw-Hill, 1914.

1773, Gebäudesprengung

Blanchard, B., *http://tinyurl.com/nz9pjcg*.

1784, Mechanischer Webstuhl

Marsden, R., *http://tinyurl.com/mpq88kd*.

1790, Baumwollspinnerei

Hunt, D., *http://tinyurl.com/morw2on*.

1800, Hochdruck-Dampfmaschine

Kirby, R., *Engineering in History*, Mineola, NY: Dover, 1990.

1823, Fachwerkbrücke

Das Wissenschaftsmuseum, *http://tinyurl.com/ntm2qnt*.

1824, Rensselaer Polytechnic Institute

Rensselaer Polytechnic Institute, *http://tinyurl.com/pwy2u9n*.

1825, Eriekanal

Finch, R., http://tinyurl.com/mvll2fa.

1830, Tom Thumb Dampflokomotive

Stover, J., *History of the Baltimore and*

Ohio Railroad, West Lafayette, IN: Purdue UP, 1987.

1837, Telegrafensystem
Connected Earth, *http://tinyurl.com/lgntn64*.

1845, Massenproduktion
Hounshell, D., *From the American System to Mass Production*, 1800–1932, Baltimore, MD: John Hopkins UP, 1984.

1845, Tunnelbohrmaschine
Bagust, H., *The Greater Genius?* Birmingham, UK: Ian Allan, 2006.

1846, Nähmaschine
ISMACS International, *http://tinyurl.com/qhj7t9f*.

1851, America's Cup
America's Cup, *http://tinyurl.com/qb9psfo*.

1854, Wasseraufbereitung
Amerikanische Umweltschutzbehörde, *http://tinyurl.com/4ftm2y*.

1855, Bessemer-Verfahren
Ponting, C., *World History, A New Perspective*, New York: Pimlico, 2000.

1856, Kunstoff
Dreher, Carl, *http://tinyurl.com/k8hsxtk*.

1858, Big Ben
Hill, R., *God's Architect*, New Haven, CT: Yale UP, 2009.

1859, Erdölbohrung
Tarbell, I. M., *The History of the Standard Oil Company*, Gloucester, MA: Peter Smith, 1963.

1859, Modernes Abwassersystem
Halliday, S., *The Great Stink of London*, Gloucestershire, UK: History Press, 2001.

1860, Wasserturm in Louisville
Amies, N., *http://tinyurl.com/lewuhkk*.

1861, Ölraffinerie Wamsutta
Schmidt, B., *http://tinyurl.com/lzt4c6x*.

1861, Aufzug
Schmidt, B., *http://tinyurl.com/lzt4c6x*.

1869, Transkontinentale Eisenbahn
Cooper, B., *Riding the Transcontinental Rails*, Philadelphia, PA: Polyglot, 2005.

1873, Seilbahnwagen
Thompson, J., *http://tinyurl.com/lxtd7f5*.

1876, Telefon
John, R., *Network Nation*, Cambridge, MA: Harvard UP, 2010.

1878, Stromnetz
Energy Graph, *http://tinyurl.com/mxayh62*.

1879, Kohlefaser
Kopeliovich, D., *http://tinyurl.com/qbfn2tg*.

1885, Kompressor und Turbolader
McNeil, I., *Encyclopedia of the History of Technology*, London: Routledge, 1990.

1885, Washington Monument
Savage, K., *Monument Wars*, Oakland, CA: California UP, 2011.

1886, Freiheitsstatue
Khan, Y., *Enlightening the World*, Ithaca, NY: Cornell UP, 2010.

1889, Eiffelturm
Harvie, D., *Eiffel*, Gloucestershire, UK: Sutton, 2006.

1889, Hall-Héroult-Prozess
Amerikanische Gesellschaft für Chemie, *http://tinyurl.com/kbmurtf*.

1890, Dampfturbine
Encyclopedia Britannica, *http://tinyurl.com/ncrj8q7*.

1891, Carnegie Hall
Carnegie Hall, *http://tinyurl.com/kelly3a*.

1891, Zuiderzeewerke
Kimmelman, M., *http://tinyurl.com/qbhr4l6*.

1893, Zweitakt-Dieselmotor
Sloan, A., *Diesel Engine Design*, London: George Newnes, 1953.

1893, Riesenrad
World Digital Library, *http://tinyurl.com/myzq959*.

1897, Diesellokomotive
Churella, A., *From Steam to Diesel*, Princeton, NJ: Princeton UP, 1998.

1899, Defibrillator
Archiv des *Nature* Magazins, *http://tinyurl.com/kap38f9*.

1902, Klimaanlage
Bergen Kühlschrank, *http://tinyurl.com/lrer5sw*.

1903, Elektrokardiogramm (EKG)
Cooper, J., *http://tinyurl.com/jw3ub7k*.

1903, Das Flugzeug der Gebrüder Wright
National Parks Service, *http://tinyurl.com/mkkd4et*.

1905, Ingenieurholz
APA – Die Gesellschaft für Holzwerkstoff, *http://tinyurl.com/kn9rqwh*.

1907, Berufszulassung für Ingenieure
NSPE, *http://tinyurl.com/kz9yuyb*.

1908, Verbrennungsmotor
Für ein Video der Maschine in Aktion siehe *http://tinyurl.com/q9f9wla*.

1910, Laparoskopische Chirugie
Martin Hatzinger, et al., *http://tinyurl.com/mpdpm96*.

1912, *Die Titanic*
Freer, A., and Griffiths, D., *http://tinyurl.com/o7tov7w*.

1913, Woolworth Building
Douglas, G., *Skyscrapers*, Jefferson, US: McFarland, 1996.

1914, Panamakanal
Greene, J., *The Canal Builders*, New York: Penguin, 2009.

1917, Laser
Siegman, A., *Lasers*, Sausalito, CA: University Science, 1986.

1917, Hooker-Teleskop
Mount Wilson Observatorium, *http://tinyurl.com/qeffczm*.

1919, Women's Engineering Society
Nicholson, V., *Singled Out*, Oxford, UK: Oxford UP, 2008.

1919, Achterbahn mit Rückrollsicherung
Coker, R., *Roller Coasters*, New York: Metrobooks, 2002.

1920, Kinsol Trestle Bridge
Webb, W., *Railroad Construction*, Hoboken, NJ: Wiley, 1917.

1920, Radiosender
Nebeker, F., *Dawn of the Electronic Age*, Hoboken, NJ: Wiley, 2009.

1921, Roboter
Roberts, A., *The History of Science Fiction*, New York: Palgrave Macmillan, 2006.

1926, Herz-Lungen-Maschine
Kohn, L., *http://tinyurl.com/ntf8mpw*.

1927, Elektrische Kältetechnik
Burstall, A., *A History of Mechanical Engineering*, Cambridge, MA: MIT Press, 1965.

1931, Empire State Building
Wagner, G., *Thirteen Months to Go*, San Diego, CA: Thunder Bay, 2003.

1935, Tonbandaufnahme
Onosko, T., *Wasn't the Future Wonderful?*, New York: Plume, 1979.

1936, Hoover-Talsperre
Hiltzik, M., *Colossus*, New York: Free Press, 2010.

1937, Golden Gate Bridge
Starr, K., *Golden Gate*, London: Bloomsbury, 2012.

1937, Die Hindenburg
Lawson, D., *Engineering Disasters*, New York: ASME, 2005.

1937, Turbinen-Luftstrahl-Triebwerk
NASA, *http://tinyurl.com/orxbfxd*.

1937, Magnetschwebebahn
Post, R., *http://tinyurl.com/lhzjqd8*.

1938, Formel-1-Wagen
De Groote, S., *http://tinyurl.com/72fayvs*.

1939, Norden Bombenzielgerät
St. John, P., *Bombardier*, Nashville, TN: Turner, 1998.

1939, Farbfernsehen
Ein Zeitstrahl, der die Einführung des Farbfernsehens in verschiedenen Ländern zeigt: *http://tinyurl.com/nfeobs*.

1940, Tacoma Narrows Bridge
Petroski, H., *To Engineer is Human*, New York: Vintage, 1992.

1940, Radar
Bowen, E. G., *Radar Days*, UK: Taylor & Francis, 1987.

1941, Dotiertes Silicium
Brain, M., *http://tinyurl.com/kov5tve*.

1942, Frequenzspreizung
Petersen, A., *http://tinyurl.com/lts47sn*.

1943, Dialysegerät
Pendse, S., Singh, A., and Zawada, E., *Handbook of Dialysis*, 4th ed., NY: Macmillan, 2008.

1944, Unterwasseratemgerät
Cousteau, J., *The Silent World*, New York: Nat Geo, 2004.

1944, Hubschrauber
Cousteau, J., *The Silent World*, New York: Nat Geo, 2004.

1945, Urananreicherung
Amerikanische nukleare Aufsichtskommission, *http://tinyurl.com/opubbot*.

1945, Trinity-Atombombe
Monk, R., *Robert Oppenheimer*, Toronto: Doubleday, 2012.

1946, ENIAC – Der erste digitale Computer
Rojas, R. and Hashagen, U., eds., *The First Computers*, Cambridge, MA: MIT, 2000.

1946, Top-Loader-Waschmaschine
Stanley, A., *Mothers and Daughters of Invention*, New Brunswick, NJ: Rutgers UP, 1995.

1946, Mikrowellengerät
Cowan, R., *More Work for Mother*, New York: Basic, 1985.

1946, Leichtwasserreaktor
Bunker, M., *http://tinyurl.com/oflyu7o*.

1947, AK-47 „Kalaschnikow"
Rottman, G., *The AK-47*, New York: Osprey, 2011.

1947, Transistor
Riordan, M., *http://tinyurl.com/yaufccm*.

1948, Kabelfernsehen
Eisenmann, T., *http://tinyurl.com/kckooou*.

1949, Turmdrehkran
Liebherr, *http://tinyurl.com/nlfjtzt*.

1949, Atomuhr
Ost, L., *http://tinyurl.com/nllbz9j*.

1949, Integrierter Schaltkreis
Ein Kurzfilm von Jack Kilby: *http://tinyurl.com/k74ed7p*.

1950, Schachcomputer
Computer chess, ein Film von Andrew Bujalski, liefert einige interessante Hintergrundinformationen: *http://tinyurl.com/k4cql25*.

1951, Düsentriebwerktest
Für mehr von der Hühnchenpistole, die zum Testen von Düsentriebwerken verwendet wurde: *http://tinyurl.com/3-dehuo*.

1952, Pivot-Beregnungssystem
Snyder, C., *http://tinyurl.com/nkyfbyj*.

1952, 3D-Brille
Zone, R., *Stereoscopic Cinema and the Origins of 3-D Film*, 1838–1952, Lexington, KY: Kentucky UP, 2007.

1952, Ivy Mike-Wasserstoffbombe
Früher unter Verschluss, ist dieser Kurzfilm über die Bombe heute online verfügbar: *http://tinyurl.com/pqbxlrm*.

1953, Fahrzeug-Airbag
Bellis, M., *http://tinyurl.com/2vror8*.

1956, Festplatte
Mueller, S., *Upgrading and Repairing PCs* (21st Ed.), Upper Saddle River, NJ: Que, 2013.

1956, TAT-1-Transatlantikkabel
Burns, B., *http://tinyurl.com/menaxz3*.

1957, Tiefkühlpizza
Hulin, B., *The Everything Pizza Cookbook*, Avon, MA: F+W, 2007.

1957, Weltraumsatellit
Jorden, W., *http://tinyurl.com/lc6rm6s*.

1958, Kabinendruckausgleich
Larson, G., *http://tinyurl.com/md7oveb*.

1959, Meerwasserentsalzung
Barlow, M. and Clarke, T., *http://tinyurl.com/m3bykcl*.

1960, Reinraum
Leary, W., *http://tinyurl.com/lzsb534*.

1961, T1-Leitung
How Stuff Works, *http://tinyurl.com/jlppv*.

1961, Grüne Revolution
Jain, H., *The Green Revolution*, Houston, TX: Studium, 2010.

1962, SR-71-Aufklärungsflugzeug
Video mit dem SR-71 Piloten Richard Graham: *http://tinyurl.com/lt7wftd*.

1962, Funkstation der Atomuhr
Mehr Informationen zur Uhr: *http://tinyurl.com/bum65ma*.

1963, Einfahrbares Stadiondach
Ein Video, das das verschließbare Dach von Kanadas West Harbour Stadium zeigt: *http://tinyurl.com/k9jshef*.

1963, Bestrahlung von Lebensmitteln
FDA Lebensmittelbestrahlung FAQ: *http://tinyurl.com/837e83n*.

1964, Top Fuel Dragster
Ein 10 000-PS Top Fuel Dragster: *http://tinyurl.com/qaqesv5*.

1964, Tröpfchenbewässerung
Freedman, C., *http://tinyurl.com/qc6gctl*.

1964, Flüssiggastanker
Barden, J., *http://tinyurl.com/ltsmzfl*.

1964, Hochgeschwindigkeitszug
Hosozawa, A. and Hiroshi, N., *http://tinyurl.com/lz467ek*.

1965, Gateway Arch
Campbell, T., *The Gateway Arch*, New Haven, CT: Yale UP, 2013.

1965, Streumunition
Clancy, T., *Fighter Wing*, London: Harpercollins, 1995.

1966, Compound-Bogen
Paterson, W., *The Encyclopaedia of Archery*, London: St. Martin's, 1985.

1966, Gleitschirm
Popular Science, *http://tinyurl.com/p7zy4ap*.

1966, Kugelhaufenreaktor
Bradsher, K., *http://tinyurl.com/orrumbd*.

1966, Dynamisches RAM
Wang, D., *http://tinyurl.com/kjp5th7*.

1967, Abgaskontrolle bei Kraftfahrzeugen
Das internationale Gremium für saubere Transportmittel hat aktuelle Informationen zu den weltweiten Abgasnormen: *http://tinyurl.com/6-yo97xz*.

1967, Apollo 1
The New York Times, *http://tinyurl.com/3-c65on5*.

1967, Saturn-V-Rakete
Tate, K., *http://tinyurl.com/afo3foz*.

1968, C-5 Super Galaxy
Nützliche bildhafte Darstellung dessen, was alles in Galaxys riesiges Format passt: *http://tinyurl.com/pgupdqr*.

1968, Boeing 747 Jumbo-Jet
Pealing, N. and Savage, M., *Jumbo Jetliners*, Osceola, WI: Motorbooks, 1999.

1969, Mondlandung
Ein Video der ersten Mondlandung: *http://tinyurl.com/2znnoa*.

1969, ARPANET
Stewart, W., *http://tinyurl.com/dd4mzc*.

1969, Raumanzug
Eine ausgezeichnete Auswahl von Fotos von Raumanzügen: *http://tinyurl.com/mex5r7f.*

1970, Flüssigkristallanzeige (LCD)
1970, LCD Screen Castellano, J., *Liquid Gold*, Hackensack, NJ: World Scientific, 2005.

1970, Glasfaserkommunikation
Keiser, G., *Optical Fiber Communications* (4th Ed.), New York: McGraw-Hill, 2011.

1971, Antiblockiersystem
Lincoln-Continental-Autoprospekt aus dem Jahr, in dem Antblockiersysteme Pflicht wurden: *http://tinyurl.com/m7to74t.*

1971, Mondfahrzeug
Bedienungsanleitung des Mondfahrzeugs: *http://tinyurl.com/pmagdv5.*

1971, Mikroprozessor
Augarten, S., *State of the Art*, New York: Houghton-Mifflin, 1983.

1971, CANDU-Reaktor
Whitlock, J., *http://tinyurl.com/2kakzd.*

1971, CT-Scan
Animation einer Computertomographie: *http://tinyurl.com/p6oeylv.*

1971, Gaswäscher für Kraftwerke
Ein nützliches Video: *http://tinyurl.com/qh2554v.*

1971, Kevlar
Pearce, J., *http://tinyurl.com/nlhzb3l.*

1972, Gentechnik
Voosen, P., *http://tinyurl.com/l7a4edl.*

1973, World Trade Center
Archivmaterial des Baus des ursprünglichen World Trade Centers: *http://tinyurl.com/lxgmzhs.*

1975, Die Concorde
Conway, C., *High Speed Dreams*, Baltimore, MD: John Hopkins UP, 2005.

1976, CN Turm
Fulford, R., *Accidental City*, Ottawa, CN: Macfarlane Walter & Ross, 1995.

1976, VHS Videokassette
IEEE Zentrum für Geschichte, *http://tinyurl.com/k54eptr.*

1977, Muskelkraft-Flugzeug
Roper, C., *http://tinyurl.com/qffjswj.*

1977, Schwingungstilger
Der Taipei 101 Schwingungstilger in Bewegung, während eines Erdbebens: *http://tinyurl.com/n47rc5m.*

1977, Voyager-Raumsonde
Clark, S., *http://tinyurl.com/kadbgmu.*

1977, Trans-Alaska-Pipeline
McPhee, J., *Coming Into the Country*, New York: FSG, 1976.

1977, Magnetresonanztomografie (MRT)
Mayo Klinik, *http://tinyurl.com/lrz3ayz.*

1978, Lachgaseinspritzung
NOS Systeme, *http://tinyurl.com/nxxjxjt.*

1978, Bagger 288
Murray, P., *http://tinyurl.com/7cg7ma8.*

1979, Supertanker Jahre Viking
Trex, E., *http://tinyurl.com/pob5l3y.*

1980, Flash-Speicher
Präsentation des Computeringenieurs David Woodhouse über die Funktionsweise eines Flash-Speichers: *http://tinyurl.com/mq7ebjn.*

1980, Panzer M1 Abrams
Orr, K., *King of the Killing Zone*, New York: WW Norton, 1989.

1980, Stadium-Großbildschirm
Mercer, B., *ManVentions*, Blue Ash, OH: Adams, 2011.

1981, Bigfoot-Monstertruck
Borelli, C., *http://tinyurl.com/m5vtx5u.*

1981, Space-Shuttle
NASA, *http://tinyurl.com/3xkpjbj.*

1981, V-22 Osprey
Whittle, R., *The Dream Machine*, New York: Simon & Schuster, 2010.

1982, Kunstherz
Long, T., *http://tinyurl.com/kjqjd3m.*

1982, Neodym-Magnet
Swain, F., *http://tinyurl.com/7l4ww9o.*

1983, RFID-Etikett
Angell, I. and Kietzmann, J., *http://tinyurl.com/nczuwcr.*

1983, F-117-Tarnkappenjäger
Video, das Absturz des F-117 Tarnkappenjägers zeigt: *http://tinyurl.com/n2wrmvb.*

1983, Mobiltelefon
Agar, J., *Constant Touch*, London: Totem, 2004.

1983, Air-Canada-Flug 143
Hoffer, M. and Hoffer, W., *Freefall*, New York: Simon & Schuster, 1989.

1983, Ethernet
Das ursprüngliche Patent kann online eingesehen werden: *http://tinyurl.com/mr846j4.*

1984, 3D-Drucker
Hart, B., *http://tinyurl.com/8xosxgm.*

1984, Domain Name Service (DNS)
Ball, J., *http://tinyurl.com/pvqz53x.*

1984, Operationsroboter
Pransky, J., *http://tinyurl.com/kmqmh3c.*

1984, Containerschifffahrt
Cudahy, B., *Box Boats*, New York: Fordham UP, 2006.

1984, Itaipu-Staudamm
BBC, *http://tinyurl.com/lkn32w*.

1985, Pumpspeicherkraftwerk von Bath County
Koronowski, R., *http://tinyurl.com/mnkd9le*.

1985, International Thermonuclear Experimental Reactor (ITER)
Khatchadourian, R., *http://tinyurl.com/lqpcbya*.

1985, Virtuelle Realität
Lanier, J., *You Are Not a Gadget*, New York: Vintage, 2011.

1986, Tschernobyl
Mahaffey, J., *Atomic Accidents*, New York: Pegasus, 2014.

1986, Apache-Kampfhubschrauber
Macy, E., *Apache*, New York: Grove, 2010.

1990, World Wide Web
Hafner, K., *Where Wizards Stay Up Late*, New York: Simon & Schuster, 1998.

1990, Hubble-Weltraumteleskop
Hubblesite.org, *http://tinyurl.com/dmnpr5*.

1991, Lithium-Ionen-Batterie
Liste aller Lithium-Ionen-Batterien auf dmoz.org: *http://tinyurl.com/klvyssp*.

1991, Biosphäre 2
Allen, J., *Me and the Biospheres*, Santa Fe, NM: Synergetic, 2009.

1992, Wassersparende Toilette
Nash, J., *http://tinyurl.com/d8tsosl*.

1992, Regenwassermanagement
Lee, E., *http://tinyurl.com/k4x9fhp*.

1993, Keck-Teleskop
Yarris, L., *http://tinyurl.com/n3dttn2*.

1993, Doom-Engine
Kushner, D., *Masters of Doom*, New York: Random, 2004.

1994, Eurotunnel
Flyvbjerg, B. and Rothengatter, N., *Megaprojects and Risk*, Cambridge: Cambridge UP, 2003.

1994, Digitalkamera
Kaplan, J. and Segan, S., *http://tinyurl.com/5gutm4*.

1994, Globales Positionsbestimmungssystem (GPS)
Lagunilla, J., Samper, J., Perez, R., *GPS and Galileo*, New York: McGraw-Hill, 2008.

1994, Internationaler Flughafen Kansai
Watkins, T., *http://tinyurl.com/n6hly9d*.

1995, Computeranimationsfilm
Price, D., *The Pixar Touch*, New York: Vintage, 2009.

1996, Ariel Atom
Nusca, A., *http://tinyurl.com/lr8j79v*.

1997, Prius Hybrid
Berman, B., *http://tinyurl.com/m8xgzm4*.

1998, Internationale Raumstation
Eine komplette Liste der Unterstützerstaaten der Raumstation: *http://tinyurl.com/psz9wfr*.

1998, Großer Hadronen-Speicherring
Kolbert, E., *http://tinyurl.com/nw38lt6*.

1998, Intelligentes Stromnetz
Für einen ersten Entwurf dieser Vision und deren Finanzierung vgl. *http://tinyurl.com/nobgsum*, für die Konsortien und deren Zielsetzungen *http://tinyurl.com/mwe75qg*.

1998, Iridium Satellitensystem
McIntyre, D., *http://tinyurl.com/m2k3smp*.

1999, WLAN
Cox, J., *http://tinyurl.com/pbd3ufp*.

2001, Segway
Eine Erfindung, die wenigen zugeschrieben wird, in Wirklichkeit von vielen entwickelt wurde. Für eine Liste des gesamten Teams von Ingenieuren, Progammierern, Elektrotechnikern, Maschinenbauern und Industriedesignern, siehe *http://tinyurl.com/nfcopmy*.

2003, Ein „Jahrhundert der Innovation"
Die Katalogseite für dieses Buch enthält einen Link zu einem lehrreichen Podcast: *http://tinyurl.com/nccp693*.

2004, Viadukt von Millau
Über den Bau der Brücke und das Konstruktionsteam: *http://tinyurl.com/q6xd4ds*.

2005, Bugatti Veyron
Man kann sich online eine faszinierende Dokumentation über die Entwicklung des Bugatti Veyron ansehen: *http://tinyurl.com/ougbzad*.

2005, Georgia Aquarium
Rothstein, E., *http://tinyurl.com/n69csdv*.

2006, Palm Islands
Webb, M., *http://tinyurl.com/m3az4fc*.

2006, AMOLED-Bildschirm
Pohlmann, K., *http://tinyurl.com/ljz6zqe*.

2007, Smartphone
PC Magazine, *http://tinyurl.com/kg6jpmg*.

2008, Quadrocopter
Mellinger, D., *http://tinyurl.com/opg3t5k*.

2008, Kohlendioxid-Sequestration
Eine der bedeutenden technischen Herausforderungen ist ein besseres Verfahren der Kohlenstoffbindung: *http://tinyurl.com/pbxy5n9*.

2008, Technische Herausforderungen
Eine vollständige Liste der Herausforderungen ist online abrufbar auf *http://tinyurl.com/pbxy5n9*.

2008, Martin-Raketenrucksack
Die Homepage des Martin-Raketenrucksacks hat eine großartige Videogallerie: *http://tinyurl.com/lsl58of*.

2008, Drei-Schluchten-Talsperre
Eine Animation, die das Innere der Talsperre zeigt: *http://tinyurl.com/nol5zcj*.

2009, National Ignition Facility
Sample, I., *http://tinyurl.com/ly3lmrr*.

2009, Erdbebensichere Gebäude
Hart, M., *http://tinyurl.com/pdqst7q*.

2009, Limousine des amerikanischen Präsidenten
Strong, M., *http://tinyurl.com/l9bhfzy*.

2010, Solar-Impulse-Flugzeug
Boyle, A., *http://tinyurl.com/kl23okx*.

2010, Versagen des BP-Blowout-Preventers
Gold, R., *http://tinyurl.com/mylqamk*.

2010, Burj Khalifa
Der Bauzeitstrahl kann hier gefunden werden: *http://tinyurl.com/n3u2pu7*.

2010, Harry Potter und die verbotene Reise
Ein besseren Überblick auf den RoboCoaster bietet KUKAs Homepage: *http://tinyurl.com/l8kqoym*.

2010, Alta Wind Energy Center
Die zehn größten Windfarmen der Welt: *http://tinyurl.com/pkdj39y*.

2010, Tabletcomputer
PC Magazine, *http://tinyurl.com/nk4wfp3*.

2010, X2- und X3-Hubschrauber
Paur, J., *http://tinyurl.com/n293wlx*.

2011, Katastrophe von Fukushima
Beech, H., *http://tinyurl.com/lt4wdw7*.

2011, Selbstfahrendes Auto
Ein Video, einer der ersten Testfahrten des führerlosen Autos: *http://tinyurl.com/muunl4w*.

2011, Instant-Wolkenkratzer
Brennan, L., *http://tinyurl.com/kt8ufkx*.

2011, Watson
BBC, *http://tinyurl.com/mpgx69c*.

2012, Rover Curiosity
Stromberg, J., *http://tinyurl.com/n56z7n8*.

2012, Muskelkraft-Hubschrauber
Ein Artikel über die Gewinner mit Link zum Video: *http://tinyurl.com/oc2np3n*.

2013, BookBot der NCSU
Die Internetseite des bookBots bietet zusätzliche Informationen: *http://tinyurl.com/p3ny2em*.

2014, Sonnenwärmekraftwerk Ivanpah
Weiner-Bronner, D., *http://tinyurl.com/k4cdwzn*.

2016, Venedigs Hochwasserschutzsystem
ATPN, *http://tinyurl.com/q3gb2td*.

voraussichtlich 2020, Vakuumtunnelzug
Stewart, J., *http://tinyurl.com/bwcwkel*.

voraussichtlich 2024, Gehirnreplikation
Horgan, J., *The Undiscovered Mind*, New York: Free Press, 2000.

voraussichtlich 2030, Marskolonie
Maynard, J., *http://tinyurl.com/kn5tpd7*.

voraussichtlich 3000, Dinge, die auf uns warten
Kanani, R., *http://tinyurl.com/qb2zdb9*.

Index

Bildnachweis

age footstock: © Jim West: 505

Alamy: © Martin Shields: 19; © Paul Williams/funkyfood London: 39; © Bernhard Classen: 463; © Roy Garner: 473; © Marcus Brandt/european pressphoto agency b v: 483; © ZUMA Press: 491

© Boeing: 301

Corbis: © Bettmann: 133, 249; © Brian Cahn/ZUMA Press: 191; © Ira Wyman/Sygma: 369; © Hans Blossey/imageBROKER: 393; © HO/Reuters: 479; © Peng hongwei/Imaginechina: 495

Dreamstime: © Babar760: 41; © Alacrityp: 121; © Kristiana007: 199; © Actionsports: 273; © Photozirka: 275; © Damirfajic: 291; © Ensuper: 315; © Redwood8: 351; © Falun1: 363; © Annedave: 415; © Chrisstanley: 429; © Jibmeyer: 449; © Novikat: 453; © Nfx702: 489

Dutch National Archives: Hans van Dijk/Anefo/gahetNA: 335

DVIDS: US Air Force: 299; US Marines: 359; S1C Andrew Kosterman/US Army: 401; Matthias Fruth/Training Support Center Grafenwo/US Army: 465

European Southern Observatory: Y. Beletsky: 157

Courtesy Everett Collection: © Buena Vista Pictures: 427

Courtesy Flickr: naoK: 413

Getty Images: © Popperfoto: 197; © Yvonne Hemsey: 235; © The LIFE Picture Collection: 241; © Gerard Julien/AFP: 395; © Michael L. Abramson/The LIFE Images Collection: 417; © National Railway Museum/SSPL: 419; © John Harding/The LIFE Images Collection: 421; © David Paul Morris: 459; © Joe McNally: 471; © Ben Hider: 497; © Victor Habbick/Visuals Unlimited: 515

Courtesy HEIST: 107

Courtesy IET Archives: 161

Image Works: © TopFoto: 195

Courtesy Intel Free Press: 319

iStock: © ivanmateev: 29; © malerapaso:37; © Charles Mann: 75; © Lisa-Blue: 105; © Roel Smart: 135; © Nils Kahle – 4FR Photography: 137; © monkeybusinessimages: 139; © typhoonski: 187; © Rob Byron: 217; © Archive Photos: 219; 257, 267, 327; © Mayumi Terao: 277; © Bukharov Denis & Yana: 321; © baranozdemir: 323; © Mark Winfrey: 325; © Imnature: 337; © David Pedre: 355; © Tom Prout: 357; © kreci: 381; © seraficus: 383; © nicolasdecorte: 391; © joel-t: 407; © Lo Chun Kit: 425; © glo: 431; © Sjoerd van der Wal: 433; © AAA-pictures: 447; © hocus-focus: 487; © Jason Doiy Photography: 493; © MachineHeadz: 511

Kobal Collection: © 20th Century Fox: 377

Library of Congress: 23, 43, 57, 59, 63, 71, 77, 81, 87, 93, 97, 115, 141, 147, 153, 165, 167, 283; Carol M. Highsmith: 117, 163, 175, 281, 331; Jet Lowe: 181;

© Martin Jetpack/www.martinjetpack.com: 467

Mary Evans Picture Library: © Institution of Mechanical Engineers 2013

NASA: 253, 265, 295, 297, 303, 307, 311, 317, 341, 345, 365, 405, 435, 513; James Blair/JSC: 397; Caltech/JPL: 499

National Archives: 61, 101, 179, 243; Franklin D. Roosevelt: 209

Courtesy National Institute of Standards and Technology Digital Collections, Gaithersburg, MD: Atomic Clock Photographic Collection: 231

Private Collection: © Chef Boyardee: 251

Science Source: © Claus Lunau/Science Photo Library: 53; © Cordelia Molloy: 271; © Peter Menzel: 387; © B. & C. Alexander/Photo Researchers: 441

Shutterstock: © Nagib: 17; © Waj: 21: © Lev Kropotov: 25; © InavanHateren: 33; © Andrea Muscatello: 35; © Hung Chung Chih: 47; © Dario Sabljak: 49; © Danny E Hooks: 51; © mihalec: 73; © VILevi: 79; © spirit of america: 83; © Shcherbakov Ilya: 85; © hxdbzxy: 89; © Mapics: 91; © Kekyalyaynen: 95; © Artistic-Photo: 109; © Radu Razvan: 111; © Dmitry Brizhatyuk: 119; © herjua: 149; © Chris Jenner: 155; © Everett Collection: 173; © HomeArt: 177; © ID1974: 185; © MrSegui: 189; © sspopov: 201; © Picsfive: 205; © Sergiy Zavgorodny: 207; © Atelier_A: 227; © WDG Photo: 229; © pedrosala: 233; © B Brown: 239; © Vitaly Korovin: 247; © karinkamon: 263; © Tim Roberts Photography: 269; © Sean Pavone: 279; © Dostoevsky: 313; © fotoslaz: 333; © SeDmi: 339; © Roger Asbury: 347; © Kondor83: 349; © Eric Broder Van Dyke: 361; © Dan Hanscom: 371; © Albert Lozano: 373; © Faraways: 389; © Oliver Sved: 399; © Jakub Krechowicz: 403; © Visions of America: 409; © B Calkins: 411; © Jeff Wilber: 439; © Evikka: 445; © Max Earey: 451; © Haider Y. Abdulla: 455; © FCG: 457; © Felix Mizioznikov: 461; © Thomas Barrat: 469; © Frederic Legrand: 477; © Sophie James: 481; © javarman: 507

Superstock: © Science MuseumSSPL: 159; 193; © Corbis: 261

Courtesy Tesla Motors: 509

Thinkstock: © jocic: 27; © Medioimages/Photodisc: 31; © lagereek: 99; © uatp2: 245; © Matt-Gush: 293; © RobertCorse: 423

US Air Force: A1C Michael Shoemaker: 237; 375

US Marine Corps: 367

US Navy: Gus Pasquarella: 183

US Patent Office: 203, 287

Courtesy Vestas Wind Systems: 485

© Wärtsilä Corporation: 129

West Point Collection: 223

The White House: Pete Souza: 475

Courtesy Wikimedia Foundation: 45, 67, 255, 289, 385, 443, 501; Karsten Ratzke: 55; California Historical Society: 65; Christopher Ziemnowicz: 113; Siemens AG Pressebilder/Presspictures: 123; Jorge Royan: 125; Joop van Houdt: 127; From Official Views Of The World's Columbian Exposition by C. D. Arnold and H. D. Higinbotham: 131; Cephas: 143; F.G.O. Stuart: 151; DARPA: 169; Jerry Hecht/National Institutes of Health: 171; U.S. DOE: 211; Fastfission: 213; Tosaka: 221; Marcin Wichary: 225; University College London Faculty of Mathematical & Physical Sciences: 259; Pierre-Yves Beaudouin: 285; FastLizard4: 305, 309; www.glofish.com: 329; Armand du Plessis: 343; Raimond Spekking: 353; Andrew Thomas from Shrewsbury, UK: 379; Maximilien Brice/CERN: 437; Rhododendrites: 503

Courtesy Yale University: Beinecke Rare Book and Manuscript Library: 69, 103